普通高等教育“十三五”规划教材

爆破安全工程

张飞燕　编
杨小林　审

扫一扫，课件及习题答案

北　京
冶金工业出版社
2025

内 容 提 要

本教材以爆破工程知识体系为主线，将爆破安全知识融入和贯穿到各章节和知识点中。主要内容包括爆炸基本理论、工业炸药、起爆器材与起爆方法、岩石爆破理论、矿山与地下工程爆破技术及安全、爆破危害与安全预防、爆破安全管理等。

本教材可作为高等院校安全工程、采矿工程、土木工程等专业爆破安全课程教材，也可作为煤矿类、非煤矿山类以及爆破企业相关技术人员的培训教材，同时可供相关专业的科研和设计人员参考。

图书在版编目(CIP)数据

爆破安全工程/张飞燕编．—北京：冶金工业出版社，2020.9（2025.2 重印）
普通高等教育"十三五"规划教材
ISBN 978-7-5024-8584-9

Ⅰ.①爆… Ⅱ.①张… Ⅲ.①爆破安全—高等学校—教材 Ⅳ.①TB41

中国版本图书馆 CIP 数据核字（2020）第 140837 号

爆破安全工程

出版发行	冶金工业出版社	**电　话**	(010)64027926
地　址	北京市东城区嵩祝院北巷 39 号	**邮　编**	100009
网　址	www.mip1953.com	**电子信箱**	service@mip1953.com

责任编辑　郭冬艳　美术编辑　郑小利　彭子赫　版式设计　禹　蕊
责任校对　郑　娟　责任印制　范天娇
唐山玺诚印务有限公司印刷
2020 年 9 月第 1 版，2025 年 2 月第 2 次印刷
787mm×1092mm　1/16；18.75 印张；450 千字；285 页
定价 39.00 元

投稿电话　(010)64027932　投稿信箱　tougao@cnmip.com.cn
营销中心电话　(010)64044283
冶金工业出版社天猫旗舰店　yjgycbs.tmall.com
（本书如有印装质量问题，本社营销中心负责退换）

前　言

爆破技术被广泛应用于采矿、土木、交通、水利和市政工程等诸多领域，“爆破安全工程”课程也是这些专业本科教学的必修或选修课程，当然更是安全工程专业的必选课程。基于多年的“爆破安全工程”课程教学积累，以及学习、吸收大量前人对爆破工程安全的研究成果，作者编写了本教材。

对于大多没有开设“爆破工程”课程的安全工程专业本科生，要掌控爆破安全知识，就必须先学习、了解爆破工程技术的基本理论和工艺技术。因此，本教材首先系统编排了与爆破相关的知识内容，在学习完爆破基础知识之后，自然就能很好地理解和解析爆破安全的要义。对于选修过“爆破工程”课程的相关本科专业学生，也可以通过进一步温习、理顺爆破工程知识体系，重点学习爆破安全的章节内容。

爆破作为人类劈山开路的利器，同时也带来了多种危害，譬如爆破地震、冲击波、飞石、毒气、粉尘和噪声等。同时，爆破也会引发很多次生灾害，一般人们会认为如果在有易燃易爆气体、粉尘环境中爆破时，会像明火一样引爆气体和粉尘，其实，这是不全面的，爆破属于强力起爆源，它能启动明火类不能引起的气体和粉尘的爆炸，使这类爆炸气相浓度区间更宽。特别是在同样的环境中，明火引爆的一般都是弱爆炸，而爆破引发的是最强烈的爆轰，当然会导致更惨烈的破坏。通常的涉爆专业，学习和研究的都是属于凝聚相固体炸药的爆炸机理，而很少涉及可燃气体和粉尘类的气相爆炸，缺少对气相爆破的起爆与传爆机理的认识，以致很多企业，尤其是煤矿类有瓦斯、煤尘爆炸危险的矿山，也像严格控制明火一样管理爆破施工，结果还是出现了瓦斯、煤尘的爆炸事故，这从某种角度上要归结于凝聚相爆破工程师对气相爆炸机理安全认知的缺失。为弥补这一短板，本教材在讲述炸药爆炸机理之后新增了气相爆炸、液态二氧化碳爆炸基础知识以及传爆机理内容，意与安全工程专业的防火防爆类课程对接，也算是对多学科融合教学的尝试。在起爆器材与起爆方法里增加了二氧化碳起爆系统及网路的相关知识，在矿山与地下工程爆破技术及安全一章增加了爆破技术在井工煤矿防灾减灾中的应用和二氧化碳相变爆破工艺的相关知识。

本教材以爆破工程知识体系为主线，将爆破安全知识融入、贯穿到各章节和知识点中。在学习爆破安全知识的同时，顺便学习和掌握了爆破工程的相关知识。因此，本教材不仅可以用于“爆破安全”课程教学，也可以直接作为“爆破工程”课程教材，同时也可作为煤矿类、非煤矿山类以及爆破企业相关爆破技术人员的培训教材。

杨小林教授作为教材的主审，在百忙之中对本教材审读了多遍，从教材架构、内容到具体知识点以及公式都提出了很多具体建议和修改意见。在课程带头人杨小林教授的支持下，本教材才得以顺利完成，教材里同样蕴含着杨小林教授的辛勤劳动，在此向他致以真诚的感谢！

本教材在知识体系构建和内容素材方面，得到了“爆破工程”国家精品课程、国家资源共享课程主持人、《爆破》杂志主编王玉杰教授的大力支持和帮助，他为教材提出了很多指导建议，更为编写内容无私提供了资料和数据。教材之中凝结了王玉杰教授的教学经验和成果，在此谨致以衷心的感谢！

感谢运城职业技术学院曹文涛老师以及河南理工大学牛琛、陈玥玥、董张强、冷冲冲、任闯难、李浩然等同学为本书资料收集、录入制图和编排付出的辛勤劳动，在此深表感谢。

在本书编写过程中，参考了有关文献，在此向文献作者表示感谢！

由于作者水平有限，书中不妥之处，敬请广大读者批评指正。

作　者

2020 年 4 月

目　录

1 绪　论

扫一扫，课件
及习题答案

爆炸是一种能量急剧释放，并伴有冲击波、声光效应的现象。在此能量快速释放过程中，物系对周围介质做功，一般会引起破坏作用。

而爆破则是爆炸效应对临近介质做功的统称，包含了爆炸和爆炸对介质的破坏效果。工程爆破是人们科学利用爆炸效应来达到工程目的的工程技术。

爆破安全工程就是研究工程爆破活动中如何安全生产的科学。爆破安全不仅要研究爆破工程施工中的安全，还要研究爆破危害所引起的衍生灾害。比如煤矿爆破施工时会引发瓦斯、煤尘爆炸，虽然明火也可以引起这类爆炸，但炸药引起的这类爆炸的传播形式大多是爆轰，所产生的灾害后果比明火引爆惨烈得多。

要研究爆破工程安全，一是要学习炸药爆炸传爆机理，科学掌控爆炸能量。还要研究炸药爆炸可能会引起的次生爆炸灾害，工业生产中常遇见的就有气体和粉尘爆炸，因此应该进一步研究气体与粉尘引爆和传爆机理，从理论深度驾驭爆破。二是要学习爆破器材的性能和安全使用的方法，避免人为失误。三是要学习各种爆破工程技术，科学利用爆炸能量达到工程目的。四是要学习爆破检测技术、安全法规和应急预案，保障和推动爆破工程技术进步。

1.1　爆炸的基本概念

爆炸可依据物质爆炸后成分的变化分为物理爆炸、核爆炸和化学爆炸。

（1）物理爆炸。由物理原因造成的爆炸，爆炸物质的物理状态发生了变化，但其化学成分没有变化。例如锅炉爆炸、氧气瓶爆炸、CO_2 爆炸、轮胎爆胎等都是物理爆炸。在实际生产中，除了利用内装压缩空气或二氧化碳的爆破筒爆破外，很少应用物理爆炸。

（2）核爆炸。由核裂变或核聚变引起的爆炸，爆炸物质的原子结构发生了变化。核爆炸放出的能量极大，相当于数万吨至数千万吨梯恩梯爆炸释放的能量，爆炸中心区温度可达数百万至数千万摄氏度，压力可达数十万兆帕以上，并辐射出很强的各种射线。目前，在工程爆破中，核爆炸的应用范围和条件仍十分有限。

（3）化学爆炸。由化学反应造成的爆炸，爆炸物质的分子结构发生了变化，有新的物质生成。炸药爆炸、井下瓦斯或煤尘与空气混合物的爆炸、汽油与空气混合物的爆炸以及其他混合爆鸣气体的爆炸等，都是化学爆炸。岩石的爆破过程是炸药发生化学爆炸做机械功、破坏岩石的过程。因此，化学爆炸将是我们研究的重点。

但在大多情况下，爆炸又按照物质的物理状态而分为气相爆炸和凝聚相爆炸。一般凝聚相指的是液相和固相。因为凝聚相比气相的密度大 $10^2 \sim 10^3$ 倍，所以凝聚相爆炸与气相爆炸在状态上有很大的差别。

气相爆炸包括混合气体爆炸、气体分解爆炸、粉尘爆炸等。凝聚相爆炸包括混合危险物爆炸、爆炸性化合物爆炸、蒸气爆炸等。

工业生产中出现的爆炸源可归纳为以下五种。

（1）混合气体的爆炸。如果用点火源点燃按一定比例混合的可燃性气体和助燃性气体，就会引起混合气体的爆炸。这种混合物就叫做爆炸性混合气体。形成爆炸性混合气体的浓度极限范围就叫做该气体的爆炸极限浓度。在可燃性气体中，除了氢气、天然气、乙炔、液化石油气之外，还包括汽油、苯、酒精、乙醚等可燃液体的蒸气。在助燃性气体中，除了有空气、氧气之外，还包括有一氧化氮、二氧化氮、氯气、氟等气体。在密闭的容器内发生气体爆炸时，爆炸生成的压力可达最初压力的7~10倍。

在聚乙烯工厂、液化气装置、油轮等场所发生的爆炸事故，大部分都是混合气体的爆炸事故。

（2）气体分解爆炸。尽管气体成分单一，但该气体分子分解所产生的热量同样会引起爆炸，这种现象称作气体分解爆炸。如乙炔、环氧乙烷、乙烯、氧化乙烯、丙二烯、甲基乙炔、二氧化氯、联氨、叠氮化氢等，就属于这一类气体。

在乙炔装瓶的工厂中，屡次发生过高压乙炔分解爆炸事故。在聚乙烯工厂中，也有过这样的教训，100MPa以上的高压乙烯发生了分解爆炸以后，泄漏的乙烯在大气中形成了爆炸性混合物，又再次发生了强烈的爆炸。

（3）粉尘爆炸。可燃固体的粉尘，或者是可燃液体的雾状飞沫，分散在空气或助燃性气体中且浓度达到某一数值时，类似于爆炸性混合气体，被点火源点着，就会引起粉尘爆炸。粉尘爆炸除了在硫黄粉尘中发生之外，还会在塑料、食品、饲料、煤等粉尘以及在氧化反应中放热较多的金属如镁、铝等粉末中发生。

此类爆炸经常在煤矿的坑道、硫黄粉碎机、食品饲料工厂、合金粉末工厂等场所中发生。另外，油压设备在高压下喷出机械油之后，会使得空气中含有大量油雾状飞沫，因而也有可能引起爆炸。

（4）混合危险物爆炸。氧化性物质和还原性物质相混合，混合之后可能立即起火爆炸，也可能是混合物受到冲击或被加热情况下引起爆炸。如有些物质与碱混合再受热会引起爆炸。另外，在制造礼花和炸药过程中也可能发生爆炸。

（5）蒸气爆炸。水、有机液体或液化气体等处于过热状态时，瞬间成为蒸气，即可呈现爆炸现象。地面的积水中，掉进灼热的碳化钙或熔化的铁水时，也可引起爆炸；或者在罐内的低沸点液体，因为吸收合成热或外部火焰的热而使温度升高，提高了罐内的蒸气压力，当容器裂开时，则残留的过热液体瞬间发生激烈的汽化而引起爆炸等等。

爆破安全工程中主要研究的是凝聚相爆炸范畴的固体炸药类，以及气相爆炸范畴的气体和粉尘爆炸，它们都划归为化学爆炸一类。

1.2 燃爆危险性物质的种类

一般地说，凡是能够引起火灾或爆炸的物质就叫燃爆危险物质。燃爆危险物质根据其化学性质，归纳起来分为八类。

（1）可燃性气体或蒸气：在这一类中，有可燃性气体，如氢气、天然气、乙烯、乙炔、城市煤气等；可燃液化气，如液化石油气、液氨等；可燃液体的蒸气，如乙醚、酒精、苯等的蒸气。

（2）可燃液体：是指有可燃性而在常温下为液体的物质，如汽油、煤油、酒精等。

（3）可燃固体：纸、布、丝、棉等纤维制品及其碎片，木材、煤、沥青、石蜡、硫黄、树脂、柏油、重油、油漆、火柴等一般可燃物，木质建筑物、家具、涂漆物等均属于这一类。

（4）可燃粉尘：前面所说的可燃固体，以粉状或雾状分散在空气中时，这种空气有可能被点燃，发生粉尘爆炸。如空气中分散的煤粉、硫黄粉、木粉、合成树脂粉、铝粉、镁粉、重油雾滴等，都属于爆炸性粉尘。

（5）爆炸性物质：区别于前面所述的爆炸性混合气体和爆炸性粉尘，具有爆炸性的固体或凝结状态的液体化合物统称为爆炸性物质。在这类物质中，最典型的代表是炸药，此外，还有各种有机过氧化合物，硝化纤维制品、硝酸铵、具有特定官能基团（如硝基 NO_2、硝胺 N-NO_2、硝酸酯 ONO_2）的化合物、氧化剂和可燃剂组成的化合物也都属于爆炸性物质。

（6）自燃物质：这类物质在无任何外界火源的直接作用下，依靠自身发热，经过热量的积累逐渐达到燃点而引起燃烧。至于自行发热的原因，应考虑到分解热、氧化热、吸收热、聚合热、发酵热等。

在自行分解中，积蓄分解热能引起自燃的物质有：硝化棉、赛璐珞、硝化甘油等硝酸酯制品以及有机过氧化物制品；靠氧化热的积累而自燃的物质中有含不饱和油的破布、纸屑、脱脂酒糟、锅炉布等，油脂物、煤粉、橡胶粉、活性炭、硫化矿石、金属粉等；干草等物质是靠发酵产生热量的，当分解炭化后，干草可被积蓄的热量点燃。

此外，为方便起见，黄磷、还原铁、还原镍等与空气直接接触就能着火的低燃点物质也叫做自燃物质。

（7）忌水性物质：是指吸收空气中的潮气或接触水分时有着火危险或发热危险的物质。这类物质有金属钠、铝粉、碳化钙、磷化钙等。它们与水反应后生成可燃性气体。其他一些物质，如生石灰、无水氯化铝、过氧化碱、苛性钠、发烟硫酸、三氯化磷等，与水接触时所发出的热量可将其邻近可燃物质引燃着火，均称为忌水性物质。

（8）混合危险性物质：如果两种或两种以上物质，由于混合或接触而产生着火的危险，则被叫作混合危险性物质。

混合物质引起的危险有如下三种情况。

第一种，物质混合后形成类似混合炸药的爆炸性混合物。作为混合性炸药的黑色炸药（硝酸钾、硫黄、木炭粉）、礼花（硝酸钾、硫黄、硫化砷）等就是这种情况。

第二种，物质混合时发生化学反应，形成敏感的爆炸性化合物。例如，硫酸等强酸与氯酸盐、过氯酸盐、过锰酸盐等混合时，会生成各种游离酸或无水物（如 Cl_2O_5、Cl_2O_7、Mn_2O_7），显出极强的氧化性能，当它们接触有机物时，会发生爆炸；将氯酸钾与氨、铵盐、银盐、铅盐等接触时，也产生具有爆炸性的氯酸铵、氯酸银、氯酸铅等。

第三种，物质混合的同时，引起着火或爆炸。如铬酐中注入乙醇时，立即开始燃烧；把漂白用的次氯酸钠粉末混合于溴酸或硫代硫酸钠粉末中时，也立即燃烧等等。

1.3 化学爆炸三要素

燃爆物质在一定的条件下或外能的激发下是否会发生爆炸，还必须满足以下基本要素，缺少任何要素化学爆炸都不会发生。

1.3.1 反应的放热性

放热是化学爆炸必须的首要条件，爆炸反应所放的热量是爆炸作用的能源。爆炸反应只有在炸药自身提供能量的条件下才能自动进行。没有这个条件，爆炸过程就根本不能发生；没有这个条件，反应也就不能自行延续，因而也不可能出现爆炸反应的传播过程。依靠外界供给能量来维持其分解的物质，不可能具有爆炸的性质。草酸盐的分解反应便是典型例子：

$$ZnC_2O_4 \longrightarrow 2CO_2 + Zn \qquad \Delta_r H_m^{\ominus} = +2.5 \times 10^2 kJ/mol$$

$$CuC_2O_4 \longrightarrow 2CO_2 + Cu \qquad \Delta_r H_m^{\ominus} = -23.9 kJ/mol$$

$$HgC_2O_4 \longrightarrow 2CO_2 + Hg \qquad \Delta_r H_m^{\ominus} = -47.3 kJ/mol$$

第一种反应是吸热反应。只有在外界不断加热的条件下才能进行，因而不具有爆炸性质。第二种反应具有爆炸性，但因放出的热量不大，爆炸性不强。第三种反应具有显著的爆炸性质。

1.3.2 反应过程的高速度

反应过程的高速度是爆炸反应区别一般化学反应的重要标志。化学爆炸反应时间大约是 $10^{-6} \sim 10^{-7}$s 量级。比如炸药的能量储藏量并不比一般燃料大，但由于反应的高速度，使炸药爆炸时能够达到一般化学反应所无法比拟的高得多的能量密度。石油、煤和几种炸药的放热量和能量密度数据见表 1-1。

表 1-1 石油、煤和几种炸药的放热量和能量密度

物质名称	单位质量物质的放热量 $/10^3 kJ \cdot kg^{-1}$	单位体积炸药或燃料空气混合物的能量密度 $/kJ \cdot L^{-1}$
煤	32.66	3.60
石油	41.87	3.68
黑火药	2.93	2805
TNT	4.19	6700
黑索金	5.86	10467

1kg 煤块燃烧可以放出 32.66×10^3kJ 的热量，这个热量比 1kg TNT 炸药爆炸放出的热量要多几倍，可是这块煤燃烧完成的时间大约需要几分钟到几十分钟，在这段时间内放出的热量不断以热传导和辐射的形式传送出去，因而虽然煤的放热量很多，但是单位时间的放热量并不多。同时还要注意到煤的燃烧是与空气中的氧进行化学反应而完成的，1kg 的煤的完全反应就需要 2.67kg 的氧，这样多的氧必须由 $9m^3$ 的空气才能提供，因而作为燃烧原料的煤和空气的混合物，单位体积所放出的热量也只有 3.6kJ/L，能量密度很低。

爆炸反应就完全相反。炸药反应一般都是以（5~8）×10^3m/s 的速度进行。一块 10cm 见方的炸药爆炸反应完毕也就需要 10μs 的时间。由于反应速度极快，虽然总放热量不是太大，但在这样短暂时间内的放热量却比一般燃料燃烧时在同样时间内放出的热量高出上千万倍。同时，由于爆炸反应无须空气中的氧参加，在反应所进行的短暂时间内放出的热量来不及散出，以致可以认为全部热量都聚集在炸药爆炸前所占据的体积内，这样炸药单位体积所具有的热量就达到 10^3kJ/L 以上，比一般燃料燃烧要高数千倍。

由于反应过程的高速度使爆炸物资内所具有能量在极短时间内放出，达到极高能量密度，所以化学爆炸具有巨大做功功率和强烈的破坏作用。

1.3.3 反应中生成大量气体产物

反应过程中生成大量气体产物，是化学爆炸能够对外做功的必要媒介。比如炸药在爆炸瞬间定容地转化为气体产物，其密度要比正常条件下气体的密度大几百倍到几千倍。也就是说，正常情况下这样多体积的气体被强烈压缩在炸药爆炸前所占据的体积内，从而造成 10^9~10^{10}Pa 以上的高压。同时，由于反应的放热性，这样处于高温、高压的气体产物必然急剧膨胀，把炸药的位能变成气体运动的动能，对周围介质做功。在这个过程中，气体产物既是造成高压的原因，又是对外界介质做功的介质。某些炸药爆炸气体产物在标准条件下的体积见表 1-2。

表 1-2　某些炸药爆炸气体产物在标准条件下的体积

炸药	1kg 炸药放出的气体产物/L	1L 炸药放出的气体产物/L
TNT	740	1180
特屈儿	760	1290
太安	790	1320
黑索金	908	1630
奥克托金	908	1720

可见，1kg 猛炸药爆炸生成的气体换算到标准状态（1.0133×10^5Pa，273K）下的气体体积为 700~1000L，为炸药爆炸前所占体积的 1200~1700 倍。

当气体爆炸时，体积一般不会增大，例如氢、氧混合爆炸

$$H_2 + 0.5O_2 = H_2O \qquad \Delta_r H_m^{\ominus} = -2.42 \times 10^2 \text{kJ/mol}$$

爆炸产物体积在标准状态下比爆炸前减少了 1/3。但是由于反应速度很快，而且放出大量热量和热反应产物，使其压力提高到 10^6Pa 以上，仍能迅速向外膨胀做功。

又例如金属硫化物的生成反应

$$Fe + S = FeS \qquad \Delta_r H_m^{\ominus} = -96 \text{kJ/mol}$$

或铝热剂反应

$$2Al + Fe_2O_3 = Al_2O_3 + 2Fe \qquad \Delta_r H_m^{\ominus} = -828 \text{kJ/mol}$$

尽管反应非常迅速，且放出很多的热量，后一个反应放出的热量足以把反应产物加热到 3000K，但终究由于没有气体产物生成，没有把热能转变为机械能的媒介，无法对外做功，所以不具有爆炸性。

因此，对于爆炸来说，放热性、高速度、生成大量的气体产物是缺一不可的，只有在

这三个要素同时具备时，化学反应才能具有爆炸的特性。

本章小结

开篇明义介绍了爆炸与爆破的关联，爆炸是一个能量急剧释放的过程，而爆破是利用爆炸的能量来达到工程目的的工程技术。明确爆破工程所研究的就是化学爆炸范畴，化学爆炸三要素是爆炸的必备条件，缺一不可。

知识点：化学爆炸、气相爆炸、凝聚相爆炸、混合气体爆炸、气体分解爆炸、粉尘爆炸、化学爆炸三要素。

重点：气相爆炸与凝聚相爆炸的分类和属性，化学爆炸三要素分别在爆炸中的作用。

习 题

（1）名词解释：

化学爆炸、气相爆炸、凝聚相爆炸、粉尘爆炸、气体爆炸。

（2）什么是化学爆炸的三要素？

（3）在你学习本课程之前，你对爆炸知识了解多少？能列举一些爆炸现象并进行分类吗？

（4）请预测未来的绿色爆破。

（5）展望未来炸药能源的安全开发与利用。

（6）请对未来爆破安全技术或采矿安全技术进行预测。

2 爆炸基本理论

扫一扫，课件
及习题答案

爆破安全工程主要研究的对象是炸药爆炸，是一种人们最为熟悉的凝聚相含能材料爆炸形式。炸药在起爆后极短的时间内即发展成爆炸的最高形式——爆轰，这是一种定常的稳态流动过程。爆轰过程中的各种参数可以精确地计算出来，也可以通过实验测量。其起爆、传爆机理和模型是学习爆炸基本理论的最基础知识。

气体与粉尘爆炸是爆破安全工程可能会涉及的爆炸形式，与炸药爆炸有很大的区别，且其爆炸条件、形式和结果都有诸多变化需要探讨。因此，这里仅对因爆破工程可能引发的气体（粉尘）爆炸机理进行讨论。

2.1 炸药爆炸基本理论

2.1.1 炸药化学反应基本形式

爆炸并不是炸药唯一的化学变化形式。由于环境和引起化学变化的条件不同，一种炸药可能有三种不同形式的化学变化：缓慢分解、燃烧和爆炸。这三种形式进行的速度不同，产生的产物和热效应也不同。

2.1.1.1 缓慢分解

炸药在常温下会缓慢分解，温度愈高，分解愈显著。这种变化的特点是：炸药内各点温度相同，在全部炸药中反应同时展开，没有集中的反应区；分解时，既可以吸收热量，也可以放出热量，这取决炸药类型和环境温度。但是，当温度较高时，所有炸药的分解反应都伴随有热量放出。例如，硝酸铵在常温或温度低于150℃时，其分解反应为吸热反应，反应方程为：

$$NH_4NO_3 \rightleftharpoons NH_3 + HNO_3 \qquad \Delta_r H_m^{\ominus} = 173.04\text{kJ/mol}\text{（谨慎加热到略高于熔点）}$$

当加热至200℃左右，分解时将放出热量，反应方程为

$$NH_4NO_3 \longrightarrow 0.5N_2 + NO + 2H_2O \qquad \Delta_r H_m^{\ominus} = -36.1\text{kJ/mol}$$

或

$$NH_4NO_3 \longrightarrow N_2O + 2H_2O \qquad \Delta_r H_m^{\ominus} = -52.5\text{kJ/mol}$$

分解反应为放热反应时，如果放出热量不能及时散失，炸药温度就会不断升高，促使反应速度不断加快和放出更多的热量，最终就会引起炸药的燃烧和爆炸。因此，在储存、加工、运输和使用炸药时要注意采取通风等措施，防止由于炸药分解产生热积累而导致意外爆炸事故的发生。炸药的缓慢分解可反映炸药的化学安定性。在炸药储存、加工、运输和使用过程中，都需要了解炸药的化学安定性。这是研究炸药缓慢分解意义所在。

2.1.1.2 燃烧与爆燃

炸药在热源（例如火焰）作用下会燃烧。但与其他可燃物不同，炸药燃烧时不需要外

界供给氧。当炸药的燃烧速度较快，达到每秒数百米时，称为爆燃。

进行燃烧的区域称作燃烧区，又称作反应区。开始发生燃烧的面称作焰面。焰面和反应区沿炸药柱一层层地传下去，其传播速度即单位时间内传播的距离称为燃烧线速度。线速度与炸药密度的乘积，即单位时间内单位截面上燃烧的炸药质量，称为燃烧质量速度。通常所说的燃烧速度系指线速度。爆燃速度低于炸药中的音速。

炸药在燃烧过程中，若燃烧速度保持定值，就称为稳定燃烧；否则称为不稳定燃烧。炸药是否能够稳定燃烧，取决于燃烧过程中的热平衡情况。如果热量能够平衡，即反应区中放出的热量与经传导向炸药邻层和周围介质散失的热量相等，燃烧就能稳定，否则就不能稳定。不稳定燃烧可导致燃烧的熄灭、震荡或转变为爆炸。

了解炸药燃烧的稳定性、燃烧特性及其规律，对爆炸材料的安全生产、加工、运输、保管、使用以及过期或变质炸药的销毁都是很必要的。

2.1.1.3 爆炸与爆轰

在足够的外部能量作用下，炸药以每秒数百米至数千米的高速进行爆炸反应。爆炸速度增长到稳定爆速时就称为爆轰；如果爆炸速度不能增长到稳定爆速，就会衰减转化为爆燃或燃烧。

爆轰是指炸药以每秒数千米的稳定速度进行的反应过程。特定的炸药在特定条件下的爆轰速度为常数。

可以认为，爆炸是一个笼统的概念，是对短暂剧烈现象的描述；而爆轰、爆燃和燃烧才是对炸药爆炸的专业表述。

也有学者认为，广义的爆炸应把爆炸和爆轰都包含在内。

2.1.1.4 爆炸与缓慢分解和燃烧之间的区别

A 爆炸与缓慢分解的主要区别

（1）缓慢分解是在整个炸药中展开的，没有集中的反应区域；而爆炸是在炸药局部发生的，并以波的形式在炸药中传播。

（2）缓慢分解在不受外界任何特殊条件作用时，一直不断地自动进行；而爆炸要在外界特殊条件作用下才能发生。

（3）缓慢分解与环境温度关系很大，随着温度的升高，缓慢分解速度将按指数规律迅速增加；而爆炸与环境温度无关。

B 燃烧与爆炸的主要区别

（1）燃烧与爆炸传播速度截然不同，燃烧的速度为每秒几毫米到每秒几百米，大大低于原始炸药中的声速；而爆轰的速度通常达每秒几千米，一般大于原始炸药中的声速。

（2）从传播连续进行的机理来看，燃烧时化学反应区放出的能量是通过热传导、辐射和气体产物的扩散传入下一层炸药，激起未反应的炸药化学反应，使燃烧连续进行；而在爆炸时，化学反应区放出的能量以压缩波的形式提供给前沿冲击波，维持前沿冲击波的强度，然后前沿冲击波冲击压缩下一层炸药激起化学反应，使爆轰连续进行。

（3）从反应产物的压力来看，燃烧产物的压力通常很低，对外界显示不出力的作用；而爆炸时产物压力可以达到 10^4MPa 以上，有强烈的力效应。

（4）从反应产物质点运动方向来看，燃烧产物质点运动方向与燃烧传播的方向相反；

而爆炸产物质点运动方向与爆炸传播的方向相同。

（5）从炸药本身条件来看，随着装药密度的增加，炸药颗粒间的孔隙度减小，燃烧速度下降；而爆轰随着装药密度的增加，单位体积物质化学反应时放出的能量增加，使之对于下一层的炸药的冲压加强，因而爆轰速度增加。

（6）从外界条件影响来看，燃烧易受外界压力和初温的影响。当外界压力低时，燃烧速度很慢；随着外界压力的提高，燃烧速度加快，当外界压力过高时，燃烧变得不稳定，以致转变成爆炸；爆炸基本上不受外界条件的影响。

此外，爆炸与爆轰是两个不同的概念。一般来说，具有爆炸三个要素的化学反应皆称为爆炸，爆炸传递的速度可能是变化的；爆轰除了要具备爆炸的三个要素之外，还要求传播的速度是恒定的、且在爆炸物内部传播的。因而，爆炸一般笼统定义为具有三大要素的化学反应，而爆轰专门定义为以恒定速度稳定传播的爆炸过程。

2.1.1.5 炸药不同化学反应形式转化

炸药三种化学反应形式可以相互转化。在某些条件下，爆炸可以衰减为燃烧，某些工业炸药常常出现这样的转化；反之，缓慢分解也能转化为燃烧，燃烧也可以转化为爆炸。这些转化的条件与环境、炸药的物理化学性质有关。三种化学反应变化形式之间的转化关系可表示如下：

$$\text{热分解}\xrightleftharpoons{\text{放热量大于散热量}}\text{燃烧}\xrightleftharpoons{\text{燃烧速度加快}}\text{爆炸(爆轰)}$$

2.1.2 炸药氧平衡与反应产物

2.1.2.1 炸药氧平衡

A 氧平衡定义

炸药的主要组成元素是碳、氢、氮、氧四种元素，某些炸药中也含有少量的氯、硫、金属和盐类。若认为一般炸药内只含有碳、氢、氮、氧元素，则无论是化合炸药还是混合炸药，都可把它们写成通式 $C_aH_bN_cO_d$。通常，化合炸药的通式按 1mol 质量写出，混合炸药的通式按 1kg 质量写出。这样，炸药分子通式中，下标 a、b、c、d 表示相应元素的原子数。四种元素中，C、H 为可燃元素，O 为助燃元素，N 为载氧体属惰性元素。

炸药爆炸反应过程，实质是炸药中所包含的可燃元素和助燃元素在爆炸瞬间发生高速度化学反应的过程，反应的结果重新组合成新的稳定产物，并放出大量的热量。按照最大放热反应条件，炸药中的碳、氢应分别被充分氧化为 CO_2 和 H_2O。这种放热最大、生成产物最稳定的氧化反应称为理想的氧化反应。是否发生理想的氧化反应与炸药中含氧量有关，只有炸药中含有足够的氧量时，才能保证理想的氧化反应的发生。

炸药的氧平衡定义：炸药内含氧量与所含可燃元素充分氧化所需氧量相比之间的差值称为氧平衡。

氧平衡用每克炸药中剩余或不足氧量的克数或质量分数来表示，单位为%，或 g/g。

B 氧平衡计算

若炸药的通式为 $C_aH_bN_cO_d$，a 个 C 原子充分氧化需要 $2a$ 个 O 原子，b 个 H 原子充分氧化需要 $b/2$ 个 O 原子，则单质炸药的氧平衡计算式为：

$$O_b = \frac{1}{M}[d - (2a + b/2)] \times 16 \times 100\% \tag{2-1}$$

式中，O_b 为炸药的氧平衡；M 为炸药的摩尔质量，g/mol；16 为氧的摩尔质量，g/mol。

对混合炸药，氧平衡计算式为：

$$O_b = \frac{1}{1000}[d - (2a + b/2)] \times 16 \times 100\% \tag{2-2}$$

或

$$O_b = \sum m_i O_{bi} \tag{2-3}$$

式中，m_i、O_{bi}分别为第 i 组分的质量分数和氧平衡值。

某些炸药及常用组分的氧平衡值见表 2-1。

表 2-1 部分炸药及组分的氧平衡值

物质名称	分 子 式	（相对分子质量）氧平衡值/%
梯恩梯	$C_6H_2(NO_2)_3CH_3$	(227) -74
黑索金	$C_3H_6N_3(NO_2)_3$	(222) -21.6
硝化甘油	$C_3H_5(ONO_2)_3$	(227)3.5
二硝化乙二醇	$C_2H_4(ONO_2)_2$	(152)0
太安	$C_5H_8(ONO_2)_4$	(316) -10.1
甲铵硝酸盐	$CH_3NH_2HNO_3$	(94) -34
二硝基重氮酚	$C_6H_2(NO_2)_2NON$	(210) -60.9
雷汞	$Hg(ONC)_2$	(284.6) -11.2
硝酸钾	KNO_3	(101)39.6
硝酸钠	$NaNO_3$	(85)47
硝酸铵	NH_4NO_3	(80)20
铝粉	Al	(27) -89
木粉 1	$C_9H_{70}O_{23}$	(546) -87.9
木粉 2	$C_{15}H_{22}O_{10}$	(362) -137
木粉 3	$C_{39}H_{70}O_{28}$	(986) -137.9
木粉 4	$C_{50}H_{72}O_{33}$	(1200) -137.3
石蜡	$C_{18}H_{38}$	(254) -346.5
沥青	$C_{30}H_{18}O$	(394) -276.1
轻柴油 1	$C_{16}H_{32}$	(224) -342.9
轻柴油 2	$C_{13}H_{26}$	(182) -342.9
矿物油	$C_{12}H_{26}$	(170) -348.2
木炭		266.7
煤	含 86% 碳	-255.9
硬脂酸钙	$C_{36}H_{70}O_4Ca$	(606) -271.94
纤维素	$(C_6H_{10}O_5)_n$	$(162 \times n)$ -118.5
氯化钠	NaCl	(58.5)0
氯化钾	KaCl	(74.5)0

续表 2-1

物质名称	分 子 式	（相对分子质量）氧平衡值/%
十二环基苯硫酸钠	$C_{18}H_{20}O_3SNa$	-202.95
古尔胶（加拿大）	$C_{3.21}H_{6.2}O_{3.33}N_{0.043}$	-100.4
聚丙基酰胺	$(CH_2CHCONH_2)_2$	(142) -169
硬脂酸	$C_{18}H_{36}O_2$	(284) -293
2号岩石铵梯炸药		3.34
2号煤矿铵梯炸药		1.32
铵油炸药		-0.16

【例 2-1】 计算梯恩梯 $C_6H_2(NO_2)_3CH_3$ 和硝酸铵 NH_4NO_3 的氧平衡。

解： 将梯恩梯的通式写为 $C_7H_5N_3O_6$，即有 $a=7$，$b=5$，$c=3$，$d=6$，$M=227g/mol$。

由式（2-1）得梯恩梯的氧平衡值：

$$O_b = \frac{1}{227}[6-(2\times 7+5/2)]\times 16\times 100\% = -74\%$$

类似地，硝酸铵的通式为 $C_0H_4N_2O_3$，即 $a=0$，$b=4$，$c=2$，$d=3$，$M=80g/mol$，氧平衡值为：

$$O_b = \frac{1}{80}[3-(2\times 0+4/2)]\times 16\times 100\% = 20\%$$

【例 2-2】 计算阿梅托 50/50（含梯恩梯 50%，硝酸铵 50%，质量分数）炸药的氧平衡值。

解 1： 根据式（2-3），其中 $m_1=m_2=50\%$，$O_{b1}=-74\%$，$O_{b2}=-20\%$，有

$$O_b = \sum m_i O_{bi} = 50\%\times(-74\%)+50\%\times 20\% = -27\%$$

以上解法比较简单易算，也可以用式（2-2）解，但比较麻烦，见解 2。

解 2： 1kg 阿梅托 50/50 炸药中含梯恩梯和硝酸铵各 0.5kg，梯恩梯的摩尔数为 500/227mol=2.2mol，硝酸铵的摩尔数为 500/80mol=6.25mol，炸药通式为：

$$2.2(C_7H_5N_3O_6)+6.25(C_0H_4N_2O_3) == C_{15.4}H_{36}N_{19.1}O_{31.95}$$

由式（2-2），炸药的氧平衡为：

$$O_b = \frac{1}{1000}[31.95-(2\times 15.4+36/2)]\times 16\times 100\% = -27\%$$

C 炸药氧平衡分类

a 氧平衡类型

根据氧平衡值的大小，可将氧平衡分为正氧平衡、负氧平衡和零氧平衡三种类型。

（1）正氧平衡（$O_b>0$） 炸药内的含氧量除将可燃元素充分氧化之后尚有剩余，这类炸药称为正氧平衡炸药。正氧平衡炸药未能充分利用其中的氧量，且剩余的氧和游离氮化合时，将生成氮氧化物有毒气体，并吸收热量。

（2）负氧平衡（$O_b<0$） 炸药内的含氧量不足以使可燃元素充分氧化，这类炸药称为负氧平衡炸药。这类炸药因氧量欠缺，未能充分利用可燃元素，放热量不充分，并且生成可燃性 CO 等有毒气体。

负氧平衡中又把足以使氢与氧化合为水后，碳不能完全氧化成 CO 的严重缺氧状态称为严重负氧平衡。剩余的碳游离出来生成固体碳。

(3) 零氧平衡 ($O_b=0$) 炸药内的含氧量恰好够可燃元素充分氧化，这类炸药称为零氧平衡炸药。零氧平衡炸药因氧和可燃元素都能得到充分利用，故在理想反应条件下，能放出最大热量，而且不会生成有毒气体。

炸药的氧平衡对其爆炸性能，如放出热量、生成气体的组成和体积、有毒气体含量、气体温度、二次火焰（如 CO 和 H_2 在高温条件下和有外界供氧时，可以二次燃烧形成二次火焰）以及做功效率等有着多方面的影响。

b 混合炸药配方计算

炸药的氧平衡受其成分的影响。在配制混合炸药时，可通过调节其组成和配比，使炸药的氧平衡接近于零氧平衡，这样可以充分利用炸药的能量和避免或减少有毒气体的产生。

以含两种成分的混合炸药配比为例，设 x、y 分别为炸药中氧化剂和可燃剂的配比，O_x、O_y、O_b 分别为这两种成分和混合后氧平衡值，则有

$$\begin{cases} x + y = 100\% \\ xO_x + yO_y = O_b \end{cases} \tag{2-4}$$

若按零氧平衡配制，则取 $O_b=0$，可联立求解 x、y。

若配制三种成分的炸药，则需要先计算出三种成分的取值范围，然后根据经验先确定一种成分在炸药中的质量分数，再按以上方法计算其他两组分的配比。

【例 2-3】 用硝酸铵、TNT 和木粉配制零氧平衡的岩石炸药，试求出其取值范围并选定一组配方。

解： 设 1 单位质量炸药中含硝酸铵为 x，TNT 为 y，木粉为 z。

已知各组分中的氧平衡（查表 2-1）：硝酸铵 20%，TNT-74%，木粉-138%，按零氧平衡配制时应有：

$$\begin{cases} x + y + z = 100\% \\ 0.2x - 0.74y - 1.38z = 0 \end{cases}$$

设 $y=0$，得：

$$\begin{cases} x = 87.34\% \\ z = 12.66\% \end{cases}$$

再设 $z=0$，得：

$$\begin{cases} x = 78.72\% \\ y = 21.28\% \end{cases}$$

三种成分的取值范围分别为：

硝酸铵	$x=78.72\%\sim87.34\%$
TNT	$y=0\%\sim21.28\%$
木粉	$z\%=0\sim12.66\%$

在以上取值范围内，有无数配方可满足零氧平衡。依据所配炸药所需的感度、威力和成本等，可先选定一种成分的含量。如本题选 TNT $y=10\%$，代入上面方程组解得：

$$\begin{cases} x = 83.3\% \\ z = 6.7\% \end{cases}$$

即可选择配方为硝酸铵83.3%、TNT10%、木粉6.7%，组成零氧平衡的岩石炸药。

2.1.2.2 爆轰产物与有毒气体

（1）爆轰产物。在炸药爆炸反应过程的研究中，把炸药爆轰时，化学反应区反应终了瞬间的化学反应产物叫做炸药的爆轰产物。它是计算爆轰反应热效应的依据。爆轰产物组成成分很复杂，其中它要有：CO_2、H_2O、CO、NO_2、NO、C、O_2、N_2 等。若炸药内含硫、氯和金属等时，产物中还会有硫化氢、氯化氢和金属氧化物、金属氯化物等。

（2）爆炸产物。爆轰产物的进一步膨胀，或同外界空气、岩石等其他物质相互作用，发生新的反应、生成新的产物。为了同爆轰产物相区别，把这种反应产物叫做爆炸产物，它是衡量炸药爆炸后有毒气体生成量的依据。

（3）有毒气体。炸药爆炸生成的气体产物中，CO和氮氧化物都是有毒气体。炸药内含硫或硫化物时，还会生成 H_2S、SO_2 等有毒气体。上述有毒气体进入人体呼吸系统后能引起中毒，即通常所说的炮烟中毒。而且某些有毒气体对煤矿井下瓦斯爆炸起催化作用（如氮氧化物），或引起二次火焰（如CO）。为了确保井下工作人员的健康和安全，对于井下使用的炸药，必须控制其有毒气体生成量，使之不超过安全规程的规定值。

在计算有毒气体总量时，应将其他气体折算成CO含量；其中氮氧化物的毒性系数为6.5，SO_2、H_2S 的毒性系数为2.5。

影响有毒气体生成量的主要因素有：

（1）炸药的氧平衡。正氧平衡内剩余氧量可能会生成氮氧化物，负氧平衡会生成CO，零氧平衡生成的有毒气体量最少。

（2）化学反应的完全程度。即使是零氧平衡炸药，如果反应不完全，也会增加有毒气体生成量。

（3）若炸药外壳为涂蜡纸壳，由于纸和蜡均为可燃物，能夺取炸药中的氧，在氧量不充裕的情况下，将形成较多的CO。因此，炸药厂在生产炸药时，总把炸药的氧平衡配成稍微正氧平衡以补充包装物的氧需求。

（4）若爆破岩石内含硫时，爆轰产物与岩石中的硫作用，也可生成 H_2S、SO_2 等有毒气体。

2.1.2.3 炸药热化学参数

（1）爆容。1kg炸药爆炸生成气体产物换算为标准状态下的体积称为爆容，其单位为L/kg。爆容越大，炸药做功能力越强。因此，爆容是衡量炸药爆炸做功能力的一个重要参数。

（2）爆热。单位质量炸药爆炸时所释放的热量称为爆热。工程上，通常用1kg炸药爆炸释放出来的热量表示，单位为J/kg或kJ/kg。由于爆炸极迅速，爆炸瞬间固体炸药变成气体产物，这些产物来不及膨胀，爆炸已经结束，因而可以认为爆炸过程是定容过程。因此，通常所说的爆热都是定容爆热，用 Q_v 表示。

（3）爆温。爆温是指炸药爆炸时放出的能量将爆炸产物加热到的最高温度。研究炸药的爆温具有重要的实际意义。一方面它是炸药热化学计算所必需的参数；另一方面在实际爆破工程中，对其数值有一定的要求。如煤矿井下有瓦斯与煤尘爆炸危险工作面的爆破，出于安全考虑，需要对炸药的爆温有严格的控制，一般应在2000℃以内；而对于其他爆破，为提高炸药的做功能力，则要求爆温高一些。

不同爆炸场合对爆温有不同的要求。如为了提高炸药的爆炸做功能力，需要提高爆温；为了避免矿用炸药引起瓦斯、煤尘的爆炸，需要使矿用炸药的爆温不超过允许值。

（4）爆炸压力。炸药在爆炸过程中，产物内的压力分布是不均匀的，并随时间而变化。当爆炸结束，爆炸产物在炸药初始体积内达到热平衡后的流体静压值称为爆炸压力，简称爆压。这里要注意爆压与后面要讲到的爆轰压力的区别。

2.1.3 炸药感度

2.1.3.1 概念

在外界能量作用下，炸药发生爆炸的难易程度称为感度。一般容易引爆的炸药称为高感度炸药，不易引爆的称为低感度炸药。能够激发炸药发生爆炸的能量有热能、电能、光能、机械能、冲击波能或辐射能等多种形式。通常根据外界作用于炸药能量的形式将炸药的感度分为若干类型，如热感度、火焰感度、摩擦感度、撞击感度、起爆感度、冲击波感度、静电感度等。

炸药对不同形式的外界能量作用所表现的感度是不一样的，也就是说，炸药的感度与不同形式的起爆能并不存在固定的比例关系。因此，不能简单地以炸药对某种起爆能的感度等效地衡量它对另一种起爆能的感度。

在工程实践中，人们在需要高感度炸药的同时，又希望炸药具有低感度的特性。也就是说，希望炸药在使用的时候具有高感度，以保证起爆和传爆的可靠性；而在生产、贮存、运输等非使用场合，炸药又具有低感度，以确保安全。根据需要，人们把炸药的感度又分为“使用感度”和“危险感度”。所谓使用感度是指炸药在预定起爆方式所施加的起爆能的作用下发生爆炸反应的难易程度。对于爆破作业人员来说，一般都希望炸药在使用时具有较高的使用感度，以减少炸药拒爆的概率，有效地防止盲炮事故。所谓危险感度则是指炸药在外界施加的各种非正常起爆能的作用下发生爆炸的难易程度。无论是炸药的生产者还是使用者，都希望炸药具有较低的危险感度，以保证炸药在生产、运输、搬运和贮存等非使用环节的安全，避免发生意外爆炸事故。

2.1.3.2 炸药热感度

炸药的热感度是指在热的作用下，炸药发生爆炸的难易程度。热作用的方式主要有两种：均匀加热和火焰点火，习惯上把均匀加热时炸药的感度称为热感度，把火焰点火时的炸药感度称为火焰感度。

炸药的热感度通常用爆发点来表示。爆发点是炸药在一定的受热条件下，经过一定的延滞期发生爆炸时加热介质的最低温度。很显然，爆发点越高，则说明该炸药的热感度越低。

在工业生产中，用爆发点测定仪来测定炸药的爆发点，做爆发点量测实验时延滞期一般取5min为标准。表2-2列出了几种炸药的爆发点。

表 2-2 几种炸药的爆发点

炸药名称	爆发点/℃	炸药名称	爆发点/℃
EL 系列乳化炸药	330	黑火药	290~310
2 号岩石铵梯炸药	186~230	黑索金	230
2 号煤矿铵梯炸药	180~188	特屈儿	195~200
硝酸铵	300	梯恩梯	290~295
硝化甘油炸药	200	二硝基重氮酚	150~151

雷管的起爆药均具有较高的火焰感度。在敞开环境下，一般少量的工业炸药（包括黑火药）用火焰点燃时通常只发生不同程度的燃烧。

火焰感度用上限距离和下限距离表示。用导火索点燃装入加强帽中的 0.05g 炸药，上限距离是 100%发火的最大距离，下限距离则是 100%不发火的最小距离。

2.1.3.3 炸药机械感度

炸药的机械感度是指炸药在机械作用下发生爆炸的难易程度。机械作用的形式很多，如撞击、摩擦、针刺等，其中撞击和摩擦是最为常见的两种形式。

（1）撞击感度。在机械撞击的作用下，炸药发生爆炸的难易程度称为炸药的撞击感度。炸药的撞击感度通常借助于立式落锤仪测定，是将一定质量的炸药试样放在击发装置内，让一定质量的落锤自规定的高度自由落下，撞击击发装置内的炸药试样，根据火花、烟雾或声响结果来判断炸药试样是否发生爆炸。撞击 25 次后，计算该炸药试样的爆炸概率 G_P，并用 G_P 来表示炸药试样的撞击感度。

（2）摩擦感度。在机械摩擦的作用下，炸药发生爆炸的难易程度称为炸药的摩擦感度。炸药摩擦感度的测定采用摆式摩擦仪，测定时将一定质量的炸药试样装入上下滑柱间，通过装置给上下滑柱施加规定的静压力。释放摆锤打击击杆，使上下滑柱产生水平相对位移，摩擦炸药试样，判断炸药试样是否爆炸。试验 25 次，计算炸药试样的爆炸概率 G_P，并用 G_P 来表示炸药试样的摩擦感度。表 2-3 为几种炸药的撞击感度和摩擦感度。

表 2-3 几种炸药的撞击感度和摩擦感度

炸药名称	EL 系列乳化炸药	2 号岩石铵梯炸药	硝化甘油炸药	黑索金	特屈儿	黑火药	梯恩梯
撞击感度/%	≤8	20	100	70~75	50~60	50	4~8
摩擦感度/%	0	16~20	—	90	24	—	0

2.1.3.4 起爆感度与殉爆距离

A 起爆感度

炸药的起爆感度是指在其他炸药（起爆药、起爆具等）的爆炸作用下，猛炸药发生爆轰的难易程度。猛炸药被起爆药起爆的感度，一般用最小起爆药量来表示，即在一定的实验条件下，能引起猛炸药完全爆轰所需的最小起爆药量。最小起爆药量越小，则表明猛炸药对起爆药的起爆感度越高；反之，最小起爆药量越大，则表明猛炸药对起爆药的起爆感度越低。

对于一些起爆感度较低的工业炸药，如铵油炸药，用少量的起爆药（如 1 发 8 号工业雷管）是难以使其可靠爆轰的。这类炸药的起爆感度不能用最小起爆药量来表示，而只能用威力较大的起爆药柱的最小质量来表示。在工程爆破中，习惯上用雷管感度来区分工业炸药的起爆感度。凡能用 1 发 8 号工业雷管可靠起爆的炸药称其具有雷管感度，凡不能用 1 发 8 号工业雷管可靠起爆的炸药称其不具有雷管感度。

B 殉爆距离

a 炸药的殉爆现象

炸药（主发药包）发生爆炸时引起与它不相接触的邻近炸药（被发药包）爆炸的现象，称为殉爆。殉爆在一定程度上反映了炸药的起爆感度。主发药包爆炸时一定引爆被发药的两药包间的最大距离，称为殉爆距离。炸药的殉爆能力用殉爆距离表示，单位一般为 cm。

研究殉爆的目的在于：确定炸药生产工作间的安全距离，为厂房设计提供基本数据；为炸药的加工、生产、运输、储存，确定当量级别和安全间距；为研究和改进工业炸药的性质、提高在工程爆破时起爆或传爆的可靠性、盲炮处理和诱爆等，提供科学依据。

在采用炮孔法进行爆破工作时，为保证相邻药卷完全殉爆，对药卷之间的殉爆距离有一定要求。装药时，应尽可能使相邻药卷紧密接触，防止岩粉或碎石等惰性物质将药卷隔开。因有惰性介质时，殉爆距离将明显减小。

在炸药说明书中，都列有殉爆距离，使用者只需抽样检验，判定炸药在储存过程中有无变质。

b 殉爆距离的测定

殉爆距离是工业炸药的一项重要性能指标。在炸药品种、药卷质量和直径、外壳、介质、爆轰方向等条件都给定的前提下，殉爆距离既反映了被发装药的冲击波感度，也反映了主发装药的引爆能力，两者都与工业炸药的加工质量有关。

殉爆距离的测定方法应符合《工业炸药殉爆距离测定》的有关规定。通常采用炸药产品的原包装药卷。将沙地铺平，用直径 35mm，长度不小于 600mm 的木制圆棒在沙地上压出一个半圆形凹槽。在主发装药的捏头端插入一支 8 号雷管，插入深度为雷管长度的 2/3，将主发装药、被发装药（被测药卷）置于凹槽内，如图 2-1 所示。注意被发装药的捏头端与主发装药药卷的半圆穴相对应。引爆主发装药后，根据放置被发装药的地方有无残药或是否产生深坑，判断是否殉爆。找出三次试验都能殉爆的最大间距，即为该药卷的殉爆距离。

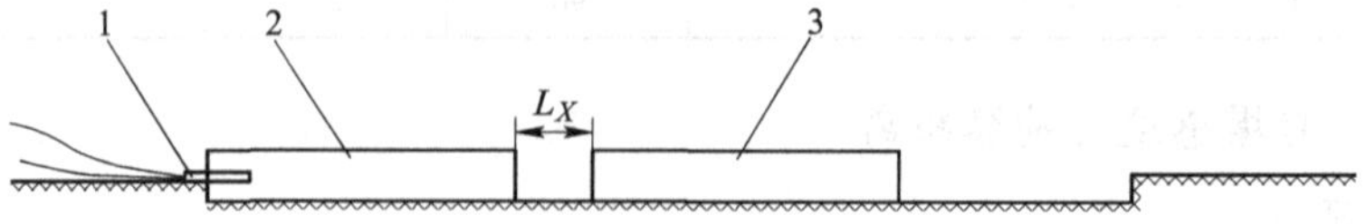

图 2-1 殉爆距离的测定

1—雷管；2—主发装药；3—被发装药

c 影响殉爆距离的因素

（1）装药密度。密度对主发药包和被发药包的影响是不同的。实践证明，主发药包的条件给定后，在一定范围内，被发药包密度小，殉爆距离增加，如图 2-2 所示，炸药品种为膨托尼特，药量50g。线1的主发药包密度为1.5g/cm³，线2为1.0g/cm³。

按“热点”的说法，可以认为炸药密度小，空隙多，在主发药包冲击波绝热压缩下，便于形成热点，也有利于主发药包的爆炸产物进入被发药包的表层内，容易导致被发药包的爆炸。

一般地说，随着主发药包密度增高，殉爆距离也增大。这是由于爆速和与之相关的产物流及冲击波的强度都随药包密度的加大而增大，而这些正是引爆被发药包的能源。

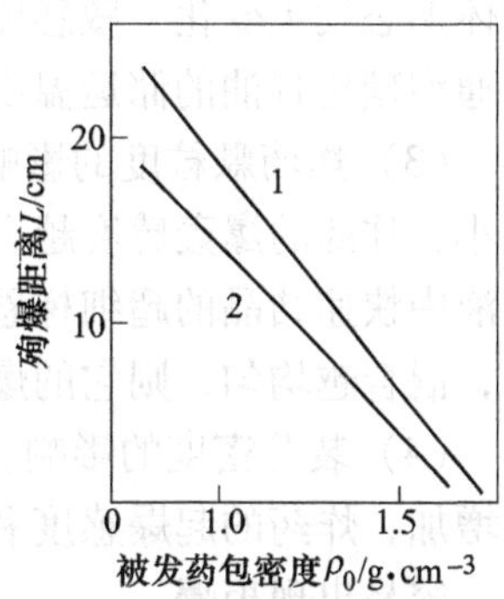

图2-2 被发药包密度对殉爆距离的影响

(2) 药量和药径。试验表明，增加药量和药径，将使主发药包的冲击波强度增大，被发药包接收冲击波的面积也增加，殉爆距离也就可以提高。

(3) 药包外壳和连接方式。如果主发药包有外壳，甚至将两个药包用管子连接起来，由于爆炸产物流的侧向飞散受到约束，自然会增大被发药包方向的引爆能力，显著增大殉爆距离，而且随着外壳、管子材质强度的增加而进一步加大。

药包的摆放涉及冲击波与爆炸产物流的打击方向，对殉爆极有影响。在主发药包与被发药包轴线对正的情况下殉爆效果最好，如图2-3a所示。轴线垂直效果较差，可降低4~5倍之多，如图2-3b所示。

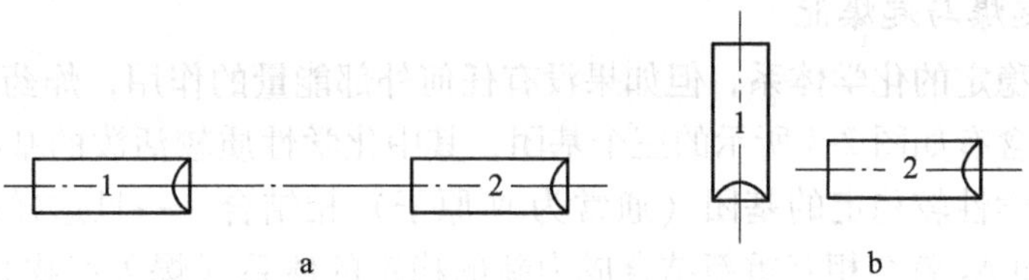

图2-3 药包摆放位置对殉爆的影响

1—主发药包；2—被发药包

此外，两个装药间的介质，如果不是空气，而是水、金属、砂土等密实介质，殉爆距离将明显下降。这种现象可以利用来防止殉爆，如危险厂房间若设防爆土堤或防爆墙，厂房间的殉爆安全距离可以大为缩短。但是在炮孔中的药卷间若有岩粉、碎石，就可能出现传爆的中断而产生拒爆，此时必须将药卷间的岩粉和碎石清除。

2.1.3.5 炸药物理状态对感度的影响

炸药的感度一方面与自身的结构和物理化学性质有关，另一方面还与炸药的物理状态和环境条件有关。对于爆破工程技术人员来讲，了解炸药的物理状态和环境条件对其感度的影响是十分必要的。炸药的物理状态和环境条件对感度的影响主要表现在以下几个方面。

(1) 炸药温度的影响。随着温度的增高，炸药的各种感度都增加，在高温介质中爆破应特别注意安全。

(2) 炸药物理形态的影响。铵梯炸药等粉状炸药受潮结块时，感度会明显下降。因此，在雨季和潮湿环境中使用铵梯炸药，应采取有效的防潮措施。硝化甘油炸药冻结时，晶体形态发生变化，敏感度明显提高。因此，对硝化甘油炸药的储运温度有严格的限制。普通型硝化甘油的储运温度不低于 10℃，难冻型则不低于-20℃。

（3）炸药颗粒度的影响。炸药的颗粒度主要影响炸药的爆轰感度。一般情况下，颗粒越小，炸药的爆轰感度越大。例如 100%通过 2500 目的梯恩梯极限起爆药量为 0.1g，从而溶液中快速结晶的超细梯恩梯的极限起爆药量仅为 0.04g。对于工业炸药，一般各组分越细，混合越均匀，则它的爆轰感度越高。

（4）装药密度的影响。装药密度主要影响起爆感度和火焰感度。通常，随着装药密度的增加，炸药的起爆感度和火焰感度都会下降。粉状铵梯炸药的装药密度大于 1.2g/cm^3 时，容易出现拒爆。

（5）附加物的影响。在炸药中掺入附加物可以显著地影响炸药的机械感度。附加物对炸药机械感度的影响主要取决于附加物的性质，即硬度、熔点及粒度等。当附加物相对于炸药的硬度较高时（如石英砂、碎玻璃），可能使炸药的机械感度增高，这类物质叫增感剂。另外一类相对炸药较软且热容量大的物质，如水、石蜡等，掺入后使炸药感度降低，这类物质称为钝感剂。

因此，现场装药时要避免岩屑、石块、泥土以及其他杂质的混入，以防影响炸药的可靠起爆或早爆。

2.1.4 炸药起爆理论

2.1.4.1 起爆与起爆能

炸药属于不稳定的化学体系，但如果没有任何外部能量的作用，炸药可以保持它的平衡状态。设炸药含有如图 2-4 所示的三个基团，其中化学性质较活泼的基团 A_1 和 A_2 互相隔离而分别同化学性较稳定的基团（通常为 N 原子）相结合。一旦这样的暂时键合遭到破坏时，则 A_1 和 A_2 就会相互重新结合成为新的稳定的体系（爆轰产物）。如果 A_1 和 A_2 是氧原子和碳原子或氢原子，则新的化学体系将是气体产物 CO_2、CO 或 H_2O 及 N_2，同时放出大量的热，这正是化学爆炸所要求的条件。

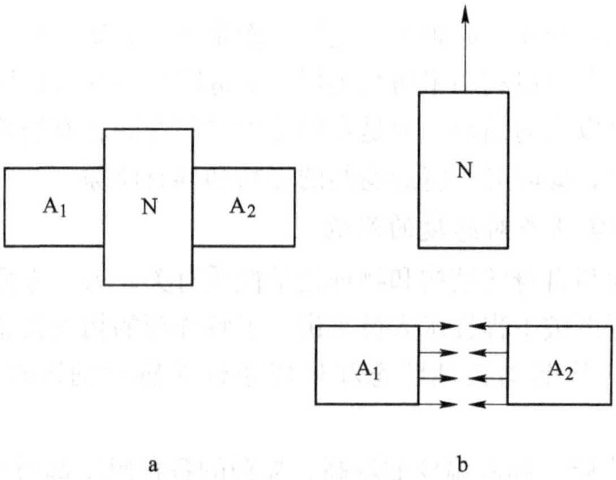

图 2-4 炸药爆炸化学体系变化示意图

为了打破原体系（炸药）的平衡，必须由外部给予足够的能量以拆散 N 同 A_1 和 A_2

的联结。这种外部能量叫做起爆能，而引起炸药爆炸的作用又叫做起爆。

通常，工业炸药的起爆能有以下三种形式：

（1）热能。利用加热作用使炸药起爆，又可分为火焰、火星、电热等形式。工业雷管多利用这种形式的起爆能。

（2）机械能。通过撞击、摩擦、针刺等机械作用使炸药分子间产生强烈的相对运动，并在瞬间产生热效应使炸药起爆。这种形式多用于武器。

（3）爆炸冲能。利用起爆药爆轰产生的爆轰波及高温高压气体产物流的动能，可以使猛炸药起爆。

2.1.4.2 起爆机理

起爆能是否能使炸药起爆，不仅与起爆能量多少有关，而且还取决于能量的集中程度。根据活化能理论，化学反应只是在具有活化能量的活化分子互相接触和碰撞时才能发生。活化分子具有比一般分子更高的能量，故比较活泼。因此，为了使炸药起爆，就必须有足够的外能使部分炸药分子变为活化分子。活化分子的数量愈多，其能量同分子平均能量相比愈大，则爆炸反应速度也愈高。

根据起爆能形式的不同，炸药的起爆可以用不同的起爆机理进行解释，但这些解释都可以用炸药爆炸的能栅图（图 2-5）进行概略的说明。

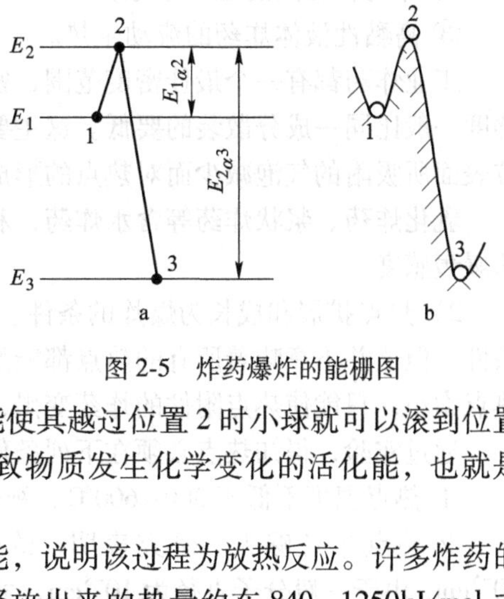

图 2-5　炸药爆炸的能栅图

如图 2-5a 所示，炸药在没有外能作用时处于相对稳定平衡状态 1，其位能为 E_1。当受到一定的外能作用时，炸药被激发至位置 2，它的位能这时跃升为 E_2。当增加的位能 E_1，2 大于炸药分子发生爆炸变化所需的活化能时，炸药发生爆炸，放出能量 $E_{2,3}$。这好像一个小球图 2-5b 在位置 1 时，处于相对稳定状态，若给它一定的外能使其越过位置 2 时小球就可以滚到位置 3，产生动能。显然，这里所指的外能 $E_{1,2}$ 就是导致物质发生化学变化的活化能，也就是爆炸研究领域里常说的起爆冲能。

图 2-5a 中 $E_{2,3}$ 表示反应过程终了释放出的热能，说明该过程为放热反应。许多炸药的活化能约为 125~250kJ/mol。相应地，爆炸反应释放出来的热量约在 840~1250kJ/mol 之间，远大于所需活化能量，完全足以生成更多的新的活化分子，形成自动加速反应。因此，外能愈大，愈集中，炸药局部温度愈高，形成的活化分子愈多，则引起炸药爆炸的可能性愈大。反之，如果外能均匀地作用于炸药整体，则需要更多的能量才能引起爆炸。

（1）热能起爆机理。炸药在热能作用下通常都产生放热分解，但并不一定导致爆炸。只有当单位时间内炸药反应放出的热量大于散失到环境的热量时，炸药中才有可能产生热的积累，而只有炸药中产生热积累，才有可能使炸药温度不断上升，引起反应速度加快和导致爆炸。还有一个条件，就是放热量随温度的变化率应超过散热量随温度的变化率，只有这样才能引起炸药的自动加速反应。

雷汞、二硝基重氮酚等在遇到火焰或电热作用时，能迅速由分解反应转变爆炸，故可作起爆药使用。

通常采用不易因受热而发生爆炸的炸药作猛炸药。要使这种猛炸药起爆，就必须利用起爆器材的爆炸冲能。虽然如此，在使用、运输、加工和贮存过程中，仍然必须采用安全措施，防止猛炸药由于受热或燃烧而转为爆炸。在密闭条件下，大量燃烧的猛炸药由于温度、压力的不断上升，最终可能导致爆炸。

（2）机械能起爆机理。炸药在摩擦、撞击作用下由机械能转化为热能而引起爆炸的假说已有多种，其中以布登的热点起爆理论较为推崇。

热点起爆理论又称热点学说、或灼热核理论，是由英国的布登在研究摩擦学的基础上于20世纪50年代提出来的。由于热点学说能较好地解释炸药在机械作用下发生爆炸的原因，因此得到了人们普遍的认可。

热点学说认为，在机械作用下产生的热来不及均匀地分布到全部炸药分子，而是集中在炸药个别的小点上，例如个别结晶的两面角，特别是多面角或微小气泡周围。这些小点上温度达到爆发点时，就会首先在这里发生爆炸，然后再扩展开去。这种温度很高的小点叫做热点。

1）热点形成的原因：

① 炸药中微小气泡的绝热压缩；

② 炸药颗粒间的强烈摩擦；

③ 高黏性液体炸药的流动生热。

工业炸药都有一个最佳密度范围，密度过高，爆炸参数值急剧恶化，因而浇铸炸药的感度一般比同一成分散装的要低。这主要是因为随着炸药密度的增大，炸药中的空隙和颗粒表面所吸附的气泡减少而对热点的形成不利。

乳化炸药、浆状炸药等含水炸药，利用热点理论在炸药中加入敏化气泡，增加了炸药的爆轰感度。

2）热点扩展和成长为爆炸的条件。热点的形成是炸药在机械作用下发生爆炸的首要条件，但这并不意味着所有的热点都能发展为爆炸。例如用α粒子轰击炸药，由于形成的热点太小，只能使热点附件的炸药变黑，并不能引起爆炸。

通过实验，得知热点必须在下列条件下始能发展为爆炸：

① 热点温度不低于300~600℃，视炸药品种而定；

② 热点半径够大。研究表明，灼热核的形状一般近似于球体，其直径为10^{-3}~10^{-5}cm，由于一般分子直径为10^{-8}cm，实际上是每个灼热核都包含了众多的炸药分子同时起爆；

③ 热点作用时间在10^{-7}s以上；

④ 热点具有够大的热量，$q \geqslant (4.18\times10^{-8} \sim 4.18\times10^{-10})$J。

（3）爆炸冲能起爆机理。在工程爆破中常把利用一种炸药装药的爆炸引起与它直接接触的另一种炸药装药爆炸的现象称为起爆，例如用雷管的爆炸使乳化炸药起爆。习惯上称起爆的装药为主发装药，被起爆的装药为被发装药。爆炸冲能起爆机理同机械能起爆相似。由于瞬间爆轰波（强冲击波）的作用，首先在炸药某些局部造成热点，然后由热点周围炸药分子的爆炸再进一步扩展。

根据主发装药在被发装药内产生激发冲击波的速度和起爆冲能大小的不同，炸药可以有以下三种引爆情况：

1）激发冲击波初速小于被发装药临界爆速。此时，被发装药不可能爆炸，激发冲击波在炸药内的传播与在惰性介质中的传播一样，传播到一定距离后将衰减成为音波，如图 2-6 中曲线 1 所示。

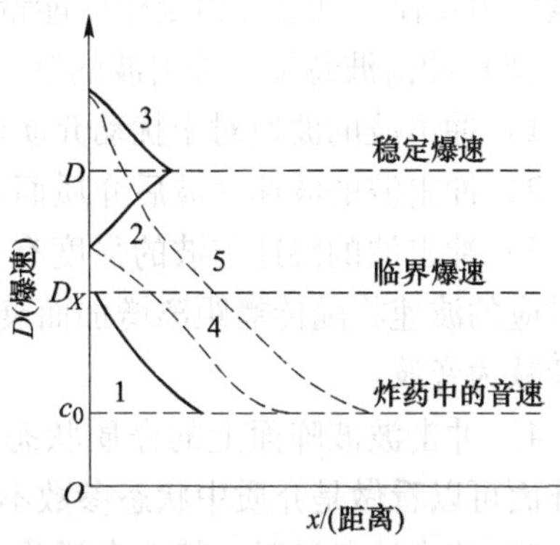

图 2-6 各种不同引爆情况

2）激发冲击波初速大于被发装药临界爆速，但小于被发装药稳定爆轰速度。此时如有足够的起爆冲能，就能使炸药爆炸。但从激发冲击波速度增长到被发装药稳定爆速，须经过一定时间或区段，分别称为爆轰成长期或爆轰过渡区（曲线 2）。若起爆冲能不够，激发冲击波仍然会衰减为音波，但因部分炸药已发生反应并放出反应热，故衰减较慢（曲线 4）。

3）激发冲击波初速不仅大于被发装药临界爆速，而且也大于被发装药稳定爆速。此时，若有足够起爆冲能，就能使被发装药发生爆炸。其特征是被发装药的最初爆速高于稳定爆速，而后逐渐衰减为稳定爆速（曲线 3）。但若起爆冲能不够，激发冲击波同样也会衰减为音波（曲线 5）。

综上所述，要使被发装药起爆并达到稳定爆轰，激发冲击波的速度必须大于装药的临界爆速。同时，必须供给足够的起爆冲能。但起爆冲能不会影响被发装药本身的稳定爆速。

2.1.5 炸药爆轰理论

2.1.5.1 介质中波与冲击波

（1）波。空气、水、岩体、炸药等物质的状态可以用压力、密度、温度、移动速度等参数表征。物质在外界的作用下状态参数会发生一定的变化，物质局部状态的变化称为扰动。如果外界作用只引起物质状态参数发生微小的变化，这种扰动称为弱扰动。如果外界作用引起物质状态参数发生显著的变化，这种扰动称为强扰动。

扰动在介质中的传播称为波。在波的传播过程中，介质原始状态与扰动状态的交界面称为波阵面（或波头）。波阵面的移动方向就是波的传播方向，波的传播方向与介质质点震动方向平行的波称为纵波，波的传播方向与介质质点振动方向垂直的波称为横波。波阵面在其法线方向上的位移速度称为波速。按波阵面形状不同，波可分为平面波、柱面波、球面波等。

所谓音波即介质中传播的弱扰动纵波，音速则是弱扰动在介质中的传播速度。在这里，不能把音波只理解为听觉范围内的波动。

（2）压缩波和稀疏波。受扰动后波阵面上介质的压力、密度均增大的波称为压缩波；受扰动后波阵面上介质的压力、密度均减小的波称为稀疏波或膨胀波。

（3）冲击波形成。冲击波是一种在介质中以超声速传播的并具有压力突然跃升然后慢慢下降特征的一种高强度压缩波。飞机和弹丸在空气中的超音速飞行，炸药爆炸产物在空气中的膨胀，都是产生冲击波的典型例子。冲击波的波阵面是一个突跃面，在这个突跃面上介质的状态参数发生不连续的突跃变化，且变化梯度非常大。

（4）冲击波基本方程。为了从量上对冲击波进行分析，就要确立冲击波的参数。根据质量守恒定律、动量守恒定律、能量守恒定律，可以推导出冲击波基本方程。

（5）冲击波特征。冲击波的基本特性概括为以下几点：

1）冲击波的波速对未扰动介质而言是超音速的。

2）冲击波的波速对波后介质而言是亚音速的。

3）冲击波的波速与波的强度有关。由于稀疏波的侵蚀和不可逆的能量损耗，其强度和对应的波速将随传播距离增加而衰减。传播一定距离后，冲击波就会蜕变为压缩波，最终衰减为音波。

4）冲击波波阵面上的介质状态参数（速度、压力、密度、温度）的变化是突跃的，波阵面可以看做是介质中状态参数不连续的间断面。冲击波后面通常跟有稀疏波。

5）冲击波通过时，静止介质将获得流速，其方向与波传播方向相同，但流速值小于波速。

6）冲击波对介质的压缩不同于等熵压缩。冲击波形成时，介质的熵将增加。

7）冲击波以脉冲形式传播，不具有周期性。

8）当很强的入射冲击波在刚性障碍物表面发生反射时，其反射冲击波波阵面上的压力是入射冲击波波阵面上压力的 8 倍。由于反射冲击波对目标的破坏性更大，因此在进行火工品车间、仓库等有关设计时应尽量避免可能造成的冲击波反射。

冲击波不仅能在流体（气体、液体）中传播，也能在固体中传播。上述气体中冲击波的特性对液体、固体中的冲击波也基本适用。

2.1.5.2 炸药爆轰

A 爆轰波

炸药被激发冲击波起爆后，首先在被起爆的部位发生爆炸化学反应，产生大量高温、高压和高速流动的气体产物流，并释放出大量的热能；这一高速气流又强烈冲击和压缩邻近层的炸药，并引起该层炸药的压力、温度和密度产生突跃式升高而迅速发生化学反应，生成爆炸产物并释放出大量的热能；局部炸药爆轰所释放的热能，一方面可以阻止稀疏波对冲击波头的侵蚀，另一方面又可以补充到冲击波中，以维持冲击波可持续向前传播。这样，冲击波不断压缩下一层炸药做功，又通过引起下一层炸药的化学反应所新释放的热能得到补充，如此循环。待到冲击波压缩炸药做功的能量损失和被压缩炸药所释放的能量补充相平衡时，这个冲击波就会维持以定速传播。如此一层一层的传播，就完成了炸药的爆轰过程。

这种在炸药中传播的伴随有快速化学反应区的冲击波称为爆轰波，爆轰波沿炸药装药传播的速度称为爆速。

这里要特别提示，爆轰波仅仅是在炸药内部传播的带化学反应补充能量的冲击波特例。炸药没有了、或没有化学反应补充能量了，就没有了爆轰波，就只能称之为冲击波了。

B 爆轰波结构

下面进一步讨论爆轰过程和爆轰波的结构。在冲击波的高压作用下，相邻于冲击波的炸药层出现一个压缩区 0-1（图 2-7），其厚度约 10^{-5}cm。在这里，压力、密度、温度都呈突跃升高状态。实际上，这就是冲击波的波阵面。

随着冲击波的传播，新压缩区的产生，原压缩区成为化学反应区，反应在1-1面始发生，在2-2面结束。再随着冲击波的前进，新的化学反应区的形成，原化学反应区又成为反应产物膨胀区。化学反应放出的能量，不断维持着波阵面上参数的稳定，其余在膨胀区消耗掉，因而达到能量平衡，冲击波即以稳定速度向前传播，这就是爆轰过程的实质。由此可见：

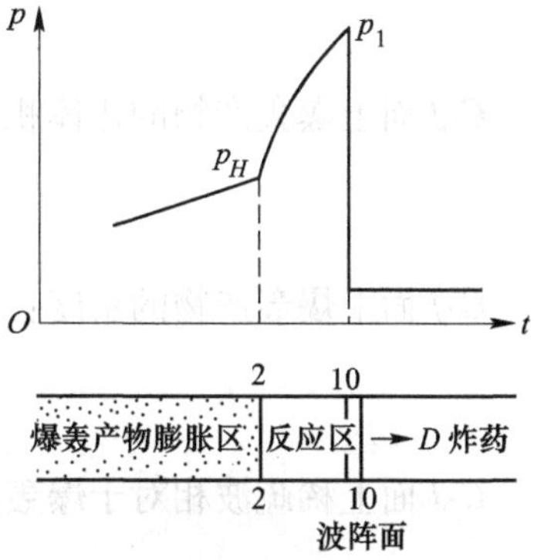

图2-7 爆轰波结构示意图

（1）爆轰波只存在于炸药的爆轰过程中。爆轰波的传播随着炸药爆轰结束而中止。

（2）爆轰波总带着一个化学反应区，它是爆轰波得以稳定传播的基本保证。习惯上把0-2区间称为爆轰波波阵面的宽度，其数值约0.1~1.0cm，视炸药的种类而异。

（3）爆轰波具有稳定性，即波阵面上的参数及其宽度不随时间而变化，直至爆轰终了。

由于在爆轰波波阵面的0-2区间宽度内，其温度、压力等参数有所不同。为便于研究和比较，确定把爆轰化学反应区的末端2-2面，称为爆轰波波阵面。在进行理论研究时，又常把满足一定假设条件的理想爆轰波波阵面简称为*C-J*面。*C-J*面上的状态参数称作爆轰波参数或爆轰参数。爆轰波*C-J*面上的压力称作爆轰压力。爆轰波*C-J*面上的温度称作爆轰温度。需要指出的是爆轰压力与爆炸压力、爆轰温度与爆温的含义不同，应把它们区分开来。

实验结果表明，在稳定爆轰时存在着如下的关系。

$$D = c_H + u_H \tag{2-5}$$

式中，D为爆速；c_H为*C-J*面处爆轰气体产物的音速；u_H为*C-J*面处气体产物质点速度。

由查普曼（Chapman）和朱格（Jouguet）得出的公式（2-14）就叫做*C-J*方程或*C-J*条件。由于*C-J*面处满足*C-J*条件，爆轰波后面的稀疏波就不能传入爆轰波反应区中。因此，反应区内所释放出的能量就不能发生损失，而全部用来支持爆轰波的稳定传播。

由图2-13可知，走在爆轰波前面的冲击波压力p_1比*C-J*面上的压力p_2还大。原因是在化学反应区内不断生成爆轰气体产物，并随即产生膨胀，因而压力有所下降。p_2的值因炸药不同而不同，有时比p_1小百分之几，有时可小到只有p_1的一半。

需要指出，这里所说的p_2就是前面所提到过的*C-J*面上压力（爆轰压力）。它与爆炸压力的含意不同，爆炸压力是指根据热力学并假定理想气体状态成立时的爆炸气体的压力。

C 爆轰波参数

由于爆轰波是冲击波的一种，所以表达爆轰波参数关系的基本方程推导方法亦大致与冲击波相似。对于爆轰波，其基本方程如下：

*C-J*面上爆轰产物的移动速度：

$$u_H = \frac{1}{K+1}D \tag{2-6}$$

爆轰压力：

$$p_H = \frac{1}{K+1}\rho_0 D^2 \tag{2-7}$$

C-J 面上爆轰产物的比体积：

$$v_H = \frac{K}{K+1}v_0 \tag{2-8}$$

C-J 面上爆轰产物的密度：

$$\rho_H = \frac{K+1}{K}\rho_0 \tag{2-9}$$

C-J 面上稀疏波相对于爆轰产物的速度：

$$c_H = \frac{K}{K+1}D \tag{2-10}$$

爆速：

$$D = \sqrt{2(K^2-1)Q_V} \tag{2-11}$$

爆轰温度：

$$T_H = \frac{2K}{K+1}T_B \tag{2-12}$$

式中，u_H为爆轰产物的移动速度，m/s；ρ_H为爆轰产物的密度，kg/m^3；ρ_0 为炸药的初始密度，kg/m^3；c_H为扰动介质中的音速，m/s；T_B、T_H为介质扰动前后的温度，K；p_H为爆轰压力，Pa；v_0、v_H为介质压缩前后的比体积，分别等于 $1/\rho_0$、$1/\rho_H$；K 为绝热指数，$K=C_P/C_V$，C_P、C_V 分别为介质的质量定压热容和质量定容热容；T_B为爆温；Q_V为爆热。对于凝聚炸药，一般取 $K=3$。

从上述公式可以知道：

（1）爆轰产物质点移动速度比爆速小，但随爆速的增大而增大。

（2）爆轰压力取决于装药的爆速和密度，这是因为这两个因素都会造成爆炸产物密度的增大。

（3）爆轰刚结束时，爆轰产物的密度大于炸药的初始密度。

（4）爆轰温度大于爆温。

在现代技术条件下，爆速 D 可以直接准确地测知。设 ρ_0 为已知的炸药初始密度，利用前述方程可求得爆轰波其余各参数值。

表 2-4 中列出几种常见单体炸药的爆轰波参数。

表 2-4 几种炸药的爆轰波参数

炸药名称	ρ_0 /g·cm^{-3}	ρ_H /g·cm^{-3}	D /m·s^{-1}	p_H /Pa	u_H /m·s^{-1}
特屈儿	1.59	2.12	6900	1.89×10^{10}	1725
黑索金	1.62	2.16	8100	2.90×10^{10}	2025
太安	1.60	2.13	7900	2.50×10^{10}	1975
梯恩梯	1.60	2.13	7000	1.96×10^{10}	1750

D 凝聚炸药爆轰反应机理

根据炸药的化学组成以及装药的物理状态不同，可以把凝聚炸药的爆轰反应机理分为均匀灼烧机理、不均匀灼烧机理和混合反应机理。

（1）均匀灼烧机理。均匀灼烧机理又称整体反应机理，它是指炸药在强冲击波作用下，爆轰波波阵面的炸药受到强烈的绝热压缩，使受压缩炸药的温度均匀地升高，如同气体绝热压缩一样，化学反应是在整个爆轰波波阵面上同时进行的。这种机理多发生在结构均匀的固体炸药（如单质炸药）以及无气泡和无杂质的均匀液体炸药，即所谓的均相炸药中。这种炸药的反应速度非常快，能在 $10^{-6} \sim 10^{-7}$ s 内完成。

（2）不均匀灼烧机理。不均匀灼烧机理又称表面反应机理，它是指自身结构不均匀的炸药，如松散多空隙的固体粉状炸药、晶体炸药，以及含有大量气泡和杂质的液体炸药或胶质炸药等，在冲击波的作用下受到冲击强烈压缩时，整个压缩层炸药的温度不是均匀地升高并发生灼烧，而是个别点的温度升得很高，形成“起爆中心”或“热点”并先发生化学反应，然后再传到整个炸药层。

在不均匀灼烧机理中“起爆中心”形成的途径主要有以下三种，它们均已被实验所证实：

1）炸药中含有的微小气泡（气体或蒸气）在受到冲击波压缩作用时的绝热压缩；

2）由于冲击波经过时炸药的质点间或薄层间的运动速度不同而发生摩擦或变形；

3）爆炸气体产物渗透到炸药颗粒间的空隙中而使炸药颗粒表面加热。

（3）混合反应机理。混合反应机理是混合炸药，尤其是固体混合炸药所特有的一种爆炸反应机理。其特点是，化学反应在化学反应区分步进行，被称为二次或多次反应机理。对于由几种单质炸药组成的混合炸药，它们在发生爆轰时首先是各组分的炸药自身进行反应，放出大量的热，然后是各反应产物相互混合并进一步反应生成最终产物。但是，对于由反应能力相差很悬殊的一些组分组成的混合炸药，如由氧化剂和可燃剂或者是由炸药与非炸药成分组成的混合炸药，它们在爆轰时，首先是氧化剂或炸药分解，分解产生的气体产物渗透或扩散到其他组分质点的表面并与之反应，或者是几种不同组分的分解产物之间相互反应，如图 2-8 所示。

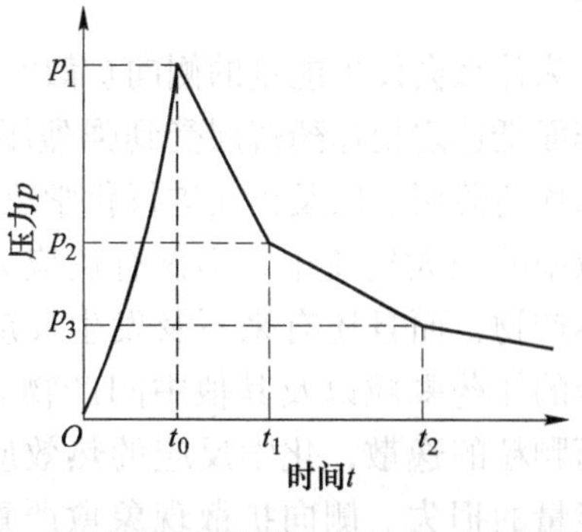

图 2-8 混合炸药爆轰波压力随时间的变化

t_1—第一次反应时间；t_2—第二次反应时间；t_0—炸药被压缩时间

应该注意的是，凝聚炸药的爆轰反应并不都是按照上述反应机理中的某一种机理进行的，往往是两种机理共同作用的结果。

E 理想爆轰与稳定爆轰

爆速是爆轰波的一个重要参数，人们往往通过它来分析炸药爆轰波传播过程。这一方面是因为爆轰波的传播要靠反应区释放的能量来维持，爆速的变化直接反映了反应区结构以及能量释放的多少和释放速度的快慢；另一方面则是因为在现代技术条件下，爆速是比较容易准确测定的一个爆轰波参数。

图 2-9 表示炸药爆速随药包直径变化的一般规律。它表明，随着药包直径的增大，爆

速相应增大，一直到药包直径增大到 $d_{极}$ 时，药包直径虽然持续增大，爆速将不再升高而趋于一恒定值，亦即达到了该条件下的最大爆速。$d_{极}$ 称为药包极限直径。随着药包直径的减小，爆速逐渐下降，一直到药包直径降到 $d_{临}$ 时，如果继续缩小药包直径，即 $d<d_{临}$，则爆轰完全中断，$d_{临}$ 称为药包临界直径。即：使爆速达到最大值时的最小药包直径称为药包极限直径；使爆速得以最小稳定传爆的最小药包直径称为药包临界直径。

当任意加大药包直径和长度而爆轰波传播速度仍保持稳定的最大值时，称为理想爆轰。图 2-9 中 $d_{极}$ 右边的区域属于这一类爆轰。若爆轰波以低于最大爆速的定常速度传播时，则称为非理想爆轰。非理想爆轰又可分为两类。图 2-9 中 $d_{临}$ 至 $d_{极}$ 之间的爆轰属于稳定爆轰区，在此区间内爆轰波以与一定条件的相应的定常速度传播。在药包直径小于 $d_{临}$ 的区域属于不稳定的爆轰区。稳定爆轰区和不稳定爆轰区合称非理想爆轰区。

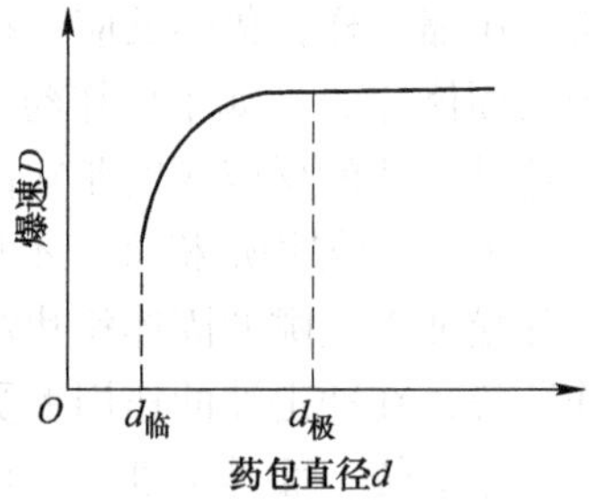

图 2-9　炸药爆速随药包直径变化

炸药的临界直径和极限直径同爆速一样，都是衡量炸药爆轰性能的重要指标。从爆破工程角度来看，显然必须避免不稳定爆轰的发生而应力求达到理想爆轰。亦即，药包直径不应小于 $d_{临}$，而尽可能达到或大于 $d_{极}$。然而，由于技术或其他条件的限制。矿山实际采用的药包直径往往都比 $d_{极}$ 小，即 $d<d_{极}$，尤其在使用低感度混合炸药时更加突出。在这种情况下，不可避免地出现非理想爆轰，尽管达到稳定爆轰，然而化学反应过程中炸药能量没有完全充分释放出来，能量损失很大。

F　侧向扩散对反应区结构的影响

药包直径小于极限直径时，药包直径减小，爆速随之下降。当 $d<d_{极}$ 时，爆轰即完全中断。这是因为，药包直径缩小时，用以维持爆轰波传播的能量因消耗在侧向扩散方面而减少。

为什么会发生能量的侧向扩散？它为什么能影响爆轰波传播过程呢？我们知道，冲击波阵面抵达之处炸药薄层受到强烈压缩压力急剧升高，在激起炸药发生化学反应的同时，受压炸药薄层、以及正在进行化学反应的高温高压气体产物会自反应区侧面向外扩散。在扩散中的强大气流中，不仅有反应完全的爆轰气体产物，而且还有来不及发生反应或反应不完全的炸药颗粒以及其他中间产物。由于这些炸药颗粒的逸散，化学反应的热效应降低而造成能量的损失。侧向扩散现象愈严重，爆轰放出的能量就愈少，这必然要影响到爆轰波的传播，造成爆速和爆轰压力等参数值减小，甚至导致爆轰中断如图 2-10 所示。

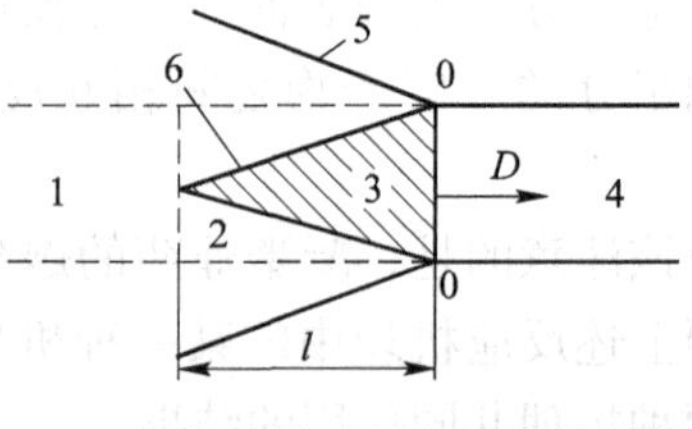

图 2-10　侧向扩散对反应区结构的影响
1—爆轰产物区；2—侧向扩散影响区；
3—有效反应区；4—未反应区（炸药）；
5—扩散物前锋位置；6—稀疏波（膨胀波）阵面；
l—反应区宽度；0—0—冲击波阵面

图 2-10 表示侧向扩散对化学反应区结构的影响。扩散自药包周边向中心发展。反应区未受侧向扩散影响的部分称为有效反应区。爆轰波的传播实际上是靠有效反应区释放出来的能量来维持的。

设自药包周边至轴线扩散过程所经历的时间为 t_1，炸药颗粒开始反应到反应终了所需要的时间为 t_2，则可以认为，当 $t_1 \geqslant t_2$ 时，药包中心部分炸药的化学反应过程并未受到侧向扩散的影响，有效反应宽度大于或等于炸药固有的反应区宽度。这时，爆轰波在传播过程中能得到足够的能量补充，使爆速达到最大值成为理想爆轰。如果 $t_2>t_1$，则侧向扩散将影响到药包中心部分，造成有效反应区宽度缩小。由于有更多的未及反应或反应未终了的气体和炸药颗粒的逸散，能量损失增大，反应区释出的能量减少，相应地，爆速和波阵面压力也下降。但是，如果这时波阵面压力还足以激起其前沿炸药薄层发生化学反应，并为爆轰波的稳定传播提供足够的能量，那么，尽管爆速低于最大值，仍然属于稳定传播。当 $t_2 \gg t_1$ 时，则由于侧向扩散的严重影响，有效反应区宽度大大缩小，能量损失很大，爆轰波的传播因得不到足够的能量补充而迅速衰减直至爆轰中断。这就是不稳定爆轰。

图 2-11 说明在不同炸药包直径条件下，侧向扩散对反应区结构的影响。

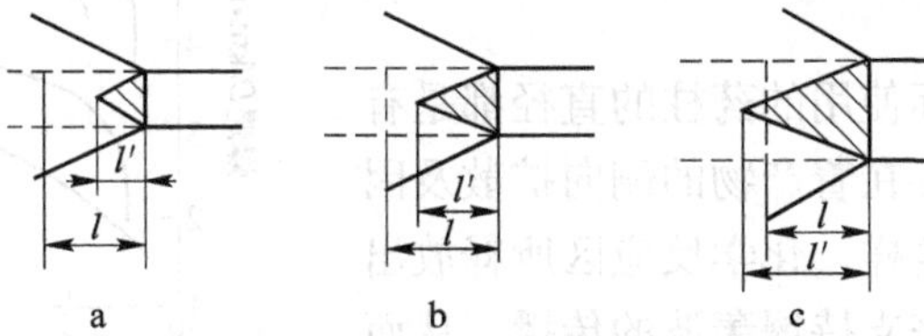

图 2-11　不同药包直径侧向扩散对反应区结构影响示意图

a—不稳定传爆；b—非理想爆轰稳定传爆；c—理想炸轰

l—反应区宽度；l'—有效反应区宽度

就同一种炸药而言，随着药包直径的减小，有效反应区宽度也相应缩小。如图 2-11a 所示，$d<d_{临}$时，侧向扩散影响严重，有效反应区大大缩小，成为不稳定传爆。图 2-11b 表示 $d_{临}<d<d_{极}$，侧向扩散仍有明显影响，有效反应区宽度比炸药固有化学反应区宽度略小，不过这时有效反应区内释出的能量还足够维持爆轰波以定常速度传播，成为非理想稳定爆轰。图 2-11c 表示 $d \geqslant d_{极}$，药包中心部分不受侧向扩散影响，爆轰波以最大速度传播，为理想爆轰。

总结上述分析可以看出，药包爆轰时是否能达到稳定爆轰甚至理想爆轰，取决于 t_1 同 t_2 之间的相对关系。炸药爆轰反应速度高，反应终了所需时间 t_2 小，则 t_1 值可以相应减小，即可以采用较小的药包直径。

反应时间 t_2 的大小首先决定于炸药化学结构牢固程度。结构愈牢固，t_2 愈大。例如黑索金同氮化铅相比，反应时间大几十倍；硝酸铵较黑索金约大 300 倍。此外，炸药物理性质对反应时间影响也很大，尤其是对低感度工业炸药，这种影响更为突出。颗粒愈细，混合愈均匀，反应速度愈大，t_2 值愈小。

t_1 的大小，主要是受药包直径大小和药包外壳坚固程度等因素的影响。药包直径愈大，外壳愈坚固，则在其他条件相同时，t_1 值愈大。

2.1.6　炸药爆炸性能主要指标

炸药的爆炸性能主要取决于以下因素：一是炸药的组成成分，二是炸药的加工工艺，三是炸药的装药状态和使用条件。本节主要介绍炸药的爆速、威力、猛度和聚能效应等性能。

2.1.6.1 爆速

爆轰波沿炸药装药传播的速度称为爆速。爆速是炸药的重要性能指标之一，也是目前唯一能准确测量的爆轰参数。

A 影响爆速的因素

炸药的爆速除了与炸药本身的性质，如炸药组成成分、爆热和化学反应速度有关外，还受装药直径、装药外壳、装药密度和粒度、起爆冲能及传爆条件等影响。从理论上讲，当药柱为理想封闭、爆轰产物不发生径向流动、炸药在冲击波波阵面后反应区释放出的能量全部都用来支持冲击波的传播时，爆轰波以最大速度传播，这时的爆速叫理想爆速。实际上，炸药是很难达到理想爆速的，炸药的实际爆速都低于理想爆速。影响爆速的因素主要有以下几方面。

a 装药直径的影响

如前所述，通常实际使用的药柱的直径都是有限尺寸的，因此，总是存在着产物的侧向扩散及因此而引起的能量损失。这样，化学反应区所释放出的能量只有一部分被用来支持爆轰波的传播，从而引起爆轰波阵面压力的下降和爆速的减小。

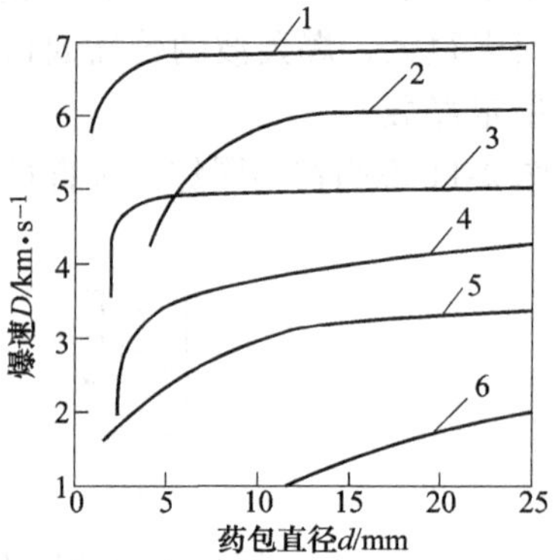

图 2-12 药包直径对爆速的影响

1—梯恩梯（$\rho_0=1.6g/cm^3$）；

2—梯恩梯/硝酸铵（50/50）（$\rho_0=1.53g/cm^3$）；

3—梯恩梯（$\rho_0=1.0g/cm^3$）；

4—梯恩梯-硝酸铵（$\rho_0=1.0g/cm^3$）；

5—硝酸铵-硝化甘油（$\rho_0=0.98g/cm^3$）；

6—硝酸铵（$\rho_0=1.04g/cm^3$）

图 2-12 是几种炸药的爆速随药包直径变化关系的实测结果。比较图中曲线 1、2、3、4 即可看出，在密度相同的条件下，同梯恩梯相比，铵梯混合炸药的理想爆轰爆速都较低，而临界直径和极限直径都较大，并且 $d_{临}$ 与 $d_{极}$ 之间关系的特点更为明显。

表 2-5 和表 2-6 分别列出一些炸药的临界直径值和极限直径值。必须指出，这些值将随测定条件不同而变化。

表 2-5 一些炸药的临界直径值

炸药名称	$d_{临}$/mm	炸药名称	$d_{临}$/mm
氮化铅	0.01~0.02	2 号岩石硝铵炸药	15
太安	1.0~1.5	梯恩梯	6
黑索金	1.0~1.5	硝酸铵	100

表 2-6 一些炸药的极限直径值表

炸药名称	炸药密度/g·cm^{-3}	极限直径/mm
熔铸梯恩梯	—	50
梯恩梯$_1$	1.6	10
梯恩梯$_2$	0.85	30
黑索金	1.0	3~4

硝酸铵及以它为主要成分的低感度混合炸药极限直径都很大，甚至达到300mm以上。图2-13是实际测得的粒状铵油炸药爆速随药包直径变化的关系。它表明，在试验中所取药包直径范围内，爆速随药包直径的增大而不断上升，一直到 $d=200$mm 时仍未达到理想爆轰，即 $d<d_{极}$。因此，可以认为，对于这类炸药药包直径宜大不宜小，而矿山常用药包直径往往小于极限直径，致使炸药能量不能充分释放出来，能量利用率低。

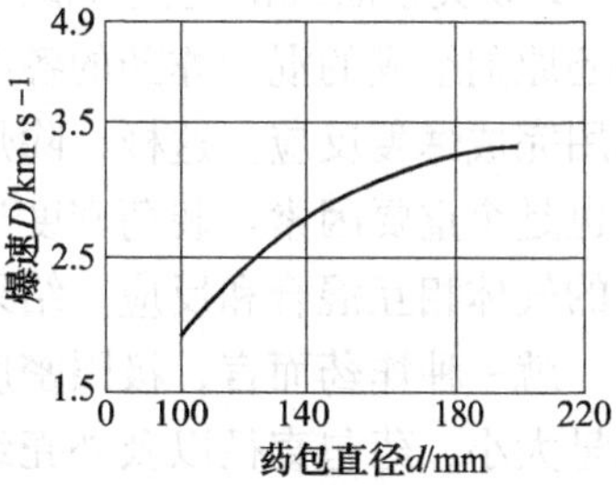

图2-13 粒状铵油炸药爆速随药包直径变化的关系

b 药包外壳的影响

药包外壳对传爆过程影响很大，装有坚固的外壳可以使炸药的临界直径值减小。例如，硝酸铵的临界直径本是100mm，但在20mm厚的内径7mm的钢管中也能稳定传爆。这是由于坚固的外壳减小了径向膨胀所引起的能量损失。

试验研究表明，对于爆轰压力高的炸药，外壳对 $d_{临}$ 的影响起主导作用的不是外壳材料强度而是材料的密度或质量。爆轰时，密度大的外壳径向移动困难，因此可以减小径向能量损失。对于爆轰压力低的炸药，外壳强度的影响也是重要的。

在药包直径小于极限直径时，外壳对于药包稳定传爆的影响显著，而当 d 大于 $d_{极}$ 时，外壳的影响不显著。

c 装药密度的影响

单体猛炸药和工业混合炸药的装药密度，对传爆过程有不同的影响。

图2-14说明梯恩梯爆速变化与装药密度的关系。装药密度增大，爆速也随之增大，呈直线关系，这是单体猛炸药的共性。因此，提高单体猛炸药爆速的主要手段就是增大装药密度。

对于混合炸药则不然，爆速先随装药密度的增大而增加，但在密度增大到某一定值时，爆速达到它的最大值，这一密度被称为最佳密度。此后，随着密度进一步增大，爆速反而下降，而且当密度大到超过某一极限值时，就会发生所谓“压死”现象，即不能发生稳定爆轰。这一密度称为极限密度 $\rho_{极}$，也有称为“压死密度”。图2-15所示为两种不同直径的炸药的爆速随密度变化曲线，在密度分别为 1.108g/cm^3 和 1.15g/cm^3 时，直径20mm和直径40mm的药包的爆速达到最大值。

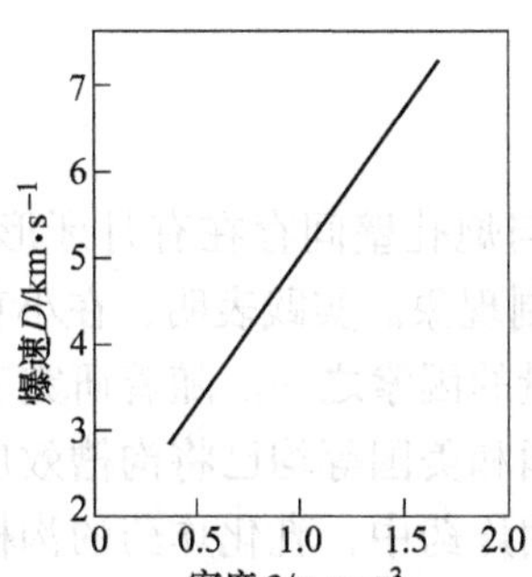

图2-14 梯恩梯的装药密度对爆速的影响

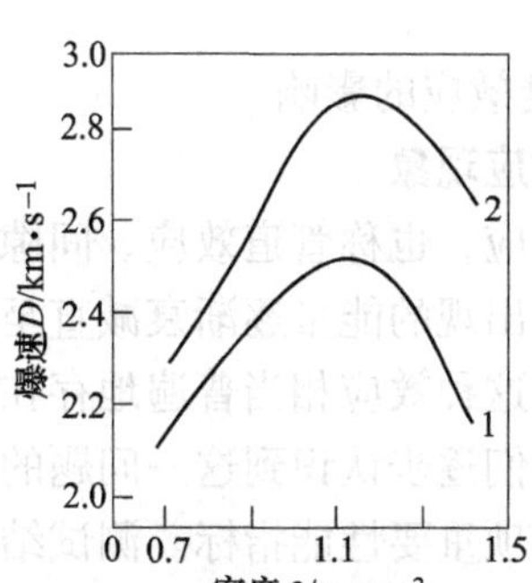

图2-15 混合炸药装药密度对爆速的影响
1—药包直径20mm；2—药包直径40mm

$D\text{-}\rho$ 关系曲线出现极大值的原因同混合炸药传爆机理有关。在起爆能作用下由氧化剂和还原剂组成的混合炸药的各组分先以不同速度单独进行分解，然后由分解出的气体相互作用完成爆轰反应。这样，除炸药各组分颗粒大小与混合均匀程度有很大影响外，装药密度也是个重要因素。装药密度过大，则炸药各组分颗粒间的空隙过小，不利于各组分分解出的气体相互混合和反应，结果导致反应速度下降直至爆轰熄灭。

就一种炸药而言，极限密度并不是一个定值，它受炸药颗粒大小、混合均匀程度、含水量大小、药包直径以及外壳约束条件等因素的影响而变化很大。因此，增大炮孔装药密度虽是提高炸药威力的途径之一，但必须同时采取加大药包直径和炮孔直径，以及加强药包外壳约束条件或加强起爆能等措施，使装药密度在极限密度以下以保证稳定传爆。

d　炸药粒度的影响

对于同一种炸药，粒度不同，化学反应的速度不同，其临界直径、极限直径和爆速也不同，但粒度的变化并不影响炸药的极限爆速。一般情况下，减小炸药粒度能够提高化学反应速度，减小反应时间和反应区厚度，从而减小临界直径和极限直径，爆速增高。

但混合炸药中不同成分的粒度对临界直径的影响不完全一样。其敏感成分的粒度越细，临界直径越小，爆速越高；而相对钝感成分的粒度越细，临界直径增大，爆速也相应减小；但粒度细到一定程度后，临界直径又随粒度减小而减小，爆速也相应增大。

e　起爆冲能的影响

起爆冲能不会影响炸药的理想爆速，但要使炸药达到稳定爆轰，必须供给炸药足够的起爆能，且激发冲击波速度必须大于炸药的临界爆速。

试验研究表明：起爆能量的强弱，能够使炸药形成差别很大的高爆速或低爆速稳定传播，其中高爆速即是炸药的正常爆轰。例如，当梯恩梯（密度 $1.0g/cm^3$，直径 21mm，颗粒直径为 1.0~0.6mm），在强起爆能起爆时爆速为 3600m/s，而在弱起爆条件下爆速仅为 1100m/s。装药直径为 25.4mm 的硝化甘油，用 6 号雷管起爆时的爆速为 2000m/s，而用 8 号雷管起爆时的爆速为 8000m/s 以上。

低速爆轰是一种比较特殊的现象，目前还难以从理论上加以明确解释。一般认为，低速爆轰现象主要出现在以表面反应机理起主导作用的非均质炸药中，这样的炸药对冲击波作用很敏感，能被较低的初始冲能引爆，但由于初始冲能低，爆轰化学反应不完全，相当多的能量都是在 *C-J* 面之后的燃烧阶段放出，用来支持爆轰传播的能量较小，因而爆速较低。

f　沟槽效应的影响

沟槽效应现象

沟槽效应，也称管道效应、间隙效应，就是当药卷与炮孔壁间存在有月牙形空间时，爆炸药柱所出现的能量逐渐衰减直至拒（熄）爆的自抑制现象。实践表明，在小直径炮孔爆破作业中这种效应相当普遍地存在着，是影响爆破质量的因素之一。随着研究工作的不断深入，人们逐步认识到这一问题的重要性。近年来我国和美国等均已将沟槽效应视为工业炸药的一项重要性能指标。测试结果表明，在各种矿用炸药中，乳化炸药的沟槽效应是比较小的，也就是说在小直径炮孔中乳化炸药的传爆长度相对较长。表 2-7 列出了我国 EL 等系列乳化炸药和美国埃列克化学公司埃列米特系列炸药的沟槽效应测试值。为便于比较，在表 2-7 中还同时列入了 2 号岩石铵梯炸药的沟槽效应值。

表 2-7 一些炸药的沟槽效应值

国别	中国			美国			
炸药牌号及类型	EL 系列乳化炸药	EM 型乳化炸药	2 号岩石铵梯炸药	Iremite Ⅰ型铝粉敏化的浆状炸药	Iremite Ⅱ型乳化炸化	Irermite Ⅲ型晶型控制的浆状炸药	Irermite M 型硝酸甲胺敏化的浆状炸药
沟槽效应值（传爆长度）/m	>3.0	>7.4	>1.9	1~2	>3.0	3.0	1.5~2.5
试验条件	取内径为 42~43mm、长 3m 的聚氯乙烯塑料管（或钢管），然后将 ϕ32mm 的受试药卷一个连着一个放入其中，用一只 8 号雷管起爆						

爆破作业中的沟槽效应已为人们所熟知。对于这种现象的通常解释是：炸药在一端头起爆后，爆炸产物压缩药卷和孔壁之间的间隙中的空气，形成了有持续能量补充的空气冲击波，它超前于爆轰波并压缩药卷，使后面未开始化学反应的炸药密度逐步增加，当炸药密度被压缩到大于极限密度时，爆轰中断（图 2-16）。与这一解释不同，美国埃列克化学公司的 M. A. 库克（Cook）和 L. L. 尤迪（Udy）等人对此进行了一系列试验后认为，沟槽效应是由于药卷外部炸药爆轰产生的等离子体引起的。这就是说，炸药起爆后在爆轰波阵面的前方有一等离子层（离子光波），对后面未反应的药卷表层产生压缩作用（图 2- 17），妨碍该层炸药的完全反应。等离子波阵面和爆轰波阵面分开得越大，或者等离子波越强烈，这个表层穿透得就越深，能量衰减得就越大。随着等离子波的进一步增强，就会引起后面药包爆轰的熄灭。图 2-18 所示的装置可以利用侧向压痕和爆速来测定沟槽效应，借用垫在药柱下面的鉴定铝板（宽 20.3cm×长 122cm），在炸药引爆后观察铝板被冲击的痕迹来确定有无沟槽效应及炸药传爆长度。

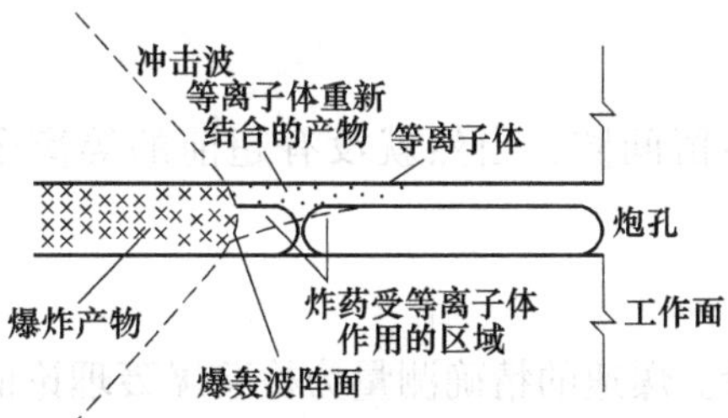

图 2-16 超前空气冲击波对药卷的沟槽效应影响示意图

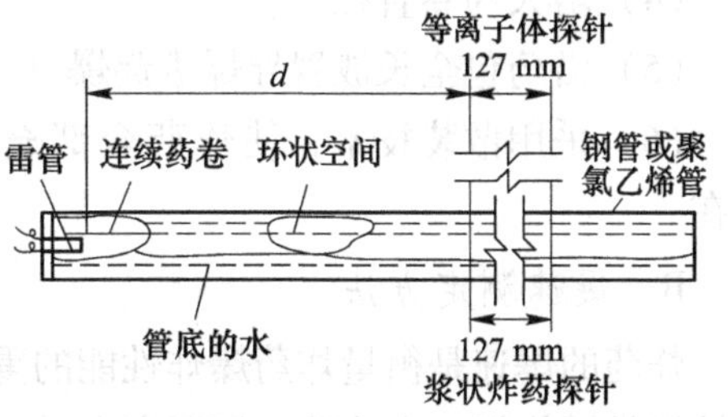

图 2-17 等离子效应对药卷的沟槽效应影响示意图

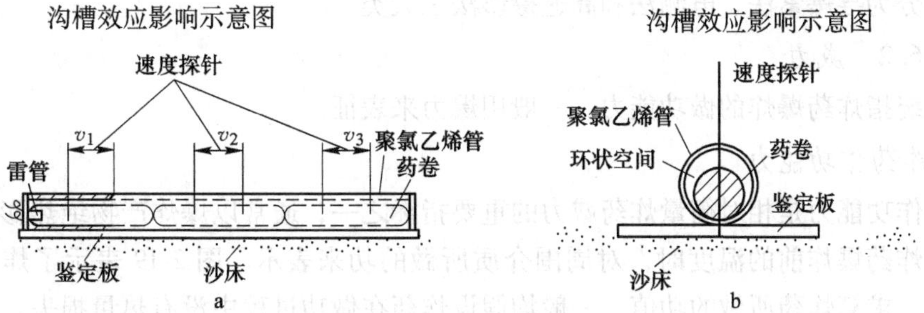

图 2-18 沟槽效应测定试验示意图

上述两种关于沟槽效应的解释都是目前流行的，应该说也都有一定的实验依据。其实，炸药爆轰区域的爆轰产物流在如此的高温高压条件下，产物都是以离子状态存在的。只是后种理论的试验成果比前者经典理论更进一步。当然，这还需要进一步发展、完善和统一。

影响沟槽效应的因素

一般地说，沟槽效应是与炸药配方、物理结构、包装条件和加工工艺有关的。

（1）由于乳化炸药是用乳化技术制备的，使其具有极细的油包水型物理内部结构，氧化剂与可燃剂以近似分子大小的距离彼此紧密接触着，爆轰传递迅速，其爆速接近或超过等离子波的速度，等离子体的超前压缩作用不再存在。按照尤迪等人的理论，乳化炸药的沟槽效应是很小的，甚至是不存在的。但是由于含敏化气泡的乳化炸药，随着贮存时间的延长，爆速等爆炸性能的衰减，其沟槽效应也会逐渐显著起来。

（2）实践表明，工艺控制条件的变更对于乳化炸药的质量有着明显的影响。就沟槽效应而言，凡是能改善和增强乳化混合条件的工艺因素（如增大剪切强度），都能提高乳化炸药的质量，减少其沟槽效应。

（3）不同的包装条件也会影响乳化炸药的沟槽效应，例如增大药卷外壳的强度会使乳化炸药的沟槽效应显著减少，甚至消除。这是由于增强约束条件，不仅提高了乳化炸药的爆速，而且抵御了等离子体的压缩穿透作用。

研究结果表明，下列技术措施可以减少或消除沟槽效应，改善爆破效果：

（1）化学技术，选用不同的包装涂覆物，如柏油沥青、石蜡、蜂蜡等。

（2）调整炸药配方和加工工艺，以缩小炸药爆速与等离子体速度间的差值。

（3）堵塞等离子体的传播：一是在炮孔中的每个药卷间插上一层塑料薄板或填上炮泥；二是用水或有机泡沫充填炮孔与药卷之间的月牙形间隙。

（4）增大药卷直径。

（5）沿药包全长放置导爆索起爆。

（6）采用散装技术，使炸药全部充填炮孔不留间隙，当然就没有超前的等离子层存在。

B 爆速测定方法

炸药的爆速是衡量炸药爆炸性能的重要标志量。爆速的精确测量为检验爆轰理论的正确性提供了依据，在炸药应用研究上具有重要的实际意义。测定爆速的方法有很多种，按其原理可分为导爆索法、电测法和高速摄影法三大类。

2.1.6.2 威力

威力统指炸药爆炸的做功能力。一般用爆力来表征。

A 炸药作功能力

炸药作功能力是相对衡量炸药威力的重要指标之一，通常以爆炸产物绝热膨胀直到其温度降至炸药爆炸前的温度时，对周围介质所做的功来表示。图 2-19 表示了炸药做功的理想过程。求算炸药所做的功值，一般均假设炸药在做功过程中没有热量损失，热能全部转变成机械功。

其实，进行爆破作业时，实际的有效功只占其中很小部分，这是由于：

（1）炸药爆炸的侧向扩散，带走部分未反应的炸药。这部分损失叫做化学损失，装药直径越小，化学损失相对越大。

（2）爆炸过程有热损失。如爆炸过程中的热传导、热辐射及介质的塑性变形等等，都造成热损失。这部分热损失往往占炸药总放热量的一半左右。

（3）一部分无效机械功消耗在岩石的振动、抛掷和在空气中形成空气冲击波上。

图 2-20 为炸药具有的总能量与爆轰反应后，能量做功的各种形式，可见炸药爆轰产生的能量和完成爆炸功形式的多样性。

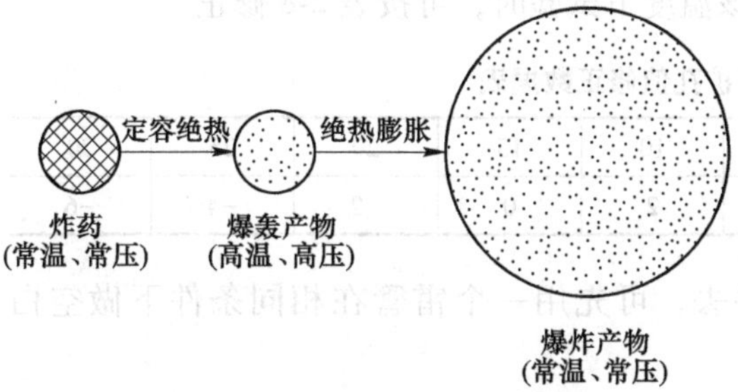

图 2-19 炸药爆炸做功示意图

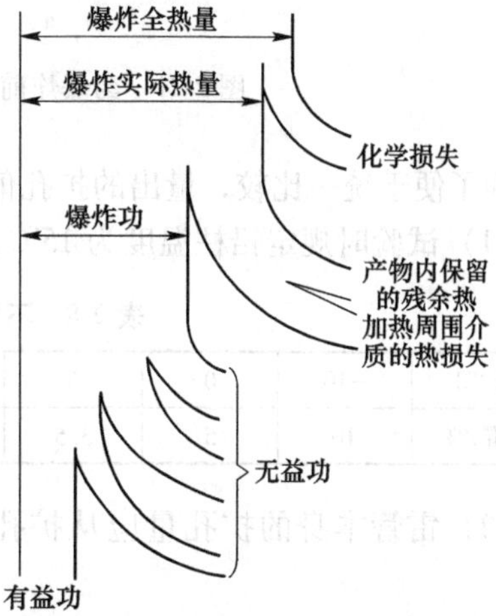

图 2-20 炸药能量平衡示意图

所以，剩下来的有益机械功一般只占炸药总能力的 10%左右。在工程爆破中通常使用相对威力的概念，所谓相对威力系指以某一熟知的炸药的威力作为比较的标准。以单位重量炸药相比较的，则称为相对重量威力；以单位体积炸药相比较的，则称为相对体积威力。

B 炸药威力测定方法

炸药的威力在理论上虽然可以近似地用炸药爆炸做功的能力表示，但是实际上炸药在岩石中爆炸后究竟作了多少功，很难用理论计算法和实测的方法求得。因此在工程爆破中，为了比较不同炸药的威力，通常采用一种规定的炸药的做功能力实验方法所得的结果，用来衡量不同炸药爆炸做功的相对指标，但不表示炸药爆炸真正所做的功。

炸药的爆力是表示炸药爆炸威力的一个指标，它表示炸药在介质内爆炸时对介质产生的整体压缩、破坏和抛移的作功能力。爆力的大小取决于炸药的爆热、爆温和爆炸生成气体体积。炸药的爆热、爆温愈高，生成气体体积愈多，则爆力就愈大。

在炸药生产中对炸药爆力测定一般用铅铸扩孔法，又称特劳茨铅柱试验。铅柱是用精铅熔铸成的圆柱体，其尺寸规格如图 2-21a 所示。试验时，称取 10±0.001g 炸药，装入 φ24mm 锡箔纸筒内，然后插入雷管，一起放入铅柱孔的底部，上部空隙用干净的并且经 144 孔/cm^2 筛筛过的石英砂填满。爆炸后，圆孔扩大成如图 2-21b 所示的梨形。用量筒注水测出的爆炸前后孔的体积差值（单位：mL），以此数值来比较各种炸药的威力。在规定的条件下测得扩孔值大的炸药，其爆力就大。习惯上，将铅柱扩孔值称为爆力。

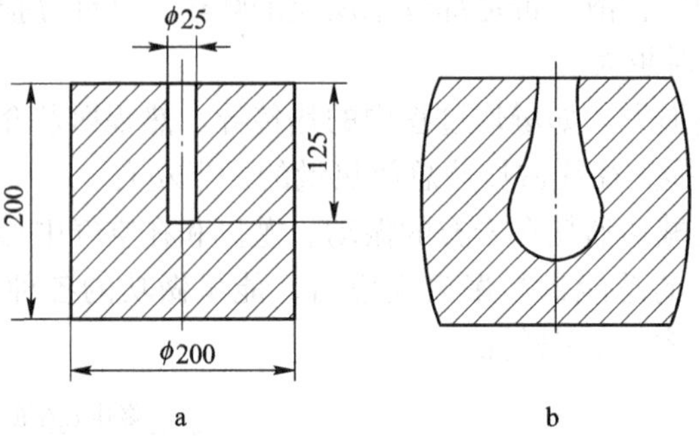

图 2-21 药爆炸前后的铅柱形状与尺寸（单位：mm）

为了便于统一比较，量出的扩孔值要做如下修正：

（1）试验时规定铅柱温度为 15℃，不在该温度下试验时，可按表 2-8 修正。

表 2-8 不同温度下扩孔值修正数据表

温度/℃	−10	0	5	8	10	15	20	25	30
修正量/%	10	5	3.5	2.5	2	0	−2	−4	−6

（2）雷管本身的扩孔量应从扩孔值中除去，可先用一个雷管在相同条件下做空白试验。

应该指出，这种试验方法所测得的值，并非炸药做功的数值，而是一个用毫升表示的只有相对比较意义的数值。由于铅柱对爆炸的抵抗力随壁厚变薄而减少，这个扩大值并不与炸药的威力成正比。威力小的炸药的爆力常偏小，威力大的却偏高。如黑火药仅约 30mL，而黑索金则高达 500mL，其实彼此间的作功能力并不相差 17 倍。此外，铅柱的铸造质量对试验结果影响也较明显。尽管如此，由于试验方法简单方便，所以在生产上仍普遍采用。

而爆破工程中常用的为爆破漏斗法。在科研和军工试验中采用侧常采用弹道臼炮法来表征炸药的爆力。

2.1.6.3 猛度

爆力相等的不同炸药，对邻接药包的介质的局部破坏作用却可能不相同。例如梯恩梯同阿马托（硝酸铵 80/梯恩梯 20）的爆力值大致相同，可是梯恩梯对邻近介质的局部破坏能力却比阿马托大得多。此外，即使是药量相等的同一种炸药，两个不同装药密度的药包对邻近介质的局部破坏作用也不一样。这种差别主要是由于爆轰波的动作用造成的。这种动作用通常用“猛度”测定值来表示。

炸药的猛度是指爆炸瞬间爆轰波和爆轰产物对邻近局部固体介质的冲击、撞碰、压缩、击穿和破碎能力，它表征了炸药的动作用。它是用一定规格铅柱被压缩的程度来测定的。猛度的单位是 mm。

测定炸药猛度的方法如图 2-22 所示。称取受试炸药 50g（精确到 0.1g），装入内径 40mm 的纸筒内（纸厚 0.15~0.20mm），然后将炸药压制成中心有孔（孔直径 7.5mm，深

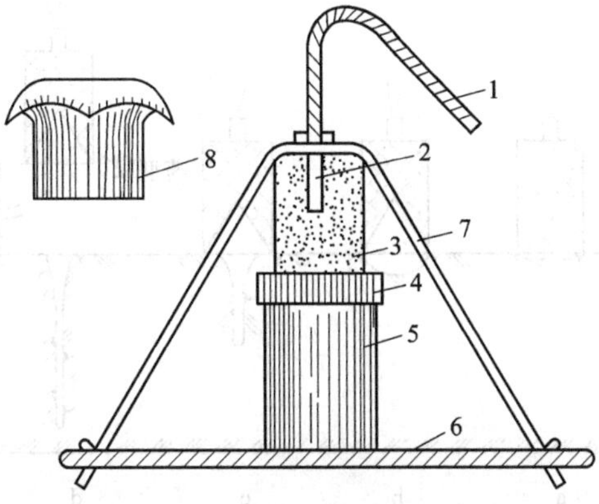

图 2-22 炸药猛度测定方法

1—起爆引线；2—雷管；3—炸药；4—钢片；5—铅柱；6—钢板；7—细绳；8—爆炸后的铅柱

15mm）而装药密度为 1g/cm³ 的药柱。药柱上面放一中心穿孔的圆形纸板，以便插入并固定起爆雷管。用精制铅浇铸一铅柱并车光表面，铅柱的高 60±0.5mm，直径 40±0.2mm。铅柱置于厚度不小于 20mm，最短边长不小于 200mm 的钢板上。药包与铅柱之间用厚度 10±0.2mm，直径 41±0.2mm 的钢片隔开。药柱、钢片和铅柱的中心应在同一轴线上，用钢板上的细绳固定。装置起爆后，分别测量爆炸前、后铅柱的平均高度，其高度差即为所求猛度值（mm）。这种试样平行作两个测定，取其平均值，精确到 0.1mm，平均误差不应超过 1.0mm。

猛度可理解为炸药动作用的强度，显示了炸药做功功率和爆炸冲击波的强度，是衡量炸药爆炸特性及爆炸作用的重要指标。

对某种爆破介质，如果爆炸的总作用采用总冲量来表示，则炸药猛度可用动作用阶段给出的冲量，即爆炸总冲量的先头部分来确定。这部分冲量主要取决于炸药的爆轰压力（爆轰压力 $p_c=\rho D^2/4$）。因此，炸药的密度 ρ 和爆速 D 愈高，猛度也愈高。

2.1.6.4 聚能效应

A 典型的聚能试验

图 2-23 为聚能装药穿透能力的典型试验。用 50/50 黑索今-梯恩梯铸成的药柱，直径 30mm，高 100mm。试验发现：其底部形状不同，对钢板的击穿效果不同；药柱底部距靶面距离不同，击穿效果也不同。

B 聚能机理

投石入水中，水内首先形成空洞，尔后，水向空洞中心运动，使空洞迅速闭合。在闭合瞬间，相向运动的水发生碰撞、制动，产生很高压力，将水向上抛出，形成一股高速运动的水流（图 2-24）。这是日常生活中能观察到一种聚能现象。这种靠空穴闭合产生冲击、高压，并将能量集中起来，在一定方向上形成较高能流密度的聚能流效应，称为空穴效应。

根据空穴效应原理，利用爆炸产物运动方向与装药表面垂直或大致垂直的规律，做成特殊形状的装药，使爆炸产物聚集起来，提高能流密度，增强爆炸作用，这种现象称为炸药的聚能效应。聚集起来朝着一定方向运动的爆炸产物，称为聚能流。

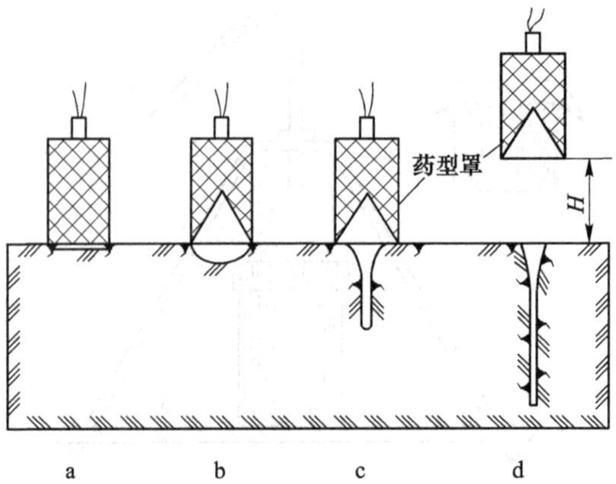

图 2-23 不同装药结构的钢板穿孔能力

a—平底药柱；b—带有聚能穴的药柱；

c—带有药形罩的聚能药柱；d—聚能药柱与钢板间有炸高距离

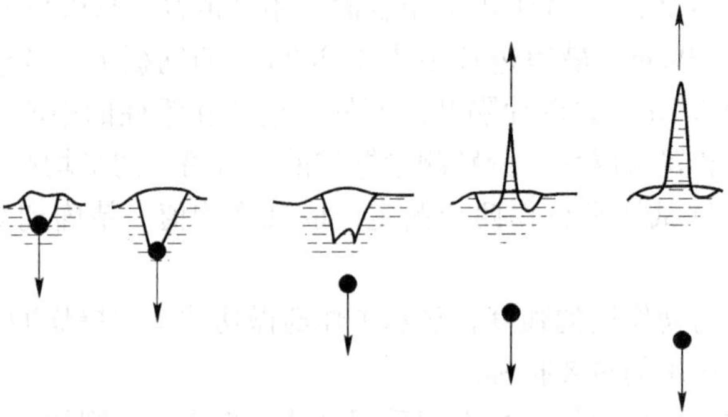

图 2-24 水面聚能流的形成

C 聚能装药

如果将装药前端（即与起爆端相对的一端）做成空穴，则当爆轰波传至空穴表面时，爆轰产物将改变运动方向（变成大致垂直空穴表面），就会在装药轴线上汇集、碰撞，产生高压，并在轴线方向上形成向前高速运动的爆炸产物聚能流（图 2-25）。

由图 2-25b 可以看到，聚能流在运动过程中，其截面最初缩小，然后扩大。在截面最小处，聚能流的运动速度和能流密度最大，其爆轰产物流的速度可高达 17000m/s 左右。最小截面处称为焦点，最小截面至装药端面的距离 H 称为聚能流的焦距。在焦点处，聚能流的破坏作用和穿透能力最大。

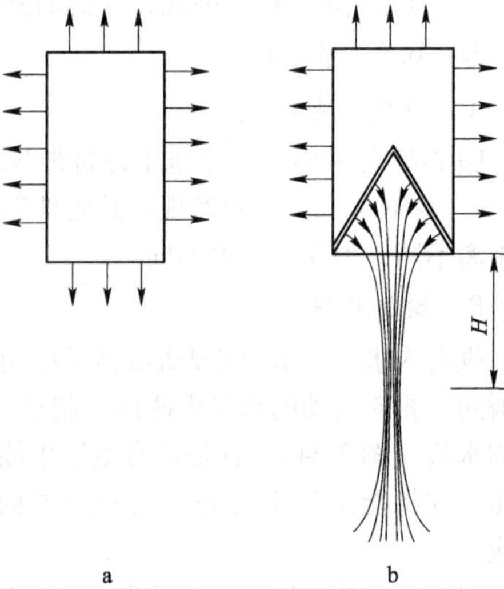

图 2-25 装药前端有空穴时聚能流的形成

a—前端无聚能穴；b—前端有聚能穴

D 金属药形罩

事实上，普通结构的聚能装药，其聚能流的焦距较小，而且焦距处聚能流截面较大，尤其是射流是由爆轰产物气体分子及部分未完成爆炸反应的炸药颗粒组成，密度和质量都很小，不能明显增强穿透破坏作用。

若将聚能穴衬以金属制成的药形罩，金属罩一般用紫铜或软钢制成，厚度仅 1~2mm，则当爆轰波传至药形罩时，超薄的金属罩在高温高压的爆轰产物流作用下成为金属微元，向装药轴向汇集闭合（图 2-26）。在药形罩闭合碰撞过程中，金属微元聚合变成液体，并有一部分液体金属在极高压力迸挤作用下形成沿轴线方向向前射出的一股高速、高密度的细金属射流。剩余的液体金属在闭合碰撞制动作用下形成较粗的杵体，以较低的速度尾随在射流后面运动。射流头部运动速度最大，尾部运动速度最小。因此，射流在运动过程中将不断被拉长、拉细，其长径比达到 100 以上。当射流头部运动速度超过一定限度后（约 5000~10000m/s），射流将不再延续，而开始断裂、分散，使截面增大，射流速度减小。分散的射流会像陨星那样很快被烧掉。连续射流的头部距装药端面的距离称为射流焦距，在焦距处，金属射流的穿透能力最大。

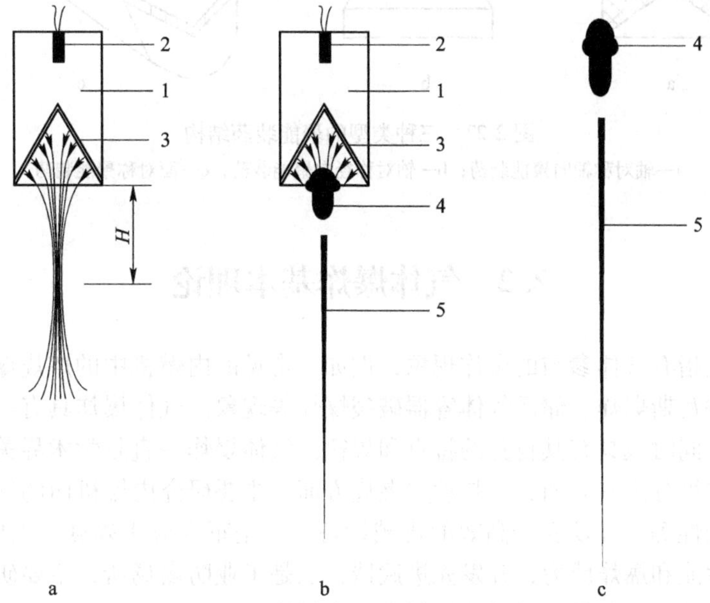

图 2-26 衬有金属药形罩的聚能装药及金属射流的形式
1—药柱；2—起爆雷管；3—药形罩（聚能罩）；4—金属杵体；5—金属射流

聚能装药的穿透能力，不仅取决于炸药本身，而且取决于装药结构，因金属射流密度大，运动速度高，遇障碍物能产生极大的压力，故药形罩应采用塑性较高的金属制作，以实现金属射流具有的高强穿透作用。药形罩的厚度一般取其底部直径的 1/20~1/40。聚能穴除了锥形外，也可以做成半球面形、抛物线形等形状。

E 聚能装药的应用

聚能装药的早期应用始于 19 世纪末，最早用于制作破甲弹对付坦克。第二次世界大战以来聚能装药在军事上的应用和研究极大地推动了它在工业领域的发展。目前，在民用爆炸器材和爆破工程中，聚能装药也得到了广泛应用。如：利用聚能效应可增强雷管的起爆能力，改善装药的殉爆、传爆性能等。

在材料工业，人们利用聚能爆破原理来加工难以加工的材料，如切割大块岩石、钢板；在交通运输业，人们利用聚能爆破来消除水下礁石，切割沉船、废桥墩、钢筋混凝土柱桩等；在矿山开采业，人们利用聚能装药爆破技术控制岩石破裂方向，在二次爆破中，破碎岩石大块；在石油开采和炼钢工业，人们利用聚能射孔弹来提高原油的涌出量和消除出炉口钢渣；在隧道掘进爆破中，人们利用聚能装药来提高掏槽炮孔、崩落炮孔的爆破效率，以及周边孔的光面爆破质量等。

目前应用的聚能装药主要有：轴对称轴向聚能装药（图 2-27a）、轴对称径向聚能装药（图 2-27b）、面对称聚能装药（图 2-27c）三种形式。这三种形式的聚能装药，由于其聚能方向不同各有不同用途。

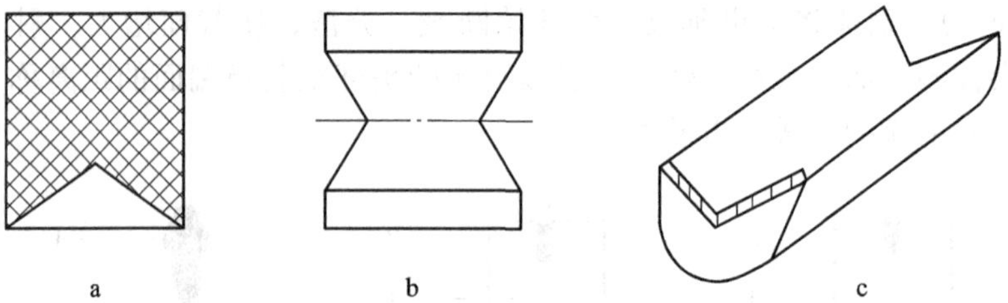

图 2-27 三种类型的聚能装药结构

a—轴对称轴向聚能装药；b—轴对称径向聚能装药；c—面对称聚能装药

2.2 气体爆炸基本理论

气体爆炸是指有气体参与的爆炸现象，例如，常见的内燃机中的燃烧爆炸、可燃气体泄漏爆炸、矿井瓦斯爆炸、储压气体容器破裂爆炸等现象。气体爆炸具有一般爆炸发生发展的共性特征，同时也具有其自身的特点和规律。气体爆炸一直是学术界关注的课题，这方面的研究工作可分为三方面：一是动力燃烧方面，主要研究内燃机内的气体和蒸气燃烧效率与做功稳定性等，开发安全高效的机械设备；二是军事应用领域，主要研究燃料-空气炸药的燃烧性能和爆炸威力，开发先进武器；三是工业防爆场所，主要研究可燃气体的燃烧过程和爆炸威力，以便有针对性地提出防爆措施。

生产、生活爆炸灾害中，气体爆炸发生率最高，危害也最大，从安全防爆技术角度来看，必须探索和总结这些特点和规律，分析研究爆炸的引发、形成、扩展和效应的全过程，这样才能有针对性地去预防、抑制、消除这类爆炸，设计制订各种科学有效的防爆措施，采取科学的救援处置策略，从而实现保护人民生命财产安全的目的。

2.2.1 气体爆炸基础知识

2.2.1.1 气体爆炸极限

爆破安全工程所涉及的气体爆炸主要是混合气体爆炸，它与炸药爆炸的最大不同点就是所有可燃气体、蒸汽都需要与空气（氧气）混合才可能形成爆炸。同时要三个必备条件，即合适浓度的燃料气体、合适浓度的氧气（空气）和足够能量的点火源。

所谓“合适浓度”是指可以发生爆炸的浓度。每种燃料气体在氧气或空气中，都有一个可以发生爆炸的浓度范围。超过这个范围，即使用很强的点火源也不能激发爆炸。这个浓度范围叫爆炸极限。因此气体的爆炸极限实际上指燃料气体的浓度极限。但是需要指出，实际点火能量对爆炸极限有一定的影响，通常所说的爆炸极限均是小能量点火情况的浓度范围。当点火能量足够引起爆轰时，此时的爆炸极限范围就有所拓宽。这也就是爆破安全工程为什么要连带研究气体爆炸的原因之一（见表 2-9）。

表 2-9 常见可燃气/空气混合物的爆炸界限

可燃物名称	爆炸下限/%	爆炸上限/%
甲烷	4.6	14.3
乙烷	3.5	15.1
乙烯	2.7	34.0
乙炔	1.5	82.2
环氧乙烷	2.6	100.0
甲醇	6.4	37.0
甲苯	1.2	7.0
丙烷	2.4	8.5
丙酮	2.5	13.0
戊烷	1.4	7.8
汽油	1.3	7.1
氢	4.0	76.0

2.2.1.2 最佳浓度

燃料和空气或氧气混合物的燃烧速度和放热量均随燃料浓度而变化，当混合比达到某一值时，其基本燃烧速度达到极值，此时的燃料浓度称为最佳浓度 C_m。C_m 一般用体积百分数表示。如丙烷/空气混合气体，当丙烷的浓度为 4.8% 时，基本燃烧速度达到极值 0.46m/s，密闭容器中峰值压力也达到极值 0.76MPa（表压），相应的爆炸反应热也达到极值。

必须指出，最佳浓度 C_m 不等于化学计量浓度，由于化学反应的不完全性和燃烧产物的离解和二次反应等原因，最佳浓度总是要高于化学计量浓度。常见可燃气体和空气混合物，其最佳浓度为化学计量浓度的 1.1~1.5 倍。而粉尘和空气混合物的最佳浓度可以达到化学计量浓度的 3~5 倍，这与粉尘粒子燃烧不完全有关。

从安全角度看，最佳浓度即为最危险的浓度，在此浓度下，爆炸威力最大，破坏效应最严重，因此要尽力避免达到这个浓度。

2.2.1.3 化学计量浓度 C_{st}

所谓化学计量浓度即为可燃剂恰好被氧化剂全部氧化生成 CO_2 和 H_2O 时的浓度。

浓度 C_{st} 可用 CO_2-H_2O 简化法则计算。对含碳、氢、氧的燃料 $C_aH_bO_c$ 和空气混合气体，可以写成如下反应式：

$$C_aH_bO_c + \frac{2a + \frac{b}{2} - c}{2}(O_2 + 3.773N_2) \longrightarrow$$
$$aCO_2 + \frac{b}{4}H_2O + 3.773\left(a + \frac{b}{4} - \frac{c}{2}\right)N_2 \tag{2-13}$$

据此，化学计量浓度 C_{st}可由下式计算：

$$C_{st} = \frac{100}{1 + 4.773\left(a + \frac{b - 2c}{4}\right)} \tag{2-14}$$

对常见烷烃类燃料 C_nH_{2n+2}空气混合物，计算公式如下：

$$C_{st} = \frac{100}{1 + 4.773(1.5n + 0.5)} \tag{2-15}$$

2.2.1.4 极限浓度

当从计量浓度增加或减小可燃物浓度时，燃烧速度都会减小，并存在一个下限和上限，称为爆炸极限，对应的浓度范围称为极限浓度。凡是浓度低于爆炸下限或高于爆炸上限的混合物与点火源接触时都不会引起火焰自行传播。浓度低于爆炸下限时，由于过量的空气作为惰性介质参与燃烧反应，消耗一部分反应热，起了冷却作用，阻碍火焰自行传播；相反，浓度高于爆炸上限时，由于可燃物过剩，即空气量不足，导致化学反应的不完全，反应放出的热量小于损耗的热量，因而也阻碍火焰蔓延。

2.2.2 气体爆炸基本模式

气体爆炸是一种非点源爆炸，与凝聚相炸药有很大的区别，这类爆炸的强度取决于环境条件。例如，密闭容器中气体爆炸和敞开蒸汽云爆炸可以有完全不同的爆炸形式和破坏作用。常见的碳氢化合物和空气混合后点火，敞开层流燃烧速率仅有 0.5m/s，但在密闭容器中的混合物火焰速度能达到每秒几米至几十米，容器内压力最终能达到 0.7~0.8MPa。在最危险的条件下，密闭容器中的混合物还能从燃烧转为爆轰，其爆轰速度可达 2~3km/s，压力可达到 1~2MPa，产生极严重的破坏作用。在有些情况下，这种非理想爆炸可以经历燃烧、爆燃到爆轰的全过程，火焰速度和爆炸压力等参数可以跨越 4~6 个数量级。非理想爆炸过程的复杂性给研究和控制带来了许多困难，科学工作者们不得不分门别类地研究这类爆炸。

气体和粉尘爆炸的模式大致可以分为四种：定压燃烧、爆燃、定容爆炸、爆轰。

定压燃烧是无约束的敞开式燃烧。其燃烧产物能及时排放，其压力始终保持与初始环境压力平衡，因此系统的压力是恒定的。定压燃烧的一个特征参量为定压燃烧速度，或称为基本燃烧速度。它取决于燃料的输运速率和反应速率。对大多数烃类燃料与空气的混合物，在化学计量浓度下，其典型的基本燃烧速度为 0.5m/s 量级。而与氧的混合物，其基本燃烧速度值比与空气混合物要高约一个数量级。

爆燃是一种带有压力波的燃烧。与定压燃烧不同点正是在于有压力波产生。定压燃烧时，燃烧产物能及时排放，压力不会增长，也就不可能产生压力波。但当燃烧阵面后边界有约束或障碍，燃烧产物就可以建立起一定的压力，波阵面两侧就建立起一个压力差，这个压力差以当地的声速向前传播，这就是压力波。由于这个压力波传播速度比燃烧阵面要快，行进在燃烧阵面前，因此也称为前驱冲击波（或前驱压力波）。由此可见，爆燃是由前驱压力波和后随的燃烧阵面构成的。爆燃是一种不稳定状态的燃烧波。它可以因约束的减弱及时排气而使压力波减弱，直至压力波消失，爆燃就沦为定压燃烧。相反，如果爆燃的后边界约束增强，压力波强度增强，火焰加速，直至火焰阵面追赶上前驱压力波阵面，火焰阵面和压力阵面合二为一，成为带化学反应区的冲击波，这就是爆轰波。

定容爆炸是燃料混合物在给定体积的刚性容器中均匀地同时点火时所发生的燃烧过程。这是一个理想的模型，实际情况是不大可能均匀同时点火的，常见的是局部点火，扩展到整体。由于爆炸过程进行得很快，密闭容器中局部点火所形成的参数与定容爆炸参数相差无几，一般就用定容爆炸模型来处理。在定容爆炸过程中，容器体积保持不变，密度也不变，而压力随燃烧释放的化学能的增加而增加。对大多数烃类燃料和空气的混合物，在化学计量浓度下，定容爆炸的压力大约为初始压力的 7~8 倍。

爆轰是气体或粉尘燃烧爆炸的最高形式，其特征是超声速传播的带化学反应的冲击波。跨过波阵面，压力和密度突跃增加的，对大多数碳氢化合物和空气化学计量浓度混合物，典型的爆轰压力为 1.5MPa 量级，而同样燃料在纯氧中爆轰时，爆轰压力可提高一倍左右，约为 3MPa 量级。相应的爆轰速度，对燃料和空气混合物约为 1.8km/s 量级，对燃料和氧气混合物约为 2.5km/s 量级。

在各种不同的燃烧模式下，一些典型的燃料空气和燃料氧的混合物的主要参数见表 2-10。

表 2-10 一些燃料-氧化剂混合物的爆炸参数

混合物	燃料浓度 /%	爆轰		定容爆炸 Δp_v /MPa	定压燃烧 V_b/V_u	基本燃烧速度 /m·s^{-1}	比能量 Q/c_0^2
		爆速 D/km·s^{-1}	爆压 Δp/MPa				
C_3H_8-空气	4.00	1.80	1.75	0.845	7.98	0.46	24.15
C_2H_4-空气	6.54	1.86	1.80	0.843	7.48	0.79	23.98
C_2H_2-空气	7.75	1.87	1.82	0.892	8.38	1.58	18.12
CH_4-空气	9.51	1.80	1.65	0.770	7.25	0.45	22.23
H_2-空气	29.60	1.96	1.48	0.711	6.88	3.10	20.36
C_3H_8-氧气	16.67	2.36	3.57	1.743	15.50	3.50	116.47
C_2H_4-氧气	25.00	2.38	3.29	1.612	14.27		110.08
C_2H_2-氧气	28.67	2.43	3.33	1.630	14.22	11.40	69.20
CH_4-氧气	33.33	2.39	2.90	1.419	12.65	4.50	92.80
H_2-氧气	66.67	2.84	1.81	0.874	8.37	14.00	45.85

注：混合气体的浓度百分比指体积分数。

2.2.3 气体爆炸传爆机理

2.2.3.1 气体爆燃波

当一个理想的火焰阵面从点火源向外扩展时，由于火焰阵面两侧状态发生突变，形成一个比火焰速度快的压缩波，此压缩波阵面称为前驱冲击波阵面。这样，一个爆燃波在行进过程中就形成三个流场区域（图 2-28）。

为了研究方便，可将火焰简化为平面火焰，并假定存在一维定常流动，可燃混合气体的流动是一维的稳定流动。火焰以亚音速传播，压力波则以当地声速向前传播，行进在火焰前面，如图 2-29 所示。因此，爆燃是由前驱冲击波和后随火焰阵面构成。开敞空间可燃云气的爆炸过程通常属于爆燃过程。因为爆燃过程是不稳定的燃烧传播过程，在某些特定条件下，它可以减弱为定压燃烧。而在另一些特定条件下，它又会加速而演化为爆轰波。此外，由于爆燃过程火焰以亚音速传播，所以外界环境对爆燃过程有较大的影响。如果爆燃过程受到强烈干扰，火焰逐渐加速并赶上前驱冲击波，即火焰阵面与压力波阵面重合，形成爆轰波。爆燃过程所产生的爆炸波和爆炸场即不具有解析解，也不能再用点源爆炸模型。

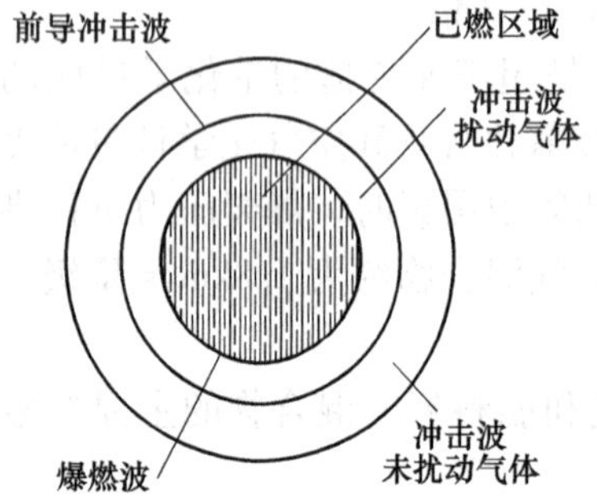

图 2-28　爆燃波三个流场区域图

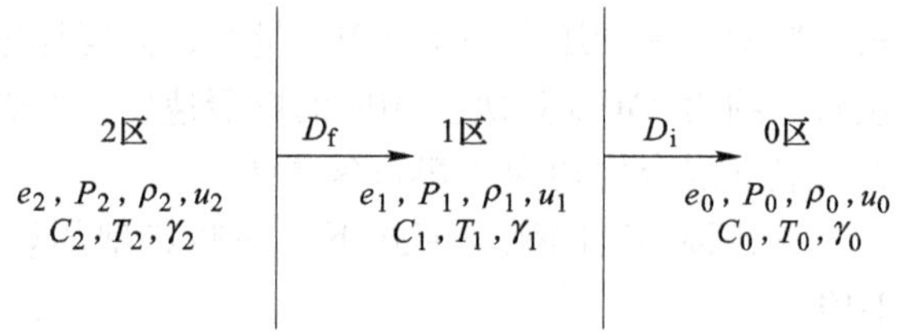

图 2-29　爆燃过程的两波三区结构

2.2.3.2　气体爆轰波

大多数燃料/空气混合物的爆炸属于爆燃类型。在一定的条件下，混合气体才可能激发爆轰。在长细比不超过 5 的容器中，普通燃料空气混合物很难形成爆轰。对无约束的燃料空气云，在一般点火源点火后，通常也以爆燃形式反应。要使燃料空气混合物爆轰，可以采用以下方法来实现：

（1）以强起爆能量激发爆轰；

（2）在密闭长管中使火焰加速；

（3）在火焰传播途径上设置障碍物等人为引起湍流而加速火焰。

有些情况下开敞空间可燃气体或粉体也可以形成破坏性的爆炸波，这取决于局部的约束条件。由于局部的约束（障碍物等），引起局部湍流和旋涡，使火焰与火焰相互作用，造成很高的体积燃烧速率，甚至转变为爆轰。强冲击波点火能使可燃气云的爆燃转为爆轰，用高能炸药也可以直接激起蒸汽云的爆轰。军事上就是利用这个原理，制成“燃烧空气炸弹”。将液化燃料装在弹体内，先用几个小药包的爆炸来分散燃料，使液滴撒播在空中，与空气混合成可燃混合物。然后，再用强起爆源起爆，使分散在空间的可燃气云激起爆轰，产生比高级炸药更大面积的杀伤作用。

爆轰波的传播不是通过传热、传质发生的，它是依靠激波的压缩作用使未燃混合气的温度突然升高而引起化学反应，从而使燃烧波不断向未燃混合气推进，爆轰波的传播速度很高，可燃气体和空气构成的混合气体的爆轰速度在 1000~4500m/s 的范围，爆轰压力也在 1.5MPa 量级，比这些混合气体在一般压力和温度下的声速要大数倍。各种混合气体的爆轰在管道内传播的速度与管道的安装方式（垂直、水平或倾斜）无关，与起爆的种类、引爆端是闭口还是敞口也无关，这些因素只影响爆轰成长为稳定状态所需经过的管道长度，而不影响达到稳态时的爆轰速度值。因此，爆轰是混合气体燃烧的另一个稳定形式，也是气体爆炸的最高形式。它以超声速传播，跨过波阵面，压力和密度都是突变的，波前未反应物系处于未曾扰动的初始状态。对于确定的初始条件，稳定爆轰速度有唯一值。

气体的稳定爆轰结构基本与凝聚炸药的爆轰结构相同，可以借鉴炸药的传爆机理进行研究，这里就不再重复。

爆燃和爆轰的区别与联系见表 2-11。

表 2-11 爆燃和爆轰的区别与联系

<table>
<tr><th colspan="2">项目</th><th>爆 燃</th><th>爆 轰</th></tr>
<tr><td colspan="2">相同点</td><td colspan="2">1. 都属于带有化学反应的波。
2. 化学反应波的反应区比较窄，且一经发生，在反应区内以化学反应波形式，按一定方向和速度，一层层地自动传播进行。
3. 基本守恒方程相同。
4. 爆燃和爆轰过程均包含流体动力学过程和化学反应动力学过程。
5. 发生的基本条件相同：
（1）有合适浓度的可燃气体；
（2）有合适浓度的氧气；
（3）有足够能量的点火源</td></tr>
<tr><td rowspan="5">不同点</td><td>传播形式</td><td>爆燃波（双波三区结构），波阵面前后压力和密度变化较小</td><td>爆轰波，是一个强冲击波，波后能形成高温高压状态</td></tr>
<tr><td>传播速度</td><td>10^{-4} ~ 10m/s 数量级，远远小于可燃气体的声速</td><td>10^3 ~ 10^4m/s 数量级，远远大于可燃气体的声速</td></tr>
<tr><td>传播持续机理</td><td>化学反应区放出的能量通过热传导、辐射和气体产物的扩散传入下一层气体，激起未反应气体进行化学反应，使爆燃持续进行</td><td>化学反应区放出的能量以压缩波的形式提供给前驱冲击波，维持前驱冲击波的强度，然后借助于前驱冲击波的冲击压缩作用激起下一层气体进行化学反应，使爆轰持续进行</td></tr>
<tr><td>压力</td><td>反应产物的压力通常不高</td><td>反应产物的压力较高，向四周传出压力波，有强烈的力学效应</td></tr>
<tr><td>影响因素</td><td>对周围未燃气体的扰动十分敏感，火焰前方未燃气体流动状态越紊乱，火焰面越卷曲，火焰的传播速度越大</td><td>基本不受外界条件的影响</td></tr>
</table>

定容爆炸是可燃气体与空气混合物在给定体积的刚性容器内的燃烧过程。爆炸过程释放的能量被气体本身吸收，温度升高，压力升高。关于可燃气体定容爆炸威力方面的研究工作已做了很多，提出了等温爆炸模型、绝热爆炸模型、一般模型等，其炸压力的计算精度已达到 10%左右。

2.2.3.3 气体点火能量

（1）气体点火能量大小。可燃气体的点火能量很低，只有几十到几百微焦耳量级，因此极易被点燃。常见碳氢化合物和空气混合气体的最小点火能约为 0.25mJ 量级，而氢与空气混合物的就更小，约为0.017mJ。与此对比，常见粉尘云的最小点火能在50mJ量级。也就是说，可燃气体最小点火能比粉尘要小2~3个量级，即相对来说它们的点火敏感度要高得多，相应的危险性也大得多，这是气体爆炸的一个重要特点。

假设人体电容为200pF，化纤衣服静电电位为15kV，其放电能量为22.5mJ，这足以使混合气体点火。因此，对可燃气体场所，应特别加强点火源的控制。在防爆电器设计中，对气体的防爆等级明显高于粉尘防爆等级。

表2-12列出了一些典型的电火花能量及典型场合。

表2-12 一些典型电火花能及典型场合

电火花能量/J	典型场合
0.13×10^{-3}	典型可燃蒸气的最小点火能
5×10^{-3}	典型粉尘云的最小点火能
7×10^{-3}	起爆药迭氮化铅的点火能量
0.01	典型推进剂粉尘的最小点火能
$(5\sim18)\times10^{-3}$	人体产生的静电火花能量
0.25	对人体产生电击
7.2	人体心脏电击阈值
11.03	B炸药点火能量
5×10^{9}	雷电

（2）点火能量对混合气体爆炸极限的影响。点火能量影响混合气体爆炸极限范围，标准压力下点燃能量对甲烷/空气混合物的爆炸极限影响见表2-13。

表2-13 点火能量对甲烷/空气混合物爆炸极限的影响

点燃源能量/J	爆炸下限 C_L/%	爆炸上限 C_U/%	爆炸范围/%
1	4.90	13.8	8.9
10	4.60	14.2	9.6
100	4.25	15.1	10.8
1000	3.60	17.5	13.9

事实证明，当混合气体超出爆炸极限范围时，在强力起爆条件下也有可能引起气体爆炸灾害，在爆破工程安全环境控制中要特别注意。

（3）点火能量对混合气体爆速的影响。研究表明，当混合气体其他条件不变时，点火能量不同，对应引爆混合气体的爆速也不同。前面已经讲过，在强力起爆作用下，混合气体有可能直接达到爆轰速度。

2.3 粉尘爆炸基本理论

粉尘是粉碎到一定细度的固体粒子的集合体，按状态，可分成粉尘层和粉尘云两类。粉尘层（或层状粉尘）是指堆积在物体表面上的静止状态的粉尘，而粉尘云（或云状粉尘）则指悬浮在空间的运动状态的粉尘。粉尘这个词中的“尘”字带有“尘埃”“废弃物”的含义，因此对一些有用粉尘，如面粉等产品粉尘，用“粉体”一词，比较确切。

在粉尘爆炸研究中，把粉尘分为可燃粉尘和不可燃粉尘（或惰性粉尘）两类。粉尘爆炸危险性几乎涉及所有的工业部门，常见可爆炸粉尘材料包括：

（1）农林：粮食、饲料、食品、农药、肥料、木材、糖、咖啡等。

（2）矿冶：煤炭、钢铁、金属、硫黄等。

（3）纺织：棉、麻、丝绸、化纤等。

（4）轻工：塑料、纸张、橡胶、染料、药物等。

（5）化工：多种化合物粉体。

常见粉尘爆炸场所分为两类：一是室内，包括通道、地沟、厂房、仓库等。二是设备内部，包括集尘器、除尘器、混合机、输送机、筛选机、料斗、高炉、打包机等。

2.3.1 粉尘的概念

可燃粉尘是指与空气中氧反应能放热的粉尘。一般有机物都含有C、H元素，它们与空气中的氧反应都能燃烧，生成CO_2、CO和H_2O。许多金属粉可与空气中氧反应生成氧化物，并放出大量的热，这些都是可燃粉尘。相反，与氧不发生反应或不发生放热反应的粉尘统称为不可燃粉尘或称惰性粉尘。

对于粉尘固体颗粒大小国际上还没有统一的定义。在煤矿中，把粉尘定义为通过20号标准筛（粒径小于850μm）的固体粒子。煤矿中的实际研究表明，粒径850μm的煤粒子还可参与爆炸快速反应。在英国标准BS2955里规定，当物质的粒度尺寸小于1000μm时被定义为粉末；当颗粒直径小于76μm时，被称为粉尘。而在美国，通常把通过40号美国标准筛的420μm的细颗粒固体物质统称为粉尘，二者在数量上相差接近6倍。一般认为，若为球形颗粒，粉尘粒子直径应为425μm以下，只有粒径低于此值的粉尘才能参与爆炸快速反应。

粉尘的粒度一般用筛号来衡量。各筛号相应的线性尺寸见表2-14。

表2-14 标准筛号与相应粒子线性尺寸对照表

标准筛号	线性尺寸/in	线性尺寸/μm
20	0.0331	850
40	0.0165	425
100	0.0059	150
200	0.0029	75
325	0.0017	45
400	0.0015	38

粉尘粒度是粉尘爆炸中一个很重要的参数。粉尘的表面积比同质量的整块固体的表面积可大好几个数量级。例如，把直径100mm的球形材料分散成等效直径为0.1mm的粉尘时，表面积增加10^5倍以上。表面积的增加，意味着材料与空气的接触面积增大，这就加速了固体与氧的反应，增加了粉尘的化学活性，使粉尘点火后燃烧更快。整块聚乙烯是很稳定的，而聚乙烯粉尘却可以发生激烈的爆炸，就是这个原因。

粉尘粒度是一个统计的概念，因为粉尘是无数个粒子的集合体，是由不同尺寸的粒子级配而成。若不考虑粒子的形状，也无法确定粒子尺寸。对不规则形状粒子的粒度，系通过试验来确定粒度数据。先测定单位体积中的粉尘粒子数，再称量其质量，就可以确定平均粒子尺寸。

悬浮在空间的粉尘云是一个不断运动的集合体。粉尘受重力的影响，会发生沉降，沉降的速度与粒度有一定的关系。粒度小于 1μm 的粒子的沉降速度低于 1cm/s，而粒子间相互碰撞的布朗运动又阻止它们向下沉降，即抵消粒子的沉降。这种粉尘云的行为与气体一样，所以 1μm 以下的粉尘可以近似用气体来处理。对粒度为 1~120μm 的粉尘，可以相当精确地预估其沉降速度，其上限速度可达 30cm/s。对 425μm 以上的粒子，由于比表面很小，加上沉降速度很快，一般对粉尘爆炸没有什么贡献。

粉尘粒子的形状和表面状态对爆炸反应也有较大的影响。即使粉尘粒子的平均直径相同，但若其形状和表面状态不同，其爆炸性能也不同。

2.3.2 粉尘爆炸条件

粉尘爆炸所采用的化学计量浓度单位与气体爆炸不同。气体爆炸采用体积分数（%）表示，即燃料气体在混合气总体积中所占的体积分数；而在粉尘爆炸中，粉尘粒子的体积在总体积中所占的比例极小，几乎可以忽略，所以一般都用单位体积中所含粉尘粒子的质量来表示，常用单位是 g/m^3 或 mg/L。这样，在计算化学计量浓度时，只要考虑单位体积空气中的氧能完全燃烧（氧化）的粉尘粒子量即可。

在标准条件下，空气的组成为：

N_2	78.086%
O_2	20.946%
Ar	0.933%
CO_2	0.032%
其他	0.002%

空气中主要成分是 N_2 和 O_2，如忽略其他组分，则空气中 O_2/N_2 比例为 1/3.774。空气的平均摩尔质量 $\overline{M}=28.964$g/mol，即 $1m^3$ 空气中约含 $0.21m^3$ 或 9.38mol 氧。

以淀粉为例，淀粉分子式为 $C_6H_{10}O_5$，9.38mol 氧能氧化的淀粉量为：9.38/6 = 1.56mol($C_6H_{10}O_5$) = 253g，即淀粉在空气中燃烧的化学计量浓度为 $253g/m^3$，其化学反应方程可写为：

$$1.56C_6H_{10}O_5 + 9.38O_2 + 35.27N_2 \longrightarrow 9.38CO_2 + 7.8H_2O + 35.27N_2$$

上述反应式指出，反应前气体量为 44.65mol，反应后气体量为 52.45mol，即反应后系统体积较反应前增加了 17.5%，故相应增加了定容绝热爆炸压力。

下面估算不同浓度下粉尘粒子间距与粉尘粒子特性尺寸的比值。

对最简单的正立方粉尘粒子（图 2-30），设其边长为 a，两粒子中心距为 L，则粉尘云浓度 C 可由下式计算：

$$C = \rho_b(a/L)^3 \tag{2-16}$$

式中，ρ_b 为粉尘粒子密度，g/m^3。

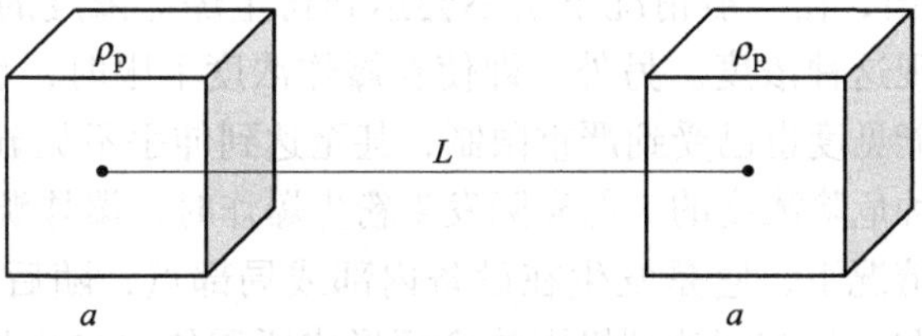

图 2-30　正方体粉尘粒子浓度示意图

上式也可以写成：

$$L/a=(\rho_P/C)^{1/3} \tag{2-17}$$

若 $\rho_P=1\text{g/m}^3$ 或 10^6g/m^3，则 $C=50\text{g/m}^3$ 时，$L/a=27$；$C=500\text{g/m}^3$ 时，$L/a=13$；$C=5000\text{g/m}^3$ 时，$L/a=6$。

常见粉尘的下限浓度为 50g/m^3，上限浓度量级 5000g/m^3。对边长 a 为 50μm 的粒子，在下限浓度 50g/m^3 时，其粒子中心距为 1.35mm。粒子间距为 1.3mm 时已基本上不透光。若采用 25W 灯泡照射浓度为 40g/m^3 煤粉尘云，在 2m 内人眼看不见灯光。这种浓度在一般环境中是不可能达到的，只有在设备内部，如磨面机、混合机、提升机、粮食筒仓、气流输送机等内部才能遇到。在这种浓度下，一旦有点火源存在就会发生爆炸。这种爆炸叫“一次爆炸”。当一次爆炸的气浪或冲击波卷起设备外的粉尘积尘，使环境中达到可爆浓度时，又会引起“二次爆炸”。

对于 5m 见方的房间（体积 125m^3），如果地面有 1mm 厚粉尘层，其堆积密度为 50g/m^3(0.5g/L)，则粉尘总量力 12.5kg。当将其全部扬起而分布在整个室内空间时，室内粉尘云浓度可达到：$C=12.5\text{kg}/125\text{m}^3=100\text{g/m}^3$。

这就是说，在 1mm 厚的积尘扬起后，可使室内空间达到可爆浓度。

对于直径为 D 的管道，如内壁沉积有 h mm 厚的粉尘层，扬起后的浓度为：

$$C=\rho_b\frac{4h}{D} \tag{2-18}$$

式中，ρ_b 为堆积密度，kg/m^3；h 为粉尘厚度，mm；D 为管道直径，m。

若管道直径 $D=0.2\text{m}$，内壁积尘厚 $h=0.1\text{mm}$，积尘的堆积密度（体积密度）$\rho_b=500\text{kg/m}^3$，则：$C=500\times4\times0.1/0.2=1000\text{g/m}^3$。

表 2-15 列出了几种类型的粉尘云状态以作参考对比。

表 2-15　几种类型的粉尘云

粉尘云浓度/$\text{g}\cdot\text{m}^{-3}$	含　义
10~5000	粉尘的爆炸浓度
0.4~0.7	粉尘风暴
0.02~0.3	矿山空气
0.008~0.03	雾
0.0002~0.007	城市工业区空气
0.00007~0.0007	乡村与郊区空气

从表 2-17 可以看出，在一般情况下是不会达到粉尘爆炸浓度的，只有在极少数强粉尘粒子源附近才能出现这种浓度。另外，即使在爆炸浓度下限时，也足以使人呼吸困难，难以忍受，而且此时能见度也已受到严重限制，甚至达到伸手不见五指的程度。因此，人是完全可以感受到这种危险浓度的。但实际发生粉尘爆炸时，爆炸源往往并不处于人的呼吸范围之内。在许多情况下，它是发生在设备内部或局部点，随后这局部爆炸（一次爆炸）将地面粉尘层扬起，使空间达到极限浓度而形成所谓的“二次爆炸”。这种二次爆炸所形成的破坏程度和范围往往比一次爆炸更严重。因此，不能单纯认为空间粉尘浓度没有达到爆炸浓度范围就是安全的，而应特别重视地面积尘被卷起的危险性。

粉尘爆炸的另一个重要条件是点火源。粉尘爆炸最小点火能量比气体爆炸大一二个数量级，大多数粉尘云最小点火能量在 5～50mJ 量级范围。

由表 2-14 可以看出，虽然粉尘云比蒸气云要求较高的最小点火能量，但总的来看，粉尘云也是很容易点火的，人体所产生的静电火花能量就可能点燃一些粉尘云。

2.3.3 粉尘爆炸机理

粉尘爆炸是一个非常复杂的过程，受很多物理因素的影响，所以粉尘爆炸机理至今尚不十分清楚。

一般认为，粉尘爆炸经过以下发展过程，如图 2-31 所示。

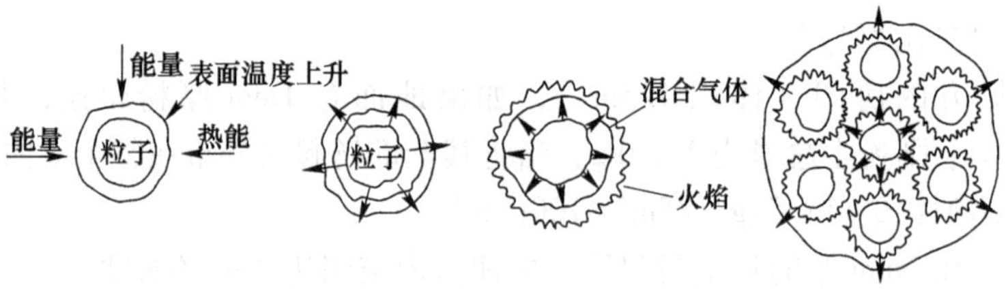

图 2-31 粉尘爆炸发展过程

首先，粉尘粒子表面通过热传导和热辐射，从点源获得点火能量，使表面温度急剧升高，达到粉尘粒子的加速分解温度或蒸发温度，形成粉尘蒸汽或分解气体。这种气体与空气混合后就能引起点火（气相点火）。另外，粉尘粒子本身从表面一直到内部（直到粒子中心点），相继发生熔融和气化，迸发出微小的火花，成为周围未燃烧粉尘的点火源，使粉尘着火，从而扩大了爆炸（火焰）范围。这一过程与气体爆炸相比，由于涉及辐射能而变得更为复杂。不仅热具有辐射能，光也含有辐射能，因此在粉尘云的形成过程中用闪光灯拍照是非常危险的。

上述的着火过程是在微小的粉尘粒子处于悬浮状态的短时间内完成的。对较大的粉尘粒子，由于其悬浮时间短，不能着火，有时只是粒子表面被烧焦或根本没有烧过。

从粉尘爆炸的过程可以看出，发生粉尘爆炸的粉尘粒子尽管很小，但与分子相比还是大得多。另外，粉尘云中粒子的大小和形状不可能是完全一样的，粉尘的悬浮时间因粒子的大小与形状而异，因此能保持一定浓度的时间和范围是极有限的。若条件都能够满足，则粉尘爆炸的威力是相当大的；但如果条件不成立，则爆炸威力就很小，甚至不引爆。

归纳起来，粉尘爆炸有如下特点：

（1）燃烧速度或爆炸压力上升速度比气体爆炸要小，但燃烧时间长，产生的能量大，所以破坏和焚烧程度大。

（2）发生爆炸时，有燃烧粒子飞出，如果飞到可燃物或人体上，会使可燃物局部严重炭化和人体严重烧伤。

（3）如图2-32所示，静止堆积的粉尘被风吹起悬浮在空气中时，如果有点燃源就会发生第一次爆炸。爆炸产生的冲击波又使其他堆积的粉尘扬起，而飞散的火花和辐射热可提供点火源又引起第二次爆炸，或多次爆炸，最后使整个粉尘存在场所受到爆炸破坏。

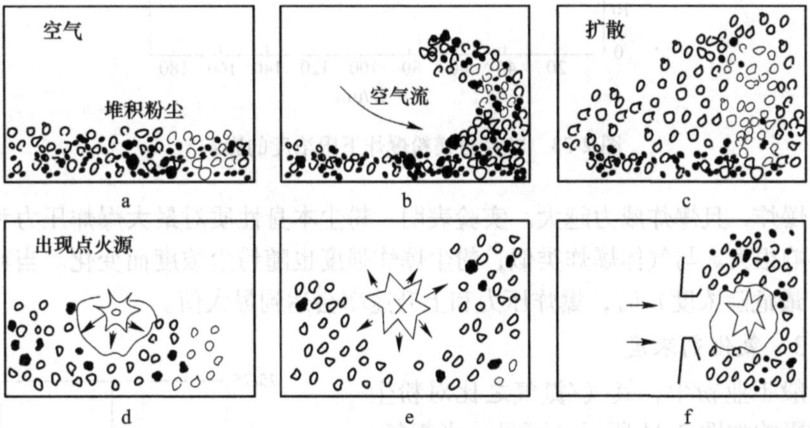

图2-32 粉尘爆炸的扩展

（4）即使参与爆炸的粉尘量很小，但由于伴随有不完全燃烧，故燃烧气体中含有大量的CO，所以会引起中毒。在煤矿中因煤粉爆炸而身亡的人员中，有一大半是由于CO中毒所致。

2.3.4 粉尘爆炸影响因素

粉尘爆炸时多流相的爆燃过程，远比气体爆炸复杂得多。正因为此，粉尘爆炸参数会受很多因素影响，给粉尘爆炸发生的可能性和引燃后的后果严重度带来不确定性。其主要影响因素为粉尘粒度、粉尘性质及浓度、氧化剂浓度、点火能量、粉尘湍流度、混合的惰性粉尘浓度和是否存在可燃气体等。

2.3.4.1 粉尘粒度

粒度越细的粉尘其单位体积的表面积越大，分散度越高，爆炸下限值越低。对于某些分散性差的粉尘，其粒度在一定范围内，随粒度的减少其爆炸下限值降低。图2-33为粒径对镁粉爆炸下限浓度的影响情况。但当粒径低于某一值时，随粒度的降低爆炸下限值基本不变，有时反而增加。这是由于两个原因引起的，一是当粉尘粒度很小时，颗粒之间的范德华力和静电引力变大，相互之间的“凝并”现象非常显著。从实验过程中可以明显看到这种凝聚现象的存在。另外一个原因是细粉易发生黏壁现象，即粉尘在管内弥散时黏附在管壁上，使弥散在管内的粉尘实际浓度降低，从而在现象上表现为爆炸下限升高。

2.3.4.2 粉尘性质和浓度

粉尘爆炸强度及其造成的后果很大程度取决于参与反应粉尘的性质。粉尘活性越强，

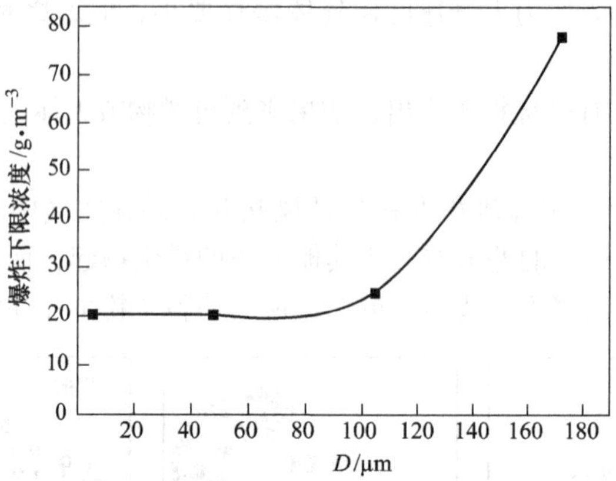

图 2-33 粒径对镁粉爆炸下限浓度的影响

越容易发生爆炸，且爆炸威力越大。实验表明，粉尘本身性质对最大爆炸压力和最大爆炸升压速率影响很大。与气体爆炸类似，粉尘爆炸强度也随粉尘浓度而变化。当粉尘浓度达到某一值（最危险浓度）时，爆炸压力和上升速率会达到最大值。

2.3.4.3 氧化剂浓度

对于一般工业粉尘，氧气/氮气之比对粉尘爆炸极限的影响如图 2-34 所示。可见，当氧气/氮气之比很低时，粉尘云不会发生爆炸；当氧气/氮气之比达到基本要求（极限氧浓度）之后，它对爆炸下限的影响不显著；但随着氧气/氮气之比的增大，爆炸上限迅速增大。

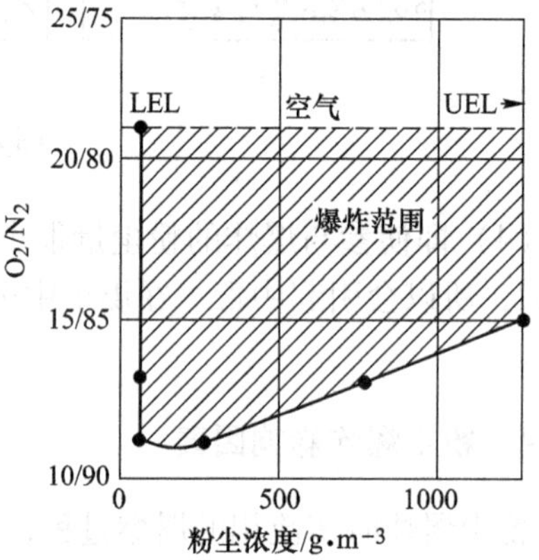

图 2-34 O_2/N_2 对粉尘爆炸极限的影响

对于一定浓度的爆炸性混合物，都有一个引起该混合物爆炸的最小能量。点火能量越高，加热面积越大，作用时间越长，则爆炸下限越低。

当加入惰性粉尘时，由于其覆盖阻隔冷却等作用，从而起到阻燃、阻爆的效果，使爆炸下限升高。

对能自身供氧的火炸药粉尘，因为它们能靠自身供氧使反应继续下去，所以空气中的氧浓度对其粉尘的爆炸极限影响不大。

2.3.4.4 点火能量

与气体爆炸一样，火花能量、热表面面积、火源与混合物的接触时间等，对爆炸极限均有影响。对于一定浓度的爆炸性混合物，都有一个引起该混合物爆炸的最小能量。点火能量越高，加热面积越大，作用时间越长，则爆炸下限越低。

2.3.4.5 含杂质混合物的影响

含杂质混合物是指粉尘/空气混合物中含有可燃气或可燃蒸气。工业上由含杂质混合物引发的爆炸事故很多，煤矿瓦斯爆炸大多都属于这种情况。在大多这类爆炸事故中，可燃气或可燃蒸气的含量远远低于爆炸下限。

研究表明，粉尘/空气混合物中含有可燃气或可燃蒸气时，其爆炸下限跟随可燃气（或可燃蒸气）浓度的增加急剧地下降，大致可按下式估算：

$$y_{L2} = y_{L1}\left(\frac{y_G}{y_{LG}} - 1\right)^2 \tag{2-19}$$

式中，y_{L2}为含杂质混合物中粉尘爆炸下限；y_{L1}为非含杂质混合物粉尘的爆炸下限；y_G为可燃气浓度；y_{LG}为可燃气爆炸下限。

图 2-35 是测得的可燃气含量与 PVC 粉尘爆炸下限的关系（$1m^3$，化学引爆，点火能量 10000J）。可见，使用强引燃源都不能引爆的粒径为 125μm 的 PVC 粉尘/空气混合物，当混入体积分数为 0.9%的丙烷气体时就变成了爆炸性粉尘，其爆炸下限约为 $160g/m^3$。

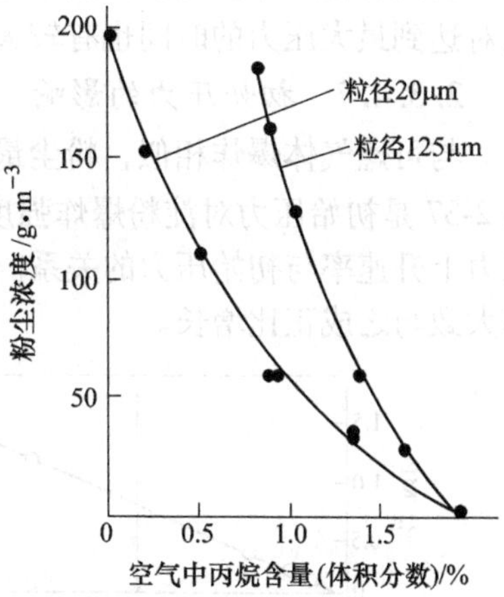

图 2-35 含杂质混合物的爆炸下限

含杂质混合物的爆炸危险性具有叠加效应，即两种以上爆炸物质混合后，能形成危险性更高的混合物。这种混合物的爆炸下限值比它们各自的爆炸下限值均低。表 2-16 列出了某种煤粉-甲烷混合物的爆炸下限值，可见，甲烷的存在使得煤粉的爆炸下限明显降低，同时，煤粉的存在也使甲烷的爆炸下限值降低。叠加效应会直接导致爆炸性混合物的爆炸极限区间的扩大，从而增加了物质的危险性。因此，对于存在叠加效应的场所必须考虑可能的最低爆炸下限值。

另外，含杂质混合物的最小点火能量，远远低于粉尘的最小点火能量。

表 2-16 煤尘-甲烷混合物在空气中的爆炸极限

可燃物	爆炸下限					
悬浮煤尘/$g \cdot m^{-3}$	0.00	10.30	17.40	27.90	37.50	47.80
甲烷（体积分数）/%	4.85	3.70	3.00	1.70	0.60	0.00

2.3.4.6 爆炸空间形状和尺寸

密闭容器中粉尘爆炸的最大压力，若忽略容器的热损失，与容器尺寸与形状无关，而只与反应初始状态有关。但容器尺寸和形状对压力上升速率有很大影响。图 2-36 是容积对煤粉爆炸强度影响的实验结果。与气体爆炸相似，密闭球形空间容积对爆炸升压速率的影响仍然存在立方根定律

$$(\mathrm{d}p/\mathrm{d}t)_{max} V^{1/3} = K_{st} \tag{2-20}$$

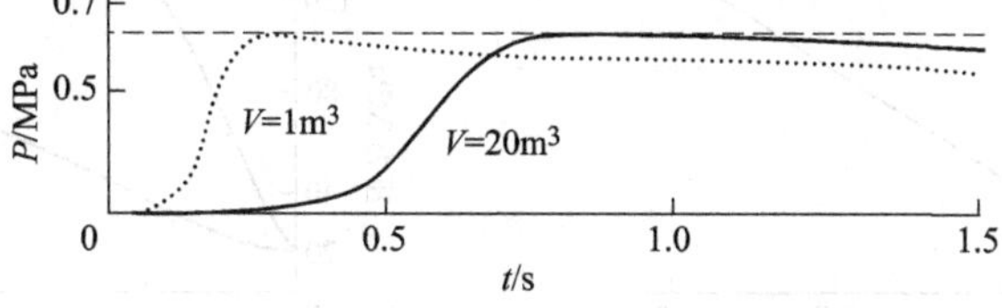

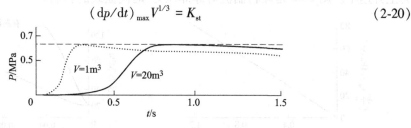

图 2-36 容器容积对煤粉爆炸强度的影响

使用该式时，同样需要满足以下 4 个条件：

（1）粉尘及其浓度相同；
（2）初始湍流程度相同；
（3）容器几何相似；
（4）点火能量相同。

对于不同长径比 λ 的圆筒形容器有

$$(dp/dt)_{max}V^{1/3}\lambda^{2/3}=K'_{st} \tag{2-21}$$

密闭容器爆炸压力上升速率与容器的表面积与体积比（S/V）成正比，容器尺寸和形状对达到最大压力的时间也有较大影响。S/V 越大，达到最大压力的时间越短。

2.3.4.7 初始压力的影响

与可燃气体爆炸相似，粉尘最大爆炸压力和压力上升速率也与其初始压力 p_0 成正比。图 2-37 是初始压力对淀粉爆炸强度的影响，图 2-38 和图 2-39 是煤粉云的最大爆炸压力和压力上升速率与初始压力的关系。粉尘的初始压力增大，将使最大爆炸压力和压力上升速率大致与之成正比增长。

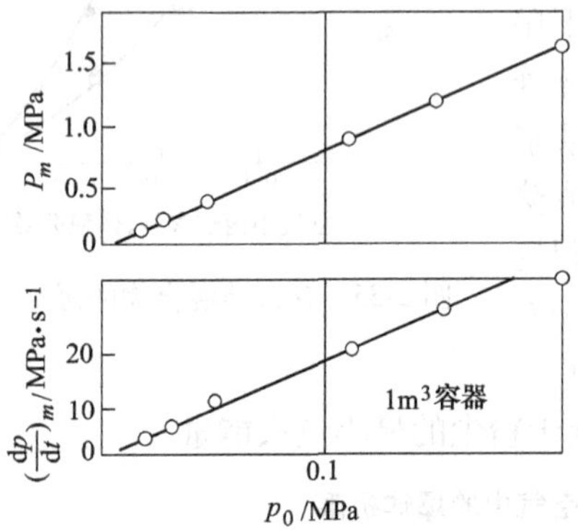

图 2-37 初始压力对淀粉爆炸强度的影响

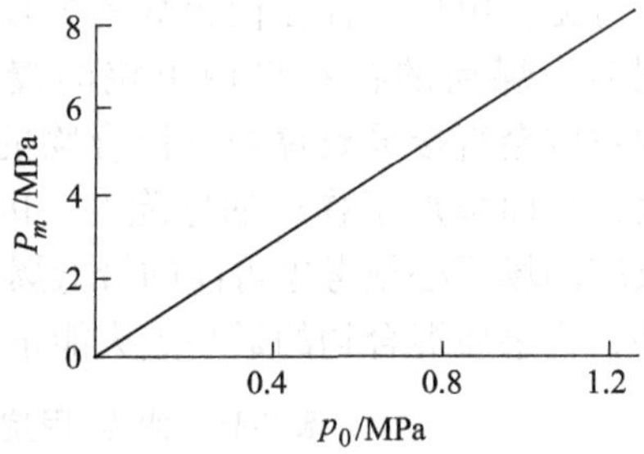

图 2-38 初始压力对最大爆炸压力的影响

2.3.4.8 湍流度的影响

湍流实质上是流体内部许多小的流体单元，在三维空间不规则地运动所形成的许多小涡流的流动状态。由以下三种情况：一是初始湍流，是在粉尘云开始点燃时流体的流动状态；二是如果粉尘发生爆燃，周围的气体就会膨胀，加剧了未燃粉尘云的扰动，从而使湍流度增大；三是粉尘云在设备中流动，由于设备有各种形态，也会增加粉尘云的湍流度。如果湍流度增大，粉尘中已燃和未燃部分的接触面积增大，从而加大了反应速度和最大压力上升速率。图 2-40 是煤粉湍流对爆炸压力-时间曲线的影响。

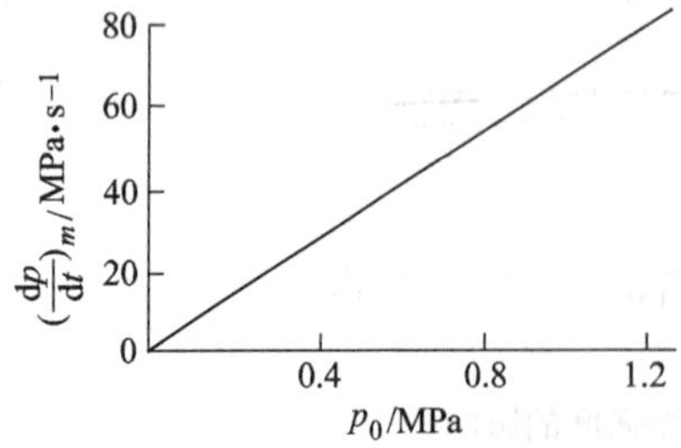

图 2-39 初始压力对压力上升速率的影响

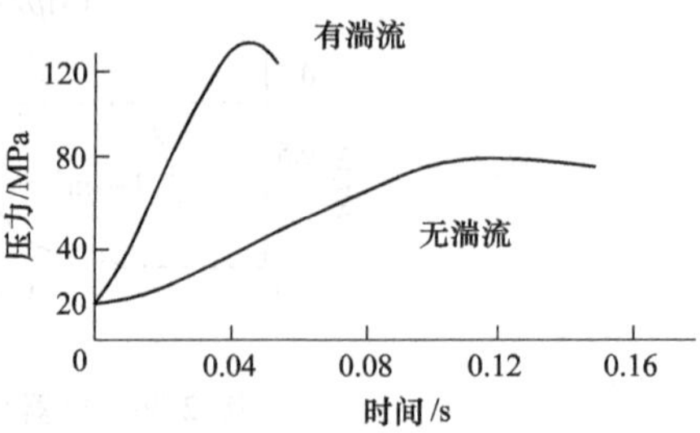

图 2-40 湍流对压力-时间曲线的影响

2.4 液态二氧化碳相变爆炸基本理论

2.4.1 液态二氧化碳相变爆破技术发展历程

液态二氧化碳相变致裂技术的出现最早源于煤矿爆破安全性的需要。20 世纪初，美、英、法、俄、波兰、挪威等一些国家开始研究高压气体爆破。1920 年，美国就发明了液态二氧化碳爆破筒，并在 1928 年由美国矿物局批准使用，专门用于高瓦斯煤层的开采，以代替炸药，降低煤尘和瓦斯爆炸的风险。随着综采设备的发展，二氧化碳致裂器后来主要用于低透气性煤层的致裂增透和瓦斯抽采。

20 世纪 80 年代后，该技术在钢铁、水泥、电力等行业的结块清除、锅炉清堵、管道排堵、料仓破拱等获得进一步推广应用。1998 年，S. P. Singh（加拿大）对液态二氧化碳相变致裂技术及其工程应用进行了阐述，认为该爆破方式可以保持作业连续性，消除爆破振动影响，为岩体开挖提供了新途径。这使得该技术逐步推广至岩体开挖、混凝土破裂、矿石开采、水下爆破等工程领域，成为控制爆破技术的一个技术补充，也是物理爆炸在工程爆破应用的特例。

国内对液态二氧化碳相变致裂技术的研究与工程应用相对要晚得多。主要集中在煤层致裂开采、增透、瓦斯抽采研究等方面。原淮南矿业学院（现安徽理工大学）的徐颖等从 1994 年起开展了高压气体爆破研究，建立了高压气体爆破模拟实验系统，开展了高压气体爆破致裂增透机理研究。河南理工大学的王兆丰等从 2012 年起对液态二氧化碳相变致裂煤层相关机理（煤层致裂机制、TNT 当量等）、顶板垮落、煤层增透、瓦斯抽采等方面进行了研究，并在煤炭行业进行工业化推广应用。

自 2015 年以来，随着液态二氧化碳相变致裂技术中的发热管技术门槛的降低，国内液态二氧化碳相变致裂设备的生产厂家日益增多，极大促进了液态二氧化碳相变致裂技术在国内非炸药破岩工程领域的应用。特别是国内生产厂家不断提高液态二氧化碳相变致裂管口径和容量，刻意提高单管石方产出率、降低单方开采成本，使得液态二氧化碳相变致裂设备威力越来越大，已不再局限于小范围精细化致裂破除项目，而是全面进入大体量石方开挖、大型矿山开采等领域。

2.4.2 液态二氧化碳相变爆破机理

CO_2 为碳氧化物之一，是一种无机物，不可燃，通常不支持燃烧，无毒性气体。相对分子量为 44；相对密度 1.56kg/L(−79℃，水=1)。临界温度为（304.1282±0.015）K，临界压力为（7.3773±0.0030）MPa，临界密度（467.6±0.6）kg/m^3。放热管激发后，瞬间放出大量的热，主管体内的二氧化碳温度尤其是压力快速升高，当同时超过临界温度及临界压力时，液态和气态的相态都消失，变成单一相的超临界流体。当爆破管内高能量状态二氧化碳压力超过泄能头破裂片的额定压力时，超临界状态二氧化碳瞬间发生液——气相变，液态二氧化碳就会瞬间转化为气体，体积瞬间增大 600 多倍，从而对周围物体进行膨胀做功。

液态二氧化碳相变爆破技术基本原理是通过向额定容量的致裂器内加注液态二氧化

碳，加注完成后向致裂器放置加热体和泄爆阀片，将灌装完成后单根致裂器串联放入爆破钻孔内，采用矿用起爆器远距离放炮启动爆破。

使用专用高压泵将液态二氧化碳充装到压裂管内，通过化学加热引爆，使压裂管内的液态二氧化碳在 20～40ms 内转化为气态，体积瞬间膨胀，压力极速增大，冲破爆破片，二氧化碳气体从压裂管喷气孔内爆发，冲击岩体介质产生初始径向裂纹，之后通过尖劈效应扩展初始裂纹，被填充或压实的裂隙重新打开，同时也产生大量的人工微裂隙，从而达到破碎岩石的目的。二氧化碳爆破的装备结构如图 2-41 所示。

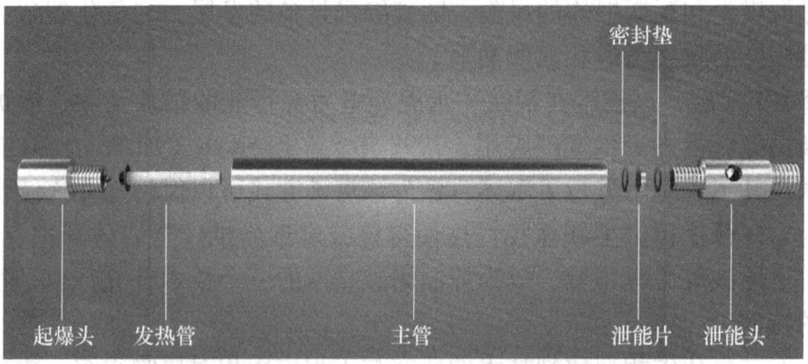

图 2-41　液态二氧化碳相变致裂装备实物图及结构示意图

CO_2 爆破过程中，冲击波首先将爆破孔周围介质粉碎形成初始导向裂隙；之后冲击波转变为应力波继续向外传播，大量高压气体在开始形成的导向裂隙中引发尖劈效应，裂隙进一步扩展形成二次裂隙。爆破过程中爆破主管内高压 CO_2 气体 p-t 曲线如图 2-42 所示。

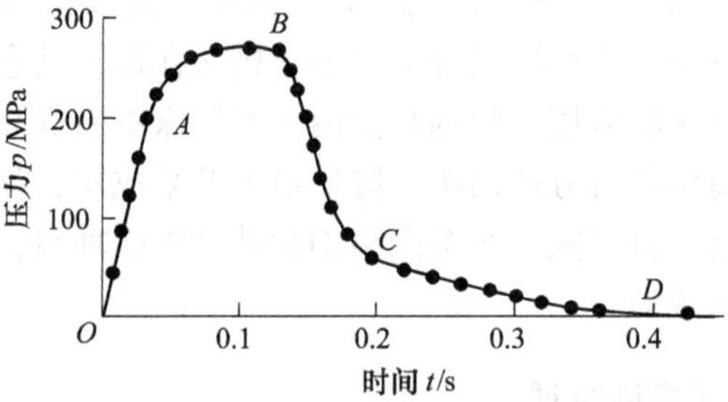

图 2-42　爆破过程中高压 CO_2 气体 p-t 曲线

OA 阶段：启动加热装置，压裂管内的液态 CO_2 在 40ms 内气化，气体迅速膨胀压力增高达到泄能片的最高承受压力 200MPa。

AB 阶段：实验室测得泄能片的断裂时间在 0.1～0.5s 内，大于液态气化所需时间，CO_2 完全气化后压裂管内气体最大压力可达 270MPa，管内气体压力继续上升至直到泄能片断裂。

BC 阶段：泄能片断裂后，高压气体喷出，冲击煤体，之后气体沿初始导向裂隙传播，压力急剧下降。

CD 阶段：管内气体继续释放，直至与外界压力平衡。

2.4.3 液态二氧化碳相变爆炸当量

二氧化碳爆破器作为一种具有爆炸能量的装备，人们习惯于换算成TNT炸药当量来评价其爆炸威力和用以爆破设计。为此有很多研究者做了大量试验及经验总结，但因爆炸的瞬时性和破坏性，以及二氧化碳爆破器材规格差异，所得出的爆炸能量难以统一。引用文献资料如表2-17供参考。

表 2-17　不同类型二氧化碳爆破器装备的爆炸当量

序号	爆破压力 p/Pa	爆炸能量 W/kJ	爆炸当量 W_{TNT}/kg
1	50	148.48	0.03
2	100	304.74	0.07
3	150	462.90	0.11
4	200	622.14	0.15
5	250	782.12	0.18
6	300	846.28	0.20

本章小结

爆炸分凝聚相爆炸和气相爆炸，而爆破安全工程主要研究的是凝聚相爆炸中最典型的炸药爆炸。炸药是爆破工程的主要能源，学习炸药爆炸的基本理论，是对炸药知其然而知其所以然的基础，是安全又科学地使用炸药的必须保证。而炸药爆炸在特定环境下，又会引起意外的连环爆炸，就是气相爆炸。为此，学习了解气相爆炸的相关知识才能体现爆破安全知识结构的完整性。本章介绍了一些基本概念、基本理论和基本实验，是后续章节的理论基础。

知识点：凝聚相爆炸、气相爆炸、缓慢分解、燃烧与爆燃、爆炸与爆轰、炸药的氧平衡、爆轰产物、爆炸产物、爆炸压力、爆轰压力、有毒气体、炸药的感度、殉爆距离、热点起爆机理、冲击波、爆轰波和爆速、侧向扩散、极限直径与临界直径、理想爆轰、非理想爆轰、稳定爆轰、不稳定爆轰、管道效应、威力与爆力、猛度、聚能效应、最佳浓度、化学计量浓度、爆炸极限、可燃粉尘、粉尘爆炸、最小点火能量。

重点：炸药的爆速和影响爆速的主要因素。炸药的爆炸功、猛度、殉爆距离的概念及其试验测定方法。炸药的理想爆速、临界爆速、极限直径、临界直径、极限密度的概念。

难点：炸药的起爆、爆轰波、侧向扩散、稀疏波的空间理解。炸药的理想爆速、临界爆速、极限直径、临界直径、极限密度的概念、气体爆炸传爆机理、粉尘二次爆炸机理、液态二氧化碳爆炸机理。

习　题

（1）名词解释：

缓慢分解、氧平衡、爆轰产物、爆炸产物、爆轰压力、爆炸压力、炸药感度、殉爆距离、爆速、爆轰波、爆力、猛度、聚能效应、管道效应、临界直径、极限直径、极限密度、理想爆轰、稳定爆轰、凝聚相含能材料、气相爆炸、最佳浓度、化学计量浓度、爆炸极限、可燃粉尘、粉尘爆炸、最小点火能量。

（2）试述从缓慢分解到爆轰的转化过程，即安全意义。

（3）试述氧平衡的分类、意义和在爆破工程中的应用。

（4）试述殉爆距离的测定方法、影响因素及研究意义。

（5）简述炸药感度的影响因素。

（6）混合气体爆炸的三个必备条件是什么？

（7）试述气体爆燃和爆轰的区别与联系。

（8）描述粉尘所谓的“二次爆炸”过程。

（9）试述炸药爆炸、气体爆炸和粉尘爆炸的相关性。

（10）试述二氧化碳相变爆破机理。

3 工业炸药

扫一扫，课件
及习题答案

工业炸药一般指的是硝铵类炸药。但在爆破工程中也会用到非硝铵类的单体起爆药和猛炸药，大多用于起爆器材中。这里介绍的工业炸药，包含了爆破安全工程需要掌握的系列硝铵类混合炸药和单质炸药。

3.1 基本概念

炸药是能够在适当的外界能量作用下发生化学爆炸，并在短时间内产生大量的热量和气体的化合物或混合物。它分类方法很多，目前还没有建立起统一的分类标准，一般可根据炸药的组成、用途和主要化学成分进行分类，工业炸药还可以根据使用条件的不同进行分类。

3.1.1 炸药的分类

3.1.1.1 按炸药组成分类

（1）单质炸药。单质炸药系指碳、氢、氧、氮等元素以一定的化学结构存在于同一分子中，并能自身发生迅速氧化还原反应释放出大量热能和气体产物的物质。例如，硝化甘油、硝化乙二醇、梯恩梯、黑索金、奥克托金、太安等。

（2）混合炸药。混合炸药系指由两种或两种以上的成分所组成的机械混合物，既可以含单质炸药，也可以不含单质炸药，但应含有氧化剂和可燃剂两部分，而且二者是以一定的比例均匀混合在一起的，当受到外界能量激发时，能发生爆炸反应。混合炸药是目前工程爆破中应用最广、品种最多的一类炸药。

3.1.1.2 按炸药作用特性分类

（1）起爆药。起爆药主要用于起爆其他工业炸药。这类炸药的主要特点是：

1）敏感度较高。在很小的外界热或机械能作用下就能迅速爆轰。

2）与其他类型炸药相比，它们从燃烧到爆轰的时间极为短暂。

最常用的起爆药有雷汞、叠氮化铅、二硝基重氮酚、斯蒂酚酸铅等。这类炸药主要用来制造各种起爆器材。

（2）猛炸药。与起爆药不同，这类炸药具有相当好的稳定性。也就是说，它们比较钝感，需要有较大的能量作用才能引起爆炸。在工程爆破中多数是用雷管或其他起爆器材起爆。常用的梯恩梯、乳化炸药、浆状炸药、铵油炸药和铵梯炸药等都是猛炸药。

（3）发射药。又称火药，主要用作枪炮或火箭的推进剂，也有用做点火药、延期药的。它们的变化过程是迅速燃烧。

（4）烟火剂。烟火剂基本上也是由氧化剂与可燃剂组成的混合物，其主要变化过程是燃烧，在极个别的情况下也能爆轰。一般用来装填照明弹、信号弹、燃烧弹等。

3.1.1.3　按工业炸药主要化学成分分类

（1）硝铵类炸药。以硝酸铵为其主要成分，加上适量的可燃剂、敏化剂及其附加剂的混合炸药均属此类，这是目前国内外工程爆破中用量最大、品种最多的一大类混合炸药。

（2）硝化甘油类炸药。以硝化甘油或硝化甘油与硝化乙二醇混合物为主要爆炸组分的混合炸药均属此类。就其外观状态来说，有粉状和胶质之分；就耐冻性能来说，有耐冻和普通之分。

（3）芳香族硝基化合物类炸药。凡是苯及其同系物，如甲苯，二甲苯的硝基化合物以及苯胺、苯酚和萘的硝基化合物均属此类。例如，梯恩梯（TNT）、二硝基甲苯磺酸钠（DNTS）等。这类炸药在我国工程爆破中用量不大。

3.1.1.4　按工业炸药使用条件分类

第一类——准许在一切地下和露天爆破工程中使用的炸药，包括有瓦斯和矿尘爆炸危险的矿山。

第二类——准许在地下和露天爆破工程中使用的炸药，但不包括有瓦斯和矿尘爆炸危险的矿山。

第三类——只准许在露天爆破工程中使用的炸药。

第一类是安全炸药，又叫作煤矿许用炸药。第二类和第三类是非安全炸药。第一类和第二类炸药每千克炸药爆炸时所产生的有毒气体不能超过安全规程所允许的量。同时，第一类炸药爆炸时还必须保证不会引起瓦斯或矿尘爆炸。

3.1.2　炸药的安定性

炸药的安定性是指在一定条件下，炸药保持其物理、化学、爆炸性质不发生可觉察的或者发生在允许范围内变化的能力。有物理安定性与化学安定性之分。

物理安定性主要是指炸药的吸湿性、挥发性、可塑性、机械强度、结块、老化、冻结、收缩等一系列物理性质。物理安定性的大小取决于炸药的物理性质。如在保管、使用硝化甘油类炸药时，由于炸药易挥发收缩、渗油、老化和冻结，导致炸药变质，严重影响保管和使用的安全性及爆炸性能；又如铵油炸药和2号岩石硝铵炸药易吸湿、结块，导致炸药变质严重，影响使用效果。

炸药化学安定性的大小取决于炸药的化学性质及常温下化学分解速度的大小，特别是取决于贮存温度的高低，有的炸药要求贮存条件较高，如5号浆状炸药要求不会导致硝酸铵重结晶的库房温度是20~30℃，而且要求通风良好。

研究炸药的安定性，对制造、使用贮存有实际意义。

3.1.3　工程爆破对工业炸药的基本要求

工业炸药的质量和性能对工程爆破的效果和安全均有较大的影响，因此为保证获得较佳的爆破质量，被选用的工业炸药应满足如下基本要求：

（1）具有较低的机械感度和适度的起爆感度，既能保证生产、贮存、运输和使用过程中的安全，又能保证使用操作中方便顺利的起爆。

（2）爆炸性能好，具有足够的爆炸威力，以满足不同矿岩的爆破需要。

（3）其组分配比应达到零氧平衡或接近于零氧平衡，以保证爆炸后有毒气体生成量少，同时炸药中应不含或少含有毒成分。

（4）有适当的稳定贮存期。在规定的贮存期间内，不应变质失效。

（5）原料来源广泛，价格便宜。

（6）加工工艺简单，操作安全。

3.2　单质起爆药与猛炸药

单质起爆药与猛炸药都不属常规工业炸药。但它们却是雷管、导爆索、导爆管、聚能装药、起爆弹等重要起爆器材的主装药，也常作为工业炸药的敏化剂成分，是爆破器材中最危险、感度最高、威力最大、最需了解的炸药。

3.2.1　单质起爆药

（1）雷汞。雷汞学名雷酸汞，分子式 $Hg(ONC)_2$，结构式可表示为 $Hg\langle\begin{smallmatrix}O-N\equiv C\\O-N\equiv C\end{smallmatrix}$ 或 $Hg\langle\begin{smallmatrix}O-N=C\\O-N=C\end{smallmatrix}$ 相对分子质量 284.65。为白色或灰白色八面体结晶（白雷汞或灰雷汞），属斜方晶系列，机械撞击、摩擦和针刺感度均较高，起爆力和安定性均次于叠氮化铅。晶体密度 4.42g/cm^3，表观密度 1.55~1.75g/cm^3，爆发点 210℃（5s），爆燃点 160℃，50℃以上即自行分解。

近百年来，雷汞一直是雷管的主装药和火帽击发药的重要组分，但由于它有毒，热安定性和耐压性差，同时含雷汞的击发药易腐蚀膛和药筒，故已逐渐为其他起爆药所取代。

（2）叠氮化铅。叠氮化铅（简称氮化铅）的分子式为 $Pb(N_3)_2$，结构式可表示为 $Pb\langle\begin{smallmatrix}N=N\equiv N\\N=N\equiv N\end{smallmatrix}$，相对分子质量 291.26。氮化铅爆轰成长期短，能迅速转变为爆轰，因而起爆能力大（比雷汞大几倍）。氮化铅还具有良好的耐压性能和良好的安全性（50℃下可储存数年），水分含量增加时其起爆力也无显著降低。但其火焰感度和针刺感度较低，在空气中，特别是在潮湿的空气中，氮化铅晶体表面上会生成一薄层对火焰不敏感的碱性碳酸盐。另外，氮化铅受日光照射后容易发生分解，生产过程中容易生成有自爆危险的针状晶体等。

为控制氮化铅的晶型加入糊精作为晶型控制剂，因此常规使用的氮化铅，又称为糊精氮化铅。由于氮化铅在有 CO_2 存在的潮湿环境中易与铜发生作用而生成极敏感的氮化铜，因此氮化铅雷管不可用铜质管壳而必须采用铝壳或纸壳。

氮化铅含有重金属、有毒，对环境污染大，生产成本高，近年在我国已很少使用。

（3）二硝基重氮酚（DDNP）。二硝基重氮酚系一种作功能力可与梯恩梯相比的单质炸药，学名 4，6-二硝基-2-重氮基-1-氧化苯，简称 DDNP，分子式 $C_6H_2N_4O_5$，相对分子质量 210.11，环状重氮氧化物结构式可表示如下：

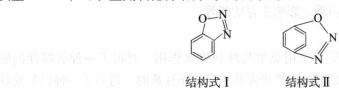

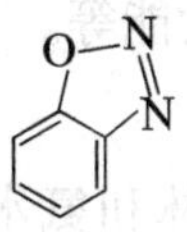
结构式 I

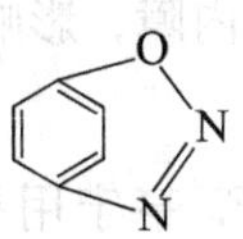
结构式 II

DDNP 纯品为黄色针状结晶，工业品为棕紫色球形聚晶。撞击和摩擦感度均低于雷汞及纯氮化铅而接近糊精氮化铅，火焰感度高于糊精氮化铅而与雷汞相近。起爆力为雷汞的两倍，但密度低，耐压性和流散性较差。晶体密度 1.63g/cm^3，表观密度 0.27g/cm^3，干燥的二硝基重氮酚 75℃时开始分解，熔点 157℃，爆发点 195℃(5s)，爆燃点 180℃，由于二硝基重氮酚的原料来源广、生产工艺简单、安全、成本较低，而且具有良好的起爆性能，20 世纪 40 年代后，DDNP 作为工业雷管装药取代了雷汞，是目前用量最大的单质起爆药之一。

3.2.2 单质猛炸药

3.2.2.1 梯恩梯（TNT）

1863 年德国化学家威尔布拉德（Wilbrand）用甲苯、硫酸、硝酸首先制得了黄色针状固体，命名为梯恩梯（trinitrotoluene），代号为 TNT。1891 年，梯恩梯实现了工业化生产，成为了第一次及第二次世界大战的主要军用炸药。

梯恩梯学名三硝基甲苯，分子式为 $C_6H_2(NO_2)_3CH_3$ 或 $C_7H_5N_3O_6$，相对分子质量为 227。结构式如下：

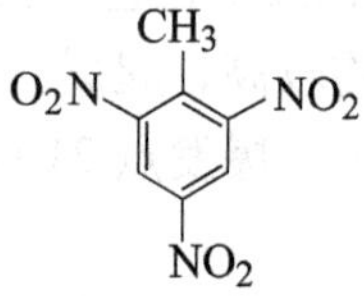

梯恩梯一般呈淡黄色鳞片状晶体，晶体密度 1.66g/cm^3，晶体堆积密度 0.9～1.0g/cm^3，熔融梯恩梯密度 1.464g/cm^3（81℃）。纯梯恩梯的熔点 80.65℃。梯恩梯的吸湿性很小，难溶于水，易溶于甲苯、丙酮和乙醇等有机溶剂中。梯恩梯的热安定性很高，在常温下贮存 20 年无明显变化。梯恩梯能被火焰点燃，在密闭或堆量很大的情况下燃烧可转化为爆炸。它的机械感度较低，但如混入细砂类硬质掺和物时则容易引爆。

梯恩梯的爆炸性质与许多因素有关。通常条件下，撞击感度 4%～8%，摩擦感度为 0，爆发点为 290～300℃，作功能力 285～300mL，猛度 16～17mm。密度为 1.21 时，爆速 4720m/s；密度为 1.62g/cm^3 时，爆速 6990m/s，爆热 3810～4229kJ/kg，比容 750～770L/kg。

梯恩梯有广泛的军事用途。许多炸药厂采用精制梯恩梯作雷管中的加强药或硝铵类炸药中的敏化剂。

梯恩梯也是一种有毒的物质，其粉尘、蒸气主要是通过皮肤侵入人体内，其次是通过呼吸道。在生产和使用中接触梯恩梯和铵梯炸药均有可能中毒。主要是引起中毒性肝炎和再生障碍性贫血，结果导致黄疸病、青紫病、消化功能障碍及红、白细胞减少等症，严重时可死亡。此外，还可以引起白内障，影响生育功能等。

3.2.2.2 黑索金（RDX）

1899 年，英国药物学家 G.F. 亨宁用福尔马林和氨水作用，制得了一种弱碱性的固体，命名为乌洛托品。在之后用硝酸处理来研究其物理化学性质时，得到了一种白色粉状晶体化合物，因这个六元环状硝酰胺类的分子呈六边形，所以命名为 hexogen、cyclonite，代号 RDX，音译为黑索金。化学名称：环三次甲基三硝胺 $C_3H_6(NO_2)_3$。结构式如下：

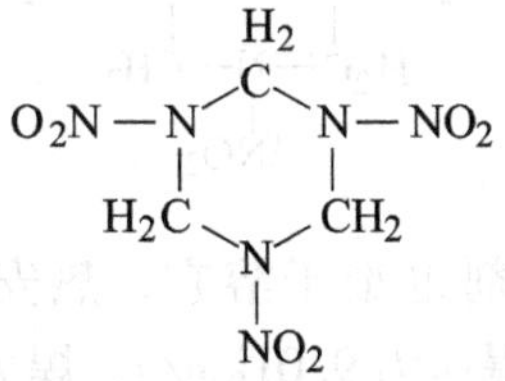

黑索金为白色晶体，熔点 204.5℃，爆发点 230℃，不吸湿，几乎不溶于水。黑索金热安定性好，其机械感度比梯恩梯高。黑索金的爆热值为 5350kJ/kg，爆力 500mL，猛度（25g 药量）16mm，爆速 8300m/s。由于它的威力和爆速都很高，除用作雷管中的加强药外，还可用作导爆索的药芯或同梯恩梯混合制造起爆药包，是当今使用量最大的单质猛炸药。

3.2.2.3　特屈儿（CE）

即三硝基苯甲硝胺 $C_6H_2(NO_2)_3 \cdot NCH_3NO_2$，英文缩写为 CE。结构式如下：

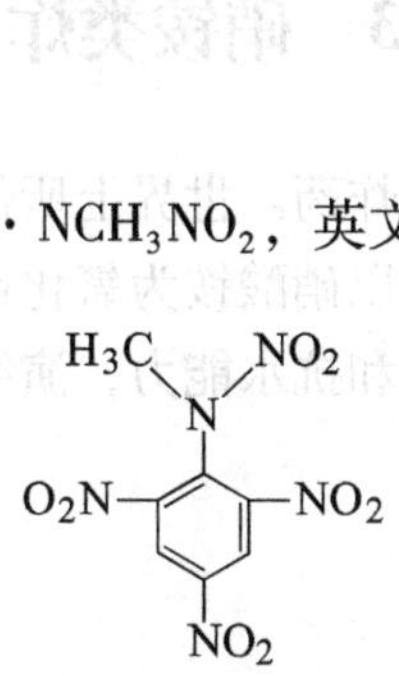

它是淡黄晶体，难溶于水，热感度及机械感度均高，爆炸性能好，爆力 475mL，猛度 22mm。特屈儿容易与硝酸铵强烈作用而释放热量导致自燃，限制了它的使用范围。

3.2.2.4　太安（PETN）

即季戊四醇四硝酸酯 $C(CH_2ONO_2)_4$，英文缩写为 PETN。它是白色晶体，几乎不溶于水。结构式如下：

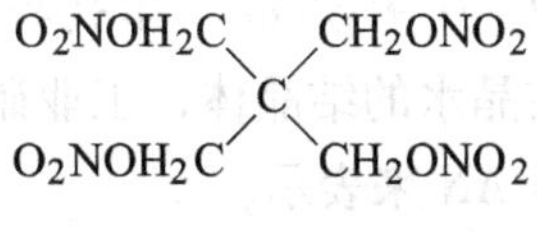

太安的爆力 500mL，猛度（25g）15mm，爆速 8400m/s，爆炸特性优于黑索金。但它的敏感度较高，一般使用要钝感处理。因此限制了其用途，已多被黑索金取代。

3.2.2.5　奥克托今（HMX）

1941 年，生产黑索金的一家化工厂发现，黑索金中的杂质含量可以决定黑索金的爆炸效果。而且这种杂质含量越多，产品的爆炸性能越好。经提纯发现是含八环的黑索金同系物，被命名为 octogen（八边形），代号为 HMX，音译奥克托今，化学名称 1，3，5，7-四硝基-1，3，5，7-四氮杂环辛烷，也称环四亚甲基四硝胺。分子式 $C_4H_8N_8O_8$，相对分子量 296.16，氧平衡-21.6%。结构式如下：

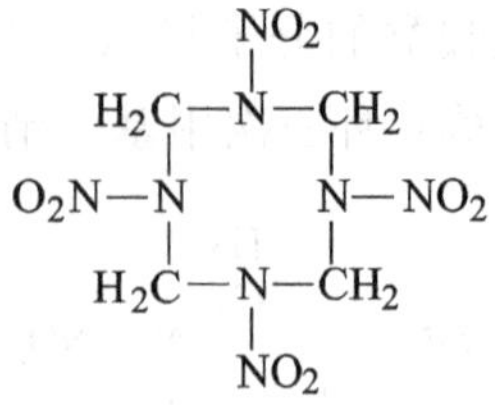

奥克托今不溶于水，一般溶剂也难于溶它，热安定性比黑索金高，熔点为 280～281℃。其密度为 1.88g/cm^3 时的爆速为 9.01km/s，爆力 486cm^3，猛度为 25cm。

奥克托今作为耐热炸药用于深井射孔弹，也用作高性能固体推进剂和枪炮发射药的组分。以其为基的混合炸药多用于导弹、核武器和反坦克弹的战斗部装药。由于目前成本较高，限制了它的广泛应用。

3.3 硝铵类炸药

硝铵类炸药其实就是当今的工业炸药。世界上所使用的民用炸药基本都是以硝酸铵为主要成分的炸药。按照氧平衡原理，以硝酸铵为氧化剂配置成各种混合炸药，并依托科技进步逐步提升硝铵类炸药的爆炸性能和抗水能力，演绎出硝铵类炸药的发展史。下面循历史脚步依次介绍硝铵类炸药品种。

3.3.1 硝酸铵（AN）

硝酸铵早在 1658 年就被发现，但是它的爆炸性却是 1843 年才被揭示，1867 年，奥尔森（Olsson）和诺宾（Norrbein）发明了用硝酸铵和各种燃料制成的混合炸药。从 19 世纪 50 年代开始进入硝铵爆破剂时代，直到如今。

硝酸铵是一种非常钝感的爆炸性物质。其分子式为 NH_4NO_3，相对分子质量为 80.04，氧平衡为+19.98%，熔点为 169.6℃。

用于制备炸药的工业硝酸铵有结晶状、多孔粒状和膨化之分。硝酸铵的堆积密度决定于颗粒度，一般粉状硝酸铵为 0.80～0.95g/cm^3，多孔粒状硝酸铵为 0.75～0.85g/cm^3。常温常压下，纯净硝酸铵是白色无结晶水的结晶体，工业硝酸铵由于含有少量铁的氧化物而略呈淡黄色。硝酸铵可用缩写代号 AN 来表示。

硝酸铵的撞击感度、摩擦感度和射击感度均为零。硝酸铵的爆轰感度很低，一般不能用雷管或导爆索起爆，而需采用强力的起爆药柱起爆。在完全爆轰的条件下，硝酸铵的爆热为 1612kJ/kg，爆温为 1100～1360℃，比容为 980L/kg。密度为 0.75～1.10g/cm^3 时，硝酸铵的爆速为 1100～2700m/s；硝酸铵的作功能力为 180mL，猛度为 1.2～2.0mm，爆压为 3.6GPa；干燥磨细硝酸铵的临界直径为 100mm（铜筒）。

硝酸铵的主要缺点是具有较强的吸湿性和结块性。吸湿现象的产生是由于硝酸铵对空气中的水蒸气有吸附作用，并且通过毛细管作用，在硝酸铵颗粒的表面形成薄薄的一层水膜。硝酸铵易溶于水中，因而水膜会逐渐变成饱和溶液；只要空气中的水蒸气压力大于硝酸铵饱和溶液水蒸气压力，硝酸铵就会继续吸收水分，一直到两者的压力相等时为止。

为了提高硝酸铵的抗水性，可加入防潮剂。在爆破工程中，常见的防潮剂有两类：一类是憎水性物质，如松香、石蜡、沥青和凡士林等，它们覆盖在硝酸铵颗粒表面上，使其与空气隔离，从而起到防潮作用；另一类是活性物质（例如硬脂酸钙、硬脂酸锌等），它们的分子结构一端为体积较大的憎水性基团（硬脂酸根），另一端为体积较小的亲水性基团（金属离子）。这些活性物质加入硝酸铵中以后，它们的亲水性基团将朝向硝酸铵的颗粒表面，而憎水性基团则朝向外部，因而能起到防潮作用。

实践证明，硝酸铵的结块性与其吸湿性有密切关系。当硝酸铵颗粒吸湿以后，在颗粒表面逐渐形成饱和溶液膜（图 3-1），通过表面张力和毛细管作用，使饱和溶液膜在颗粒之间搭成“液桥”。随着温度的下降，从“液桥”中析出坚硬致密的晶粒，并将硝酸铵颗粒牢固地黏结成块状。

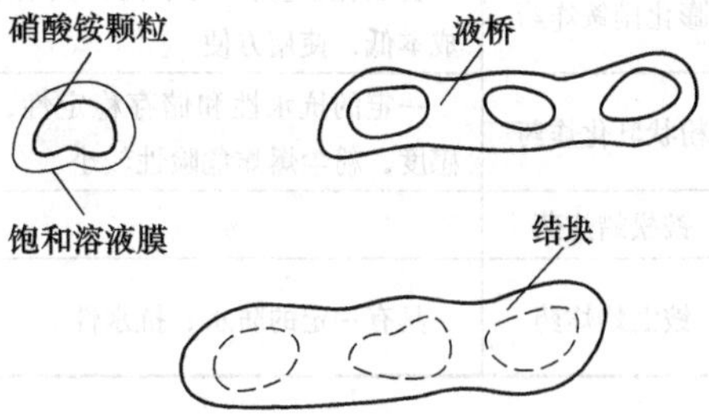

图 3-1　结块过程简图

硝酸铵晶形的互变性质，对其结块性也有较大的影响。通常，硝酸铵有正方形、α 菱形、β 菱形、斜六面体和正六面体五种晶形，每一种晶形均在一定的温度下才能稳定。当温度上升到 32.3℃时，α 菱形晶体的体积增加 3%，同时分裂成为 β 菱形晶体，该晶体像水泥吸水一样，甚易结成硬块。

由此可见，为了防止硝酸铵的结块，应在防潮的前提下，加入适量的疏松剂（如木粉等）或晶形改变剂（如十八烷胺等）。

硝酸铵与硫黄、硫铁矿、酸、过磷酸钙、漂白粉和粉末金属（特别是锌）作用时，分解析出有毒的氢氧化物和氧，所析出的氧可以引起燃烧而导致火灾。在密闭和高温情况下，可由燃烧转变为爆炸。在潮湿条件下，硝酸铵与铜作用后生成安定性很差的亚硝酸盐，而这些亚硝酸盐与叠氮化铅的感度和猛度属同一等级。硝酸铵与铝、铁、锡等不起作用，所以在硝铵类炸药的生产中可使用铝、锡等金属制造的设备和工具。

3.3.2　粉状硝铵炸药

粉状硝铵炸药是 19、20 世纪我国爆破工程使用最多、最主要的工业炸药。这类含梯恩梯的炸药虽然早已禁止生产和使用，但其历史功绩必须提起。因为我国和苏联几乎所有爆破工程的炸药量计算公式、经验公式、各类工程炸药单耗取值参考范围或定额等，都是依据 2 号岩石铵梯炸药试验所得。以及新品种炸药也是依 2 号岩石铵梯炸药的爆炸性能为参照。

2 号岩石梯炸药由硝酸铵 85%、梯恩梯 11%和木粉 4%三种成分组成。硝酸铵是主要成分兼起氧化剂作用；梯恩梯为敏化剂兼起还原剂作用；木粉为疏松剂，兼为可燃剂，亦起松散和防结块作用。2 号岩石梯炸药其密度 0.95~1.10g/cm^3，猛度≥12mm，做功能力≥298mL，殉爆距离≥5cm，爆速≥3200m/s。具有雷管感度。但易于吸潮结块，不能用于有水炮孔装药。

其他品种粉状硝铵炸药在此仅对其种类及优缺点进行简要介绍，见表3-1。

表3-1 粉状硝铵炸药品种及优缺点

种类	优 点	缺 点
铵梯炸药	工艺、配方简单，易于操作，较高的爆炸性能，具有雷管感度	梯恩梯的毒性和污染，劳动强度大，吸湿性强，抗水性差，成本较高
铵油炸药	原料广泛，工艺简单，生产成本低	抗吸湿性较差，不具有雷管感度，不利于长期储存，爆速较低
膨化硝铵炸药	自敏化，生产效率高，具有雷管感度，成本低，使用方便	抗水性差，炸药密度和单位体积做功能力较低
粉状乳化炸药	一定的抗水性和储存稳定性，具有雷管感度，粉尘爆炸危险性较小	生产成本较高，工艺复杂，本质安全性较差
铵松蜡炸药		主要在有色、冶金等中小矿山自产自用
铵沥蜡炸药	具有一定的防水、抗水性	有毒气体生成量大，不许用于地下矿山。目前国内基本没有生产

3.3.3 浆状炸药与水胶炸药

浆状炸药是以氧化剂水溶液、敏化剂和凝聚剂为基本成分的抗水硝铵类炸药，具有抗水性强、密度高、爆炸威力较大、原料来源广、成本低和安全等优点，因此曾在露天有水深孔爆破中广泛应用，但一般不具有雷管感度，目前我国浆状炸药的产量已很少。

一般来说，水胶炸药与浆状炸药没有严格的界限，二者的主要区别在于使用不同的敏化剂，浆状炸药的主要敏化剂是非水溶性的猛炸药成分、金属粉和固体可燃物，而水胶炸药则是采用水溶性的甲胺硝酸盐作为敏化剂，而且水胶炸药的爆轰敏感度比普通浆状炸药高，具有雷管感度。

3.3.4 乳化炸药

乳化炸药1969年由H. F. 布卢姆（Bluhm）发明，并申请美国专利。之后在全世界出现了不同系列的乳化炸药。由于乳化炸药的优良特性，被爆破界尊为具有里程碑意义的炸药。

乳化炸药是以无机含氧酸盐水溶液（硝酸铵为主）作为分散相，悬浮在含有分散气泡或空心玻璃微球或其他多孔性材料的似油类物质构成的连续介质中，形成一种油包水型的特殊乳化体系。乳化炸药与浆状炸药、水胶炸药都属于含水炸药。

从国内外的生产和应用实践来看，乳化炸药具有如下特点：

（1）爆炸性能好。32mm小直径药卷的爆速可达4000～5200m/s，猛度可达15～19mm，殉爆距离为7.0～12.0cm，临界直径为12～16mm，用一只8号工业雷管就可以引爆。

（2）抗水性能强。小直径药卷敞口浸水96h以上，其爆炸性能变化甚微。同时由于密度大，可沉于水下，解决了露天矿的水孔和水下爆破作业的问题。

（3）安全性能好。机械感度低、爆轰感度较高。

（4）环境污染小。乳化炸药的组分中不含有毒的梯恩梯等物质，解决了生产时的环境污染和职业中毒等问题。爆炸后的有毒气体生成量也比较少，这样就可以减少炮烟中毒事故。

（5）原料来源广泛，加工工艺较简单。乳化炸药的原料主要是硝酸铵、硝酸钠、水和较少量的柴油、石蜡、乳化剂和密度调整剂等。所需的生产设备简单，操作简便。

（6）生产成本较低，爆破效果好。

3.3.4.1 乳化炸药的主要组分

（1）氧化剂。这是乳化炸药的主体部分，常用的氧化剂是硝酸铵。但单独使用时，其爆炸性能、稳定性和耐冻性均不如采用混合氧化剂好，因此一般选用硝酸铵和硝酸钠混合氧化剂，两者间的比例以硝酸铵：硝酸钠=(3~4)：1为佳。也有使用高氯酸盐的，如高氯酸钠、高氯酸铵等。

（2）乳化剂。乳化剂的作用是让油相与水相互溶，是炸药形成油包水型乳化体系的关键成分。经验表明，HLB（亲水亲油平衡值）为3~7的乳化剂多数可以作为乳化炸药的乳化剂。乳化炸药中可以含一种乳化剂，也可以含两种或两种以上的乳化剂。乳化剂其用量一般为2%左右。

（3）水。水和氧化剂组成乳化炸药的分散相，又称水相或内相。水含量的多少对乳化炸药的稳定性、密度和爆炸性能都有显著的影响。在一定的水分含量范围内，乳化炸药的贮存稳定性随着水分含量的增加而提高，其密度则随着水含量的增加而减少，爆速和猛度的最大值通常出现在水含量为10%~12%的范围内。一般来说，乳化炸药中水分含量以8%~18%为宜。

（4）油相材料。油相材料是一类非水溶性的有机物质，形成乳化炸药的连续相，又称外相。它是乳化炸药的关键组分之一，因为如果没有这些构成连续相的油相材料，油包水型的乳化体系就不复存在。在乳化炸药中油相材料既是燃烧剂，又是敏化剂，同时对成品的最终外观状态、抗水性能和贮存稳定性有明显的影响。其含量以1%~5%左右较佳。

（5）敏化气泡。敏化气泡是以第三相加入的，既可以是通过添加某些化学物质（如亚硝酸钠等）发生分解反应产生的微小气泡，还可以是封闭性夹带气体的固体微粒（如空心玻璃微球、膨胀珍珠岩微粒、空心树脂微球等）。微小气泡直径一般为10^{-2}~10^{-4}cm，其数量达10^4~10^7个/mL。敏化气泡利用热点起爆理论能提高乳化炸药的爆轰感度，同时也起到密度调整剂的作用。

因此，大多用化学发泡的乳化炸药怕反复揉搓，当炸药中的微小气泡被排挤出去，炸药可能失去雷管感度。

（6）其他添加剂。它包括乳化促进剂、晶形改性剂和稳定剂等，其添加量一般为0.1%~0.5%。尽管添加量很少，但对乳化炸药的药体质量、爆炸性能和贮存稳定性等都有着明显的改进作用。视需要添加其中的一种或几种。

3.3.4.2 岩石乳化炸药的品种与性能

根据包装形式和产品形态可将乳化炸药分为5种：药卷品、袋装品、散装品、乳胶溶液产品、乳胶铵油炸药掺和产品。目前我国主要生产药卷品、袋装品、散装品和掺和产品，表3-2列出了我国乳化炸药的主要品种和技术性能。

表 3-2 我国几种乳化炸药的组分与性能

系列或型号		EL 系列	CLH 系列	SB 系列	BME 系列	RJ 系列	WR 系列	岩石型	煤矿许用型
组分/%	硝酸铵（钠）	65~75	63~80	67~80	36~51	58~85	78~80	65~86	65~80
	硝酸甲胺					8~10			
	水	8~12	5~11	3~13	6~9	8~15	10~13	8~13	8~13
	乳化剂	1~2	1~2	1~2	1.0~1.5	1~3	0.8~2	0.8~1.2	0.8~1.2
	油相材料	3~5	3~5	3.5~6	2.0~3.5	2~5	3~5	4~6	3~5
	铝粉		2		1~2				
	添加剂	2.1~2.2	10~15	6~9	1.0~1.5	0.5~2	5~6.5	1~3	5~10（消焰剂）
	密度调整剂	0.3~0.5		1.5~3		0.2~1			
性能	爆速/km·s^{-1}	4~5.0	4.5~5.5	4~4.5	3.1~3.5（塑料管）	4.5~5.4	4.7~5.8	3.9	3.9
	猛度/mm	16~19		15~18		16~18	18~20	12~17	12~17
	殉爆距离/cm	8~12		7~12		>8	5~10	6~8	6~8
	临界直径/mm	12~16	40	12~16	40	13	12~18	20~25	20~25
	抗水性	极好	极好	极好	取决于添加比例与包装形式	极好	极好	极好	极好
	贮存期/月	>6	>8	>6	2~3	3	3	3~4	3~4

3.4 煤矿许用炸药

煤矿许用炸药又称为安全炸药，是准许在一切地下和露天爆破工程中使用的炸药，包括有沼气和矿尘爆炸危险的矿山。这类炸药爆炸产生的有毒气体不超过爆破安全规程所允许的量，并保证不会引起瓦斯和煤尘的爆炸。

3.4.1 煤矿瓦斯与煤尘

煤矿瓦斯实际上是指瓦斯与空气的混合物。瓦斯的主要成分是甲烷，来源与木质纤维及其他植物生成煤的过程有关。木质纤维生成瓦斯的反应如下：

$$4C_6H_{10}O_5 \longrightarrow 7CH_4 + 8CO_2 + 3H_2O + C_9H_6O(\text{煤})$$

由此可见，瓦斯与煤是同时产生的。我国的大部分矿井都是瓦斯矿井。尤以高瓦斯、煤与瓦斯突出矿井居多。一个矿井中，只要有一个煤（岩）层中发现过瓦斯，该矿井即定为瓦斯矿井，矿井瓦斯等级按日产一吨煤涌出瓦斯量和单位时间涌出的瓦斯体积以及瓦斯涌出形式划分为：

（1）低瓦斯矿井 $q_g \leqslant 10m^3/t$ 或 $Q_g \leqslant 40m^3/min$。

（2）高瓦斯矿井 $q_g > 10m^3/t$ 或 $Q_g > 40m^3/min$。

（3）煤与瓦斯突出矿井：

q_g 为相对瓦斯涌出量，即平均生产一吨煤同期所涌出的瓦斯量，单位是 m^3/t。

Q_g 为绝对瓦斯涌出，即单位时间涌出的瓦斯体积，单位为 m^3/min。

矿井的瓦斯等级越高，发生爆炸等灾害的危险性就越大。一般来说，井下空气中的瓦斯浓度在4%～5%时，就有发生爆炸的危险。我国煤矿安全规程规定，当矿井瓦斯浓度达到1%时，就应停止爆破作业，加强通风，以防止局部瓦斯浓度升高。

所谓煤尘系指在热能的作用下能够发生爆炸的细煤粉。我国通常把0.75～1.0mm以下的煤粉叫做煤尘。煤尘不仅可以单独爆炸，而且可参与瓦斯一起爆炸，其危害更大。

瓦斯的燃烧与爆炸过程实际上是甲烷的氧化反应过程：

$$CH_4 + 2O_2 + 8N_2 \longrightarrow CO_2 + 2H_2O + 8N_2 \quad \Delta_r H_m^{\ominus} = -804kJ/mol$$

研究表明，在这个反应的中间产物中有OH—、CH_3—等游离基和自由原子氧存在，是一个游离基连锁反应。基于这一特点，人们通过添加金属卤化物以抑制它的反应速度和阻断其过程，并配制成各种煤矿许用炸药。

3.4.2　煤矿许用炸药特点

一般地说，允许用于有瓦斯和煤尘爆炸危险的炸药应该具有如下特点：

（1）煤矿许用炸药的能量要有一定的限制，其爆热、爆温、爆压和爆速都要求低一些，使爆炸后不致引起矿井大气的局部高温，这就有可能使瓦斯、煤尘的发火率降低。

（2）煤矿许用炸药应有较高的起爆感度和较好的传爆能力，以保证其爆炸的完全性和传爆的稳定性，这样就使爆炸产物中未反应的炽热固体颗粒引爆瓦斯的可能性大大减少，从而提高其安全性。

（3）煤矿许用炸药的有毒气体生成量应符合国家规定，其氧平衡应接近于零，以避免产生爆炸产物的二次火焰，特别要避免生成氮氧化物。

（4）煤矿许用炸药组分中不能含有金属粉末，以防爆炸后生成炽热固体颗粒。

为使炸药具有上述特性，应在煤矿许用炸药组分中添加一定量的消焰剂——食盐、氯化铵或其他类似的物质。

消焰剂是一种热容量大的物质，在炸药发生爆炸时，它能吸收一部分爆热而降低炸药的爆温，使炸药的爆温低、火焰小和火焰持续时间短，因而起到防止矿井大气局部温度升高的作用。另外消焰剂还对瓦斯—空气混合物的氧化燃烧反应起负催化作用，它能破坏瓦斯氧化燃烧时连锁反应的活化中心，促成链的中断，因而阻止了瓦斯—空气混合物的爆炸。

3.4.3　煤矿许用炸药分级与检验方法

我国煤矿许用炸药按可燃气安全度进行分级，其分级规定已在《煤矿许用炸药井下可燃气安全度试验方法和判定规则》（AQ1100—2014）中表明。煤矿许用炸药井下可燃气安全度等级分为一、二、三级。各级标准引火量值见表3-3。

表3-3　煤矿许用炸药井下可燃气安全度等级和适用范围

等级	一级	二级	三级
*标准值 M/g	100	180	400
试验方式	发射臼炮	发射臼炮	发射臼炮
适用范围	低甲烷矿井岩石掘进工作面	低甲烷矿井煤层采掘工作面	高甲烷矿井；低甲烷矿井高甲烷采掘工作面；煤油共生矿井；煤与煤层气突出矿井

*符号 M：标准引火量，单位为克（g）。

3.4.4 常用煤矿许用炸药

（1）煤矿许用膨化硝铵炸药。煤矿许用膨化硝铵炸药指用于有沼气和煤尘爆炸危险的矿井爆破工程的膨化硝铵炸药，由膨化硝酸铵，油相（柴油、机械油、石蜡等），木粉，食盐等按一定配比通过机械混合而成。

（2）煤矿许用水胶炸药。煤矿许用水胶炸药只是在水胶炸药组成成分中多加入一定配比的食盐、氧化铵等消焰剂制成，共分五个级别，可用于井下小直径（35mm）炮孔爆破，尤其适用于井下有水而且坚硬岩石中的深孔爆破。目前使用较多的是一级和三级煤矿水胶炸药。

（3）煤矿许用乳化炸药。是在常规乳化炸药基础上添加一定配比的食盐、氧化铵等消焰剂制成。此外，鉴于炸药的低温性和安全性，对于燃料油的闪点和凝固点也有一定要求。

根据瓦斯的安全性，煤矿乳化炸药分为五级，目前生产的主要有二级、三级、四级三种。

（4）离子交换炸药。离子交换炸药是指以硝酸钠和氯化铵的混合物为主要成分，再加敏化剂硝化甘油而成的煤矿许用炸药，硝酸钠和氯化铵称为离子交换盐。在通常情况下，交换盐比较稳定，不发生化学变化，但在炸药爆炸的高温条件下，交换盐就会发生化学反应，进行离子交换，生成氯化钠和硝酸铵。在爆炸瞬间产生的薄雾状氯化钠，作为消焰剂，高度弥散在爆炸点周围，起到降低爆温和抑制瓦斯燃烧的作用，同时，生成的硝酸铵作为氧化剂参与爆炸反应。

离子交换炸药是我国现有煤矿许用炸药中安全性最高的品种，特别适用于煤与瓦斯突出危险的工作面。它具有较好的贮存安全性，间隙效应小，低温（-20℃）不会冻结等优点。在冻结或半冻结后感度高，运输和使用时需特别注意，尤其不要和酸、碱、油脂类杂物接触。

（5）被筒炸药。用含消焰剂较少、爆炸性能较好的煤矿硝铵炸药作药芯，其外再包裹一个用消焰剂做成的“安全被筒”，这样的复合装药结构，就是通常所说的“被筒炸药”。被筒炸药整个炸药的消焰剂含量可高达50%，这样既提高了安全性，又解决了加盐后降低爆炸性能和爆轰不稳定的矛盾。当被筒炸药的药芯爆炸时，安全被筒的食盐被炸碎，并在高温下形成一层食盐薄雾，笼罩着爆炸点，更好地发挥消焰作用。该炸药可达五级煤矿许用炸药的标准，因而这种炸药可用在瓦斯和煤尘突出矿井。被筒炸药工艺比较复杂，工序较多，药卷直径大，容易吸潮，装药时被筒易破裂，药包之间不易传爆，因此，推广比较困难。一般用于爆炸处理堵塞的溜煤眼和煤仓。

但是根据国家安全监督管理总局、国家煤矿安全监察局关于印发《煤矿井下爆破作业安全管理九条规定》中的第八条：必须按规定处理大块煤（矸）和煤仓（眼）堵塞，严禁采用炸药爆破方式处理。煤矿常用炸药的参数见表3-4。

表 3-4 煤矿常用炸药参数表

	膨化硝铵炸药			乳化炸药									水胶炸药		
	抗水膨化硝铵炸药			膨化硝铵炸药			乳化炸药			粉状乳化炸药					
级别	一级	二级	三级	一级	二级	三级	一级	二级	三级	一级	二级	三级	一级	二级	三级
药卷密度 /g·cm^{-3}	0.85~1.05			0.85~1.05			0.95~1.25			0.85~1.05					
炸药密度 /g·cm^{-3}							1.00~1.30						0.95~1.25		
殉爆距离 /cm	浸水前≥4 浸水后≥2	浸水前≥3 浸水后≥2		≥4	≥3		≥2	≥2	≥2	≥5	≥5	≥5	≥3	≥2	≥2
爆速×10^{3}m/s	≥2.8	≥2.6		≥2.8	≥2.6		≥3.0	≥3.0	≥2.8	≥3.2	≥3.0	≥2.8	≥3.2	≥3.2	≥3.0
猛度/mm	≥10	≥10		≥10	≥10		≥10	≥10	≥8	≥10	≥10	≥10	≥10	≥10	≥10
作功能力/mL	≥228	≥218		≥228	≥218		≥220	≥220	≥210	≥240	≥230	≥220	≥220	≥220	≥180
炸药爆炸后有毒气体含量 /L·kg^{-1}	≤80	≤80		≤80	≤80		≤80			≤80			≤80		
可燃气安全度	≥100	≥180		≥100	≥180		合格			≤80			合格		
撞击感度							爆炸概率≤8%			爆炸概率≤15%			爆炸概率≤8%		
摩擦感度							爆炸概率≤8%			爆炸概率≤8%			爆炸概率≤8%		
热感度							不燃烧不爆炸						不燃烧不爆炸		
使用保证期/d	120			120			120						180		

3.4.5 煤矿许用炸药的合理选用

井下所使用的煤矿许用炸药应由矿总工程师按矿井和爆破工作面所处区域的瓦斯等级合理选用，并符合下面的规定：

（1）低瓦斯矿井的岩石掘进工作面，必须使用安全等级不低于一级的煤矿许用炸药。

（2）低瓦斯矿井的煤层采掘工作面必须使用安全等级不低于二级的煤矿许用炸药。

（3）高瓦斯矿井、低瓦斯矿井的高瓦斯区域必须使用安全等级不低于三级的煤矿许用炸药。有煤岩与瓦斯突出危险的工作面，必须使用安全等级不低于三级的煤矿许用含水炸药。

（4）不得使用冻结或半冻结的硝化甘油类炸药。

3.5 现场混装炸药

现场混装炸药是指使用移动式专用设备在爆破作业现场制备和装填的炸药，主要包含现场混装乳化炸药、现场混装铵油炸药和现场混装重铵油炸药。

现场混装机械化技术的优点如下：

（1）可以最大限度地选用最简单的原料组分和制备工艺，易于掌握，炸药成本低。

（2）机械化程度高，减轻工人劳动强度，提高劳动生产率，缩短装药时间。实践证明，与手工装药相比，一般可提高装药效率5~10倍。

（3）技术上具有灵活性，既可以使爆破成本保持最低，又可以使爆破效果获得优化。

（4）可以显著提高炮孔装药密度，提高炸药与炮孔壁的耦合系数，炮孔利用率高，延米爆破量比常规爆破大，再加上采用反向起爆，有助于改善爆破效果，爆破后的根底平整，爆岩块度小而均匀。

（5）增强了炸药的抗水性能。实践表明，用混装车混制的乳化炸药即使在pH=2~3的酸性水中浸泡48h以上，其物理和化学性能、爆破性能等均无明显的变化，能量损失甚微。

（6）在混制装填过程中，乳化炸药成品只是在进入炮孔时才形成，而且感度较低，因此在用户的场地范围内无需储存和运输炸药成品，只存放一些非爆炸性原材料，可以大大减少仓储费用和爆炸危险性，比较安全可靠。

（7）可以省去矿山炸药加工厂和炸药库，节省了建设投资。与混装炸药车配套的地面站，是炸药原料储存与粗加工的设施，它与炸药厂相比，占地面积小，建筑物简单，安全级别低，投资少。

（8）使用及时方便，不受时间、运输、库存等因素的影响。

现场混装炸药与包装炸药的安全性对比如表3-5所示。

表3-5 混装炸药与包装炸药安全性对比

项目		混装炸药	包装炸药
生产	地面产品	炸药半成品	最终炸药产品
	危险等级	防火等级，未达到爆炸危险等级	爆炸危险等级
	装药包装	不需要	需要
	产品感度	无雷管感度、无摩擦撞击感度	有雷管感度、有摩擦撞击感度
储存	危险物品	硝酸铵	包装炸药
	储存仓库	不需储存库	需成品库，有流失隐患
运输	运输物品	原材料、半成品	包装炸药
	运输特点	区域内运输	长途运输
使用	作业方式	现场机械化制药并装药一体化作业	从仓库配送到现场后进行人工装药
	爆破特点	炮孔内才为炸药，且炸药无雷管感度，需高能中继药包起爆	炮孔内外都是炸药，且炸药有雷管感度，存在炸药流失的隐患

3.5.1 现场混装乳化炸药

现场混装乳化炸药的生产分为两种形式：一种是在地面站将水相和油相的乳化过程完成，然后由装药车运输乳化基质和敏化剂至爆破现场，在现场完成敏化及炮孔装填；另一种是将在地面站配制好的水相、油相和敏化剂输送至混装车的各储备仓中，运送至爆破现场，在混装车上完成乳化、敏化过程，装填至炮孔。

由于在现场混装乳化炸药装药车上，水相和油相等储罐要经过严格的保温处理，因此受工况和气候条件的影响较大，尤其是季节转换的时候，容易出现装填的乳化炸药性能不稳定的现象。同时，不能经受长距离的路途奔波运输，具有一定的局限性。

现场混装乳化炸药的优点主要是抗水性好、爆炸性能好、密度、体积威力大、易于机械化装药、流散性好、生产、使用安全性好。其主要缺点是内部间隙小，感度低。

3.5.2 现场混装铵油炸药

现场混装铵油炸药的主要原材料为多孔粒状硝酸铵和柴油。其主要优点是组成简单、原料丰富、安全性好，使用方便。其主要缺点是抗水性差、密度低、储存期短、爆炸能力低。

3.5.3 现场混装重铵油炸药

人们结合乳化炸药和多孔粒状铵油炸药的优点，成功开发了乳胶基质和铵油炸药的掺和产品，在国外通常称为"重铵油炸药"，在我国一般称为乳化粒状炸药，也称为乳化铵油炸药。

高密度的乳胶基质和多孔粒状铵油炸药混合之后，颗粒内部空隙为炸药提供必要的敏感度，颗粒间的间隙由抗水性强的乳胶基质填充，又在多孔粒状铵油炸药颗粒表面涂覆一层基质。因此既增加了铵油炸药的能量密度和爆炸性能，又使其具有良好的抗水性能，且在一定程度上使多孔粒状铵油炸药的爆轰感度有所提高，同时还可以根据不同的用途，制得具有适当流散性和黏结性的产品。由此得到的混合物克服了铵油炸药不抗水、储存期短和乳胶基质内部空隙少，感度低的缺陷，兼具了铵油炸药成本低、原料来源广和乳化炸药抗水、无毒、爆炸性能好、密度和体积威力大、炮孔利用率高、生产和使用安全性好，且外观形态流散性好又有一定的黏度、易于机械化装药等优点。

3.6 其他炸药

3.6.1 黑火药

黑火药是我国古代四大发明之一，它是由硝酸钾、木炭和硫黄组成的机械混合物。硝酸钾是氧化剂，木炭是可燃剂，硫既是可燃剂，又能使碳与硝酸钾只进行生成二氧化碳的反应，阻碍一氧化碳的生成，改善黑火药的点火性能，而且还起到碳和硝酸钾间的结合剂作用，有利于黑火药的造粒。根据不同用途各组分在黑火药中的配比变化列于表 3-6。

表 3-6 黑火药 3 种组分的性质、作用与在不同用途黑火药中的配比 (%)

名称		硝酸钾	硫	木炭
性质		氧化剂	燃烧剂	还原剂
作用		供氧	黏合、燃烧	燃烧
用途	导火索	60~70	20~30	10~15
	爆破药	70~75	10~12	15~18
	发射药	74~78	8~10	12~16
	点火药	80		20

黑火药在火和火花的作用下，很容易引起燃烧或爆炸，按其爆炸变化的速度，黑火药属于发射药的类型。黑火药的爆发点为 290～310℃；爆炸分解的气体温度为 2200～2300℃。在工程爆破中，黑火药一般只用于开采料石和石膏等。

3.6.2 胶质炸药

胶质炸药的主要组分是硝化甘油。纯硝化甘油的感度极高，不能单独作为工业炸药使用。1865 年瑞典艾尔弗雷德·诺贝尔发现了硅藻土能吸收相当大量的硝化甘油，并且运输和使用时都较为安全，于是便产生了最初的硝化甘油类炸药——代拿买特。尔后，人们将硝化甘油和不同的材料按各种不同的配比进行混合，制成不同类型和级别的硝化甘油类炸药，即：胶质、半胶质和粉状。其基本区别是胶质和半胶质品含有硝化棉，而粉状品不含硝化棉。为了提高能量和改善其性能，一般还要添加硝酸铵、硝酸钠或硝酸钾作为氧化剂，加入少量的木粉作为疏松剂，加入一定量的二硝化乙二醇提高其抗冻性能，制成耐冻的硝化甘油炸药。

硝化甘油类炸药具有抗水性强、密度大、爆炸威力大等优点，20 世纪 50 年代中期以前，该类炸药曾作为工业炸药的主流产品发挥了重要作用。但是它的撞击和摩擦感度高，安全性差，价格昂贵，保管期不能过长、容易老化而降低甚至失去爆炸性能，因此应用范围日益减小，一般只在水下爆破、地震勘探和一些特定的爆破作业中使用。见表 3-7。

表 3-7 我国主要胶质炸药配方与性能

配方与性能	1 号普通胶质炸药	2 号普通胶质炸药	3 号普通胶质炸药	耐冻胶质炸药
硝化甘油/%	39.0～41.0	39.0～41.0	23.5～26.5	
混合硝酸酯/%				39.0～41.0
硝化棉/%	1.4～2.1	1.4～2.1	0.5～2.0	1.4～2.1
硝酸铵/%	50.8～53.0	51.1～54.1	63.0～66.2	51.1～54.1
淀粉/%	2.5～3.5			21.5～3.5
木粉/%	2.5～3.5	5.2～6.2	2.5～3.5	2.0～3.5
梯恩梯/%			4.8～6.8	
附加物			0.2～1.0	
外观	淡黄色至棕黄色有塑性的胶质体			
密度/$g\cdot cm^{-3}$	1.4～1.6	1.4～1.6	1.35～1.55	1.35～1.55
渗油性	两层药卷交接处的油迹带宽度不超过 5mm			
水分（不大于）/%	1.0	1.0	1.0	1.0
猛度/mm	15	15	15	15
爆力/mL	360	360	360	360
殉爆/cm	8	8	8	8
爆速/$m\cdot s^{-1}$	6000	6000	6000	6000
耐水度/级别	1 级	1 级	2 级	2 级

3.6.3 液体炸药

液体炸药一般具有良好的流动性、高能量密度、使用方便、安全性能好等特点，适合某些特殊应用的需要，至今在我国个别难爆矿山的爆破作业中长期使用硝酸—硝基苯类液体炸药，爆破效果一直很好。该类炸药主要品种有：

（1）浓硝酸—硝基甲烷、浓硝酸—硝基苯（硝基甲苯）的混合物。如硝酸∶硝基苯=72∶28（质量比）混合液体炸药，爆速为7300m/s。

（2）四硝基甲烷—硝基苯（甲苯）混合物。如，四硝基甲烷∶硝基苯=77.5∶22.5（质量比）混合液体炸药，爆速为7700m/s。

（3）高氯酸脲为主要组分的混合液体炸药。如，85%高氯酸脲水溶液∶苦味酸=95∶5的混合液体炸药，爆速为6520m/s。

（4）氨基酸类混合液体炸药。如，三硝基乙基原甲酸酯：硝基甲烷=75∶25混合液体炸药，爆速为8060m/s。

（5）以硝酸肼为主要组分的混合液体炸药。如，硝酸肼∶肼∶水=78∶13∶9的混合液体炸药，爆速为8370m/s。

3.6.4 低爆速炸药

低爆速炸药系指一类极限爆速较低的炸药。一般地说，低爆速炸药具有较大的极限直径，其极限爆速通常为1500~2000m/s。在工程爆破中低爆速炸药主要应用于爆炸加工和岩土爆破中的光面爆破和预裂爆破等领域。

（1）用于爆炸加工的低爆速炸药。泡沫炸药是以梯恩梯、黑索金、太安、硝化棉等作为爆炸组分，以高分子塑料做黏结剂，在制备过程中引入化学气泡使其固化后形成泡沫炸药。如此获得多孔性炸药密度为0.08~0.8g/cm^3，爆速约2000m/s。亦可以在猛炸药梯恩梯或黑索金中加入稀释剂，组成系列（如TY和RY系列）低爆速炸药，其极限爆速分别为2400m/s和2100m/s。这类炸药主要用于不同金属材料的爆炸焊接。它不仅可以焊接大面积金属平板，而且还可以对金属管道进行外包覆及内包覆焊接，广泛应用于石油、化工等部门。在电铲斗齿等大型钢铸件焊接中通常形成较大的焊接残余应力，此时可沿焊缝敷设RY系列低爆速炸药，引爆后以消除焊缝残余应力，尤其是消除沿厚度方向的残余应力效果更佳。

（2）用于岩土爆破的低爆速炸药。在岩土爆破中，低爆速炸药主要应用于光面爆破，预裂爆破和振动敏感区域爆破，澳大利亚（Orica）公司2000年推出的能量可变的（Novalite）系列炸药可作为土岩爆破低爆速炸药的一个典型实例。它包括5个品种，其密度变化范围列于表3-8中。

表3-8 Novalite炸药的密度与爆速

产品名称	密度/g·cm^{-3}	爆速/km·s^{-1}	产品名称	密度/g·cm^{-3}	爆速/km·s^{-1}
Novalite 1100	1.1	4.3	Novalite 450	0.45	2.7
Novalite 800	0.80	3.6	Novalite 300	0.30	2.2
Novalite 600	0.60	3.2			

应该说，在不含单质炸药的情况下，将炸药密度调节至0.3g/cm^3，且能保持稳定的爆轰状态，是低密度炸药技术的一个进步。据悉，该系列炸药在软岩爆破中获得了实际应用。在预裂爆破、光面爆破和振动敏感区域爆破中的使用获得了良好的爆破效果。

3.7 炸药的工程安全评述简介

炸药的感度及其检测在第2章已经介绍，那主要是研究和生产炸药时检验炸药质量的方法，所试验的炸药剂量都是0.01~0.05g小药量。对爆破工程施工人员来说，想要知道的远比这多得多。比如，成卷成包的炸药从高处掉下、向炮孔中抛掷药包以及炸药装卸时受到冲击会不会摔响。在处理岩体中拒爆药包的过程中、在钻机打到药包的情况下，炸药和爆破器材受到动力作用，这种机械作用能否使炸药开始发生反应从而导致爆炸。在清理爆岩的过程中，炮孔里的残药被链磙挖掘机碾压、被铲斗铲撞。被夹在岩块之间研磨会不会引爆等。这就是最实际的炸药的工程安全问题。

收集归纳前人所做过的一些有关试验研究成果，仅供参考。

（1）手工装药所做的各种动作对卷装炸药都是安全的，包括用木炮棍推、压、捣撞。

（2）用冲击钻机在40mm岩石炮孔中，钻凿50g硝铵炸药，大多都会发生爆炸，部分出现噼啪响声，或冒烟。试验表明严禁打残孔的重要性。

（3）用挖掘机铲斗挖掘岩石的方法清除露天采场炮孔中出现的拒爆体时，铲斗对炸药产生了冲击与摩擦的联合作用，虽然作用于炸药上的单位压力较大，但动力作用较弱。很少有挖掘炸药发生爆炸事故的报道。

为了评价30~50g压制的梯恩梯药块，在挖掘机铲斗作用下起爆的可能性，前人曾进行了下述专门试验：

1）炸药试样放在金属板上，在铲斗向前运行时碾压炸药试样；

2）炸药试样放在岩石大块上，在铲斗向前运行时碾压炸药试样；

3）炸药试样放在岩块之间被碾压。

每一种试验重复3次。在前两组试验中均未爆轰，当压着炸药时，有“劈啪”的响声，有一组试验中还有冒烟现象。在第三组试验中，仅有一次听到“劈啪”声。

根据所进行的试验不能做出关于梯恩梯药块在挖掘机铲斗作用下不可能发生起爆的结论。

（4）为了确定药卷受到冲击作用的危险程度，在压气试验机上进行了专门的试验，药卷是重300g、直径36mm的硝铵炸药，药卷以500~1000m/s的速度撞击钢板。像装药机工作时那样，从装药机喷口至钢板的距离为2m。

50次试验结果表明，药卷没有发生爆炸或爆燃。甚至抛掷速度达950m/s时，障碍物上残留的炸药也没有烧熔或热分解的痕迹。这说明抛掷式装药机以最大的速度抛掷药卷是十分安全的。

当将含硬物（钢质杂物）的药卷与障碍物碰撞时，虽然冲击能量非常小，硝铵炸药发生了爆炸。这表明当杂质混入炸药时，炸药危险急剧增长。在制造以及使用时，都应考虑这一因素。

（5）以 50m/s 的速度将甘油炸药药卷抛向铁质障碍，没有发生爆炸。

在粗糙的花岗岩平板上铺一层甘油炸药（硝化甘油含量为 35%～95%），炸药上面放上由各种材料制成的薄板，薄板对炸药的单位面积上的压力为 0.02～0.20kg/cm^2，拉动薄板使其最大运动速度为 2.2m/s，只有当铺放炸药的花岗岩板事先干燥的情况下才发生爆炸。

本章小结

本章主要介绍了各类炸药，通过学习应了解炸药的分类、使用条件和安全规定。

起爆药与单质猛炸药是爆破工程使用量很少的炸药品种，但要求对常用的起爆药 DDNP、单质猛炸药 TNT、RDX 的感度、物理、化学和爆炸性能必须掌握。DDNP 是一般爆破工程中用量最少，且又隐藏装入雷管的正起爆药，它却又是感度最高、最具危险性的。很多发生的事故都源于对它的不了解。

AN 是工业炸药的主要成分，应了解其物理、化学性质和爆炸性能；对以 AN 衍生的乳化炸药、岩石硝铵炸药、铵油炸药的主要成分、感度、爆炸性能和应用条件必须掌握。

知识点：起爆药、猛炸药、发射药、DDNP、TNT、RDX、AN、铵梯炸药、铵油炸药、浆状炸药、乳化炸药、煤矿许用炸药。

重点：几类常用工业炸药的性能参数。

难点：对乳化炸药的抗水机理的理解。

习　题

（1）起爆药与猛炸药有什么区别？

（2）试述 2 号岩石铵梯炸药的成分和各组分在炸药中所起的作用，并计算其氧平衡值。

（3）请简述 2 号岩石铵梯炸药的历史地位和作用。

（4）要用 AN、轻柴油和木粉配制一个氧平衡为 1% 的铵油炸药，请计算出各组分取值范围并给出 1 组配方。

（5）试述乳化炸药的主要组分和特点。

（6）煤矿许用炸药有什么特点？在什么情况下必须使用煤矿许用炸药？

（7）请把 RDX 与乳化炸药的性能进行比较。

（8）试述现场混装炸药的优点。

4 起爆器材与起爆方法

扫一扫，课件
及习题答案

炸药虽然属于不稳定的化学体系，但都具有很好的安定性，一般的明火、撞击基本不能引爆炸药。只有在一定的外界能量的作用下才能起爆，这种外界能量叫做起爆能；引起炸药发生爆炸反应的过程称为起爆；而爆破工程中的任何药包，都必须借助于一定的器材和方法，使炸药按照需要的先后顺序，准确可靠地发生爆轰反应。炸药的科学应用依赖于雷管的发明。自诺贝尔时代出现火雷管以来，随着科技的发展，陆续发明了瞬发电雷管、工业导爆索、秒延期电雷管、毫秒延期电雷管，塑料导爆管雷管、数码电子雷管等一系列起爆器材。本章依照起爆方法发明的历史顺序，分别介绍火雷管、电雷管、导爆索、塑料导爆管、数码电子雷管等不同起爆器材及其所组成的各具特色的起爆网路；同时也介绍了二氧化碳起爆系统的组成、工作原理及起爆网路。

4.1 基本概念

4.1.1 起爆器材种类与工业雷管

用于起爆炸药的器材称起爆器材。起爆器材包括进行爆破作业引爆工业炸药的一切点火和起爆工具。工程爆破中使用的起爆器材主要有雷管、导火索、导爆索、导爆管、导爆管连接元件、继爆管和起爆药柱等。按其作用又可分为起爆材料和传爆材料。各种雷管属于起爆材料，导火索、导爆管属于传爆材料。继爆管、导爆索既属起爆材料，又可用于传爆。

工业雷管是起爆炸药的主要器材，其管壳中装有很敏感的起爆药，是通过点火元件使其爆炸而后引爆炸药的装置。工业雷管按引爆方式和起爆能源的不同又分成火雷管、电雷管、导爆管雷管、数码雷管等种类。

为了起爆不同感度的工业炸药，工业雷管按其装药量的多少分为 10 个等级。号数愈大，起爆力愈强。常用的 8 号雷管和 6 号雷管的装药量见表 4-1。

表 4-1 8 号雷管和 6 号雷管装药量

雷管号数	成分/药量/g						
	起爆药/选一			加强药/选一			
	二硝基重氮酚	雷汞	三硝基间苯二酚铅（氮化铅）	黑索金（或钝化黑索金）	特屈儿	黑索金梯恩梯	特屈儿梯恩梯
6 号雷管	0.3±0.02	0.4±0.02	0.1±0.02 0.21±0.02	0.42±0.02	0.42±0.02	0.5±0.02	—
8 号雷管	0.3~0.36 ±0.02	0.4±0.02	0.1±0.02 0.21±0.02	0.7~0.72 ±0.02	0.7~0.72 ±0.02	0.7~0.72 ±0.02	0.7~0.72 ±0.02

工业雷管是保障爆破工程成功的重要器材，为保证使用的准确性、多样性和生产运输的安全性，对工业雷管提出了如下两个方面的要求。

（1）技术条件方面的要求：

1）足够的灵敏度和起爆能力。工业雷管必须有足够的灵敏度以保证雷管在使用时准确按要求起爆，并保证具有足够的起爆能力以使被引爆的炸药能达到正常的爆轰。

2）性能均一。雷管的技术参数要求有均一性，以保证使用时的一致性。

3）延时精度高。实现了精确延时间隔，有利于提高爆破效果，控制爆破有害效应。

4）制造安全和使用安全。在保证足够的起爆能力的前提下，感度要适宜，以保证制造、装配、运输和使用过程中的安全。

5）长期贮存的稳定性。雷管生产后一般不会立即使用，有一个入库、出库、运输、现场使用的过程，在时间和空间上都有一些变化。工业雷管贮存两年以上，应不发生变化和变质现象。

（2）生产经济条件方面的要求，在生产经济条件方面，工业雷管应具备：

1）结构简单，易于大批生产；

2）制造与使用方便；

3）原料来源丰富，价格低廉。

4.1.2 起爆方法分类

爆破工程是通过工业炸药的爆炸实施的。在爆破工程中，引爆工业炸药有两种方法：一种是通过雷管的爆炸起爆工业炸药，另一种是用导爆索爆炸产生的能量去引爆工业炸药，而导爆索本身需要先用雷管将其引爆。按雷管的点燃方法不同，或按起爆炸药的方法不同，把起爆方法分为不同类别。

火雷管起爆法由导火索传递火焰点燃火雷管，也称导火索起爆法。

导爆管雷管起爆法利用导爆管传递弱冲击波点燃雷管，也称导爆管起爆法。

电雷管起爆法、数码电子雷管起爆法采用电能引爆雷管，故也称电力起爆法。

与雷管起爆法相应，用导爆索起爆炸药的称作导爆索起爆法。

与电力起爆法对应，一般将导火索起爆法、导爆管起爆法和导爆索起爆法称作非电起爆法。无线起爆法包括电磁波起爆法和水下声波起爆法，它们利用比较复杂的起爆装置，可以远距离控制引爆电雷管，仍属于电力起爆法。

- 药包起爆法
  - 雷管起爆法
    - 电力起爆法（电雷管起爆法）
      - 电雷管起爆法
      - 数码电子雷管起爆法
      - 无线起爆法
    - 火雷管起爆法
    - 导爆管雷管起爆法（导爆管起爆法）
  - 导爆索起爆法

（火雷管起爆法、导爆管雷管起爆法（导爆管起爆法）、导爆索起爆法 } 非电起爆法）

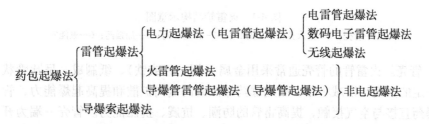

绝大多数爆破工程都是通过群药包的共同作用实现的。群药包是由多个单个药包组合而成的，单个药包的起爆组合即为群药包的起爆网路。根据起爆方法的不同，起爆网路分电雷管起爆网路，数码电子雷管起爆网路，导爆管起爆网路和导爆索起爆网路。后 2 种起爆网路也通称非电起爆网路。

在爆破工程现场使用中，最多采用的是以上各种起爆网路的混合体，这种混合起爆网路，充分利用各种网路的特性，以保证网路的安全可靠性和经济合理性。

- 起爆网路
  - 电爆网路
    - 电力起爆网路
    - 数码雷管起爆网路
  - 非电起爆网路
    - 导爆管起爆网路
    - 导爆索起爆网路
  - 混合起爆网路

如前所述，导爆索起爆法往往是作为辅助起爆网路与电爆网路或导爆管起爆网路配合使用的。在以导爆管起爆法为主的起爆网路中，利用电力起爆网路可以实现远距离起爆、控制起爆时间的特点，其击发起爆通常采用电力起爆法。

总之，在熟悉各种起爆网路使用特点的基础上，根据各个工程的特点和要求，可以组合出各种各具特色的混合起爆网路来。

工程爆破中的起爆方法应根据环境条件、爆破规模、经济技术效果、是否安全可靠以及工人掌握起爆操作技术的熟练程度来确定。例如，在有瓦斯爆炸危险的环境中进行爆破，应采用电起爆而禁止采用非电起爆；对大规模爆破，如硐室爆破、深孔爆破和一次起爆数量较多的炮孔爆破，可采用导爆管、导爆索、电雷管起爆或其混合、复式起爆方法。

4.2　火雷管起爆法简介

火雷管起爆法是利用导火索传递火焰引爆雷管再起爆炸药的一种方法，又称导火索起爆法、火花起爆法。火雷管起爆法是最古老、也是操作与技术最为简便的起爆法。由于其安全性较差，目前已被淘汰。

火雷管起爆器材由导火索、火雷管和点火材料三部分组成。

在工业雷管中，火雷管是最简单的一种品种，但又是其他各种雷管的基本部分。

火雷管的结构如图 4-1 所示，它由以下 6 个部分组成。

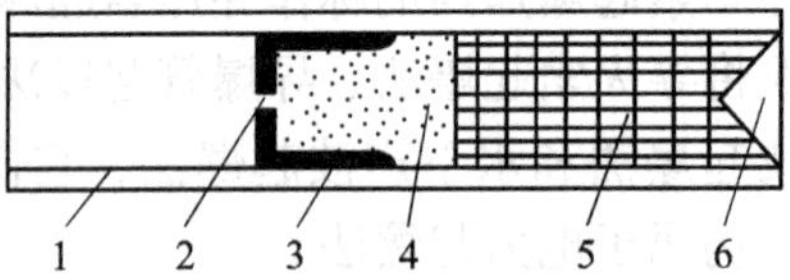

图 4-1　火雷管结构示意图

1—管壳；2—传火孔；3—加强帽；4—正起爆药；5—加强药；6—聚能穴

（1）管壳。火雷管的管壳通常采用金属（铜、铝或铁）、纸制成，呈圆管状。管壳必须具有一定的强度，以减小正、副起爆药爆炸时的侧向扩散和提高起爆能力，管壳还可以避免起爆药直接与空气接触，提高雷管的防潮、抗震、抗压能力。管壳一端为开口端，内径 6.18~6.30mm，以供插入导火索之用；另一端密闭，做成圆锥形或半球面形聚能穴，以提高该方向的起爆能力。

（2）正起爆药。火雷管中的正起爆药在导火索火焰作用下，首先起爆，又称主装药。所以其主要特点是感度高。它通常由二硝基重氮酚、叠氮化铅或雷汞制成。

(3) 副起爆药。副起爆药也称为加强药。它在正起爆药的爆轰作用下起爆，进一步加强了正起爆药的爆炸威力。所以它一般比正起爆药感度低，但爆炸威力大，通常由黑索金、特屈儿或黑索金-梯恩梯药柱制成。

(4) 加强帽。加强帽是一个中心带小孔的小金属罩。它通常用铜皮冲压制成。加强帽的作用为：减少正起爆药的暴露面积，增加雷管的安全性；在雷管内形成一个密闭小室，促使正起爆药爆炸压力的增长，提高雷管的起爆能力，可以防潮。加强帽中心孔的作用是让导火索产生的火焰穿过此孔直接喷射在正起爆药上。中心孔直径 2mm 左右，为防止杂物、水分的侵入和起爆药的散失，中心孔常垫一小块丝绢以起隔挡作用。

火雷管是由导火索引爆的。导火索是以具有一定密度的粉状或粒状黑火药为索芯，外面用棉纱线、纸条、沥青等材料包缠而成的圆形索状起爆材料。导火索的用途是：在一定的时间内将火焰传递给火雷管或黑火药包，使它们在火花的作用下爆炸，它还在秒延期雷管中起延期作用。工业导火索在外观上一般呈白色，其外径一般为 5.2~5.8mm，药芯药量一般为 7~8g/m。燃烧速度为 100~125s/m。为了保证可靠地引爆火雷管，导火索的喷火强度（喷火长度）不小于 40mm，是导火索质量的重要标志。

一般明火都可以用来点燃导火索的药芯。工程上一次点燃多根导火索时，可自制点火材料，如导火索段、点火线、点火棒、点火筒等。

4.3 电雷管起爆法

电雷管起爆法就是利用电能引爆电雷管进而直接或通过其他起爆方法起爆工业炸药的起爆方法。构成电雷管起爆法的器材有电雷管、导线、起爆电源和测量仪表。

电雷管起爆法的最大特点是敷设起爆网路前后可以用仪表检查电雷管和对网路进行测试，检查网路的施工质量，从而保证网路的准确性和可靠性；另外，电雷管起爆网路（俗称电爆网路）可以远距离起爆并控制起爆时间，调整起爆参数，实现分段延时起爆。电雷管起爆法的缺点主要是在各种环境的电干扰下，如杂散电、静电、射频电、雷电等，存在着早爆、误爆的危险，在雷雨季节和存在电干扰的危险范围内不能使用电爆网路；其次在药包数量比较多的爆破工程中，采用电爆网路，对网路的设计和施工有较高的要求，网路连接和计算比较复杂。

4.3.1 电雷管及其性能参数

4.3.1.1 电雷管

电雷管是以电能引爆的一种起爆器材。电雷管的起爆炸药部分与火雷管相同，区别仅在它采用了电力引火装置，并引出两根绝缘导电线——脚线。常用的电雷管有瞬发电雷管、延期电雷管以及特殊电雷管（安全电雷管）等。延期电雷管又分为秒延期电雷管和毫秒电雷管。

(1) 瞬发电雷管。瞬发电雷管为通电即刻爆炸的电雷管，由火雷管与脚线、桥丝和引火药组成的装置构成。

1) 脚线。脚线是用来给电雷管内的桥丝输送电流的导线，通常采用铜和铁两种导线，外面用塑料包皮绝缘，长度一般为 2m。脚线要求具有一定的绝缘性和抗拉、抗挠曲和抗折断的能力。

2）桥丝。桥丝在通电时能灼热，以点燃引火头或引火药。桥丝一般采用康铜或镍铬电阻丝，焊接在两根脚线的端头，直径 0.03~0.05mm，长度 4~6mm。

3）引火药。电雷管的引火药一般都是可燃剂和氧化剂的混合物。目前国内使用的引火药成分有三类；第一类是氯酸钾-硫氰酸铅类；第二类是氯酸钾-木炭类；第三类是在第二类的基础上再加上某些氧化剂和可燃剂。

另外，为了固定脚线和封住管口，在管口灌以硫黄或装上塑料塞，外面涂以不透水的密封胶。

根据电点火装置的不同，瞬发电雷管的结构如图 4-2 所示，在电桥丝周围涂有引火药，做成一个圆珠状的引火头。当桥丝通电灼热，引起引火药燃烧，火焰穿过加强帽中心孔，即引起正、副起爆药的爆炸。

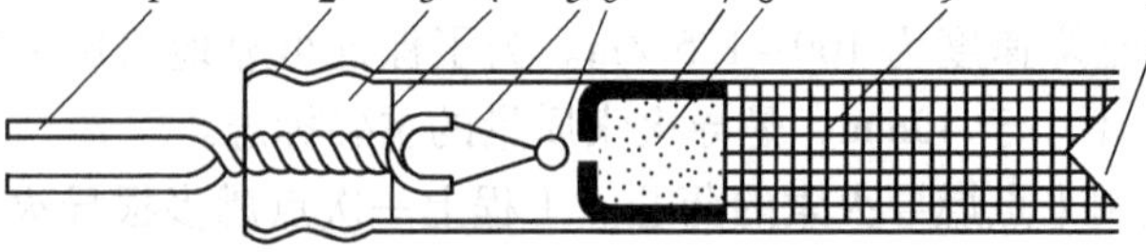

图 4-2　瞬发电雷管结构示意图

1—脚线；2—管壳；3—密封塞；4—纸垫；5—桥丝；6—引火头；
7—加强帽；8—正起爆药；9—副起爆药；10—聚能穴

（2）延期电雷管。

1）秒延期电雷管

秒延期雷管与瞬发雷管的区别就在于在引火头与起爆药之间加了延时材料（图 4-3）。通电至爆炸延迟时间长短以秒为单位计量的叫秒延期电雷管，其结构特点是，在瞬发电雷管的引火头与起爆药之间，加了一段精制的导火索，作为延期药，或者在延期体壳内压入延期药。延期时间由延期药的装药长度、药量和配比来调节。索式结构的秒延期雷管管壳上开有对称的排气孔，其作用是及时排泄药头燃烧所产生的气体，以免管内压力升高，影响延期精度。为了防潮，排气孔用蜡纸密封。目前这类秒延期电雷管已很少见。

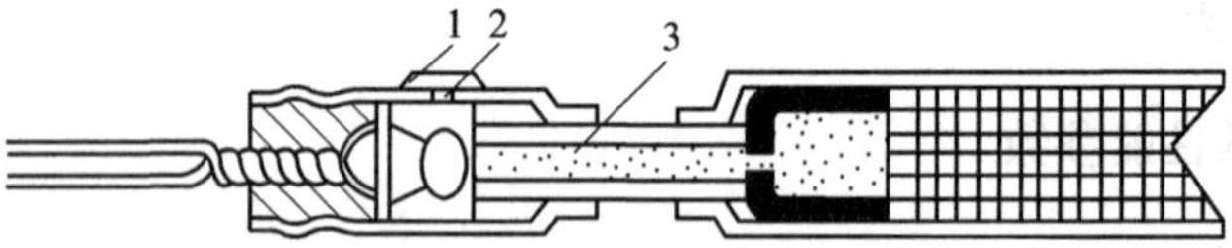

图 4-3　秒延期电雷管结构示意图

1—蜡纸；2—排气孔；3—精制导火索

2）毫秒延期电雷管

毫秒延期电雷管通电后，经过毫秒量级的延迟后爆炸。其延期时间短，精度要求较高，因此不能用导火索，而是用氧化剂、可燃剂和缓燃剂的混合物做延期药，并通过调整其配比、密度、长度来达到不同的时间间隔。毫秒延期药一般装在延期内管中，延期内管的作用是固定和保护延期药，并作为延期药反应时气体生成物的容纳室，以保证延期时间压力比较平稳。其他结构与普通电雷管基本相同，国产毫秒电雷管的结构如图 4-4 所示。

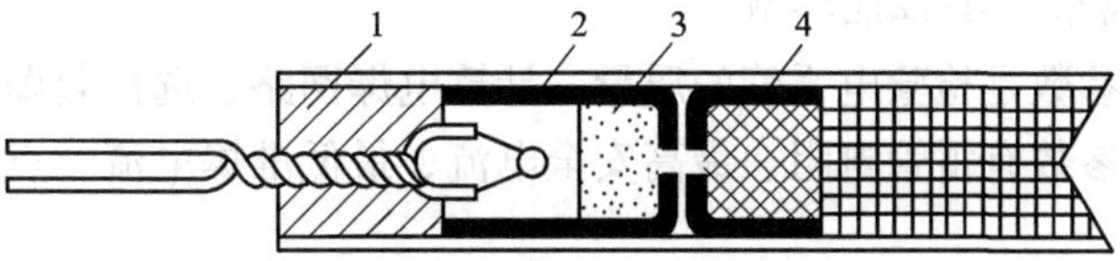

图 4-4 毫秒延期电雷管结构示意图

1—塑料塞；2—延期内管；3—延期药；4—加强帽

部分国产毫秒延期电雷管各段别延期时间见表 4-2，其中第一系列为精度较高的毫秒延期电雷管；第二系列是目前生产中应用最广泛的一种；第三、四系列，段间延迟时间分别为 100ms、300ms；第五系列是发展中的一种高精度短间隔毫秒延期电雷管。

表 4-2 部分国产毫秒延期电雷管的延期时间 (ms)

段别	第一系列	第二系列	第三系列	第四系列	第五系列
1	<5	<13	<13	<13	<14
2	25±5	25±10	100±10	300±30	10±2
3	50±5	50±10	200±20	600±40	20±3
4	75±5	$75\pm^{15}_{20}$	300±20	900±50	30±4
5	100±5	100±15	400±30	1200±60	45±6
6	125±5	150±20	500±30	1500±70	60±7
7	150±5	$200\pm^{15}_{20}$	600±40	1800±80	80±10
8	175±5	250±25	700±40	2100±90	110±15
9	200±5	310±30	800±40	2400±100	150±20
10	225±5	380±35	900±40	2700±100	200±25
11		460±40	1000±40	3000±100	
12		550±45	1100±40	3300±100	
13		655±50			
14		760±55			
15		880±60			
16		1020±70			
17		1200±90			
18		1400±100			
19		1700±130			
20		2000±150			

（3）安全电雷管。

它主要用于有瓦斯、煤尘爆炸危险的工作面爆破。安全电雷管同样有瞬发与延期雷管之分。安全电雷管对雷管的外壳、延期药的性能、脚线材料、外形结构和密封等提出了特殊的要求，严格限制爆炸火焰的产生；使用煤矿许用毫秒延期电雷管时，最后一段的延期时间不得超过 130ms。使用煤矿许用数码电雷管时，一次起爆总时间差不得超过 130ms，并应当与专用的防爆型起爆器配套使用。

4.3.1.2 电雷管主要性能参数

电雷管的性能参数是检验电雷管的质量、计算电爆网路、选择起爆电源和测量仪表的依据。其主要性能参数有雷管电阻、最高安全电流、最低准爆电流、点燃时间、传导时间和点燃起始能等。

（1）电阻。电雷管的桥丝电阻与脚线电阻之和，又称全电阻。它是进行电爆网路计算的基本参数。在设计网路的准备工作中，必须对电雷管逐个进行电阻测定，电阻值相等或相近的使用于同一网路中，以保证网路可靠起爆。目前，我国不同厂家生产的电雷管，即使电阻值相等或相近，但其电引火特性也各有差异；就是同厂不同批的产品，也会出现电引火特性的差异。因此，在同一电爆网路中，要选用同厂同批生产同规格的电雷管。

（2）最高安全电流。给单发电雷管通恒定的直流电，在一定时间内（一般5min）所测雷管不会起爆的最高电流称为电雷管的最高安全电流（一般测20发）。

以前电雷管的安全电流规定为0.18A，现在已规定电雷管的安全电流必须在0.20A以上。

最高安全电流的实际意义在于保证爆破作业的安全进行；在设计爆破专用仪表时，作为选用仪表输出电流的依据。

按安全规程规定，取30mA作为设计采用的最高安全电流值，故一切电雷管的测量仪表，其工作电流不得大于此值。

（3）最低准爆电流。给单发电雷管通恒定直流电，在一定时间内（一般5min），能让所有被测雷管（一般20发）全部起爆的最低电流，称为电雷管的最低准爆电流。国产电雷管的最低准爆电流≤0.7A。

（4）点燃时间 t_d 和传导时间 t_c。点燃时间 t_d 是桥丝通电到引火药点燃所需的时间；传导时间 t_c 是即发电雷管从引火药点燃到电雷管爆炸所经历的时间。定义电雷管的爆炸反应时间 $t_f=t_d+t_c$。

传导时间对成组电雷管的齐发爆破有重大意义，传导时间较长可使敏感度有差别的电雷管成组爆炸成为可能。

（5）点燃起始能 K_d。点燃起始能或称发火冲能，是使电雷管引火头发火的最小电流起始能，即电流起始能的最低值。

点燃起始能是表示电雷管敏感度的重要特性参数。通常用点燃起始能的倒数作为电雷管的敏感度。点燃起始能的大小为：

$$K_d = I^2 t_d \tag{4-1}$$

式中，K_d 为点燃起始能，$A^2 \cdot s$；I 为电流，A；t_d 为点燃时间，s。

4.3.1.3 成组电雷管的准爆条件

尽管单个电雷管的最低准爆电流不大于0.7A，但考虑到成组电雷管中不同电雷管的点燃起爆能可能存在的差异，为了可靠起见，将成组电雷管的准爆条件归纳2个方面进行诠释。

A 串联成组电雷管的准爆条件分析

电雷管串联成组起爆时，由于各个雷管点燃起始能的差异，各雷管的电能敏感度不相同。点燃起始能低的电雷管首先点着并随即炸断网路，致使点燃起始能高的电雷管因得不到足够的起始能而拒爆。因此，为了保证串联成组电雷管的准爆，必须要满足下面条件：

$$t_{d最低} + t_{c最低} \geqslant t_{d最高} \quad 或 \quad t_{d最高} - t_{d最低} \leqslant t_{c最低} \tag{4-2}$$

式中，$t_{d最低}$为点燃起始能最低的电雷管的点燃时间；$t_{d最高}$为点燃起始能最高的电雷管的点燃时间；$t_{c最低}$为点燃起始能最低的电雷管的传导时间。

设 I 为能保证成组电雷管起爆的准爆电流，则有：

$$I^2 t_{d最高} - I^2 t_{d最低} \leqslant I^2 t_{c最低} \tag{4-3}$$

又因

$$K_d = I^2 t_d \tag{4-4}$$

所以

$$I^2 \geqslant \frac{K_{d最高} - K_{d最低}}{t_{c最低}} \tag{4-5}$$

或

$$I \geqslant \sqrt{\frac{K_{d最高} - K_{d最低}}{t_{c最低}}} \tag{4-6}$$

尽管单个电雷管的最低准爆电流不大于 0.7A，但考虑到成组电雷管中不同电雷管的点燃起始能可能存在的差异，为了可靠起见，规定实际采用的起爆电流下限应该是大于最低准爆电流的某一个定值。

这个最低准爆电流的某一个定值是理论分析的结论，而在实际工程应用中难以在成组雷管中找到这个值。因此，应遵循以下工程应用中的成组电雷管准爆条件。

B 工程应用中的成组电雷管准爆条件

（1）成组电雷管用变压器、发电机作起爆电源同网起爆时，流经每个电雷管的电流应满足：一般爆破，交流电不小于 2.5A，直流电不小于 2A；重要爆破，交流电不小于 4A，直流电不小于 2.5A。这就是电爆网路单个电雷管的最低准爆电流值 $I_{准}$。

（2）电爆网路同网起爆应使用同厂、同批、同规格产品，电雷管的电阻差值不得大于产品说明书的规定，也就是每个电雷管的电阻值应是相近或相等的。各雷管的电阻差值一般不得大于 0.25Ω。

（3）在混合电爆网路中要求各串（并）组电阻差值一般不得大于5%，也就是各串（并）组电雷管数目最好相等，在设计和安装电爆网路时，电雷管在平面呈矩阵排列，横竖都成行（列）。

4.3.2 导线

电爆网路中的导线一般采用绝缘良好的铜线或铝线。根据导线的位置和作用，可以将导线分为端线、连接线、区域线和主线。

（1）端线是用来加长电雷管脚线使之能引出炮孔或药室外的导线。

（2）连接线是用来连接相邻炮孔或药室的导线，多选用 0.42~0.45mm² 的铜芯软线。

（3）区域线指在同一电爆网路中包括几个分区时连接连接线与主线之间的导线，多选用 0.5~1.0mm² 的两芯铜线。

（4）主线指连接连接线或区域线与起爆电源之间的导线，多选截面不小于 1.5mm² 的铜芯线。

导线一般选用市场上容易取得的、电阻较小的电力和照明用塑料绝缘电线。电爆网路不应使用裸露导线，不得利用铁轨、钢管、钢丝做爆破线路。

4.3.3　起爆电源

电爆网路常用的起爆电源有 3 种。

（1）电池。包括干电池和蓄电池。电池属于直流电，电源比较稳定。但干电池电压低、内阻很高、容量有限，只能起爆少量雷管；蓄电池内阻很小，串联后也能达到较高的电压和足够的容量，但由于电爆网路起爆后很易出现个别导线或雷管脚线短路的情况，极易对蓄电池产生损害。在实际工程很少使用电池作为起爆电源。

（2）交流电源。即工频交流电，有 220V 的照明电和 380V 的动力电。交流电源电压虽然不高，但输出容量大，适用于并联、串并联和并串联等混合电爆网路。使用交流电源作为起爆电源，要进行电爆网路的计算和设计；另外，电源与起爆网路连接处要设两道专用开关，并安装在上锁起爆开关箱内，防止爆破后因线路短接而引起不良后果。在有瓦斯或矿尘爆炸危险的矿井中，不得使用动力或照明交流电源，只准使用防爆型起爆器作为起爆电源。

（3）起爆器。属于直流式起爆电源。起爆器有手摇发电机起爆器和电容式起爆器两种。

1）电容式起爆器也叫高能脉冲起爆器，其工作原理是：将干电池或蓄电池输出的低压直流电经三极管振荡电路变成交流电；随后借助变压器把交流电转变为高压交流；又通过二极管把交流电整流为高压直流电后，即向电容器充电；当电容器的电能储存达到额定数值时，指示的氖灯闪亮或发出鸣叫指示，这时接通电爆网路，启动起爆器的开关，电容器蓄积的高压脉冲电能在极短时间内向电爆网路放电，使电雷管起爆。

电容式起爆器的脉冲电流持续时间大都在 10ms 以内，峰值电压达几百伏至几千伏，大容量起爆器的起爆电压均在 1500V 以上，起爆雷管数从几十发到几千发。由于电容式起爆器所能提供的输出电能不太大，不足以起爆并联支路比较多的电爆网路，一般只用来起爆串联网路和并联数较小的并串联网路。因此，仅用起爆器的标称电压值与电爆网路的电阻值来判断电爆网路的准爆性是不合适的，应根据起爆器说明书的规定使用。

电容式起爆器的电容很容易老化，其标称的起爆能力会随使用时间的增长而逐渐降低。另外，用大起爆能力的起爆器来起爆少量的雷管时，电容容易被击穿损毁，特提醒注意。

2）手摇发电机起爆器，由手摇交流发电机、利用活动线圈切割固定磁铁的磁力线产生脉冲电流的发电原理的起爆器。较早的手摇发电机起爆器时直接起爆电爆网路的，起爆能力小。现在与电容式起爆器后段的整流器和存储电容功能嫁接，提高了起爆能力。

4.3.4　电爆网路检测及仪器

检查、测量电雷管和电爆网路的电阻值必须使用专用的爆破测量仪表（导通器、爆破电桥等）。这些仪表外壳应有良好的绝缘和防潮性能，输出电流必须小于 30mA。严禁使用普通电桥量测电雷管和电爆网路，因为普通电桥绝缘不好，输出电流太大，容易引起误爆事故。

导通器即爆破欧姆表，是一种用于网路导通的小型仪表，测量原理与普通测电阻的仪表相同，只是内部工作电流小于30mA，使用时能保证安全。它可以检查电雷管、导线和电爆网路的导通情况和电阻值，但测量精度不高。

爆破电桥的工作原理与普通电桥原理基本相同，利用电桥平衡原理来测量电雷管或电爆网路的电阻值。

爆破电桥等仪表，应每月检查一次。主要检查其输出电流是否小于30mA，电池是否有电，仪器外表是否有漏电或裸露等不良现象；检查并校正仪表读数是否精确。

爆破电桥和爆破欧姆表有按钮式、指针式和数字式等样式，近年来多采用数字式测试仪。

采用数字式测量仪表检测电阻值时，应先将仪器调至相应档位，将测试笔短路，测出仪器读数的初始值，实测值应为仪表读数与初始值之差。使用时应尽量避免阳光直射显示屏。

4.3.5 电爆网路及计算

电爆网路的形式和计算方法是以电工学中的欧姆定律为基础的。

电爆网路连接有串联、并联和混联三种方式。

4.3.5.1 串联

串联网路简单，操作方便，易于检查，网路所要求的总电流小。串联网路总电阻计算公式为：

$$R_{总} = R_x + nR' \tag{4-7}$$

式中，$R_{总}$为串联网路总电阻；R_x为导线电阻；R'为单个雷管电阻；n为串联电雷管数目。

串联网路的总电流计算公式为：

$$i = \frac{V}{R_n} = \frac{V}{R_x + nR'} \geqslant I_n \tag{4-8}$$

式中，i为通过单个电雷管的电流；V为电源电压。

当通过每个电雷管的电流大于工程应用中的成组电雷管准爆条件要求的准爆电流$I_{准}$时，串联网路中的电雷管被全部引爆。在串联网路中，提高电源电压和减小电雷管的电阻，可以增大起爆的雷管数n。

4.3.5.2 并联

并联网路的特点是所需要的电源电压低，而总电流大。并联线路总电阻为：

$$R_n = R_x + \frac{R'}{m} \tag{4-9}$$

线路总电流为：

$$I = \frac{V}{R'} = \frac{V}{R_x + R'/m} \tag{4-10}$$

每个雷管获得的电流为：

$$i = \frac{I}{m} = \frac{V}{mR_x + R'} \geqslant I_n \tag{4-11}$$

式中，m 为并联网路电雷管数目。

当此电流满足准爆条件时，并联线路的电雷管将被全部引爆。对于并联电爆网路，提高电源电压 U 和减小电阻值，是提高起爆能力的有效措施。

4.3.5.3　混联

混联由串联和并联组合而成。可分为串并联和并串联两类。串并联是将若干个电雷管串联成组，然后将若干串联组又并联在两根导线上，再与电源连接，如图 4-5 所示。并串联则是若干个电雷管并联，再将所有并联雷管组串联，尔后通过导线与电源连接，如图 4-6 所示。

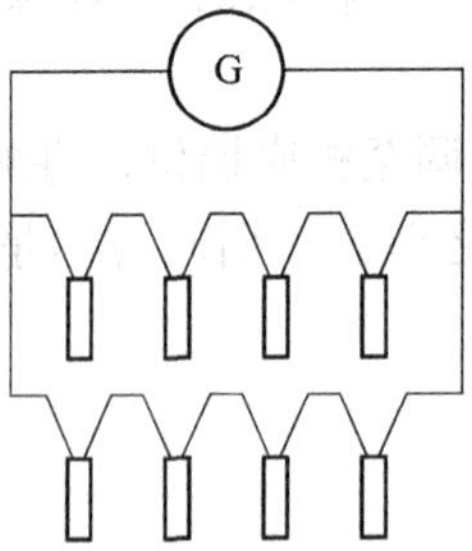

图 4-5　串并联网路

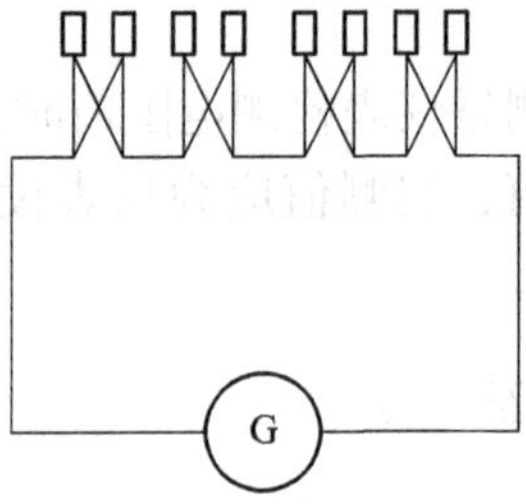

图 4-6　并串联网路

混联电爆网路的基本计算式如下：

网路总电阻：

$$R_n = R_x + \frac{nR'}{m} \tag{4-12}$$

网路总电流：

$$I = \frac{V}{R_x + \frac{nR'}{m}} \tag{4-13}$$

每个电雷管所获得的电流：

$$i = \frac{I}{m} = \frac{V}{mR_x + nR'} \geqslant I_n \tag{4-14}$$

式中，n 为串并联时，为一组内串联的雷管个数，并串联时，为串联组的组数；m 为串并联时，为并联组的组数，并串联时，为一组内并联的雷管个数。

4.3.6　电爆网路施工技术

电力起爆网路的所有导线接头，均应按电工接线法连接，并用绝缘胶布缠好。

对线径较粗的单股或多股线，连接时将剥开的线头对向交叉，再互相顺序缠在对方剥开的导线上，要缠得密实、紧凑，保证接头牢固不松动，然后用绝缘胶布缠好。

电雷管脚线与线径较小的单股爆破线连接时，可将剥开的线头顺向并拢在一起，在中间倒折回来转动缠绕并成一股，再将露出的线头尖端折回压紧在接头处，然后用绝缘胶布缠好。

电雷管脚线或线径较小的单股爆破线与线径较粗的导线相连接时，将剥开的线头交叉成十字状，将线径较小的单股爆破线紧紧缠绕在粗线上，保证接头牢固不松动，然后用绝缘胶布缠好。

在进行电爆网路施工前，应进行如下准备工作：

(1) 当爆区附近有各类电源及电力设施，有可能产生杂散电流时，或爆区附近有电台、雷达、电视发射台等高频设备时，应对爆区内的杂散电流和射频电的强度进行检测。若电流强度超过安全允许值时，不得采用普通型电雷管起爆，应选用抗杂电雷管或非电爆破网路。

(2) 同一起爆网路，应严格满足工程应用中成组电雷管的准爆条件的各项要求。

(3) 对电雷管逐个进行外观检查和电阻检查，挑出合格的电雷管用于电爆网路中；对延时秒量进行抽样检查；对网路中使用导线进行外观和电阻检查。

(4) 对重要的爆破工程，应安排网路的原形试验，即将准备用于电爆网路中的主线、连接电线、起爆电源，按设计网路的连接方式、连接电阻、连接电雷管数进行电爆网路原形试验。原形试验中一般使用挑出后剩余的电雷管。

电爆网路的连接必须在爆破区域装药堵塞全部完成和无关人员全部撤至安全地点之后，由有经验的爆破工程技术人员和爆破员进行连接。连接中应注意以下事项：

(1) 电爆网路的连接要严格按照设计进行，不得任意更改。

(2) 电爆网路的端线、连接线、区域线应采用绝缘良好的铜芯线；不应使用裸露导线；当使用已用过的导线或电缆时，应将线两端分别短路放电，以防旧线中残存电容或电能导致早爆。

(3) 连接前应擦净线头上的泥污和药粉。

(4) 接头要牢靠、平顺，不得虚接；接头处的线头要新鲜，不得有锈蚀，以防接头电阻过大；两线的接点应错开 10cm 以上；接头要绝缘良好，特别要防止尖锐的线端刺透出绝缘层。

(5) 导线敷设时应防止损坏绝缘层，应避免导线接头接触金属导体；在潮湿有水地区，应避免导线接头接触地面或浸泡在水中。

(6) 敷设时应留有 10%~15%的富余长度，防止连线时导线接拉得过紧，甚至拉断的事故。

(7) 连线作业应先从爆破工作面的最远端开始，逐段向起爆点后退进行。

(8) 在连线过程中应根据设计计算的电阻值逐段进行网路导通检测，以检查网路各段的连接质量，及时发现问题并排除故障；在爆破主线与起爆电源或起爆器连接之前，必须测量全线路的总电阻值，实测总电阻值与实际计算的误差不得大于±5%，否则禁止连接。

(9) 电爆网路的导通和电阻值检查，应使用专用导通器和爆破电桥；导通电爆网路时必须远离爆区。

(10) 电爆网路应经常处于短路状态。

4.4 导爆索起爆法

导爆索可以直接引爆工业炸药，用导爆索组成的起爆网路可以起爆群药包，但导爆索本身需要雷管先将其引爆。导爆索起爆法属非电起爆法。

导爆索起爆法在装药、填塞和联网等施工程序上都没有雷管，不受雷电、杂电的影响，导爆索的耐折和耐损度远大于导爆管，安全性优于电爆网路和导爆管起爆法；此外导爆索起爆法传爆可靠，操作简单，使用方便，可以使钻孔爆破分层装药结构中的各个药包同时起爆；导爆索有一定的抗水性能和耐高、低温性能，可以用在有水的爆破作业环境中；由于导爆索的传爆速度高，可以提高弱性炸药的爆速和传爆可靠性，改善爆破效果；利用导爆索继爆管能实现导爆索的微差爆破。

导爆索起爆法的主要缺点是成本较高，不能用仪表检查网路质量；裸露在地表的导爆索网路，在爆破时会产生较大的响声和一定强度的空气冲击波，所以在城镇浅孔爆破和拆除爆破中，不应使用孔外导爆索起爆。导爆索起爆法只有借助导爆索继爆管才能实现多段微差起爆，而导爆索继爆管价高、精度低，爆破工程中不是常用器材，一般较多地将导爆索作为辅助起爆网路。

爆破工程中常用导爆索起爆网路的有深孔爆破、光面爆破、预裂爆破、水下爆破以及高温爆破等。

导爆索起爆网路由导爆索、继爆管和雷管组成。

4.4.1 导爆索

导爆索是用单质猛炸药黑索金或太安作为索芯，用棉、麻、纤维及防潮材料包缠成索状（或塑料材料包裹）的起爆器材，如图 4-7 所示。

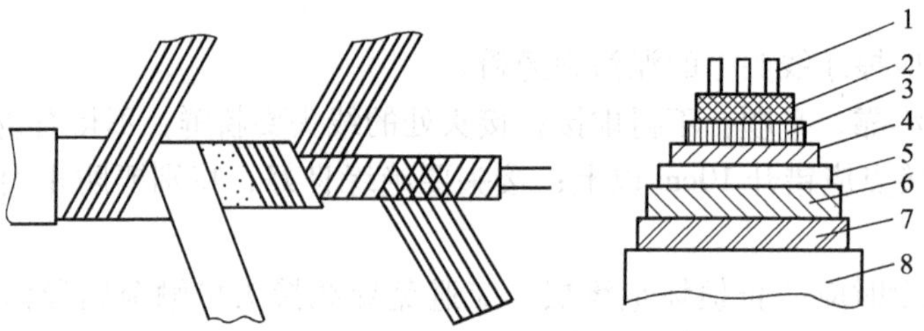

图 4-7 导爆索结构示意图

1—芯线；2—药芯；3—内线层；4—中线层；5—防潮层；6—纸条层；7—外线层；8—涂料层

根据使用条件和用途的不同，目前国产导爆索有多种类型。

（1）普通导爆索。普通导爆索能直接起爆炸药。但是这种导爆索在爆轰过程中，产生强烈的火焰，所以只能用于露天爆破和没有瓦斯或矿尘爆炸危险的井下爆破作业。

普通导爆索的芯药是采用黑索金或太安制成的，而且在缠包层的最外层涂上红色颜料。导爆索的爆速与芯药黑索金的密度有关。目前国产的普通导爆索芯药黑索金密度为 1.2g/cm^3 左右，药量 12~14g/m，爆速不低于 6000m/s。普通导爆索具有一定的防水性能和耐热性能。在 1m 深的 10~25℃水中，浸泡 4h 后（塑料导爆索在水压为 50kPa，水温为 10~25℃的静水中，浸泡 5h）其感度和爆炸性能仍能符合要求；在 50±3℃的条件下保温 6h，其外观和传爆性能不变。

普通导爆索的外径为 5.7~6.2mm。每 50±0.5m 为一卷，有效期一般为 2 年。

（2）安全导爆索。它专供有瓦斯或矿尘爆炸危险的井下爆破作业使用。

安全导爆索与普通导爆索结构上相似。所不同的是在药芯中或缠包层中多加了适量的消焰剂（通常是氯化钠），使安全导爆索爆轰过程中产生的火焰小、温度较低。不会引爆瓦斯或矿尘。

安全导爆索的爆速大于6000m/s，索芯黑索金药量为12~14g/m。消焰剂量为2g/m。

（3）油井导爆索。油井导爆索是专门用以引爆油井射孔弹的，其结构同普通导爆索大致相似。为了保证在油井内高温、高压条件下的爆轰性能和起爆能力，油井导爆索增强了塑料涂层并增大了索芯药量和密度。目前国产的油井导爆索主要品种为无枪身油井导爆索和有枪身油井导爆索两种。

（4）震源导爆索。震源导爆索分两种：棉线和塑料震源导爆索，外观为红色或用户要求的颜色。每卷长度为100±1m。抗水性能：棉线震源索在深度为1m（或压强为10kPa）、温度10~25℃的静水中浸24h，用8号雷管起爆应完全爆轰。塑料震源索在深度为2m（或压强为20kPa）、温度10~25℃的静水中浸24h，用8号雷管引爆应完全爆轰。其品种、性能和用途见表4-3。

表4-3 导爆索的品种、性能和用途

名称	外表	外径 /mm	药量 $/g\cdot m^{-1}$	爆速 $/m\cdot s^{-1}$	用途
普通导爆索	红色	≤6.2	12~14	≥6500	露天或无瓦斯、矿尘爆炸危险的井下爆破作业
安全导爆索	红色		12~14*	≥6000	有瓦斯、矿尘爆炸危险的井下爆破作业
有枪身油井导爆索	蓝或绿	≤6.2	18~20	≥6500	油井、深水井中爆炸作业
无枪身油井导爆索	蓝或绿	≤7.5	32~34	≥6500	油井、深水、高温中的爆破作业
棉线震源索	红色	≤9.5	38	≥6500	地震勘探震源用
塑料震源索	红色	≤9.5	38	≥6500	地震勘探震源用
铅皮导爆索	灰色	5.0	17	≥6500	油井射孔枪用

注：加消焰剂2g/m。

上述各种品种的导爆索的每米装药量都较大，一般都在10g以上，所以也叫做高能导爆索。经雷管起爆后，导爆索可直接引爆炸药，也可以作为独立的爆破能源。用这种导爆索组成的网路起爆时噪声太大。近年来国内外研制出一种每米装药量很少的导爆索，叫做低能导爆索。这种导爆索爆炸所产生的噪声较低，同时由于它的爆速高，克服了导爆管网路起爆时由于打断网路而产生拒爆的缺点。但是它必须与雷管配套使用才能起爆炸药。

4.4.2 继爆管

继爆管是一种专门与导爆索配合使用，具有毫秒延期作用的起爆器材。导爆索与继爆管组合起爆网路，可以借助于继爆管的毫秒延期作用，实施毫秒延期爆破。

继爆管的结构如图4-8所示。它实质上是装有毫秒延期元件的火雷管与消爆管的组合体。较简单的继爆管是单向继爆管，如图4-8a所示。当右端的导爆索8起爆后，爆炸冲击波和爆炸气体产物通过消爆管1和大内管2，压力和温度都有所下降，但仍能可靠地点燃延期药4，又不至于直接引爆正起爆药6。通过延期药4来引爆正、副起爆药6和7，以及左端的导爆索8。这样，两根导爆索中间经过一只继爆管的作用，来实现毫秒延期爆破。

继爆管的传爆方向有单向和双向的区别。单向继爆管在使用时，如果首尾连接颠倒，

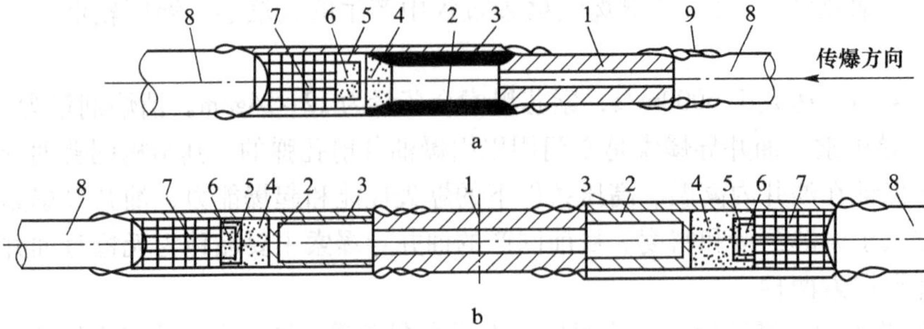

图 4-8 继爆管结构示意图

a—单向继爆管；b—双向继爆管

1—消爆管；2—大内管；3—外套管；4—延期药；5—加强帽；6—正起爆药；7—副起爆药；8—导爆索；9—连接管

则不能传爆，而双向继爆管没有这样的问题。如图 4-8b 看出，双向继爆管中消爆管的两端都对称装有延期药和起爆药，因此它两个方向均能可靠传爆。

双向继爆管使用时，无需区别主动端和被动端，方便省事。但是它所消耗的元件、原料几乎要比单向继爆管多一倍，而且其中一半实际上是浪费的。单向继爆管使用时费事一些，但只要严格认真地按要求连接，效果是一样的。当然，在导爆索双向环形起爆网路中，则一定要用双向继爆管，否则就失去双向保险起爆的作用。

继爆管具有抵抗杂散电流和静电危险的能力，装药时可以不停电，所以它与导爆索组成的起爆网路在矿山和其他工程爆破中都得到应用。

4.4.3 导爆索起爆网路

导爆索起爆网路的形式比较简单，无需计算，只要合理安排起爆顺序即可。

导爆索起爆网路由主干线、支线和继爆管组成。分为齐发起爆网路和毫秒起爆网路两种。

4.4.3.1 齐发起爆网路

所有炮孔引出的导爆索与主干线导爆索连接起来的网路称齐发起爆网路。此种网路连接简单，不易产生差错。在不需要分段起爆和不必控制爆破振动、空气冲击波危害的情况下可选择该网路。

工程对爆破要求不甚严格时。可采用如图 4-9 所示的并联网路，用并簇联或单向分段

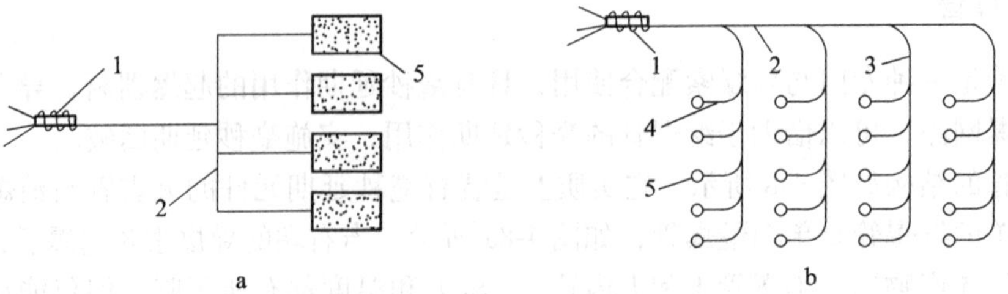

图 4-9 导爆索并联网路

a—并簇联；b—分段并联

1—起爆雷管；2—主导爆索；3—支导爆索；4—引爆索；5—药包

并联，或可采用如图4-10所示的串联网路。串联时会出现很短的延时。对于要求严格可靠的导爆索起爆网路，可采用双向并联或环状起爆网路，即分段双向并联网路，如图4-11所示。

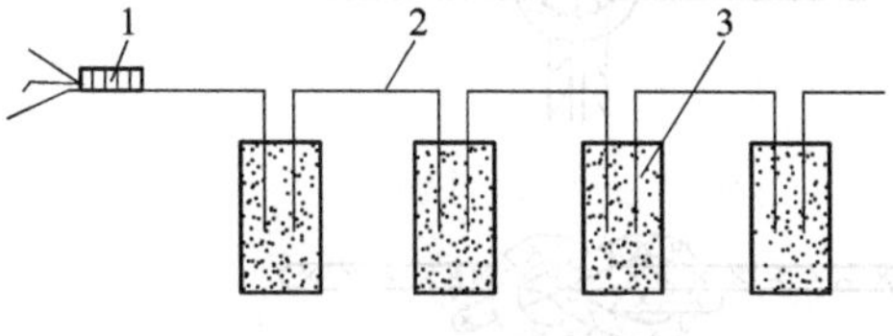

图4-10 导爆索串联网路
1—雷管；2—导爆索；3—药包

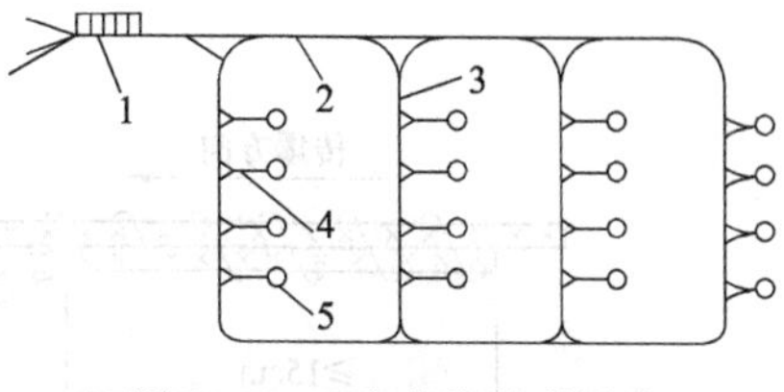

图4-11 双向分段并联网路
1—雷管；2—主导爆索；3—支导爆索；
4—被引爆索；5—药包

4.4.3.2 毫秒延期起爆网路

当采用继爆管加导爆索网路形式时，可以实现毫秒延期爆破。采用单向继爆管时，应避免接错方向。根据爆破工程要求和条件，网路形式有孔间毫秒延迟、排间毫秒延迟、孔间或排间交错延迟等各种形式的毫秒爆破。图4-12所示为最简单的排间毫秒延期起爆网路，图4-13所示为一种导爆索—继爆管组成的双向起爆环形网路。

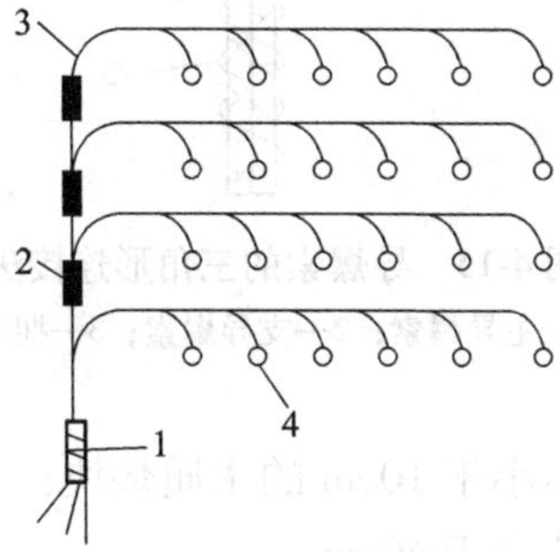

图4-12 排间毫秒延期起爆网路
1—起爆雷管；2—继爆管；
3—导爆索；4—药包

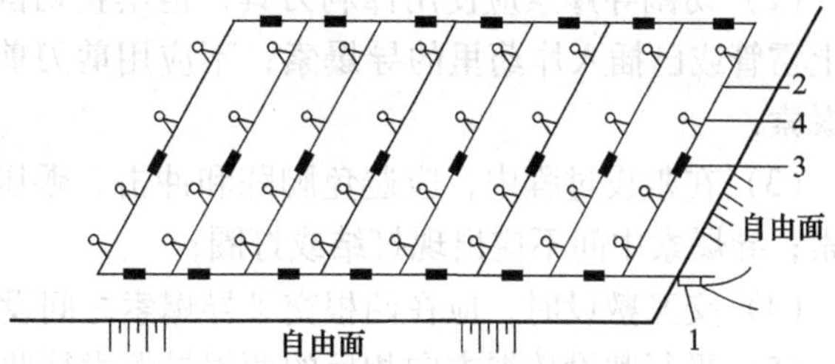

图4-13 导爆索毫秒起爆网路图
1—起爆雷管；2—导爆索；
3—双向继爆管；4—药包

4.4.4 导爆索起爆网路施工技术

4.4.4.1 导爆索的连接方式

导爆索传递爆轰波的能力有一定的方向性，在其传爆方向上最强，与爆轰波传播方向成夹角的导爆索方向上传爆能力会减弱，减弱的程度与此夹角的大小有关。所以导爆索的连接可采用搭接、扭接、水手结和T形结等方法连接，其中搭接应用最多。为保证传爆可靠，连接时两根导爆索搭接长度不应小于15cm，中间不得夹有异物和炸药卷，捆扎应牢固，支线与主线传爆方向的夹角应小于90°（图4-14）。在导爆索接头较多时，为了防止弄错传爆方向，可以采用三角形接法（图4-15）。

4.4.4.2 导爆索连接技术

导爆索网路的敷设要严格按设计的方式和要求进行。敷设和连接必须从最远爆破点地

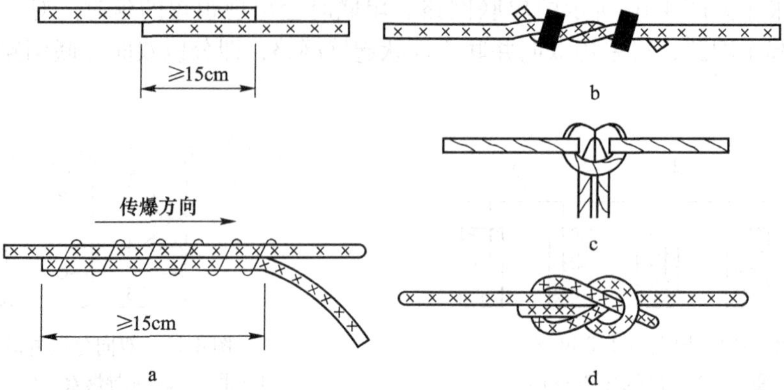

图 4-14 导爆索连接方式
a—搭接；b—扭接；c—T 形结；d—水手结

段开始逐步向起爆点后退。在敷设和连接导爆索起爆网路时，要注意以下问题：

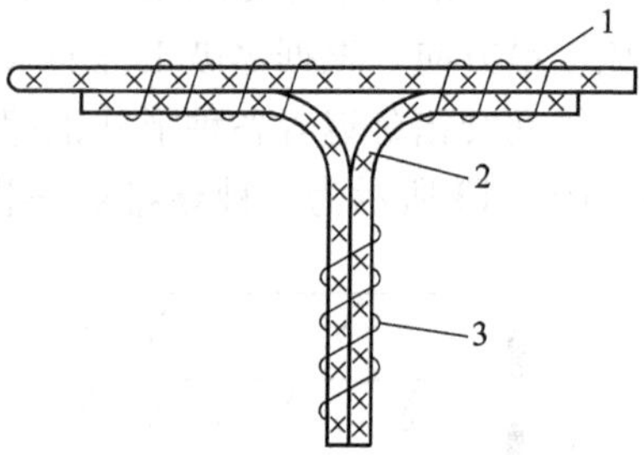

图 4-15 导爆索的三角形连接法
1—主导爆索；2—支导爆索；3—捆绳

（1）导爆索在使用前应进行外观检查，包缠层不得出现松垮、涂料不均以及折断、粗细不均、油污等不良现象；

（2）切割导爆索应使用锋利刀具，但禁止切割已接上雷管或已插入炸药里的导爆索；不应用剪刀剪断导爆索；

（3）在敷设过程中，应避免脚踩和冲击、碾压导爆索；导爆索中间不应出现打结或打圈；

（4）交叉敷设时，应在两根交叉导爆索之间设置厚度不小于 10cm 的木质垫块；

（5）平行敷设传爆方向相反的两根导爆索彼此间距必须大于 40cm；

（6）硐室爆破中，导爆索与铵油炸药接触的部位应采取防渗油措施或采用塑料布包裹，使导爆索与油源隔开；

（7）在潮湿和有水的条件下应使用防水导爆索，索头要做防水处理；

（8）导爆索可由炸药、火雷管、电雷管或导爆管雷管引爆。当用雷管引爆时，起爆导爆索的雷管与导爆索捆扎端端头的距离应不小于 15cm，雷管的聚能穴应朝向导爆索的传爆方向。

4.4.4.3 导爆索与炸药连接

导爆索与炸药连接有两种常用方式：炮孔内连接与硐室内连接。

炮孔内连接是将导爆索插入袋装药包内与药袋捆扎结实后送入炮孔内；也可将导爆索沿药袋兜底弯曲包扎结实后送入孔底如图 4-16a 和 b 所示。硐室爆破的网路往往用导爆索组成辅助网路。即用导爆索做成辅助起爆药包与主起爆药包连接。辅助起爆药包是将导爆索束插入成箱（或袋）的炸药内，将连出箱（或袋）的导爆索与其固定起来，使搬运或施工中不致因拉动脱出。导爆索束一般长 15cm 左右，由 8～15 根导爆索折叠而成如图 4-16c 所示。

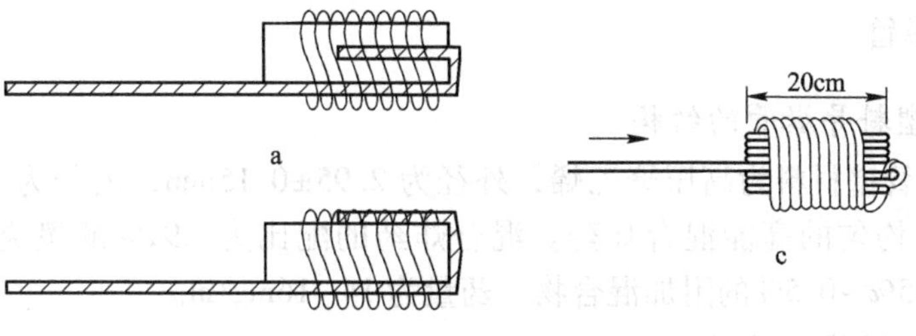

图 4-16　导爆索与炸药的连接

4.4.5　导爆索起爆网路应用

（1）深孔爆破中的导爆索起爆网路。在深孔爆破中，可以利用导爆索继爆管组成分段并联起爆网路。人们常利用导爆索爆速高的特性，在深孔内用导爆索起爆爆速较低的铵油炸药或重铵油炸药，以提高炸药的爆速和传爆可靠性，称为并敷药包爆破。孔外则采用电爆网路或导爆管起爆网路实现微差爆破。

（2）光面爆破与预裂爆破中的导爆索起爆网路。光面爆破与预裂爆破需采用弱性装药，当无专用弱性药卷时，可以采用普通药卷进行间隔装药，导爆索起爆网路可以将这些间隔的药卷连接起来实现同时起爆。

（3）拆除爆破中的导爆索起爆网路。在建筑物拆除爆破中，导爆索起爆网路仅作为辅助起爆网路用于间隔装药；也可用于基础切割爆破。但在城区控制爆破工程中不许用导爆索作为外网路，以防噪声污染。

4.5　导爆管雷管起爆法

导爆管雷管起爆法又称导爆管起爆法或塑料导爆管起爆系统等，自 20 世纪 70 年代末引入我国后应用广泛。导爆管雷管起爆法利用导爆管传递冲击波引爆雷管，属非电起爆法。

导爆管起爆法的特点是不怕杂电干扰，连网时可以用电灯照明，不会引起早爆、误爆事故，安全性较高；一般情况下导爆管毫秒延期起爆网路起爆的药包数量不受限制，网路也不必要进行复杂的计算；导爆管起爆方法灵活、形式多样，可以实现多段延时起爆；导爆管网路连接操作简单，检查方便。导爆管起爆网路的最大弱点是迄今尚未有检测网路是否正常的有效手段，导爆管本身的缺陷、操作中的失误和周围杂物对其的轻微损伤都有可能引起网路的拒爆。因而在爆破工程中采用导爆管起爆网路，除必须采用合格的导爆管、连接件、雷管等组件和复式起爆网路外，还应注重网路的布置，提高网路的可靠性，以及重视网路的操作和检查。

在有瓦斯或矿尘爆炸危险的作业场所不能使用导爆管起爆法；水下爆破采用导爆管起爆网路时，每个起爆药包内安放的雷管数不宜少于 2 发，并宜联成两套网路或复式网路同时起爆，并应做好端头防水工作。

导爆管起爆法由击发元件、连接元件、传爆元件和起爆元件组成。

4.5.1 塑料导爆管

4.5.1.1 塑料导爆管的结构

塑料导爆管管壁材料为高压聚乙烯，外径为2.95±0.15mm，内径为1.4±0.1mm。内壁涂有一层薄而均匀的高能混合炸药。混合炸药的配比为：91%的奥克托金或黑索金、9%的铝粉与0.25%~0.5%的附加混合物，药量为14~16mg/m。

4.5.1.2 导爆管传爆原理

当导爆管被冲击波击发后，在管内传播的冲击波作用于管壁内表层炸药发生弱爆轰；爆轰反应释放出的能量又及时不断地补充了沿导爆管内传播的冲击波。由于圆形管壁阻隔了侧向扩散的影响和通过多次反射冲击波在管道内形成了聚心冲击波，使这个弱爆轰波得以延续，从而使爆轰波能以一个恒定的速度传爆。导爆管传爆过程是冲击波伴随着少量炸药产生爆轰的传播，并不是炸药的爆轰过程。导爆管中激发的冲击波以1950±50m/s的速度（导爆管传爆速度）稳定传播。冲击波传过后，管壁完整无损，对管线通过的地段毫无影响。由于导爆管内壁的炸药量很少，形成的爆轰波能量不大，不能直接起爆工业炸药，而只能起爆火雷管或非电延期雷管。

4.5.1.3 塑料导爆管的性能

（1）起爆感度。火帽、工业雷管、普通导爆索、引火头等一切能够产生冲击波的起爆器材都可以引爆塑料导爆管。

（2）传爆速度。国产塑料导爆管的传爆速度一般为1950±50m/s，也有1580±30m/s的。

（3）传爆性能。国产塑料导爆管传爆性能良好。一根长达数千米的塑料导爆管，中间不用中继雷管接力，或导爆管内的断药长度不超过15cm时，都可正常传爆。

（4）耐火性能。火焰不能激发导爆管。用火焰点燃单根或成捆导爆管时，它只像塑料一样缓慢地燃烧。

（5）抗冲击性能。一般的机械冲击不能激发塑料导爆管。

（6）抗水性能。将导爆管与金属雷管组合后，具有很好的抗水性能，在水下80m深处放置48h还能正常起爆。雷管若加以适当的保护措施，可以在水下135m深处起爆炸药。

（7）抗电性能。塑料导爆管能抗30kV以下的直流电。

（8）破坏性能。塑料导爆管传爆时，不会损坏自身的壁，对周围环境不会造成破坏。

（9）强度性能。国产塑料导爆管具有一定的抗拉强度，50~70N拉力作用下，导爆管不会变细，传爆性能不变。

可见，塑料导爆管具有传爆可靠性高、使用方便、安全性好、成本低等优点。

4.5.2 导爆管雷管

导爆管雷管为非电毫秒雷管，用塑料导爆管引爆，其结构如图4-17所示。

它与毫秒延期电雷管的主要区别在于：不用毫秒电雷管中的电点火装置，而用一个与塑料导爆管相连接的塑料连接套，由塑料导爆管的冲击波来引爆延期药。非电毫秒雷管的段别及其延期时间见表4-4。

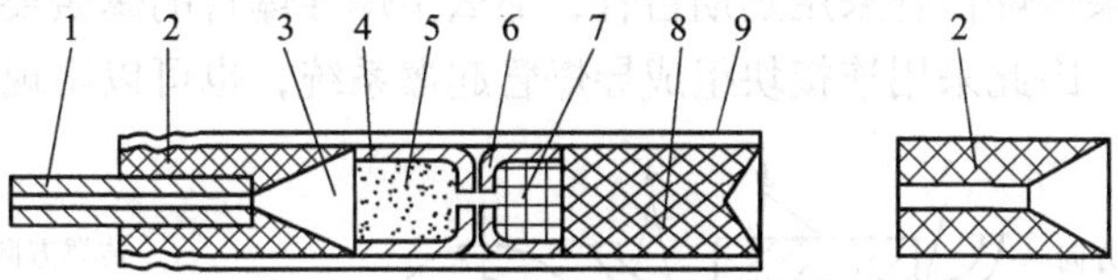

图 4-17 非电毫秒雷管结构示意图

1—塑料导爆管；2—塑料连接套；3—消爆空腔；4—大内管；5—延期药；6—加强帽；7—正起爆药；8—副起爆药；9—金属管壳

表 4-4 国产部分非电导爆管雷管的延期时间 (ms)

段别	第一系列	第二系列	第三系列	段别	第一系列	第二系列	第三系列
1	0	0	0	16	1020	375	400
2	25	25	25	17	1200	400	450
3	50	50	50	18	1400	425	500
4	75	75	75	19	1700	450	550
5	110	100	100	20	2000	475	600
6	150	125	125	21		500	650
7	200	150	150	22			700
8	250	175	175	23			750
9	310	200	200	24			800
10	380	225	225	25			850
11	460	250	250	26			950
12	550	275	275	27			1050
13	650	300	300	28			1150
14	760	325	325	29			1250
15	880	350	350	30			1350

导爆管雷管在网路中又称为起爆元件或末端工作元件，它可以直接引爆炸药、导爆索或引爆下一级导爆管。装入炮孔内的导爆管雷管及段别图示法的图例如图 4-18 所示。

图 4-18 装入炮孔内的导爆管雷管及段别图示法图例

（右上方（6）表示孔内装的是 6 段雷管）

4.5.3 导爆管连接元件

在塑料导爆管组成的非电起爆系统中，需要一定数量的连接元件与之配套使用。目前连接元件可分成带有传爆雷管和不带传爆雷管两大类。

4.5.3.1 连接块

连接块是一种用于固定击发雷管（或传爆雷管）和被爆导爆管的连接元件。它通常用普通塑料制成，其结构如图 4-19a 所示。不同的连接块，一次可传爆的导爆管数目不同。一般可一次传爆 4~20 根被爆导爆管。

主爆导爆管先引爆传爆雷管，传爆雷管爆炸冲击作用于被爆导爆管，使被爆导爆管激发而继续传爆。如果传爆雷管采用延期雷管，那么主爆导爆管的爆轰要经过一定的延期才会激发被爆导爆管。因此采用连接块组成导爆管起爆系统，也可以实现毫秒延期爆破。

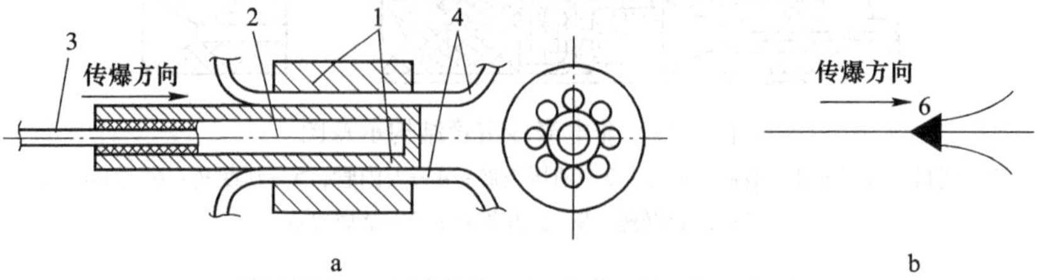

图 4-19　带传爆雷管的连接块图

a—连接块及导爆管连通装配图；b—带 6 段雷管的连接点图示法图例

1—塑料连接块主体；2—传爆雷管；3—主爆导爆管；4—被爆导爆管

在导爆管爆破网路图示中，带瞬发或延期雷管的连接块，或簇联法中连接点的示意，都可用图 4-19b 表示，其延期段别一般标在上方。

4.5.3.2　连通器

连通器是一种不带传爆雷管的、直接把主爆导爆管和被爆导爆管连通导爆的装置。连通器一般采用高压聚乙烯压铸而成。它的结构有正向分流式（图 4-20a、b）和单向反射式（图 4-20d）两类，正向分流连通器又分为分岔式（图 4-20a）和集束式（图 4-20b）两种：分岔式有三通和四通 2 种。集束式有三通、四通和五通 3 种。它们的长度均为 46±2mm，管壁厚度不小于 0.7mm，内径为 3.1±0.15mm，与国产塑料导爆管相匹配。

采用正向连通器连接导爆管起爆网路时，必须正向起爆和传爆，如果传爆方向反了，就很有可能传爆中断。不论采用分岔式或集束式连通器，每个空孔都应插入导爆管。如果遇到空头也应堵死或多插一段空爆的导爆管，以减少主爆导爆管的能量损失。从而提高传爆的可靠性。为保证正常传爆和连接的牢固，每根导爆管插入正向连通器的深度最短不得小于 10mm，最长不大于 22mm。

单向反射式连通器一般为四通，简称反射四通。反射四通是连通器中最为常用的一种，使用时将四根导爆管的一端都剪成与轴线垂直的平头，将它们齐头同步插入四通底部。当其中的一根导爆管被引爆后，其产生的冲击波传递至四通底部，经反射后就会将其余三根引爆。当需要传爆的导爆管小于 3 根时，可用长于 10cm 的导爆管（爆轰过的也可以）顶替。

正向分流式连通器和单向反射式连通器在导爆管爆破网路图示中分别用图 4-20c、e 表示。

连通器取消了传爆雷管，降低了成本，提高了作业安全性，而且消除了传爆雷管聚能射流断爆的可能性。相对提高了传爆的可靠性。但是采用连通器组成的塑料导爆管起爆网路时，抗拉能力小、防水性能变差。

4.5.4　导爆管击发元件

凡能产生强烈冲击波的器材都能引爆导爆管，能够引爆导爆管的器材统称击发元件。击发元件的种类很多，主要有击发枪、电引火头、发爆器配起爆头、导爆索、击发笔、各

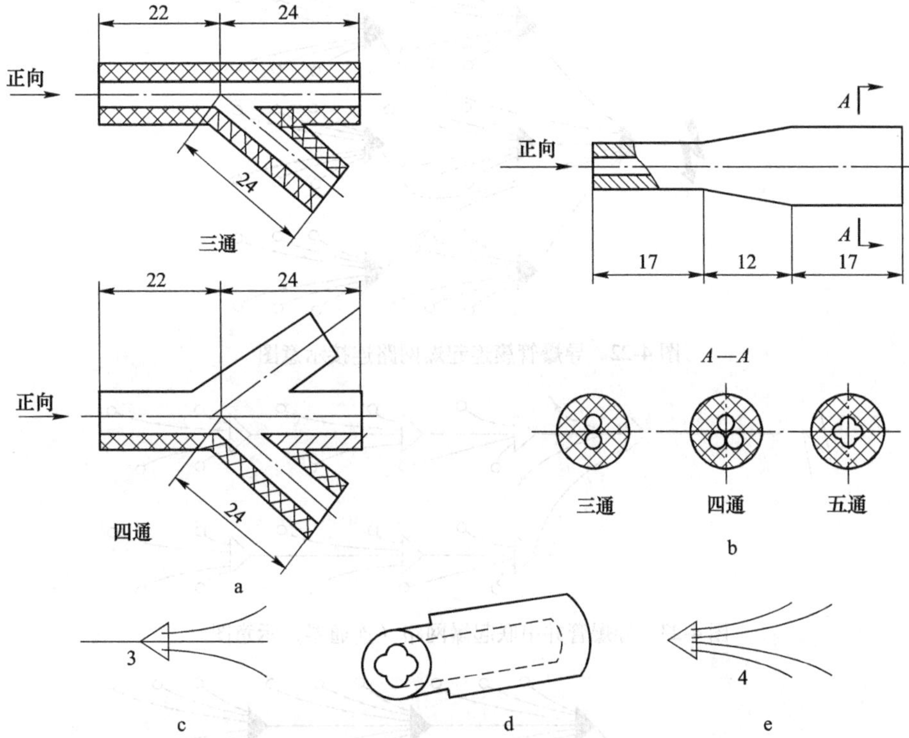

图 4-20　各种连通器示意图

a—分岔式连通器；b—集束式连通器；c—正向分流式连接点图示法图例；
d—单向反射式四通连通器示意图；e—单向反射式连接点图示法图例

种雷管等，其中后两种最为常用。实验表明，1 发 8 号雷管最多可以起爆 50 余根的导爆管，但为了起爆可靠，以每发雷管起爆 20 根左右导爆管为宜，而且必须将这些导爆管用细绳、胶布等牢固地捆绑在雷管的周围。

在导爆管爆破网路图示中，击发元件主要是在起爆点处才标注，击发元件的标示如图 4-21 所示。

图 4-21　激发起爆点图示法图例

4.5.5　导爆管起爆法网路连接形式

导爆管起爆法的连接形式很多，基本上可分成 3 类：

（1）簇连法。将炮孔内引出的导爆管分成若干束，每束导爆管捆连在一发（或多发）导爆管传爆雷管上，将这些导爆管传爆雷管再集束捆连在上一级传爆雷管上，直至用一发或一组起爆雷管击发即可以将整个网路起爆。网路连接如图 4-22 所示。这种网路简单、方便，多用于炮孔比较密集和采用孔内微差组成的网路连接中。

（2）并串联连接法。从击发点出来的爆轰波通过导爆管、导爆管传爆雷管、传爆元件或分流式连接元件逐级传递下去并引爆装在药包中的导爆管雷管使网路中的药包起爆（图 4-23、图 4-24）。

（3）闭合网路连接法。闭合网路的连接元件是连通器（常用反射四通接头）和导爆管。利用这种反射式连接元件，通过连接技巧，把导爆管连接成网格状多通道的起爆网

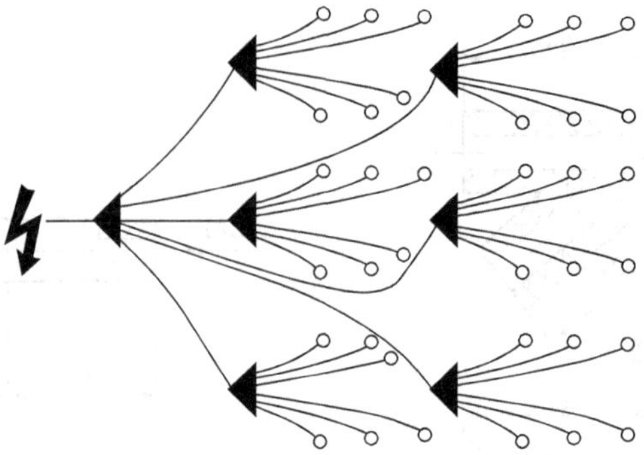

图 4-22 导爆管簇连起爆网路连接示意图

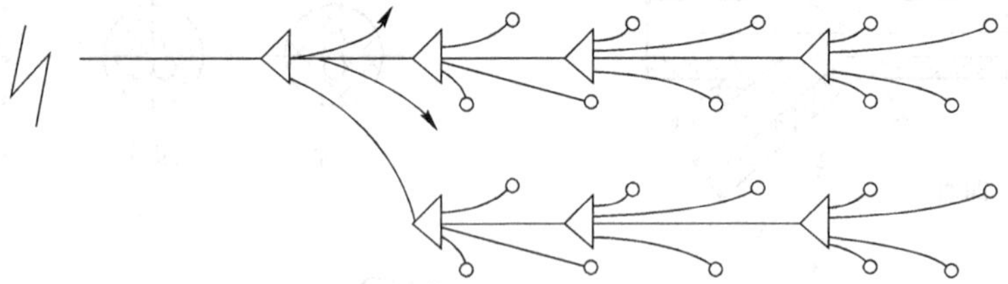

图 4-23 导爆管并串联起爆网路（连通器）示意图

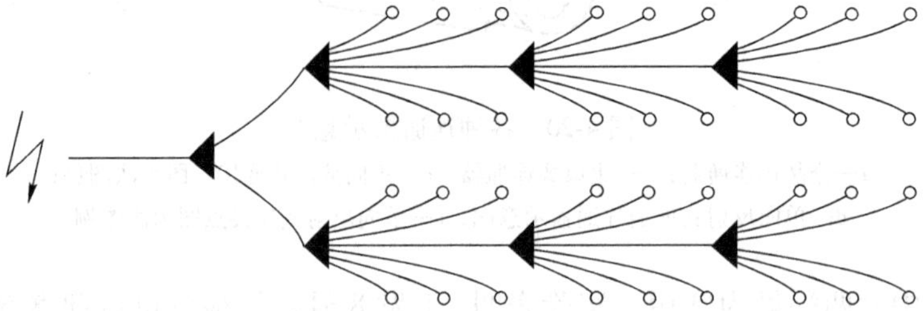

图 4-24 导爆管并串联起爆网路（连接块）示意图

路，可以确保网路传爆的可靠性（图 4-25）。

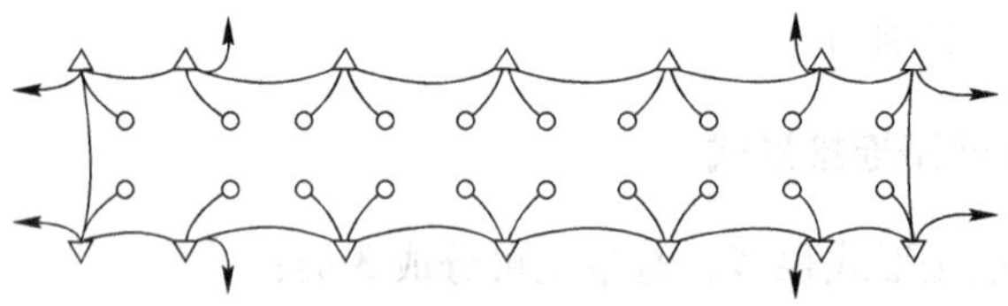

图 4-25 闭合起爆网路（反射四通）连接示意图

4.5.6 导爆管毫秒延期起爆网路

导爆管毫秒延期起爆网路又可分为孔内毫秒微差起爆网路，孔外毫秒微差起爆网路和孔内外毫秒微差起爆网路 3 类毫秒微差延期模式。

（1）孔内毫秒微差起爆网路。所谓孔内毫秒微差起爆网路是指网路中各个炮孔内的起爆雷管采用不同段别的雷管依序起爆的网路。炮孔间爆破的作用时间是由孔内起爆雷管段别毫秒延期时间（延时量）决定的。孔外传爆器件（瞬发雷管或连接块）仅起传爆作用，不起延时作用。按此定义，一次爆破的分段数量由雷管系列总段量决定。图4-22～图4-25基本连接形式都可在孔内装配毫秒雷管实现孔内毫秒微差起爆网路。

（2）孔外毫秒微差起爆网路。孔外毫秒微差起爆网路，是指所有炮孔内装同一段雷管（高段位），孔外用另外单一段位毫秒延期雷管（低段位）连接成微差网路。又称为导爆管接力起爆网路，严格讲是属于孔内外毫秒微差起爆网路一特定形式。图4-22和图4-24所用连接块布置的网路，也可在连接块中的传爆雷管中装配毫秒雷管，实现孔外毫秒微差起爆网路。

（3）孔内外毫秒微差起爆网路。孔内、外同时采用多种段别的毫秒雷管组成毫秒微差延时起爆网路。网路具有以下特点：

1）爆破网路连接方式多种多样。由于传爆雷管爆炸时间具有累加性，因此，每一个传爆结点起爆时间不同，而每一个结点与炮孔的连接方法又具灵活多样性。它既可做到一段只起爆1个或2个以上的炮孔，又可以在孔内再分成几段爆破。这一特点可将一响起爆药量减至很小的程度，体现网路的灵活性。

2）该起爆网路一般采用传爆雷管串联，起爆雷管并联。网路的前、后排干线相互交叉搭接以保证其同步传爆。从导爆管传爆理论上说，它的毫秒延期分段数不受限制，同时不存在串段与重段现象。这一特点是该网路的精华所在，这是受到各国爆破工程师重视的主要原因。

3）网路可由单一的、某一相同段别的导爆管雷管组成，也可由几种不同段别的雷管组成。因此，毫秒延期的段数不受雷管段数的限制。例如采用任何一段作为起爆雷管，用25ms间隔的雷管作为传爆雷管，可得等间隔差为25ms的起爆网路。改用50ms间隔的传爆雷管，可得等间差为50ms的起爆网路等等。在同一网路中，根据需要某一些段采用一种时间间隔差，另一些段采用另一种时间差，甚至任何两响之间可以任选某一段雷管来控制间隔差。这一特点也充分体现其多变性。

4）这一网路由于地表存在大量传爆雷管，对于孔间毫秒延期而言，具有一些不安全因素。一般以孔内高段位起爆雷管和孔外低段位传爆雷管保护网路，另外用复式、多种交叉复式网路来提高其可靠性。

当炮孔内的起爆雷管为同一段别时，通过孔外传爆雷管的串、并联及搭接，组成孔外接力起爆网路，2孔一响的接力起爆网路如图4-26所示。它由4个段别的雷管所组成，所有段别均不会产生重段。

当炮孔内装入不同段别的雷管时，孔外接力并-串-并毫秒延期起爆网路如图4-27所示。

4.5.7 导爆管起爆网路施工技术

4.5.7.1 一般施工要求

导爆管起爆网路一般施工要求有以下几点：

（1）施工前应对导爆管进行外观检查，导爆管不允许有破损、拉细、进水、管内杂质、断药、塑化不良、封口不严。在连接过程中导爆管不允许打结，不能对折，要防止管壁破损、管径拉细和异物入管。如果在同一分支网路上有一处导爆管打结，传爆速度会降低，若有两个或两个以上的死结时，就可能会产生拒爆；对折通常发生在反向起爆的药包处，实测表明，对折可使爆速降低，从而导致延期时间不准确，严重时可产生拒爆。

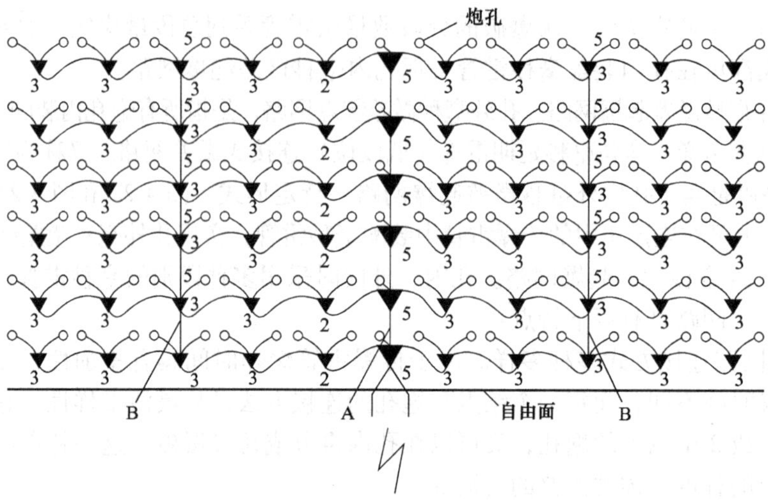

图 4-26 孔外接力起爆网路

A—主传爆干线；B—搭线支线；炮孔内装 18 段

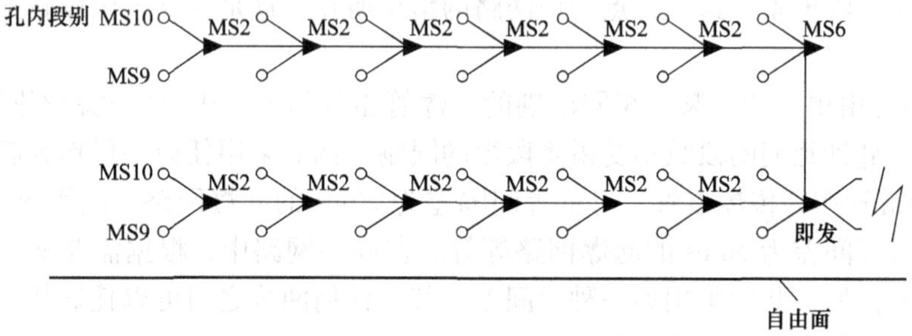

图 4-27 孔外接力并-串-并毫秒延期起爆网路图

（2）导爆管网路应严格按设计进行连接。用于同一工作面上的导爆管必须是同厂同批产品，每卷导爆管两端封口处应切掉 5cm 后才能使用。露在孔外的导爆管封口不宜切掉。

（3）根据炮孔的深度、孔间距选取雷管的导爆管长度，炮孔内导爆管不应有接头。

（4）用套管连接两根导爆管时，两根导爆管的端面应切成垂直面，接头用胶布缠紧或加铁箍夹紧，使之不易被拉开。

（5）孔外相邻传爆雷管之间应留有足够的距离，以免相互错爆或切断网路。

（6）用雷管起爆导爆管网路时，起爆导爆管的雷管与导爆管捆扎端端头的距离应不小于 15cm，应有防止雷管聚能穴炸断导爆管和秒延时雷管的气孔烧坏导爆管的措施，导爆管应均匀地敷设在雷管周围并用胶布等捆扎牢固，接头胶布不少于 3 层。

（7）用导爆索起爆导爆管时，宜采用垂直连接。用普通导爆索击发引爆导爆管时，因为导爆索的传播速度一般在 6500m/s 以上，比导爆管的传播速度快得多，为了防止导爆索产生的冲击波击断导爆管造成引爆中断，导爆管与导爆索不能平行捆绑，而应采用正交绑扎或大于 45°角以上的绑扎。确定爆破中采用导爆管与导爆索混合起爆网路时，宜用双股导爆索连成环行起爆网路，导爆管与导爆索宜采用单股搭接，即各根导爆管分别搭接（可以将导爆管用水手结连在导爆索上）在单股导爆索上，再将导爆索围成圈，组成环形起爆网路。

（8）只有所有人员、设备撤离爆破危险区，具备安全起爆条件，才能在主起爆导爆管上连接起爆雷管。

4.5.7.2 捆联网路的施工技术

最常用的导爆管起爆网路有两种连接法：一种是捆联法，直接将导爆管捆扎在雷管上，如接力捆联网路、复式交叉网路等；另一种是插接法，将导爆管插接在连接件中，如网格式闭合网路等。捆联网路的施工要求如下：

（1）捆扎材料。捆联网路通常采用塑料胶带捆绑导爆管和雷管。胶带有一定的弹性和黏性，能将导爆管紧密地贴在雷管四周。

（2）捆扎导爆管根数。按导爆管质量要求，一只8号工业雷管可击发50根以上的导爆管。考虑目前导爆管的质量和捆绑时的操作特点，1发雷管可捆扎20根左右导爆管，复式接力式捆联网路中，每个接力点上2发导爆管雷管捆绑的导爆管应控制在40根以内。导爆管末端应露出捆扎部位15cm以上，胶布层数不得小于3层（有的厂家要求不少于5层），关键是捆扎时导爆管要均布在雷管四周，捆扎要密贴。

（3）雷管方向。雷管击发导爆管是靠其主装药作用，为防止金属壳雷管爆炸时聚能穴部位的金属碎片在高速射流的作用下损伤捆绑在雷管四周的导爆管，应把金属壳雷管底部的聚能穴先用胶布包严，再在其四周捆绑导爆管。或将金属壳连接雷管反向起爆导爆管，即雷管聚能穴指向导爆管传爆的反向；对非金属壳导爆管雷管，正向和反向捆绑均可。

4.5.7.3 网格式闭合网路的施工技术

网格式闭合网路连接以插接为主，连接元件为套管接头，塑料四通和导爆管。在施工中，应注意连接技巧，提高连接质量。要连接成“四通八达”的网格式网路，就必须保证每个四通接头中至少有2根导爆管与其他接头相接，即每个接头至多只能接2个炮孔；网路中的网格应分布均匀。网路连接的施工要求如下：

（1）施工前应对导爆管进行外观检查；

（2）导爆管内径仅1.4mm，任何细小的杂质、毛刺都可能将导爆管管口堵塞而引起拒爆。因此，施工前应检查使用的每一个接头，套管接头应没有漏气现象，塑料四通接头中不能有毛刺，接头内的杂质要清理干净；

（3）在插接导爆管前应用快刀子将导爆管的端头切去一小截，并将插头剪平整；

（4）每个接头内的导爆管要插够数，要插紧，使用塑料四通时要加缩口金属箍；

（5）连接用的导爆管要有一定的富余量，不要拉得太紧，因为导爆管与接头采用的是插接法，稍许受力就可能脱开；

（6）防止雨水、污泥及其他杂物进入导爆管管口和接头内。在雨天和水量较大的地方最好不采用网格式网路，如在连接过程中遇到有水，则应将接头口朝下，离地支起，并做好防水包扎。

4.6 数码电子雷管起爆法

数码电子雷管的研究始于20世纪80年代初期，首先由瑞典诺贝尔公司于1988年推出，近年来电子雷管的发展非常迅速，目前我国的北方邦杰、京煤化工、久联集团、213所等诸多公司均推出了各自的电子雷管产品。数码电子雷管是一种延期时间根据实际需要可以任意设定并精确实现发火延时的新型电能起爆器材，其本质是利用一个集成电路取代普通电雷管中化学延期与电点火元件。具有使用安全可靠、延期时间精确度高、设定灵活等特点，是近年来起爆器材领域里新进展之一。

4.6.1 数码电子雷管结构

数码电子雷管结构是指在原有雷管装药的基础上，采用具有电子延时功能的专用集成电路芯片实现延期的电子雷管。数码电子雷管的延期时间可精确到1ms，且延期时间可在爆破现场由爆破人员对爆破系统实施设定和检测。数码电子雷管实物剖面如图4-28所示，电子雷管的结构简图如图4-29所示。

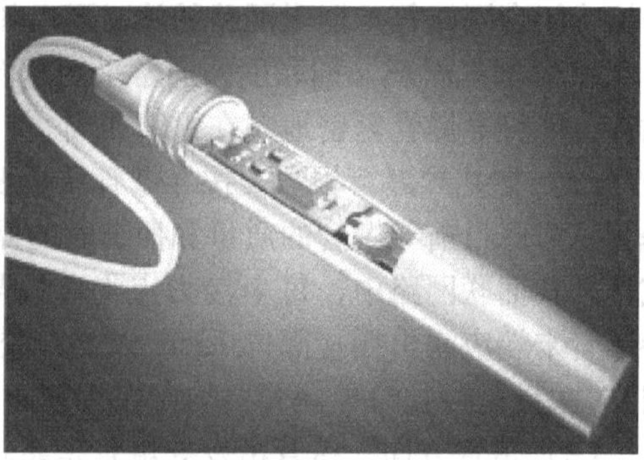

图4-28 数码电子雷管实物剖面

由图4-29可知电子雷管与传统雷管的不同之处在于延期结构和点火头的位置，传统雷管采用化学物质进行延期，电子雷管采用具有电子延时功能的专用集成电路芯片进行延期；传统雷管点火头位于延期体之前，点火头作用于延期体实现雷管的延期功能，由延期体引爆雷管的主装药部分，而电子雷管延期体位于点火头之前，由延期体作用到点火头上，再有点火头直接作用到雷管的主装药上。

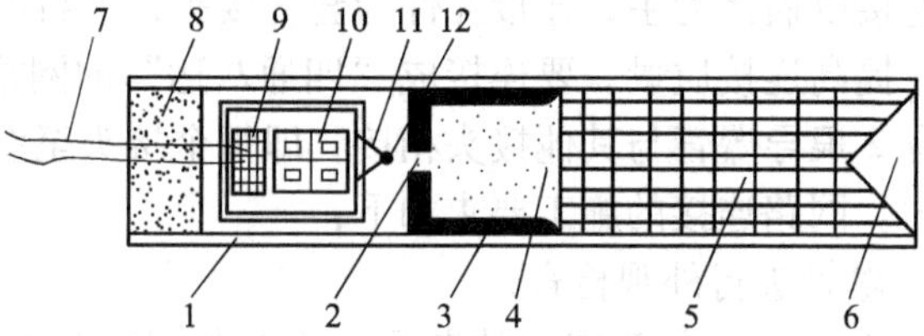

图4-29 电子雷管结构简图

1—管壳；2—传火孔；3—加强帽；4—正起爆药；5—加强药；6—聚能穴；7—脚线；8—密封塞；9—聚能电容；10—延期模块；11—桥丝；12—引火头

4.6.2 数码电子雷管的工作原理

通常电子雷管的控制原理有两种结构，如图4-30所示，其区别在于储能电容和控制雷管点火的安全开关的数量不同。

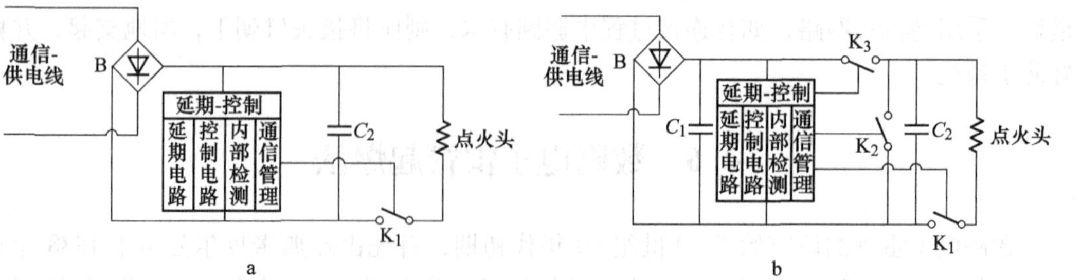

图4-30 电子雷管原理框图

a—采用单储能结构；b—采用双储能结构

数码电子雷管主要包括以下功能单元：

（1）整流电桥。用于对雷管的脚线输入极性进行转换，防止爆破网路连接时脚线连接极性错误对控制模块的损坏，提高网路的可靠性。

（2）内储能电容。通常情况下为了保障储存状态电子雷管的安全性，电子雷管采用无源设计，即内部没有工作电源，电子雷管的工作能量（包括控制芯片的工作能量和起爆雷管的能量）必需由外部提供。电子雷管为了实现通信数据线和电源线的复用，以及在保障网路起爆过程中，网路干线和支线被炸断的情况下，雷管可以按照预定的延期时间正常起爆雷管，其采用内储能的方式，在起爆准备阶段内置电容存储足够的能量。图 4-30a 中电子雷管工作需要的两部分能量均有电容 C_2 存储；图 4-30b 中电容 C_1 用于存储控制芯片工作的能量，在网路故障的情况下，其随工作时间的增加而逐渐衰减；电容 C_2 存储雷管起爆需要的能量，其在点火之前基本保持不变。由此可知图 4-30b 的点火可靠性要高于图 4-30a 的点火可靠性。

（3）控制开关。用于对进入雷管的能量进行管理，特别是对可以到达点火头的能量进行管理，一般来说对能量进行管理的控制开关越多，产生误点火的能量越小，安全性越高，图 4-30b 的安全性通常要比图 4-30a 高出几个数量级。图 4-30b 中 K_3 用于控制对存储点火能量的充电；K_2 用于故障状态下，对 C_2 的快速放电，使得雷管快速转入安全工作的模式；K_1 用于控制点火过程，把电容 C_2 存储的能量快速释放到点火头上，使得点火头发火。

（4）通信管理电路。用于和外部起爆控制设备交互数据信息，在外部起爆控制设备的指令控制下，执行相应的操作，如延期时间设定、充电控制、放电控制、启动延期等。

（5）内部检测电路。用于对控制雷管点火模块进行检测，如点火头的工作状态、各开关的工作状态、储能状态、时钟工作状态等，以确保点火过程是可靠的。

（6）延期电路。用于实现电子雷管相关的延期操作，通常情况下包括存储雷管的序列号、延期时间或其他信息的存储器、提供计时脉冲电路以及实现雷管延期功能的定时器。

（7）控制电路。用于对上述电路进行协调，类似于计算机中央处理器的功能。

两种原理的电子雷管各有特点；单储能结构电子雷管的结构简单、成本较低，双储能电子雷管结构复杂，但安全性和可靠性高。

4.6.3 数码电子雷管的分类

数码电子雷管的分类见表 4-5。

表 4-5 电子雷管分类表

分类方法	电子雷管类别
按输入能量区分	导爆管电子雷管
	数码电子雷管
按延期编程方式区分	固定延期（工厂编程）电子雷管
	现场可编程电子雷管
	在线可编程电子雷管
按使用场合区分	隧道专用电子雷管
	煤矿许用电子雷管
	露天使用电子雷管

现分别介绍如下：

（1）导爆管电子雷管。导爆管电子雷管的初始激发能量来自于外部导爆管的冲击波由换能装置把冲击波转换为电子雷管工作的电能，从而启动电子雷管的延期操作，延期时间预存在电子延期模块内部，如：EB 公司的 DIGIDET 和瑞典 Nobel 公司的 ExploDet 雷管。

（2）数码电子雷管。数码电子雷管的初始能量来自于外部设备加载在雷管脚线上的能量，电子雷管的操作过程（如：写入延期时间、检测、充电、启动延期等）由外部设备通过加载在脚线上的指令进行控制，如：隆芯 1 号电子雷管、ORICA 的 I-KON 等。

（3）固定延期电子雷管。固定延期电子雷管是在控制芯片生产过程中，延期时间直接写入芯片内部，如 EEPROM 等非易失性存储单元中，依靠雷管脚线颜色或线标区分雷管的段别，雷管出厂后不能再修改雷管的延期时间。

（4）现场可编程电子雷管。现场可编程电子雷管的延期时间是写入芯片内部的可擦除存储器中（如：PROM、EEPROM），延期时间可以根据需要由专用的编程器，在雷管接入总线前写入芯片内部，一旦雷管接入总线后延期时间即不可修改。

（5）在线可编程电子雷管。在线可编程电子雷管的内部并不保存延期时间，即雷管断电后会回到初始状态，无任何延期信息，网路中所有雷管的延期时间保存在外部起爆设备中，在起爆前根据爆破网路的设计写入相应的延期时间，即延期时间在使用过程中，可以根据需要任意修改，国内外的大多数数码电子雷管属于这一种类型。

（6）煤矿许用电子雷管。煤矿许用电子雷管必须符合煤矿许用雷管的两个基本要求：一是不含铝；二是延期时间需小于 130ms。由于煤矿掘进具有简单重复的特点，延期时间序列一旦确定，无需再进行调整，因此煤矿许用电子雷管基本采用固定编程的电子雷管。

（7）隧道专用电子雷管。隧道掘进中，延期时间基本固定，但在局部地方（例如靠近建筑物等）具有降振的要求，而且岩层特性会出现变化，需要一定程度上可以调整雷管的延期时间，因此隧道专用电子雷管采用现场编程的电子雷管。

（8）露天使用电子雷管。露天使用电子雷管是指不能用于煤矿和隧道外环境条件的电子雷管，这是沿用炸药使用条件分类理念罗列出来的类别。因为露天使用的限制条件少，所有电子雷管都可以用于露天。目前所知，还没有哪款专用于露天，而不能用于其他有限制条件的电子雷管。

4.6.4 数码电子雷管起爆网路

数码电子雷管具有专用的起爆控制系统，数码电子雷管起爆系统的典型结构如图 4-31 所示，其起爆由主、从起爆控制器两种设备构成，主设备称为铱钵起爆器，从设备为铱钵表。

数码电子雷管的起爆系统由于本身负载能力的限制，安全性的考虑，根据电子起爆系统中接入雷管的数量的不同分为小规模起爆和大规模起爆两种不同的起爆系统。

（1）铱钵起爆系统及其起爆网路特征。铱钵起爆设备包括铱钵表和铱钵起爆器。

铱波表就是电子雷管编码器，是实现数码电子雷管在线检测、在线编程、组网通信和精确起爆控制的专用设备。一个铱钵表最多可带载 200 发数码电子雷管，形成一个爆破网路支线。

铱钵起爆器是铱钵起爆系统的总控制设备，可与铱钵表配套使用，以实现对数码电子

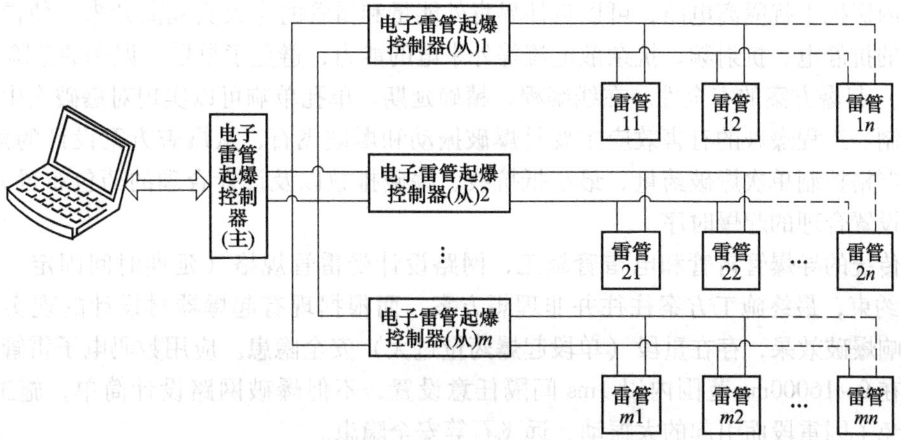

图 4-31　数码电子雷管的起爆系统结构简图

雷管起爆网路的精确起爆控制。一个铱钵起爆器可组网连接多台铱钵表，形成具有多条起爆网路支线的数码电子雷管起爆系统。

铱钵起爆系统的结构和网路形成示意图如图 4-32 所示。系统采用双线并连网路，即所有的数码电子雷管以并联的方式连接到铱钵表上，铱钵表再并联到起爆器上。一个铱钵起爆器可带载 26 个铱钵表，每个铱钵表可带载 200 发数码电子雷管，从而可组建高达 5200 发的起爆网路。

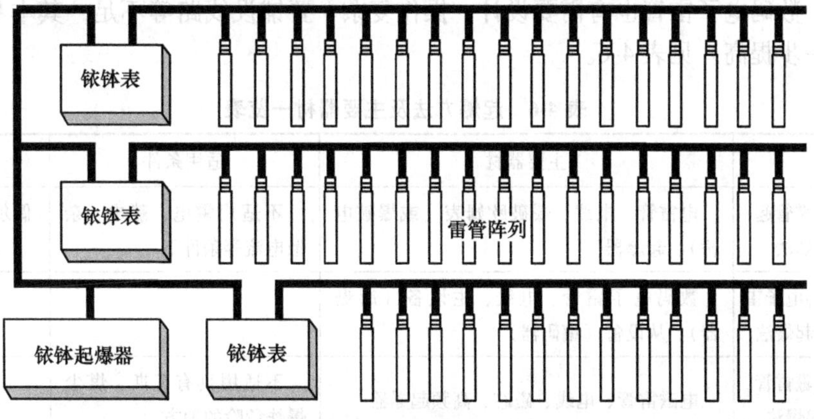

图 4-32　铱钵起爆系统网路结构示意图

（2）铱钵起爆系统的安全性设计。铱钵起爆系统的设计引入了抗干扰电子隔离技术、数字密钥起爆技术、网路安全检测技术以及抗非法起爆技术等，使得电子雷管在生产、运输、使用过程中的安全性有了本质上的提高。

（3）抗非法起爆能力。每发数码电子雷管都有一个唯一的 ID 号（身份号），每个 ID 号对应一个起爆密码，只有 ID 号和起爆密码正确匹配时，雷管才能正常起爆。而雷管的起爆密码存储在“数字密钥”（专用设备）中，数字密钥由被授权的起爆员保管，因此从起爆器材管理的角度讲具有很强的抗非法起爆能力。

（4）电子雷管的产品安全性。和传统的起爆器材相比，每发数码电子雷管内部的电子控制器内嵌抗干扰隔离电路，可以将外界意外能量和雷管的点火头隔离开来，使得雷管具有很强的抗静电、抗射频、抗杂散电流等外来电的能力，避免了早爆、误爆的危险。

（5）起爆方案的安全性。在线编程、精确延期、单孔单响可以实现对爆破次生危害的有效控制。工程爆破的有害效应主要是爆破振动和爆破飞石，从爆破方案设计的角度讲，除了要严格控制单次爆破药量、最小抵抗线、爆破排数以及设计合理的药包布置方案外，还需要设置合理的起爆时序。

用传统的导爆管雷管和电雷管施工，网路设计受雷管规格（延期时间固定、段位有限）的约束，最终施工方案往往并非理想方案，而根据现有起爆器材设计的现实可行方案，影响爆破效果，存在重段（单段起爆药量过大）安全隐患。应用数码电子雷管，延期时间可在 0~16000ms 范围内以 1ms 间隔任意设置，不但爆破网路设计简单，施工方便，而且避免了因重段而引起的大振动、远飞石等安全隐患。

（6）爆破施工的安全性。数码电子雷管的在线重复可测性、网路完整性检查、以及断线起爆能力，保障了工程爆破现场施工的安全性。施工现场爆破网路的连接往往会遭到破坏，这种情况下爆破网路受损处检查发现的概率和修复的概率将直接影响到爆破效果和施工安全。数码电子雷管及其起爆系统具有网路检测功能，便可以准确定位网路错误，方便施工人员进行错误排查，确保起爆前网路连接正常。此外，数码电子雷管具有断线起爆功能，当起爆器下发起爆指令后，爆破网路中的所有雷管处于自运行状态，即使起爆炮孔产生的飞石切断了爆破网路，也不会影响后爆炮孔的精确起爆，从而确保了爆破效果和施工安全。

但是，数码电子雷管也有需要设计、操作复杂、要铺设线路等不足，其本身的抗震性能尚需进一步提高。见表 4-6。

表 4-6　起爆方法及主要器材一览表

分类		主要器材	适用条件	现状
电爆网路	电雷管起爆法	电雷管、电线、爆破欧姆表（或爆破电桥）、起爆器	不适用雷电、静电、杂散电流等条件下	偶尔使用常辅助起爆网路
	数码电子雷管起爆法	数码电子雷管、电线、主设备（起爆器）、从设备（编码器）		推广使用
	电磁雷管起爆法	电磁雷管、电线、磁芯、高频起爆器	不适用具有瓦斯、煤尘爆炸危险的地方	很少使用
非电网路	火雷管起爆法	火雷管、导火索、点火材料	孤石爆破、二次破碎及浅眼爆破	已停用
	导爆索起爆法	导爆索、继爆管和雷管	深孔爆破、光面爆破、预裂爆破、水下爆破和硐室爆破等	常辅助起爆网路
	导爆管雷管起爆法	导爆管雷管、导爆管、连接块或连通器、激发器	不适用具有瓦斯、煤尘爆炸危险的地方	广泛应用

4.7 二氧化碳起爆系统及网路

4.7.1 起爆系统主要部件及工作原理

液态二氧化碳爆破起爆系统主要由加热装置、泄能释能片构成。

（1）加热装置（发热管），由电极、点火头、化学发热材料、PVC 或者牛皮纸包装物组成，是提供热量的装置。其中发热材料是几种化工材料配制而成，它具有在空气中常温常压下无法用明火点燃或引爆，需在一定的均匀围压下方可引燃的特性。发热材料剂量要根据致裂管充装液态二氧化碳转化为气态所需热量值调整。加热装置内部结构图、实物图分别如图 4-33 和图 4-34 所示。

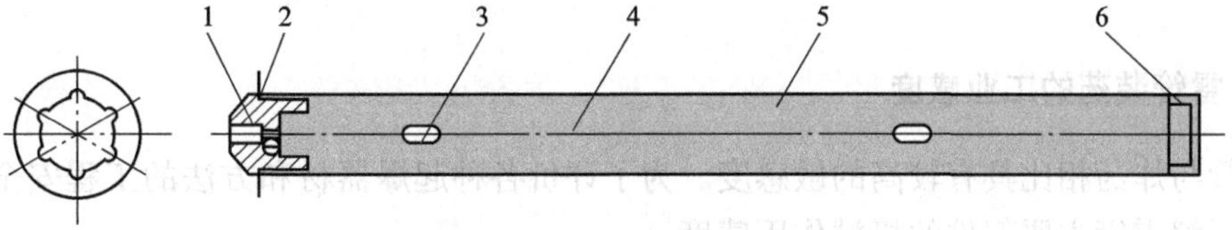

图 4-33 加热装置内部结构

1—塑料头；2—电极片；3—点火头；4—反应物；5—纸管；6—堵头

（2）泄能组件，用于固定泄能释能片，封闭气体，并开设有高压气体释放孔的部件，外形如图 4-35 所示。

图 4-34 加热装置实物照片

图 4-35 泄能组件

泄能释能片又称定压剪切片，是控制释放气体压力的重要部件，由特种均质的金属材料制成，厚度几毫米不等。在致裂管未起爆前担负着封闭液态二氧化碳的功能，当发热管起爆加热二氧化碳气化后，在管内压力大于定压剪切片破坏压力时，定压剪切片被剪开，高压二氧化碳气体从致裂管喷出。因此使用不同规格的剪切片可得到不同释放压力，可根据致裂管的规格型号和钻孔孔径选择不同压力等级（100~300MPa）的泄能片。

（3）点火电极。点火电极是引燃发热材料的外接导电体，一般以铜质金属为主，内与引火头连接，全电阻 2Ω 左右，通入电压约 9V。二氧化碳致裂管的起爆过程就是通过启动起爆器，触发加热装置产生大量热量，使管内液态二氧化碳瞬间气化体积膨胀 600 倍，当管内气体压力超过泄压释能片极限强度时，气体冲破泄压释能片，从泄能孔释放出来，瞬间产生强大的气团冲击力，从而达到破碎介质的目的。

致裂管可重复利用，每次使用后可以装填新的加热装置、泄压释能片，充装液态二氧化碳再次使用。

4.7.2 二氧化碳相变起爆网路

二氧化碳爆破起爆网路一般采用串联布线方式，将所有致裂器串联，用专业设备检查各炮孔，导通正常后即可连接起爆器起爆。由于目前还不能实现分段微差起爆，其一次起爆的炮孔有限，所以网路简单。

4.8 起爆器材的工程安全评述

4.8.1 雷管装药的工业感度

雷管与炸药相比具有较高的敏感度。为了评价各种起爆器材和方法的工程安全性，有必要先了解雷管主要部件的机械作用感度。

雷管主装药（起爆药）的药柱放在专门的小罩（加强帽）里，在机械作用和热作用下它是很敏感的，而且容易爆炸。用尖头锤或用平头锤以 17~23J 的冲击能做冲击感度试验。结果是大多起爆装药都会爆炸。

用同样的机械作用和试验方法，以大于正起爆药 5~10 倍的冲击能对雷管的副装药药柱做冲击感度试验，结果是部分正爆装药也都会爆炸。

而对延期药、电引火头药分别做的同类试验显示，延期药、电引火头药的承受冲击能的水平与正起爆药同一量级，而且电引火头药承受能力最弱。

另一试验结果显示了一个有趣的现象，就是用不同的金属做加强帽进行冲击感度试验时，铜管壳是最不易引爆的。

这项试验表明在同一个雷管空间里，感度排序应该是电引火药、延期药、正起爆药、副起爆药。副起爆药的感度低于前 3 种药几倍，要提高雷管的安全性，要加强对前 3 种药的保护、或替代。加强帽、大内管和雷管壳最好用铜材。

4.8.2 导爆索的工程安全

（1）导爆索的机械作用感度。在工程爆破中，为了起爆深孔与预裂爆破网路，广泛采用导爆索。在使用过程中，导爆索可能受到机械作用，残余的导爆索也有可能受到大型设备碾压或碰撞。都可能使导爆索误爆。

为了评价导爆索在受到冲击时爆炸的危险性，马卡耶夫煤矿安全研究所和北高加索矿冶学院在冲击机上对导爆索进行了研究。一是采用平头锤，或尖头锤对切成小段的导爆索（剥开一层或两层外皮、不剥外皮等）放在钢板上或石板上，用 250~650J 的冲击能冲击；二是将导爆索段分别放在大块岩石、金属板上等用铲斗碾压。所得试验结果是大多试验时都出现了“噼啪”声响，部分剥去皮的导爆索发生了爆炸。

从上述试验中可以看到，导爆索外皮的破坏使其感度提高了，在同样的冲击能量作用下就可能爆炸，这就是发生事故的原因。为了预防导爆索在机械作用下发生事故，必须采取如下相应的预防措施：

1）对爆破地点仔细查看，当存在着拒爆药包时，一定要将与药包相连的导爆索清除；

2）使用导爆索时，要采取措施防止导爆索外皮受到损坏；

3）将导爆索爆破网路布置在掩蔽的地方，保护导爆索以免遭受掉落重物、或机械设备的冲击。

(2) 导爆索接头可靠性。导爆索的网路连接方法有多种，试验表明，所有推荐的接头方式都是十分可靠的。常规的“水手结”比“搭接”可靠指数高些，且操作简单，值得推荐。

导爆索在水中可以传爆，浸水一定时间内不失其起爆能力。况且，导爆索内装的黑索金或太安炸药本质是不怕水的。但是，对于传统的棉纱牛皮纸导爆索外壳而言，浸水一定时间就会吸水膨胀，增加了导爆索的外壳厚度和添加了制冷水，虽然这并不影响导爆索的传爆性能，但当导爆索接头两边都如此加厚，爆轰就转接不下去了。试验很确切地证明了这个问题。当导爆索外皮浸湿后，也会影响对捆绑在一起的药包的起爆可靠性。目前很多厂家的导爆索都改为塑料外壳，这个现象将会减弱。

传统的棉纱牛皮纸导爆索的夹层中有松香沥青防潮层存在，在一些露头高温照射下曾出现拒爆事故。对这个问题的研究表明，在高温作用下，导爆索表面的防水绝缘胶溶化，浸透到药芯中并使药芯呈粘液状而钝化。因此当空气温度不低于30℃时，为了防止阳光直接照射，导爆索要遮盖好。

(3) 导爆索微差爆破的安全。现在导爆索多用在微差爆破的光面、或预裂爆破的装药和网路中，也常用于深孔并敷装药或起爆网路中。在工程中时有出现拒爆问题。研究发现大多是因为炮孔中的导爆索被拉断。分析认为是在相邻药包爆破的瞬间，深孔中的导爆索受到拉力作用，而作用于导爆索上的拉力又大于导爆索的抗拉强度。或在未爆炸药包顶部的台阶，在一定范围内稍微拱起，使夹在炮泥中的导爆索拉紧并断裂。在爆破工程中，除铺设导爆索时要尽量保持松弛外，还要对网路的起爆时差和爆炸应力波的传播路径与时差进行研究，避免拒爆事故的发生。

4.8.3 电爆网路的安全问题

在电爆网路的设计和施工中，既要保证网路安全准爆，又必须防止在正式起爆前网路的早爆，爆破作业的早爆往往造成重大恶性事故。引起早爆的原因很多，在电爆网路敷设过程中，引起电爆网路早爆的主要因素是爆区周围的外来电场，外来电场主要指雷电、杂散电流、感应电流、静电、射频电、化学电等。不正确地使用电爆网路的测试仪表和起爆电源也是引起电爆网路早爆的原因。

4.8.3.1 雷电引起早爆及其预防

A 雷电引起的早爆

雷电是种常见的自然现象。它对爆破的影响是各种外来电场中最大、最多的。雷电引起早爆事故多数发生在露天爆破作业，如硐室爆破、深孔爆破和浅孔爆破的电爆网路，城市建筑物拆除爆破中尚未见因雷电出现早爆事故的案例。

雷电引起早爆的3种原因：

（1）直接雷击。当爆破作业区上空发生直接雷击时，不论采用何种起爆网路，包括工地上的工业炸药，都有发生早爆的可能。

（2）电磁场感应。当爆破作业区附近发生雷击时，在它周围的空间产生强大的变化的电磁场，处于该电磁场内的导体会感应出较大的电动势，电爆网路与地面之间会因感应电流局部放电而出现早爆。据分析，我国矿山因雷电引起的早爆事故多属于这种类型。

（3）静电感应。当天空有带电的雷云出现时，雷云下面的地面及物体（如起爆网路导线）等，都将由于静电感应的作用而带上相反的电荷。当网路中某个导线连接点直接接地时，在放电中导线上由于雷管有电阻而产生压降，致使有感应电流流过雷管发生早爆。或者网路区域中各处地面的土壤电阻率分布不同，放电在某些区域发生“击穿”现象，使导线上有电流流过而使雷管发生早爆。

B 预防雷电早爆的措施

在目前人们所掌握的防雷技术及爆破工地防雷可投入成本等条件下，爆破区域预防直接雷击还是非常困难的。遇到这种情况，唯一的预防措施就是，将所有人员和机械、设备等撤离爆破危险区。

对于电磁场感应和静电感应引起的早爆，最好的办法就是采用导爆管起爆系统。

雷雨季节实施爆破工程时，采取如下措施可以防止因雷电引起的早爆；

（1）在雷雨季节中进行爆破作业宜采用非电起爆系统。

（2）在露天爆区不得不采用电力起爆系统时，应在爆破区域设置避雷针或预警系统。

（3）在装药连线作业遇雷电来临征候或预警时，应立即停止作业，拆开电爆网路的主线与支线，裸露芯线用胶布捆扎，电爆网路的导线与地绝缘，要严防网路形成闭合回路；同时作业人员要立即撤到安全地点。

（4）在雷电到来之前，暂时切断一切通往爆区的导电体（电线或金属管道），防止电流进入爆区。

（5）对硐室爆破，遇有雷雨时，应立即将各硐口的引出线端头断路并分别绝缘，放入硐内离硐口至少2m的悬空位置上，同时将所有人员撤离到安全地区。

（6）电爆网路主线埋入地下25cm，并在地面布设与主线走向一致的的裸线，其两端插入地下50cm。

（7）在雷电到来之前将所有装药起爆。

4.8.3.2 杂散电流引起早爆及其预防

A 杂散电流的形成与早爆

杂散电流是存在于起爆网路的电源电路之外的杂乱无章的电流，其大小、方向随时都在变化。例如，牵引机车网路流经金属物或大地的返回电流、大地自然电流、化学电以及交流杂散电流等。

产生杂散电流的主要原因是：各种电源输出的电流，通过线路到达用电设备后，必须返回电源。当用电设备与电源之间的回路被切断后，电流便利用大地作为回路形成大地电流，即杂散电流。另外电气设备或电线破损产生的漏电也能形成杂散电流。

威胁电爆网路安全的杂散电流，主要分布在导电物体之间（如风水管对岩体、铁轨对

岩体、铁轨对风水管、其他金属物体对岩体等），当这些杂散电流高于电雷管的起爆电流时，如果在操作时电雷管脚线或电爆网路与金属体之间接触并形成通路，将使杂散电流流经电雷管而造成早爆事故。

杂散电流可以现场测试，有专用的杂散电流测试仪。近几年在一些电雷管测试仪表中也已附加了杂散电流的测试功能。

爆破安全规程规定：爆破作业场地的杂散电流值大于30mA时，禁止采用普通电雷管。

B 预防杂散电流引起早爆的措施

（1）减少杂散电流的来源，采取措施，减少电机车和动力线路对大地的电流泄漏；检查爆区周围的各类电气设备、防止漏电；切断进入爆区的电源、导电体等。在进行大规模爆破时，采取局部或全部停电。

（2）装药前应检测爆区内的杂散电流，当杂散电流超过30mA时，应采取降低杂散电流强度的有效措施，采用抗杂散电流的电雷管或采用防杂散电流的电爆网路，或改用非电起爆法。

（3）防止金属物体及其他导电体进入装有电雷管的炮眼中，防止将硝铵类炸药撒在潮湿的地面上等。

4.8.3.3 感应电流引起早爆及其预防

A 感应电流的产生与早爆

感应电流是由交变电磁场引起的，它存在于动力线、变压器、高压电开关和接地的回馈铁轨附近。如果电爆网路靠近这些设备，便在电爆网路中产生感应电流，当感应电流值大于电雷管的安全电流时，就可能引起早爆事故。因此，当爆区附近有输电线、变压器、高压电气开关等带电设施时，必须采用专用仪表检测感应电流。当感应电流值超过30mA时，禁止采用普通电雷管。

B 预防感应电流引起早爆的措施

为防止感应电流对起爆网产生误爆，应采取以下措施：

（1）电爆网路附近有输电线时，不得使用普通电雷管；否则，必须用普通电雷管引火头进行模拟试验；安全规程规定在20kV动力线100m范围内不进行电爆网路作业。

（2）尽量缩小电爆网路圈定的闭合面积，电爆网路两根主线间距离不得大于15cm。

（3）采用非电起爆法。

4.8.3.4 静电引起早爆及其预防

A 静电产生的原因

在进行爆破器材加工和爆破作业中，如果作业人员穿着化纤或其他具有绝缘性能的工作服，则这些衣服相互摩擦就会产生静电荷，当这种电荷积累到一定程度时，便会放电，一旦遇上电爆网路，就可能导致电雷管爆炸。

采用压气装药器或装药车进行装药有很多优越性。但在装药过程中，由于机械的运转、高速通过输药管的炸药颗粒与设备之间的摩擦、炸药颗粒与颗粒的撞击会产生静电。如果静电不能及时泄漏而集聚，其电压可达数万伏。静电集聚到一定程度所产生的强烈火花放电，不仅可能对操作人员产生高压电火花的冲击，以及引起瓦斯或粉尘爆炸的危险，而且可能引起电雷管的早爆。

B 预防静电早爆的措施

（1）爆破作业人员禁止穿戴化纤、羊毛等可能产生静电的衣物。

（2）机械化装药时，所有设备必须有可靠的接地，防止静电积累。粒状铵油炸药露天装药车车厢应用耐腐蚀的金属材料制造，厢体应有良好的接地；输药软管应使用专用半导体材料软管，钢丝与厢体的连接应牢固。小孔径炮孔及药壶爆破使用的装药器的罐体应使用耐腐蚀的导电材料制作，输药软管应采用半导体材料软管。在装药时，不应用不良导体垫在装药车下面；输药风压不应超过额定风压的上限值；持管人员应穿导电或半导电胶鞋，或手持一根接地导线。

（3）在使用压气装填粉状硝铵类炸药时，特别在干燥地区，为防止静电引起早爆，可以采用导爆索网路和孔口起爆法，或采用抗静电的电雷管。

（4）采用非电起爆法。

4.8.3.5 高压电、射频电对早爆的影响和预防

依靠高压线输送电压很高的电流称为高压电。射频电是指由电台、雷达、电视发射台、高频设备等产生各种频率的电磁波。在高压电和射频电的周围，存在着电场，如电雷管或电爆网路处在强大的射频电场内，便起到接收天线作用，感应和吸收电能，在网路两端产生感应电压，从而有电流通过。当该电流超过电雷管的最小发火电流时，就可能引起电爆网路早爆事故。

为防止射频电对电爆网路产生早爆现象，必须遵守下列规定：

（1）采用电爆网路时，应对爆区周围环境中的高压电、射频电等进行调查；发现存在危险，应采取预防或排除措施。

（2）在爆区用电引火头代表电雷管，做实爆网路模拟试验，检测射频源对电爆网路的影响。

（3）禁止流动射频源进入作业现场。已进入且不能撤离的射频源，装药开始前应暂停工作，手持式或其他移动通信设备进入爆区应事先关闭。

（4）电爆网路敷设时应顺直、贴地铺平、尽量缩小导线圈定的闭合面积。电爆网路的主线应用双股导线或相互平行、且紧贴的单股线。如用两根导线，则主线间距不得大于15cm。网路导线与电雷管脚线不准与任何移动式调频（FM）发射机天线接触，且不准一端接地。

（5）采用电爆网路时爆区与高压线、中长波电台（AM）、移动式调频（FM）发射机及甚高频（VHF）、超高频（UFM）电视发射机的安全允许距离应满足《爆破安全规程》里的相关规定。如果爆区满足不了这些要求，则不应采用电力起爆法。

4.8.3.6 仪表电和起爆电源引起早爆、误爆及其预防

在电爆网路敷设过程中和敷设完毕后使用非专用爆破电桥或不按规定使用起爆电源，也会引起网路的早爆。

爆破安全规程强调：电爆网路的导通和电阻值检查，应使用专用导通器和爆破电桥，专用爆破电桥的工作电流应小于30mA。使用万能表等非专用爆破电桥，极容易因误操作使仪表工作电流超标而引起早爆。

防止仪表电和起爆电源失误产生早爆、误爆的措施是：

（1）严格按规定使用专导通器和爆破电桥进行电爆网路的导通和电阻值检查，禁止使用万用电表或其他仪表检测雷管电阻和导通网路；定期检查专用导通器和爆破电桥的性能和输出电流。

（2）严格按照有关规定设置和管理起爆电源。

（3）定期检查、维修起爆器，电容式起爆器至少每月充电赋能1次。

（4）在整个爆破作业时间里，起爆器或电源开关箱的钥匙要由起爆负责人严加保管，不得交给他人。

（5）在爆破警戒区所有人员撤离以后，只有爆破工作领导人下达准备起爆命令之后，起爆网路主线才能与电源开关、电源线或起爆器的接线钮相连接。起爆网路在连接起爆器前，起爆器的两接线柱要用绝缘导线短路，放掉接线柱上可能残留的电量。

4.8.4 塑料导爆管起爆法安全技术

（1）导爆管的耐油性。由于大多炸药都含有油相成分，导爆管与油接触引起的软化与膨胀值得研究，有很多研究成果可以借鉴。大致结论认为：各类油相炸药对导爆管长期接触会导致导爆管管壁的溶胀。在室温条件下5天内虽然管径会膨大2%，但不会发生断爆、拒爆。但当将温度提升到70℃时，12h就会在管腔内形成小液柱，导致断爆。

（2）激发导爆管的可靠性。

1）用电雷管起爆时，将导爆管均匀地铺设在雷管四周并用胶布等捆扎牢固。应有防止雷管的聚能穴炸断导爆管的措施。在实际工程中，也发现过反绑雷管不能激发导爆管的现象，应该怎么绑，如何进行保护，对一批新雷管需要进行试验。

2）用导爆索起爆时，将导爆管绑在导爆索上即可。为了防止导爆管被导爆索爆炸产生的冲击波击断造成导爆管熄火，导爆管应当用胶布保护5~10cm，二者采用正交绑扎或45°角以上绑扎（导爆管铺设方向与导爆索传播方向的夹角不小于45°，不大于90°）

3）用起爆器具起爆导爆管。近年来有许多专用起爆器具面世，有些起爆器是与电雷管配合使用的。低能导爆索起爆系统也被认为简单可靠。

（3）导爆管网路的安全技术。

1）导爆管雷管爆破网路连接的先后顺序与电雷管相同。安全规程要求："爆破网路的连接必须在工作面的全部炮孔（或药室）装填完毕和无关人员全部撤到安全地点之后，由工作面向起爆站依次进行。"有些人认为非电爆破系统比电雷管安全，操作又简单，所以，在导爆管雷管的爆破网路连接中，无顺序地任意连接，也是安全上的违章操作，若有炮孔意外爆炸，同样会造成恶性事故。

另外，在地表爆破网路的连接中，要尽量避免或减少孔外使用传爆雷管。孔外地表多一发传爆雷管，就多一个不安全因素。

2）在露天爆破工程使用导爆管网路中，当雷雨来临时，要么在雷电来到前尽快起爆。要么就防护好未完工的网路迅速撤离。先前有些爆破工程人员认为导爆管网路不怕静电和感应电，在雷天照常施工，被雷击中网路或器材导致惨剧发生。只要是被雷电击中，什么雷管炸药都会被引爆。

4.9 爆破器材销毁

爆破器材由于管理不当、贮存条件不好或贮存时间过长等原因而导致爆破器材性能经检验不合格或失效变质时，必须及时予以销毁。在处理盲炮后，也应将残余的爆破器材收集起来，及时销毁。爆破器材的销毁工作是与生产和使用密切相关的一个重要环节。为使销毁工作安全顺利进行，必须妥善选择场地，选择正确的销毁方法，严格遵守爆破器材销毁的安全技术规程。

4.9.1 爆破器材销毁的一般规定

表4-7列举了常用爆破器材常见变质情况。

表4-7 常用爆破器材常见变质情况

名称	变质失效现象	贮存方面的原因
火雷管	出现穿孔小，半爆甚至拒爆，加强帽松动	严重受潮，管体膨胀
电雷管	出现穿孔小；全电阻普遍增大，串联不串爆；出现大量拒爆，雷管不导通；封口塞脱落；延期秒量普遍不准	严重受潮；桥丝和脚线锈蚀；受潮、贮存期过长，桥丝锈断；管体受潮膨胀；雷管受潮、贮存期过长
导火索	外观有严重折损、变形、发霉、油污；不易着火，爆速不准	保管不善；严重受潮或受潮后自行干燥
导爆索	外观有严重折损、变形、发霉、油污；爆轰中断，爆速降低	保管不善；严重受潮或曾经在高温下存放过
导爆管	管壁折损、破洞；爆速或起爆感度降低	保管不善；严重受潮或超过贮存期
非含水硝铵炸药	严重硬化；药卷变软滴水	吸潮、库房温度变化大；严重吸潮
硝化甘油炸药	渗油；严重老化	贮存温度高、时间长；贮存时间长
水胶炸药	凝胶变成糊状或出水	保管不善，或超过贮存期
乳化炸药	有硬块或成分离	通风不良、超过贮存期等

（1）经过检验，确认失效及不符合技术条件要求或国家标准的爆破器材，都应销毁或再加工。

乡镇管辖的小型采矿场、采石场或小型爆破企业，对不合格的爆破器材，不应自行销毁或自行加工利用，应退回原发放单位按相关规定进行销毁或再加工。

（2）不能继续使用的剩余包装材料（箱、袋、盒和纸张）经过仔细检查，确认没有雷管和残药时，可用焚烧法销毁；包装过硝化甘油类炸药有渗油痕迹的药箱（袋、盒），应予以销毁。

（3）销毁爆破器材时，必须登记造册并编写书面报告；报告中应说明被销毁的爆破器材的名称、数量、销毁原因、销毁方法、销毁时间和地点，报上级主管部门批准。爆破器材的销毁工作应根据单位总工程师或爆破工作领导人的书面批示进行。

（4）销毁爆破器材，不应在夜间、雨天、雾天和3级风以上的天气里进行；销毁工作不应单人进行，操作人员应是专职人员并经过专门技术培训；不应在阳光下曝晒爆破器材。

（5）销毁爆破器材后应有2名以上销毁人员签名，并建立台账及档案；应对销毁现场进行仔细检查，如果发现有残存爆破器材，应收集起来，进行销毁。爆破器材的销毁场地应选在安全偏僻地带，距周围建筑物不应小于200m，距铁路、公路不应小于50m。

4.9.2 爆破器材的销毁方法

（1）销毁爆破器材，可采用爆炸法、焚烧法、溶解法和化学分解法。各种销毁方法的适用范围见表4-8。

表4-8 爆破器材各种销毁方法的适用范围

销毁方法	适 用 范 围
爆炸法	能完全爆炸的爆破器材
焚烧法	没有爆炸性或已失去爆炸性，燃烧时不会爆轰的爆破器材
溶解法	能溶解于水或其他溶剂而使其失去爆炸性能的爆破器材
化学分解法	能为化学药品分解而失去爆炸性能的爆破器材

（2）用爆破法或焚烧法销毁爆破器材，必须清除销毁场所周围半径50m范围内的易燃物、杂乱的碎石；应有坚固的掩蔽体。掩蔽体至爆破器材销毁场所的距离，由设计确定。在没有人工或没有掩蔽体的情况下，起爆前或点燃后，参加爆破器材销毁的人员应远离危险区，此距离由设计确定；如果把拟全部销毁的爆破器材一次运到销毁地点，而又分批进行销毁，则应将待销毁的爆破器材放置在销毁场所上风向的掩藏体后面；引爆或点火前应发出声响警告信号；在野外销毁时还应在销毁场地安排警戒人员，控制所有可能进入的通道，不准非操作人员和车辆进入。

（3）用爆破法销毁爆破器材时应按销毁设计书进行，设计书由单位主要负责人批准并报当地公安机关备案；只有确认雷管、导爆索、继爆管、起爆药柱、射孔弹、爆破筒和炸药能完全爆炸时，才能允许用爆破法进行销毁。用爆破法销毁爆破器材应分段爆破，单响销毁量不得超过20kg，并应避免彼此间发生殉爆；应采用电雷管、导爆索或导爆管起爆。在特殊情况下，火雷管起爆。

导火索必须有足够的长度，以确保全部从事销毁工作的人员能撤到安全地点，并将其拉直，覆盖砂土，以避免卷曲。雷管和继爆管应包装好后埋入土中销毁；销毁爆破筒、射孔弹、起爆药柱和爆炸危险的废弹壳，只准在2m以上的坑或废巷道内进行并应在其上覆盖一层松土；销毁爆破器材的起爆药包应用合格的爆破器材制作；销毁传爆性能不好的炸药，可以增加起爆能的方法起爆。

（4）燃烧不会引起爆炸的爆破器材，可用焚烧法进行销毁，焚烧前，必须仔细检查，严防其中混有雷管和其他起爆材料。不同品种的爆破器材不应一起焚烧；应将待焚烧的爆破器材放在燃料堆上，每个燃料堆允许烧毁的爆破器材不应超过10kg，药卷在燃料堆上应排列成行、互不接触。

不应用焚烧法销毁雷管、继爆管、起爆药柱、射孔弹和爆破筒。待焚烧的有烟或无烟火药不应成箱成堆进行焚烧，应散放成长条状，其厚度不得小于10cm，条间距离不得小于5m，各条宽度不得大于30cm，同时点燃的条数不得多于3条。焚烧火药，应严防静电、电击引起火药燃烧。不应将爆破器材装在容器里燃烧。

点火前，应从下风向敷设点火索和引爆物，只有在一切准备工作做完和全体工作人员撤至安全区后，才能点火。燃料堆应具有足够的燃料，在焚烧过程中不准添加燃料。

只有确认燃料堆已完全熄灭，才准走进焚烧场地进行检查；发现未完全燃烧的爆破器材，应从中取出，另行焚烧。焚烧场地完全冷却后，才准开始焚烧下一批爆破器材。焚烧场地可用水冷却或用土掩埋，在确认无法再燃烧时，才允许撤离场地。

（5）不抗水的硝铵类炸药和黑火药可用溶解法销毁。在容器中溶解销毁爆破器材时，对不溶解的残渣应收集在一起，再用焚烧法或爆炸法销毁。不应直接将爆破器材丢入河塘江湖及下水道中溶解销毁，以防造成污染。

（6）化学分解法。适于处理数量少，并能为化学药品所分解，而能消除爆破器材（起爆药和炸药）的爆炸性能。该方法的特点是费时少，操作比较安全。化学分解法销毁火药安全事项：

1）必须根据所销毁炸药的性质，选择合适的销毁液。如雷汞禁用硫酸，与硫酸作用会发生爆炸；叠氮化铅禁用浓硝酸和浓硫酸处理。

2）控制反应速度。销毁浓度愈大，分解反应速度愈快，放热效应则愈大，就容易转化为爆炸反应。必须少量地向销毁液中投入废药或含药废液，并且一面投入一面搅拌。以防反应过热。

3）化学分解销毁时，必须将少量废药倒入大量销毁液中，而不能将少量销毁液倒入大量的废药中。这样可避免销毁时发生事故和防止销毁不完全而留下隐患。

4）销毁液必须保证有足够的过量，防止废药反应不完全。

5）销毁时要有良好的散热条件，防止反应热不易散失而发生爆炸。

（7）对于变质失效的起爆器材不得使用，应及时报废并销毁。其销毁方法与销毁炸药的方法基本相同。对于导火索用燃烧法；对于雷管、导爆索等则用爆炸法。对于变质失效或者下井后漏水的油、气井工程专用的燃烧、爆破器材不能再使用，也应及时报废和销毁，特别是对有金属壳体的爆破器材，如射孔弹、切割弹、增效射孔器、复合压裂弹等，采用爆炸法销毁时，一定要在远离人员和住宅区的场地，销毁时应挖深坑，掩埋好后再起爆。防止爆炸飞片伤人。对于有壳体的爆炸器材严禁掏挖弹体内的炸药装药，严禁用人工或机械的方法去破坏金属壳体，以免发生爆炸造成人员伤亡和国家财产损失。

本章小结

本章既含起爆器材和起爆方法基本理论又介绍了工程应用技术，是全书的重要学习内容之一。要求熟练掌握各种起爆方法、适用范围和网路的连接方式，电雷管起爆法及网路设计计算。最重要的是要对不同起爆器材的工业安全知识的掌握，这在实际爆破安全工程中具有实用性。

知识点：起爆器材、火雷管起爆法、导爆索起爆法、导爆管雷管起爆法、导爆管雷管起爆网路的图示法图例、孔内毫秒延期起爆网路、孔外毫秒延期起爆网路、孔内外毫秒延期起爆网路、最高安全电流、最低准爆电流、成组电雷管的准爆条件、二氧化碳起爆系统的组成及工作原理。

重点：对各类起爆器材的性能及特征的了解。雷管的分类，毫秒延期雷管，各起爆方法的适用范围和各种爆破网路的连接方法及安全要点。

难点：电雷管性能参数，电爆网路的计算，导爆管网路的设计与连接。

习　题

（1）试述导火索、导爆索、导爆管的异同点。

（2）给你4卷乳化炸药，请你分别用书中介绍的4种不同的起爆方法将其引爆，并用示意图表示所用器材和起爆方法。

（3）请绘制出毫秒电雷管的平面剖视图，并注明各部分名称和作用。

（4）试述电雷管最高安全电流的定义和工程意义。

（5）试述成组电雷管的准爆条件。

（6）请将书中图4-12中的毫秒爆破网路，改画成规范的导爆管毫秒网路连接图（注意查对：图4-12排间毫秒延期起爆网路）。

（7）煤矿许用电子雷管必须符合煤矿许用雷管哪两个基本要求？

（8）试述二氧化碳起爆系统的工作原理。

5 岩石爆破理论

扫一扫，课件
及习题答案

工程爆破的目标就是破碎岩石介质。爆破的实质就是炸药能量与岩石介质的相互作用。爆破效果取决于爆破特征、岩土介质特征以及两者的相互作用特征三大方面。岩石爆破破碎理论就是揭示炸药在岩石中爆炸造成岩石破碎的规律。由于岩石性质的多样性，必须充分了解岩石类别、熟悉岩石的主要物理力学性质及其动力学特性，切实掌握岩石钻孔、爆破的难易程度，以便分类研究破坏作用。另一方面，研究岩石破碎的前提是要把复杂的各向异性的岩体简化假定为各向同性的均匀介质，并且基于一个自由面条件下单个集中药包的爆破破岩过程。同时，岩石爆破破坏是一个高温、高压、高速的瞬态过程，在几十微秒到几毫秒内即完成。这使得研究岩石爆破破碎机理变得困难，目前所提出的各种破岩理论还只能算是假说。

以这个简化的理论为基础，指导万变的爆破对象。爆破工程技术人员每次爆破都面临不确定性和挑战性，所有设计和爆破实施都具有不可逆和创新性，这就更突显出爆破安全的重要性。

5.1 岩石基本性质

5.1.1 岩石主要物理性质

（1）密度 ρ_s 及容积密度 γ。密度 ρ_s 为岩石的颗粒质量与所占体积之比。一般常见岩石的密度在 1400~3000kg/m^{3}之间。容积密度 γ 为包括孔隙和水分在内的岩石总质量与总体积之比，也即单位体积岩石质量。密度与容积密度相关，密度大的岩石其容积密度也大。随着容积密度的增加，岩石的强度和抵抗爆破作用的能力也增强，破碎岩石和移动岩石所耗费的能量也增加。所以，在工程实践中常用公式 $K_b = 0.4+(\gamma/2450)^2$（kg/m^3）来估算标准抛掷爆破的单位用药量。

（2）孔隙率。孔隙率为岩土中孔隙体积（气相、液相所占体积）与岩土的总体积之比，也称孔隙度。常见岩石的孔隙率一般在 0.1%~30%之间。随着孔隙率的增加，岩石中冲击波和应力波的传播速度降低。

（3）岩石的硬度。岩石的硬度是指岩石抵抗工具侵入的能力，凡是用刃具切削或挤压的方法凿岩，首先必须将工具压入岩石才能达到钻进的目的，因此研究岩石的硬度具有一定的意义。

一般地说，硬度越大的岩石就越难以凿岩和爆破，但值得注意的是，某些硬度较大的岩石往往比较脆，因而也就易于爆破。

（4）岩石波阻抗。岩石波阻抗为岩石中纵波波速 C 与岩石密度 ρ_s 的乘积。岩石的这一性质与炸药爆炸后传给岩石的总能量及这一能量传递给岩石的效率有直接关系。通常认为选用的炸药波阻抗若与岩石波阻抗相匹配（接近一致），则能取得较好的爆破效果。甚至也有研究认为，岩石的爆破鼓包运动速度和形态、抛掷堆积效果也取决于炸药性质与岩石特征之间的匹配关系。

表 5-1 中列出部分岩石的密度、容积密度、孔隙率、纵波速度和波阻抗。

表 5-1 常见岩石的物理性质

岩石名称	密度/$g \cdot cm^{-3}$	容积密度/$t \cdot m^{-3}$	孔隙率/%	纵波速度/$m \cdot s^{-1}$	波阻抗/$kg \cdot cm^{-2} \cdot s^{-1}$
花岗岩	2.60~2.70	2.56~2.67	0.5~1.5	4000~6800	800~1900
玄武岩	2.80~3.00	2.75~2.9	0.1~0.2	4500~7000	1400~2000
辉绿岩	2.85~3.00	2.80~2.9	0.6~1.2	4700~7500	1800~2300
石灰岩	2.71~2.85	2.46~2.65	5.0~20	3200~5500	700~1900
白云岩	2.50~2.60	2.30~2.40	1.0~5.0	5200~6700	1200~1900
砂　岩	2.58~2.69	2.47~2.56	5.0~25.0	3000~4600	600~1300
页　岩	2.20~2.40	2.00~2.30	10.0~30.0	1830~3970	430~930
板　岩	2.30~2.70	2.10~2.57	0.1~0.5	2500~6000	575~1620
片麻岩	2.90~3.00	2.65~2.85	0.5~1.5	5500~6000	1400~1700
大理岩	2.60~2.70	2.45~2.55	0.5~2.0	4400~5900	1200~1700
石英岩	2.65~2.90	2.54~2.85	0.1~0.8	5000~6500	1100~1900

（5）岩石的裂隙性。由于岩体存在节理、裂隙等结构面，所以岩体的弹性模量、波传播速度不同于岩石试件。实验表明，对同一种岩石而言，岩体的泊松比要比单个岩石试件的值大，而弹性模量及波速则比试件小。工程上常用岩体与岩石试件内的波速比值的平方来评价岩体的完整性，称为岩体完整系数。由此可见，岩体只能被认为是“由结构面网络和岩块组成的地质体”，它的性质由岩块与结构面共同决定。岩石的裂隙性对爆破能量的传递影响很大，并且由于岩石裂隙存在的差异性很大，使岩体的受力破坏问题更加复杂化。

（6）岩石的碎胀性。岩石破碎成块后，因碎块之间存有空隙而使总体积增加，这一性质称为岩石的碎胀性，可用碎胀系数（或松散系数）K 表示（其值为 1.2~1.3 之间）。K 是指岩石破碎后的总体积 V_1 与破碎前总体积 V 之比，即

$$K = \frac{V_1}{V} \tag{5-1}$$

在采掘工程或其他土石方工程中选择采装、运输、提升等设备的容器时，必须考虑岩石的碎胀性，特别是地下开采矿石爆破所需要或允许碎胀空间的大小，同该矿石的碎胀系数有着密切的关系。这个为原岩爆破破碎体积变大所必须预留的空间又称补偿空间。

（7）岩石的风化程度。它是指岩石在地质内力和外力的作用下发生破坏疏松的程度。一般来说随着风化程度的增大，岩石的孔隙率和变形性增大，其强度和弹性性能降低。所以，同一种岩石常常由于风化程度的不同，其物理力学性质差异很大。岩石的风化程度根据 GB/T 50218—2014《工程岩体分级标准》分为：未风化、微风化、弱风化、强风化和全风化，见表 5-2。

表 5-2 岩石风化程度的划分

名称	风 化 特 征
未风化	岩石结构构造未变，岩质新鲜
微风化	岩石结构构造、矿物色泽基本未变，部分裂隙面有铁锰质渲染或略有褪色
中等（弱）风化	岩石结构构造部分破坏，矿物成分和色泽较明显变化，裂隙面出现风化较剧烈
强风化	岩石结构构造大部分破坏，矿物色泽明显变化，长石、云母和铁镁矿物已风化蚀变
全风化	岩石结构构造全部破坏，已崩解和分解成松散土状或砂状，矿物全部变色，光泽消失。除石英颗粒外大部分风化蚀变为次生矿物

5.1.2 岩石主要力学性质

岩石的力学性质可视为其在一定力场作用下岩石性态的反映。岩石在外力作用下将发生变形，这种变形因外力的大小、岩石物理力学性质的不同会呈现弹性、塑性、脆性性质。当外力继续增大至某一值时，岩石便开始破坏。当外力继续增大至某一值岩石开始破坏时的强度称为岩石的极限强度。因受力方式的不同而有不同的抗拉、抗剪、抗压等强度极限。岩石与爆破有关的主要力学性质如下所述。

5.1.2.1 *岩石变形特征*

（1）弹性：岩石受力后发生变形，当外力解除后恢复原状的性能。

（2）塑性：当岩石所受外力解除后，岩石没能恢复原状而留有一定残余变形的性能。

（3）脆性：岩石在外力作用下，不经显著的残余变形就发生破坏的性能。

塑性岩石和弹性岩石受外载作用超过其弹性极限后，产生塑性变形，能量消耗大，将难于爆破（如黏土性岩石）；而脆性岩石（几乎不产生残余变形）、弹脆性岩石均易于爆破（如脆性煤炭）。

5.1.2.2 *岩石变形指标*

弹性模量 E 为岩石在弹性变形范围内，应力与应变之比。

泊松比 μ 为岩石试件单向受压时，横向应变与竖向应变之比。

由于岩石的组织成分和结构构造的复杂性，尚具有与一般材料不同的特殊性，如各向异性、不均匀性、非线性变形等等。

5.1.2.3 *岩石强度特性*

岩石强度是指岩石在受外力作用发生破坏前所能承受的最大应力，是衡量岩石力学性质的主要指标。

（1）单轴抗压强度：岩石试件在单轴压力下发生破坏时的极限强度。

（2）单轴抗拉强度：岩石试件在单轴拉力下发生破坏时的极限强度。

（3）抗剪强度：岩石抵抗剪切破坏的最大能力。抗剪强度 τ 用发生剪断时剪切面上的极限应力表示，它与对试件施加的压应力 σ、岩石的内聚力 c 和内摩擦角 φ 有关，即

$$\tau = \sigma\tan\varphi + c \tag{5-2}$$

矿物的组成、颗粒间连接力、密度以及孔隙率是决定岩石强度的内在因素。试验表明，岩石具有较高的抗压强度、较小的抗拉和抗剪强度。一般抗拉强度比抗压强度小

90%~98%，抗剪强度比抗压强度小87%~92%。

表5-3列出了部分常见岩石的力学性质。

表 5-3 常见岩石的力学性质

岩石名称	抗压强度/MPa	抗拉强度/MPa	抗剪强度/MPa	弹性模量/GPa	泊松比	内摩擦角/(°)	内聚力/MPa
花岗岩	70~200	2.1~5.7	5.1~13.5	15.4~69	0.36~0.02	70~87	14~52
玄武岩	120~250	3.4~7.1	8.1~17	43~106	0.20~0.02	75~87	20~60
辉绿岩	160~250	4.5~7.1	10.8~17	67~79	0.16~0.02	85~87	30~55
石灰岩	10~200	0.6~11.8	0.9~16.5	21~84	0.50~0.04	27~85	30~55
白云岩	40~140	1.1~4.0	2.1~9.5	13~34	0.36~0.16	65~87	32~50
页　岩	20~40	1.4~2.8	1.7~3.3	13~21	0.25~0.16	45~76	3~20
板　岩	120~140	3.4~4.0	8.1~9.5	22~34	0.16~0.10	75~87	3~20
片麻岩	80~180	2.5~5.1	5.4~12.2	15~70	0.30~0.05	70~87	26~32
大理岩	70~140	2.0~4.0	4.8~9.6	10~34	0.36~0.16	75~87	15~30
石英岩	87~360	2.5~10.2	5.9~24.5	45~142	0.15~0.10	80~87	23~28

5.1.2.4 岩石的动力学特性

引起岩石变形及破坏的荷载有动荷载和静荷载之分。一般给出的岩石力学参数均为静荷载作用下的性质。普遍认为，在动载作用下岩石的力学性质将发生很大变化，它的动力学强度比静力学强度增大很多，变形模量也明显增大。关于载荷的动态特性，根据试验研究结果，可用变形过程中的平均加载率或平均应变率来评价，如表5-4所示。

表 5-4 载荷种类比较

加载方式	稳定载荷	液压机	压气机	冲击杆	爆炸冲击
应变率/s^{-1}	$<10^{-6}$	$10^{-6}\sim10^{-4}$	$10^{-4}\sim10$	$10\sim10^{4}$	$>10^{4}$
载荷状态	流变	静态	准静态	准动态	动态

显然，岩石在冲击凿岩或炸药爆炸作用下，承受的是一种荷载持续时间极短、加载速率极高的冲击型典型动态荷载。

炸药爆炸是一种强扰动源，爆炸冲击破瞬间作用在岩石界面上，使岩石的状态参数产生突跃，形成强间断，并以超过介质声速的冲击波形式向外传播。随着传播距离的增大，冲击波能量迅速衰减而转化为波形较为平缓的应力波。现场测试表明，爆源近区冲击波作用下岩石的应变率为$1\times10^{11}s^{-1}$，中、远区应力波的传播范围内应变率也达到$5\times10^{4}s^{-1}$。

爆炸冲击动荷载对岩石的加载作用与静载相比，有如下几个特点：

(1) 冲击荷载作用下形成的应力场（应力分布及大小）与岩石性质有关；静载则与岩性无关。

(2) 冲击加载是瞬时性的，一般为毫秒级；静载则通常超过10s。因此，静力加载时应力可分布较深、较大范围，变形和裂纹的发展也较充分；爆炸荷载以波的形式传播，加载过程瞬间即逝。

(3) 爆炸荷载在传播过程中，具有明显的波动特性，其质点除失去原来的平衡位置而发生变形和位移外，尚在原位不断波动，因此，岩石的动载变形特征同静载变形有本质区别。岩石的变形能，不论在哪种载荷作用下，从变形到破坏都是一个获得能量到释放能量的过程。而岩石的总变形能中，从能量观点、功能平衡原理分析，外力做功的静载变形能和波动引起的动载变形能几乎各占一半，也就是说在爆炸冲击动载作用下，破坏岩石要消耗较多的能量。

表5-5是在高速冲击载荷实验与在材料试验机的静载下实验所得的几种岩石动态与静态强度的比较，从表中可知，对同一种岩石动载强度比静载强度高。表5-6则表示了岩石在动载作用下的动力特性，其应力率比静态时大10^6倍，而破坏强度大3~4倍。但是，对于各种岩石，鉴于成因条件不同、矿物颗粒的多样性、结构构造的复杂性，目前尚难定量给出其动态特性的变化规律。

岩石的动态强度虽大幅度提高，但在实际爆破过程中岩石动力特性的影响要低于岩体结构面的影响。

表5-5 几种岩石的动载强度和静载强度试验比较数据

岩石	容重 /$kg \cdot m^{-3}$	应力波平均速度 /$m \cdot s^{-1}$	抗压强度/MPa		抗拉强度/MPa		动载速率 /$MPa \cdot s^{-1}$	荷载持续时间 /ms
			静载	动载	静载	动载		
大理岩	2700	4500~6000	90~110	120~200	5~9	20~40	10^7~10^8	10~30
砂岩	2600	3700~4300	100~140	120~200	8~9	50~70	10^7~10^8	20~30
辉绿岩	2800	5300~6000	320~350	700~800	22~32	50~60	10^7~10^8	20~50
石英、闪长岩	2600	3700~5900	240~330	300~400	11~19	20~30	10^7~10^8	30~60

表5-6 岩石的动、静态特性比较

岩石特性		大理岩	砂岩A	砂岩B	花岗岩
动载试验	应力率/$\times 10^6 MPa \cdot s^{-1}$	0.17	0.14	0.15	0.15
	破坏应力/MPa	21.5	22	19	17
	破坏应变/$\times 10^{-6} \varepsilon$	490	610	460	630
	弹性模量/$\times 10^4$MPa	5.1	6.4	4.0	3.0
静载试验	应力率/$MPa \cdot s^{-1}$	0.11	0.18	0.15	0.22
	破坏应力/MPa	5.3	8	2.9	5.3
	破坏应变/$\times 10^{-6} \varepsilon$	145	410	370	510
	弹性模量/$\times 10^4$MPa	4.7	1.9	1.0	1.2

5.1.3 岩石中的应力波

5.1.3.1 冲击载荷和波

无论是冲击式凿岩机凿碎岩石或是爆破破碎岩石，岩石承受的外力都不是静载，而是一种冲击载荷；它不是一个常数，而是时间的函数。图5-1所示为凿岩机活塞冲击钎尾时，作用力随时间变化的实测曲线。从图可以看出，作用力在数十微秒内由零骤增到数吨，再经数百微秒又重新下降到零。

岩石在这种急剧变化的载荷作用下，既产生运动，又产生变形。这种动载变形用肉眼是看不出的，可用图 5-2 来示意说明。当冲击载荷 P 施于岩石的端面时，其质点便失去原来的平衡而发生变形和位移，而形成扰动。一个质点的扰动必将引起相邻质点的扰动。这样一个传一个地使质点的扰动链锁反应地由冲击端向另一端传播下去，这种扰动的传播叫做波。同时，变形将引起质点之间的应力和应变，这种应力、应变的变化的传播叫做应力波或应变波。图中 Δl 为质点扰动的位移，c 为质点扰动的传播速度（即波速），t 为质点扰动的传播时间，则 t 时间内变形范围为 ct。此时，岩石试件中只有 ct 段的变形，其他部分仍处于原来的静止状态。所以，在动载荷作用下的变形不是整体的均匀变形，质点的运动速度也不是整体一致的，变形和速度都有一个传播的过程。因此，岩石的动载变形特征同静载变形有本质的区别。

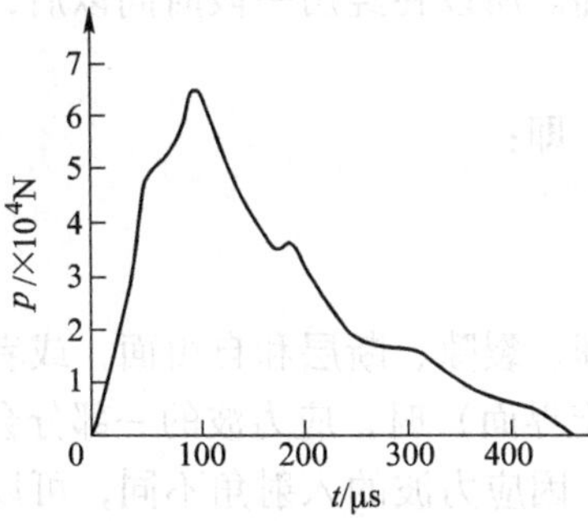

图 5-1 作用力-时间曲线

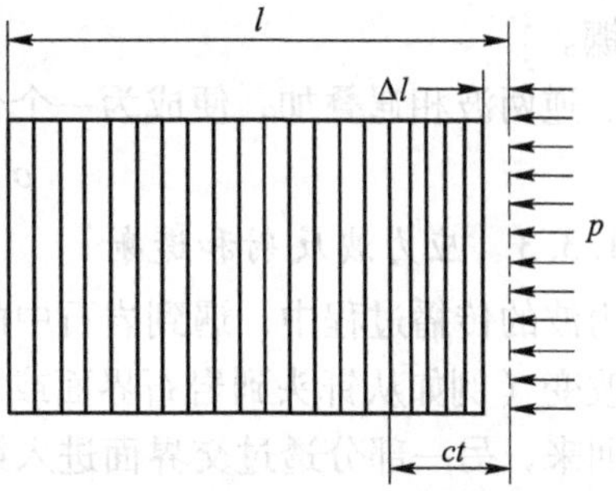

图 5-2 由冲击端面产生的变形

根据波的传播位置不同可分为体积波和表面波。在介质内部传播的波叫体积波；只沿介质体的边界面传播的波叫表面波。根据介质质点的振动方向同波的传播方向之间的相对关系，又可分为纵波、横波、瑞利波和勒夫波。介质质点振动方向同波的传播方向一致的叫纵波。纵波可引起介质体积的压缩或膨胀（拉伸）变形，故又叫压缩波或拉伸波（图 5-3a）。介质质点振动方向同扰动传播方向垂直的叫横波。横波可引起介质体形状改变的纯剪切变形，故又叫剪切波或畸变波或旋转波（图 5-3b）。介质体表面质点在垂直于波的

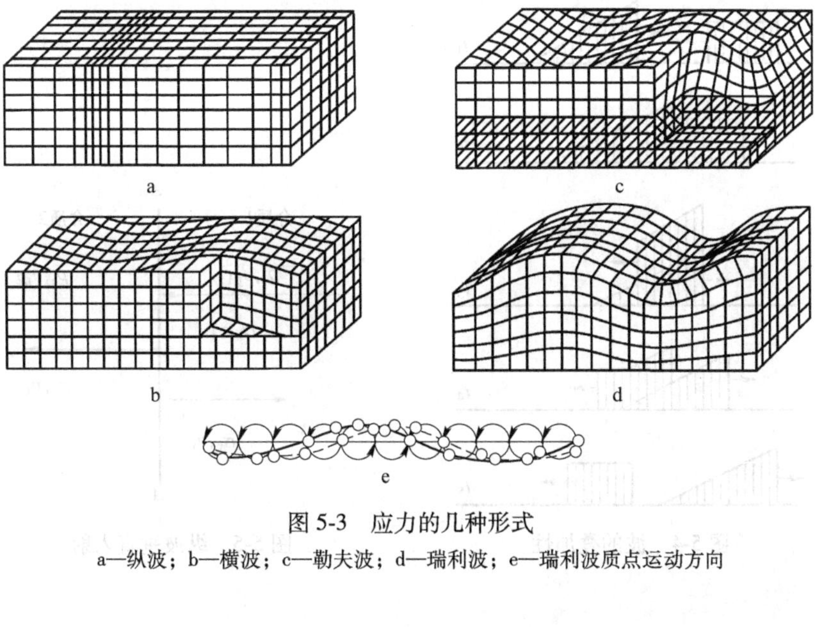

图 5-3 应力的几种形式

a—纵波；b—横波；c—勒夫波；d—瑞利波；e—瑞利波质点运动方向

传播方向成水平横向的振动，这种波叫勒夫波（图 5-3c）。介质质点沿椭圆形轨迹运动的叫瑞利波（图 5-3d、e）。勒夫波和瑞利波都属于表面波。表面波的传播速度很低而衰减较慢。它在有限介质中传播时携带的能量较大，在一定距离内振幅最大。其中尤其是瑞利波，它是造成地震破坏的主要因素。以上所述几种波又叫做应力波或应变波。但通常应力波是指纵波。如果传播的应力值是在介质的弹性极限范围以内时，则称为弹性波。

5.1.3.2　应力波叠加

当两个扰动同时传到某一点时，那么这点的总状态参量等于两个扰动分别抵达这点的代数和，这便叫波的叠加性。图 5-4 中绘出了一个矩形分布的顺波 $\sigma=\rho_j cv$ 和一个三角形分布的逆波 $\sigma'=-\rho_j cv'$ 相遇时叠加的情景。顺逆两波相遇时，状态（应力和速度）是叠加了，但每个波仍然各行各素，继续按原先的方向传播。所以在经历一段时间以后，仍然是分道扬镳。

顺、逆两波相遇叠加，便成为一个合成状态波，即：

$$\sigma_{合成}=\sigma+\sigma' \tag{5-3}$$

5.1.3.3　应力波反射和透射

应力波的传播过程中，遇到岩石中的层理、节理、裂隙、断层和自由面，或者介质性质发生改变（例如从钎头到岩石界面或岩性不同的交界面）时，应力波的一部分会从交界面反射回来，另一部分透过交界面进入第二种介质。因应力波的入射角不同，可以有垂直入射和倾斜入射两种情况，但其前提条件是，在交界面上应保持连续性并且作用力与反作用力相等。

A　应力波从交界面垂直入射

如图 5-5 所示，设介质 1（ρ_1、c_{p1}）与介质 2（ρ_2、c_{p2}）的交界面为 $A—A$。当应力波到达交界面是垂直入射时，就会产生垂直反射和垂直透射。由于交界面处应力波具有连续性，即不考虑应力波的衰减和损失，则质点的振动速度相等，即：

$$v_i-v_r=v_t \tag{5-4}$$

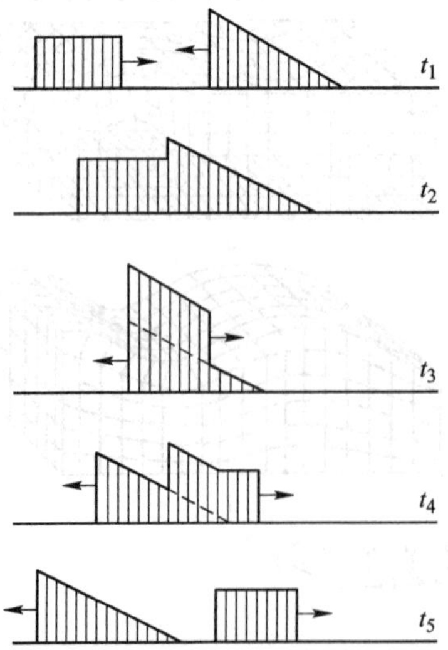

图 5-4　波的叠加性

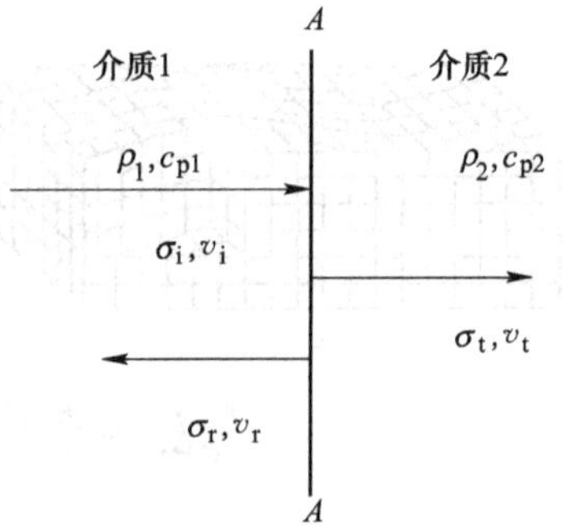

图 5-5　纵波垂直入射

同时，在交界面处的作用力与反作用力相等，即交界面两侧的应力状态相等，则：

$$\sigma_i + \sigma_r = \sigma_t \tag{5-5}$$

式中，下标 i、r、t 分别表示入射、反射和透射。

如果传播中的应力波为纵波，那么根据公式 $\sigma = \rho c_P v_P$ 得：

$$\left.\begin{aligned} \sigma_i = \rho_1 c_{p1} v_i \quad v_i = \frac{\sigma_i}{\rho_1 c_{p1}} \\ \sigma_r = \rho_1 c_{p1} v_r \quad v_r = \frac{\sigma_r}{\rho_1 c_{p1}} \\ \sigma_t = \rho_2 c_{p2} v_t \quad v_t = \frac{\sigma_t}{\rho_2 c_{p2}} \end{aligned}\right\} \tag{5-6}$$

将式（5-6）代入式（5-4）得：

$$\frac{\sigma_i}{\rho_i c_{p1}} - \frac{\sigma_r}{\rho_1 c_{p1}} = \frac{\sigma_t}{\rho_2 c_{p2}} \tag{5-7}$$

将式（5-7）与式（5-5）联立解之，得：

$$\sigma_r = R_r \sigma_i \tag{5-8}$$

$$\sigma_t = R_t \sigma_i \tag{5-9}$$

式中，R_r 为应力波的垂直反射系数，且

$$R_r = \frac{\rho_2 c_{p_2} - \rho_1 c_{p_1}}{\rho_2 c_{p_2} + \rho_1 c_{p_1}} \tag{5-10}$$

R_t 为应力波的垂直透射系数，且

$$R_t = \frac{2\rho_2 c_{p_2}}{\rho_2 c_{p_2} + \rho_1 c_{p_1}} \tag{5-11}$$

式（5-8）和式（5-9）表明，反射应力波和透射应力波的大小是交界面两侧介质波阻抗（ρc）的函数。

（1）当两种介质的波阻抗相等，即 $\rho_1 c_{p1} = \rho_2 c_{p2}$ 时，$\sigma_r = 0$，$\sigma_t = \sigma_i$，说明透射波与入射波性质完全一样，并全部通过交界面进入第二种介质，不产生波的反射。

（2）当 $\rho_2 c_{p2} > \rho_1 c_{p_1}$ 时，则 $\sigma_r > 0$，$\sigma_t > 0$ 说明在交界面上有反射波，也有透射波；如果 $\rho_2 c_{p2} \gg \rho_1 c_{p1}$ 时，则 $\rho_1 c_{p1}$ 可以忽略不计，即 $\sigma_r = \sigma_i$，$\sigma_t = 2\sigma_i$。这说明在交界面上的反射应力波的符号、大小与入射应力波完全一样，透射应力波是入射应力波的两倍。叠加的结果使交界面处的应力值为入射应力波的两倍，其质点的运动速度为零。此交界面即为固定端。

（3）当 $\rho_2 c_{p2} = 0$ 或 $\rho_2 c_{p2} \ll \rho_1 c_{p1}$ 时，即应力波到达的交界面是自由端，则 $\sigma_r = -\sigma_i$，$\sigma_t = 0$。这时反射波与入射波的符号相反，大小相等，叠加的结果使交界面处的应力值为零。即入射压缩波全部反射成拉伸波，而没有透射波产生。

（4）当 $\rho_2 c_{p2} < \rho_1 c_{p1}$ 时，则 $\sigma_r < 0$，$\sigma_t > 0$，即在交界面处既有透射压缩波，又有反射拉伸波。

由于岩石的极限抗拉强度小，后两种情况都会引起岩石破碎，特别是 $\rho_2 c_{p2} = 0$ 的情

况。为了进一步说明应力波从自由端反射的过程，用图 5-6 说明锯齿波在自由端的反射情况。

取入射应力波为压缩波，从左向右传播。当压缩波到达自由端之前，介质处于压缩状态；当到达自由端之后，部分入射压缩波被反射成拉伸波。首、尾的应力叠加后得一合成波。当入射压缩波完全通过自由端时，全部被反射成拉伸波。如果此拉伸应力值超过介质的极限抗拉强度时，自由端处就从原来的压缩状态转变为拉伸破坏状态。

B 应力波向交界面倾斜入射

应力波向交界面倾斜入射的情况非常复杂。入射波不管是纵波或横波，经过交界面反射后，都要再度产生纵波和横波。图 5-7 是理想和简单的倾斜入射情况。入射纵波 P 在自由面上产生一个反射的初波 p_p 波和一个反射的次波 p_s 波。若入射波是横波 S，也会产生 S_p 和 S_s 波。

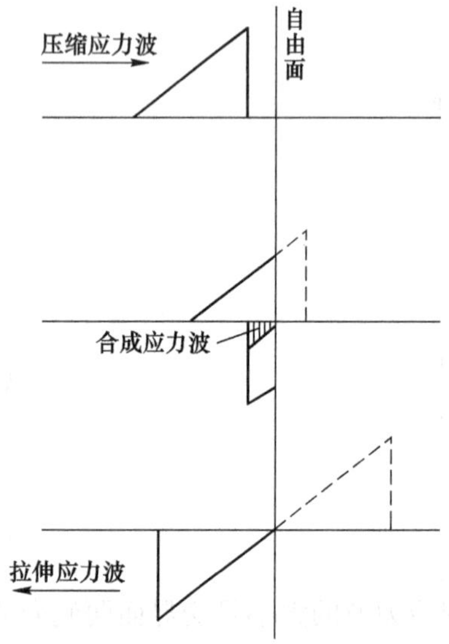

图 5-6 锯齿波在自由端的反射

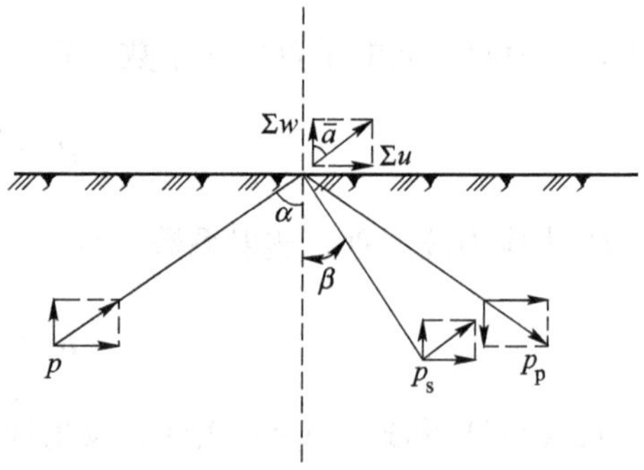

图 5-7 纵波倾斜入射

正如前述，当 p 波入射时，自由面的边界条件是应力值等于零，其入射角与反射角相等，以 a 表示；由反射生成的横波 p_s 的反射角（反射横波与自由面法线的夹角）以 β 表示。由弹性力学知道：

$$\frac{\sin\alpha}{\sin\beta} = \frac{c_p}{c_s} \tag{5-12}$$

即

$$\sin\beta = \frac{c_s \sin\alpha}{c_p} \tag{5-13}$$

从式（5-13）可以看出，反射角可以用 c 和 α 的关系表示出来。在这种情况下，入射纵波引起的应力 σ_i 和反射纵波及反射横波引起的应力 σ_r 及 τ_r 之间，有如下的关系式：

$$\sigma_r = R_0\sigma_i \tag{5-14}$$

$$\tau_r = [(R_0 + 1)\cot 2\beta]\sigma_i \tag{5-15}$$

式中，R_0 为应力波的倾斜反射系数。

$$R_0 = \frac{\tan\beta \cdot \tan^2 2\beta - \tan\alpha}{\tan\beta \tan^2 2\beta + \tan\alpha} \tag{5-16}$$

纵波倾斜入射时，自由面上质点的运动方向为三个波引起的质点位移的合成方向，如图 4-8 所示。

$$\bar{\alpha} = \arctan\left(\frac{\sum u}{\sum \omega}\right) \tag{5-17}$$

式中，$\sum u$ 为平行自由面方向质点位移的合成值；$\Sigma\omega$ 为垂直自由面方向质点位移的合成值。

同理，如果入射波是横波，可得如下关系式：

$$\tau_r = R_0 \tau_i \tag{5-18}$$

$$\sigma_r = [(R_0 + 1)\cot 2\beta]\tau_i \tag{5-19}$$

5.1.3.4 表面波和地震波

已知，在弹性体内部只能有两种类型的波传播，即纵波和横波，统称为体波。但当存在两种不同性质介质的分界面时，弹性波还可以沿界面进行传播。这种波称为表面波。

A 表面波

根据表面波通过时介质质点的运动轨迹，可将表面波区分为：瑞利波（R 波）和勒夫波（Q 波）。

a 瑞利波

瑞利波是沿自由面传播的表面波。波通过时，自由面上质点在垂直的射线平面内做反向（与波传播方向相反）椭圆运动，长轴垂直自由面，短轴平行自由面（图 5-8），但在距自由面深度 $z = 0.193\lambda$ 处（λ 为波长），质点运动退化为垂直方向的直线运动，超过该深度后，做正向椭圆运动。

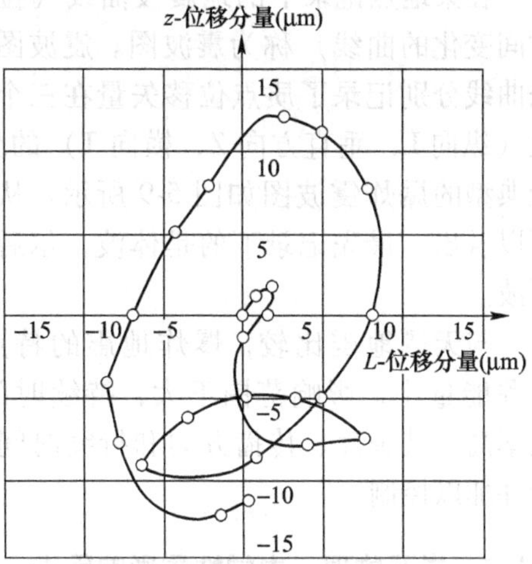

图 5-8 瑞利波中质点运动轨迹

（各点时间间隔为 0.0025s）

瑞利波波速大约为横波速度的 0.92 倍，即：

$$c_R = 0.92c_s = 0.92\sqrt{\frac{1-2v}{2(1-v)}}c_p \tag{5-20}$$

研究岩体内裂隙发展机理时，瑞利波波速有着重要意义。试验研究指出，裂隙在其顶端集中应力作用下，能稳定发展的极限速度即瑞利波波速。爆破岩石时，为使其内裂隙发展速度达极限速度，所需单位耗药量为：

$$q = \frac{0.125\rho_m c_p}{427Q_v} \tag{5-21}$$

式中，$\rho_m c_p$ 为岩石波阻抗；Q_v 为炸药爆热。

若裂隙发展速度超过瑞利波波速，裂隙将发生弯曲或分支，反而使其增长速度减慢。因此，当裂隙发展速度达极限速度，继续增大单位耗药量，不可能进一步改善岩石破碎质量，多余的炸药能量只能用于抛掷岩石。

当在自由面下方存在两种不同性质介质的附加界面时，瑞利波的传播速度将依赖于波长和频率。因为任何周期性或非周期性的非简谐运动，都可按傅里叶级数，分解为简单的不同频率的简谐运动，故在上述条件下，不同频率成分的简谐波，其传播速度不等，这种现象称为波的弥散，而体波传播时不会发生这种现象。当瑞利波发生弥散现象时，实验观测到的传播速度不是波速，而是群速度（即波长不同的波组成波群的传播速度）。

瑞利波随距自由面深度的增加，质点振幅衰减很快，故作用深度不大。但瑞利波沿自由面传播时衰减很慢，而且振幅大，周期和扰动持续时间长，故对地面建筑物或地下巷道围岩稳定性的危害较大。

b 勒夫波

勒夫波是在层状岩石中沿层面传播的表面波，其中质点在垂直传播方向的水平横向方向上作剪切形式的振动，没有垂直运动分量。因此，勒夫波类似于横波的 SH 分量波，但这种波可以沿一个内层传播，内层两面被不同弹性性质的厚层所限制，而不穿透到内部。勒夫波的传播特性（衰减特性，弥散现象）类似于瑞利波，传播速度更接近于横波。

B 地震波

地震波是质点作周期性振动的弹性波。质点作谐振动而形成的正弦波，是这种形式的最简单的弹性波。实际上，地震波中质点的运动不是简单的谐振动，位移幅值和周期都不是固定常数，而随时间变化。

在某地点记录下的地震波曲线（位移随时间变化的曲线）称为震波图。震波图中三条曲线分别记录了质点位移矢量在三个方向上（纵向 L，垂直方向 Z，横向 T）的分量。较典型的爆炸震波图如图 5-9 所示。从图中可以看出，最先记录下的是体波，尔后是表面波。

与天然地震比较，爆炸地震的特点是，震源能量小，影响范围不大，持续时间短，频率高，其强度、传播方向和持续时间能预计并加以控制。

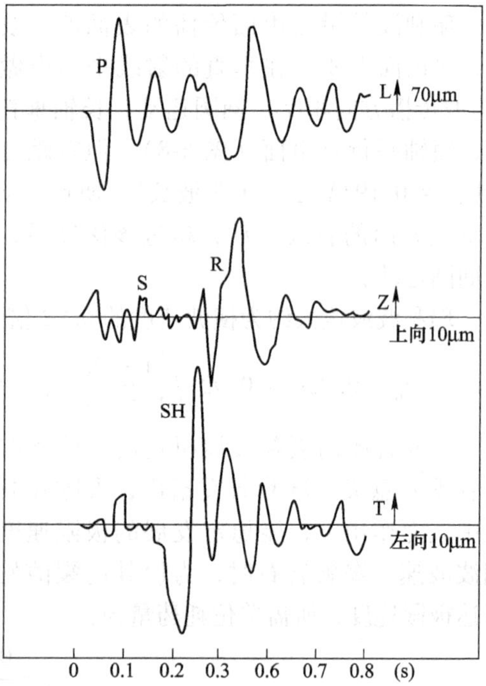

图 5-9 爆炸地震的震波图

（SH 既指剪切体波，又指高频勒夫波）

5.1.4 岩石物理、力学性质影响因素

岩石的物理、力学性质与下述因素有关：

（1）与组成岩石的矿物成分、结构构造有关。例如，由重矿物组成的岩石密度大；由硬度高、晶粒小而均匀矿物组成的岩石坚硬；结构致密的岩石比结构疏松的岩石孔隙率小；成层结构的岩石具有各向异性等。

（2）与岩石的生成环境有关。生成环境是指形成岩石过程的环境和后来环境的演变。如岩浆岩体，深沉岩常成伟晶结构，浅成岩及喷出岩则常为细晶结构。又如沉积岩体，海相与陆相沉积相比，其性质有很大差别。成岩后是否受构造运动的影响等，都会引起物理、力学性质的变化。

(3) 与受力状况有关。实践证明，同一种岩石，其静、动力学性质有明显的差别。同样载荷下，单向受力和三向受力所表现的力学性质也有所不同。

5.2 岩石可钻与可爆性分级

爆破岩石分类通常是为凿岩爆破工程的实际应用服务的，它不仅为了要提供合理的爆破方案、正确地进行投资预算、制定劳动定额和评价经济效益；更重要的是要对岩石在工程中表现出的性质做出正确的判定，为爆破工程方案、地质评价和安全评估提供依据。

19 世纪 70 年代以来，岩石分级发展到定量阶段，各种分级方法都用定量数值来表示岩石的相应性质或特征，但由于问题的复杂性，目前尚无统一的分级方法。基于爆破工程地质的多年实践和研究，并参考国内外有关资料认为，分级应该是统一性和特殊性的辩证结合。应该建立两种类别的分级指标：总的分级指标，这一指标运用于仅仅需要概略的了解和对比的场合中（如设计中对工程项目的定额预算等）；具体的分级指标，则是为具体工程目的服务的指标（如岩石可钻性和岩石可爆性等）。这样的指标能比较确切地反映和指导生产实际。

5.2.1 土壤及岩石分类

在 2008 年颁布实施的建设部《爆破工程消耗量定额》GYD-102—2008 中，仍采用土壤及岩石（普氏）分类表（表 5-7），把土壤及岩石共划分为五级：Ⅰ~Ⅳ为土壤类；Ⅴ为松石（软石）；Ⅵ~Ⅷ为次坚石；Ⅸ~Ⅹ为普坚石；Ⅺ~ⅩⅥ为特坚石，每一级都有代表岩石名称和物理力学性质指标。该分级法目前仍为国内建筑工程与爆破界所公认，用于确定工程所在岩土体的开挖方法、判断岩石爆破的难易程度，作为计算承包工程单价、编制招投标的依据。

表 5-7 是按坚固性（普氏）系数 f 和轻型钻孔机钻进 1m 的耗时，将土壤和岩石分成Ⅰ~ⅩⅥ类，$f=R/10$，式中 R 为岩石的单轴极限抗压强度。

表 5-7 土壤及岩石（普氏）分类表

定额分类	普氏分类	土壤及岩石名称	天然湿度下平均容重 /kg·m^{-3}	极限压碎强度 /MPa	用轻型钻孔机钻进 1m 耗时 /min	开挖方法及工具	坚固性系数 f
一、二类土壤	Ⅰ	砂 砂壤土 腐殖土 泥炭	1500 1600 1200 600	—	—	用尖锹开挖	0.5~0.6

续表 5-7

定额分类	普氏分类	土壤及岩石名称	天然湿度下平均容重 /kg·m^{-3}	极限压碎强度 /MPa	用轻型钻孔机钻进1m耗时 /min	开挖方法及工具	坚固性系数f
一、二类土壤	Ⅱ	轻壤土和黄土类土	1600	—	—	用锹开挖并少数用镐开挖	0.6~0.8
		潮湿而松散的黄土，软的盐渍土和碱土	1600				
		平均粒径 15mm 以内的松散而软的砾石	1700				
		含有草根的密实腐殖土	1400				
		含有直径在 30mm 以内根类的泥炭和腐殖土	1100				
		掺有卵石、碎石和石屑的砂和腐殖土	1650				
		含有卵石或碎石杂质的胶结成块的填土	1750				
		含有卵石、碎石和建筑碎料杂质的砂壤土	1900				
三类土壤	Ⅲ	肥黏土其中包括石炭纪、侏罗纪的黏土和冰黏土	1800	—	—	用尖锹并同时用镐开挖（30%）	0.8~1.0
		重壤土、粗砾石，粒径为 15~40mm 的碎石和卵石	1750				
		干黄土和掺有碎石或卵石的自然含水量黄土	1790				
		含有直径大于 30mm 根类的腐殖土或泥炭	1400				
		掺有碎石或卵石和建筑碎料的土壤	1900				
四类土壤	Ⅳ	土含碎石重黏土，其中包括侏罗纪和石炭纪的硬黏土	1950	—	—	用尖锹并同时用镐和橇棍开挖（30%）	1.0~1.5
		含有碎石、卵石、建筑碎料和重达 25kg 以内的顽石（总体积 10%以内）等杂质的硬黏土和重壤土	1950				
		冰碛黏土，含有重量在 50kg 以内的巨砾，其含量为总体积 10%以内	2000				
		泥板岩	2000				
		不含或含有重达 10kg 的顽石	1950				
松石	Ⅴ	含有重量在 50kg 以内的巨砾（占体积 10%以上）的冰碛石	2100	<20	<3.5	部分用手凿工具，部分和爆破方法开挖	1.5~2.0
		硅藻岩和软白垩岩	1800				
		胶结力弱的砾岩	1900				
		各种不坚实的片岩	2600				
		石膏	2200				
次坚石	Ⅵ	凝灰岩和浮石	1100	20~40	3.5	用风镐和爆破方法开挖	2~4
		松软多孔和裂隙严重的石灰岩和泥质石灰岩	1200				
		中等硬度的片岩	2700				
		中等硬度的泥灰岩	2300				

续表 5-7

定额分类	普氏分类	土壤及岩石名称	天然湿度下平均容重 /kg·m^{-3}	极限压碎强度 /MPa	用轻型钻孔机钻进1m耗时 /min	开挖方法及工具	坚固性系数 f
次坚石	Ⅶ	石灰质胶结的带有卵石和沉积岩的砾石 风化的和有大裂缝的黏土质砂岩 坚实的泥板岩 坚实的泥灰岩	2200 2000 2800 2500	40~60	6.0	用爆破方法开挖	4~6
	Ⅷ	花岗质砾岩 泥灰质石灰岩 黏土质砂岩 砂质云母片岩 硬石膏	2300 2300 2200 2300 2900	60~80	8.5	用爆破方法开挖	6~8
普坚石	Ⅸ	强风化的软弱的花岗岩、片麻岩和正长岩 滑石化的蛇纹岩 致密的石灰岩 含有卵石、沉积岩的硅质胶结的砾岩 砂岩 砂质石灰质片岩 菱镁矿	2500 2400 2500 2500 2500 2500 3000	80~100	11.5	用爆破方法开挖	8~10
	Ⅹ	白云石 坚固的石灰岩 大理岩 石灰质胶结的致密砾石 坚固砂质片岩	2700 2700 2700 2600 2600	100~120	15.0	用爆破方法开挖	10~12
特坚石	Ⅺ	粗粒花岗岩 非常坚硬的白云岩 蛇纹岩 石灰质胶结的含有岩浆之卵石的砾石 石英胶结的坚固砂岩 粗粒正长岩	2800 2900 2600 2800 2700 2700	120~140	18.5	用爆破方法开挖	12~14
	Ⅻ	具有风化痕迹的安山岩和玄武岩 片麻岩 非常坚固的石灰岩 硅质胶结的含有岩浆岩之卵石的砾岩 粗面岩	2700 2600 2900 2900 2600	140~160	22.0	用爆破方法开挖	14~16
	ⅩⅢ	中粒花岗岩 坚固的片麻岩 辉绿岩 玢岩 坚固的粗面岩 中粒正长岩	3100 2800 2700 2500 2800 2800	160~180	27.5	用爆破方法开挖	16~18

续表 5-7

定额分类	普氏分类	土壤及岩石名称	天然湿度下平均容重 /kg·m^{-3}	极限压碎强度 /MPa	用轻型钻孔机钻进 1m 耗时 /min	开挖方法及工具	坚固性系数 f
特坚石	XIV	非常坚固的细粒花岗岩 花岗片麻岩 闪长岩 高硬度的石灰岩 坚固的玢岩	3300 2900 2900 3100 2700	180~200	32.5	用爆破方法开挖	18~20
	XV	安山岩、玄武岩、坚固的角页岩 高硬度的辉绿岩和闪长岩 坚固的辉长岩和石英岩	3100 2900 2800	200~250	46.0	用爆破方法开挖	20~25
	XVI	拉长玄武岩和橄榄玄武岩 特别坚固的辉长辉绿岩、石英岩和玢岩	3300 3000	>250	>60	用爆破方法开挖	>25

5.2.2 岩石可钻性分级

岩石可钻性是表示钻凿炮孔难易程度的一种岩石坚固性指标。岩石可钻性和岩石本身特性及采用的钻进技术工艺方法有关。常用的岩石可钻性表示方法可分为 4 类：

（1）用岩石的物理力学性质表示，主要选用与破碎岩石关系密切的指标（抗压强度和声波速度等）；

（2）用现场实际钻进资料表示（机械钻速和钻头进尺等）；

（3）用破碎单位体积岩石所耗的功表示（普氏捣碎法和巴氏砸碎法等）；

（4）用微型钻头的钻进指标表示（微型钻头的钻速和钻深等）。

国外有用岩石抗压强度、普氏坚固性系数、点荷载强度、岩石的侵入硬度等作为岩石可钻性指标的。我国岩石可钻性研究工作始于 1904 年。主要研究成果有：岩芯钻探按可钻性分类的 12 级分级表（1958 年）、掘进工程按可钻性分类的 n 级分级表（1958 年）以及东北工学院（现东北大学，下同）提出以凿碎比能（冲击凿碎单位体积岩石所耗能量）作为判据来表示岩石的可钻性（1980 年），见表 5-8。这种可钻性分级方法简单实用，便于掌握，现场、实验室均可测定。

表 5-8 岩石可钻性分级表

级别	凿碎比能 a/J·cm^{-3}	可钻性	代表性岩石
Ⅰ	≤186	极易	页岩、煤、凝灰岩
Ⅱ	187~284	易	石灰岩、砂页岩、橄榄岩、绿泥角闪岩、云母石英片岩、白云岩
Ⅲ	285~382	中等	花岗岩、石灰岩、橄榄片岩、铝土矿、混合岩、角闪岩
Ⅳ	383~480	中难	花岗岩、硅质灰岩、辉长岩、玢岩、黄铁矿、铝土矿、磁铁石英岩、片麻岩、矽卡岩、大理岩
Ⅴ	481~578	难	假象赤铁矿、磁铁石英岩、苍山片麻岩、矽卡岩、中细粒花岗岩、暗绿角闪岩
Ⅵ	579~676	很难	假象赤铁矿、磁铁石英岩、煌斑岩、致密矽卡岩
Ⅶ	≥677	极难	假象赤铁矿、磁铁石英岩

东北工学院曾用图 5-10 所示的试验装置作岩石破碎功的试验，测定时先开好孔口，冲击 480 次，每次转动钎头 15°，每冲 24 次清除一次孔底岩粉，最后量取凿孔的总深度 H（mm），便可得出岩石的凿碎比能 $a=14249/H$（J/cm^3）。如无测定条件，也可根据普氏岩石坚固性系数 f，按 $a=40f$ 的近似关系式初估岩石的凿碎比能。

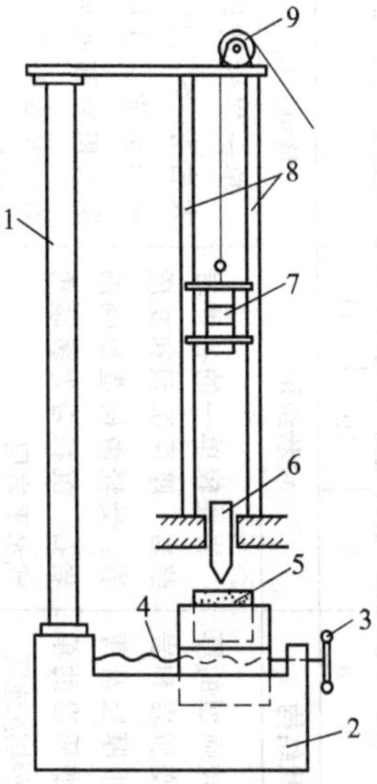

图 5-10 冲击凿碎岩石试验装置
1—立柱；2—基座；3—摇把；4—轴杆；5—岩样；6—凿头；7—落锤；8—导杆；9—滑轮

5.2.3 岩石可爆性分级

岩石可爆性（或称爆破性）表征岩石在炸药爆炸作用下发生破碎的难易程度，影响岩石爆破性的主要因素是岩石本身物理力学性质的内在因素和炸药性质、爆破工艺等外在因素。岩石的可爆性分级要有一个合理的判据，纵观各国岩石爆破性分级，可将其分为五大类：

（1）以岩石力学强度参数为准则的分级法；

（2）以炸药单位消耗量为准则的分级法；

（3）以工程地质参数为准则的分级法；

（4）以弹性波速度为准则的分级法；

（5）以能量为准则的分级法。

在国外，早在 1926 年苏联普氏提出了普氏分级法；而苏氏分级是苏哈诺夫在 19 世纪 30 年代针对普氏分级提出的岩石分级；1956 年，美国利文斯顿探索爆破漏斗规律时，制定了一种通过爆破漏斗试验确定岩石可爆性的方法；1959 年，美国邦德提出了以“爆破功指数”作为岩石爆破性的指标；1974 年，苏联哈努卡耶夫以岩石的波阻抗作为爆破性分级依据来研究岩石的可爆性；1976 年，鲁勃佐夫依据爆破块度对岩石的可爆性进行分级；1979 年，苏联的库图佐夫提出了综合可爆性分级。

在国内，1984 年，钮强等运用数理统计的多元回归分析法对数据进行分析，求得岩石爆破性指数并将岩石爆破性分成 5 个等级；1989 年，黄苹苹等通过确定各指标的隶属度，从而建立了岩石可爆性的模糊综合评判模型；1995 年，葛树高对哈氏爆破性分级法进行改进；蔡煌东引进遗传程序设计方法，对岩石的可爆性等级判别作了探讨以及郑永胜、王莹利用效果测度系统理论，对岩石爆破性进行相对分级；2009 年，璩世杰等用加权聚类方法对岩石可爆性进行了分析；2010 年，方祟、成艳荣、代志宏和张信贵利用蚁群算法优化其投影方向，根据投影特征指标值对岩石可爆性进行分级评价；2013 年，尚俊龙、胡建华、莫荣世等建立了基于博弈论-物元可拓理论的岩石可爆性评价模型。

中国科学院地质研究所提出的岩石结构类型已在我国工程地质界广泛推广应用，为爆破岩石结构类型的划分提供了重要依据。北京工业大学的陈建平和高文学等根据我国的“七七工程”的丰富试验资料，按岩石结构特征将岩土体分为六大类，见爆破岩石分类表 5-9。表 5-10 是改进后的哈氏爆破性分级法，选择哈氏分级表中有代表性的 4 个可定量描述的因素：天然裂隙平均间距、矿岩单轴抗压强度、容重及声阻抗来评价矿岩可爆性。

表 5-9 爆破岩石分类表

分类				1	2	3	4	5	6
分类	类		1	1	2	3	4	5	6
	亚类		2	1	2, 3	4, 5	6, 7, 8	9, 10, 11	12
岩石结构类型			3	土	散粒结构	碎裂结构	碎裂块状结构	块状结构	整块结构
岩体结构特征	地质及结构特征	地质类型和构造特征	4	—	剧烈风化破碎带，区域性断层带，软弱岩层挤压破碎带，胶结不良的断层交叉带	坚硬、脆性岩石的节理密集带，断层交叉带、强烈褶皱带、弱风化带	构造变形较强烈的厚层沉积岩、变质岩和岩浆岩石，或中厚层及薄层沉积岩和变质岩的单斜及正常褶皱构造地区	岩性较单一的各种岩浆岩，厚层沉积和变质岩。受轻微构造影响的岩石，沉积岩为缓倾角或水平岩层	单一岩性的巨大岩浆侵入体，火山熔岩、巨厚层沉积岩和变质岩。构造简单的水平岩层
		结构体形状和大小特征	5	分散颗粒	多呈碎块、小碎块及岩粉	多呈无规律的块体及碎小块体，平均直径小于0.5m	呈锥形体，棱柱体、楔形体及块体、菱块状和板状体等，平均直径0.5~1m	多呈立方体、长方体、菱形体块状平均直径为1~1.5m	巨型立方体长方体块状、直径大于1.5m
		结构面特征	6	—	节理、劈理大量发育，呈无规律排列，无控制性结构面	结构面以节理、劈理为主，由于结构面密度大，彼此穿插，互相切割，岩石很破碎，不连续，无控制性结构面	结构面以小断层、节理，原生沉积薄层，层间错动，夹泥层泥化夹层等为主，延展长、有时张开，常成为控制性结构面，几组结构面组合时，将岩体切割成块	结构面以节理为主，多呈闭合镶嵌，密度小，分散性大，一般延展短。连续性好的层面及连续性好、高倾角节理为控制性结构面	结构面不发育，以节理为主，多呈闭合，无控制性结构面
	$1m^3$岩石中自然裂隙的面积/m^2		7	—	>30	9~30	6~9	2~6	<2
	平均裂隙间距/m		8	—	<0.1	0.5~0.1	1.0~0.5	1.5~1.0	>1.5
	岩块在岩体中的含量/%	平均直径/mm 300~700	9	—	<10	10~70	70~90	90~100	—
		平均直径/mm 700~1000	9	—	接近0	<30	30~70	70~90	—
		平均直径/mm >1000	9	—	0	<5	5~40	40~70	70~100

续表 5-9

分类															
	类		1	1	2		3		4			5			6
	亚类		2	1	2	3	4	5	6	7	8	9	10	11	12
岩体的岩石种类			10	亚黏土、亚砂土、砂类土，碎石砾石类土，黏土	以岩体的岩粉碎屑为主	以岩体的碎块碎屑为主	板岩、泥灰岩、千枚岩、页岩、片岩	砾岩、石英岩、大理岩、石灰岩、白云岩、砂岩、花岗岩、闪长岩、正长岩、流纹岩、片麻岩	薄层泥灰岩、粉砂岩、板岩、炭质页岩、泥质胶结砾岩	中厚层石灰岩、白云岩、砂岩、砾岩	花岗岩、闪长岩、正长岩、流纹岩、片麻岩、石英岩、大理岩	大理岩、白云岩、石灰岩、硅质砾岩、石英砂岩	花岗岩、正长岩、闪长岩、流纹岩、片麻岩	辉长岩、辉绿岩、橄榄岩、石英岩、玄武岩、安山岩	辉长岩、辉绿岩、橄榄岩、石英岩、玄武岩、安山岩、花岗岩、闪长岩、正长岩、流纹岩、粗面岩、片麻岩、大理岩、白云岩、石灰岩、石英砂岩
岩体动力学性质指标	波速比 v_s/v_p		13	—	<0.3		0.3~0.6		0.5~0.8			0.8~0.9			>0.9
	声学阻抗 $\rho \cdot v_p/10^5 g \cdot cm^{-2} \cdot s^{-1}$		14	<1.4	1.2~5		4~7.8		5.2~9.5			9.5~13.5			>13.5
	动弹性模量 $E_d/10^3 MPa$		15	<1	1~2		2~10		10~20			20~30			>30
普氏系数			18	<1	1~2	2~4	2~4	4~7	5~8	7~10	8~12	11~15	13~16	16~20	>20
爆破岩体工程地质评价	岩体单位耗药量 K 值 $/kg \cdot m^{-3}$	松动	19	0.3~0.4	0.3~0.4	0.3~0.4	0.4~0.5	0.5~0.6	0.5	0.5~0.6	0.6~0.7	0.6~0.7	0.7~0.8	0.8~0.9	>0.9
		抛掷	20	1.0~1.1	1.0~1.1	1.1~1.2	1.2	1.2~1.4	1.3~1.4	1.3~1.5	1.4~1.6	1.5~1.7	1.6~1.8	1.8~2.0	>2.0
	可爆性		21	极易爆	易爆		中等可爆		难爆			很难爆			极难爆
	控制爆破作用机理的条件		23	受土的动力学性质控制	受岩体的动力学性质控制		微观上，受结构面控制；宏观上，受岩体的动力学性质控制		受控制性结构面控制			多数受结构面控制；有控制性表面时，受控制性结构面控制			受岩体的动力学性质及微裂隙控制

表5-11是东北工学院1984年提出的“岩石爆破指数分级法”，此法已为国内部分矿山采用。它是以爆破漏斗试验的体积及其实测的爆破块度分布率作为主要判据，并根据大量统计数据进行分析建立一个爆破性指数 N 值（见式（5-22）），按 N 值的级差将岩石的可爆性分成5级10等。

$$N = \mathrm{In}\left[\frac{e^{67.22} \times K_D^{7.42} (\rho_s c_p)^{2.03}}{e^{38.44V} K_x^{4.75} \overline{K}^{1.89}}\right] \tag{5-22}$$

式中，N 为岩石爆破性指数；V 为爆破漏斗体积，m^3；K_D 为大块率（>30cm），%；K_x 为小块率（< 5cm），%；$\overline{K}$ 为平均合格率，%；ρ_s 为岩石密度，kg/m^3；e 为自然对数的底；c_p 为岩石纵波声速，m/s。

表5-10 改进后的哈氏爆破性分级表

项目级别	天然裂隙平均间距/m		岩石单轴抗压强度/MPa		岩石容重/$t \cdot m^{-3}$		岩石波阻抗/$MPa \cdot s^{-1}$		岩石爆破性总分数	γ	岩石爆破性级别
	l	分数	σ_c	分数	ρ	分数	ρ_c	分数			
Ⅰ	<0.1	1	<80	1	<2.5	1	<50	1	4	0.8	易爆
Ⅱ	0.3	2	100	2	2.75	2	75	2	8	1	中等可爆
Ⅲ	0.75	3	140	3	3	3	100	3	12	1.15	难爆
Ⅳ	1.25	4	170	4	3.25	4	125	4	16	1.3	很难爆
Ⅴ	<1.5	5	>180	5	>3.5	5	>150	5	20	1.5	特别难爆

表5-11 东北工学院提出的岩石爆破性分级表

爆破等级		爆破性指数 N	爆破性程度	代表性岩石
Ⅰ	$Ⅰ_1$	<29	极易爆	千枚岩、破碎性砂岩、泥质板岩、破碎性白云岩
	$Ⅰ_2$	29~38		
Ⅱ	$Ⅱ_1$	38~46	易爆	角砾岩、绿泥岩、米黄色白云岩
	$Ⅱ_2$	46~53		
Ⅲ	$Ⅲ_1$	53~60	中等	石英岩、煌斑岩、大理岩、灰白色白云岩
	$Ⅲ_2$	60~68		
Ⅳ	$Ⅳ_1$	68~74	难爆	磁铁石英岩、角闪岩、斜长片麻岩
	$Ⅳ_2$	74~81		
Ⅴ	$Ⅴ_1$	81~86	极难爆	矽卡岩、花岗岩、矿体浅色砂岩
	$Ⅴ_2$	>86		

除上述岩石分级方法外，在后面的章节中论述各类爆破方法的设计和施工时还会提到一些别的分级（分类）方法，可针对不同的工程特点和经验参考选用。

5.3 岩石爆破破坏基本理论

岩石爆破破坏机理，可以从爆生气体的准静态作用和爆炸应力波的动态作用两个方面进行阐述，最后由爆生气体和应力波综合作用理论辩证解析岩石爆破破坏机理。

5.3.1 爆生气体膨胀作用理论

该理论认为炸药爆炸引起岩石破坏，主要是高温高压气体产物对岩石膨胀做功的结果。爆生气体膨胀造成岩石质点的径向位移，由于药包距自由面（岩石与空气的分界面）的距离在各个方向上不一样，质点位移所受的阻力就不同，自由面垂线方向阻力最小，岩石质点位移速度最高。正是由于相邻岩石质点移动速度不同，造成了岩石中的剪切应力，一旦剪切应力大于岩石的抗剪强度，岩石即发生剪切破坏。其后，破碎的岩石又在爆生气体膨胀推动下沿径向抛出，形成一倒锥形的爆破漏斗坑（如图 5-11 所示）。

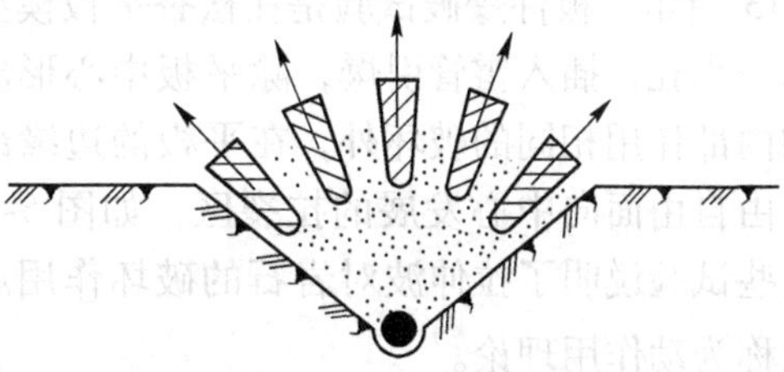

图 5-11 爆炸生成气体产物的膨胀作用

该理论的试验基础是早期用黑火药对岩石进行爆破漏斗试验中，所发现的均匀分布的朝向自由面方向发展的辐射裂隙。这种理论称为准静态作用或静作用理论。

5.3.2 爆炸应力波反射拉伸作用理论

这种理论认为岩石的破坏主要是由于岩石中爆炸应力波在自由面反射后形成反射拉伸波的作用，岩石中的拉应力大于其抗拉强度而产生的，岩石是被拉断的（如图 5-12 所示）。

当炸药在岩石中爆轰时，生成的高温、高压和高速的冲击波猛烈冲击周围的岩石，在岩石中引起强烈的应力波，它的强度大大超过了岩石的动抗压强度，因此引起周围岩石的过度破碎。当压缩应力波通过粉碎圈以后，继续往外传播，但是它的强度已大大下降到不能直接引起岩石的破碎（如图 5-12a 所示）。当它达到自由面时，压缩应力波从自由面反射成拉伸应力波，虽然此时波强度已很低，但是岩石的抗拉强度大大低于抗压强度，若反射波强度大于岩石抵抗强度仍可以将岩石拉断。这种破裂方式亦称“片落”（如图 5-12b 所示）。随着反射波往里传播，“片落”继续发生，一直将漏斗范围内的岩石完全拉裂为止。因此该理论认为：岩石破碎的主要部分是入射波和反射波作用的结果，爆炸气体的作用只限于岩石的辅助破碎和破裂岩石的抛掷。

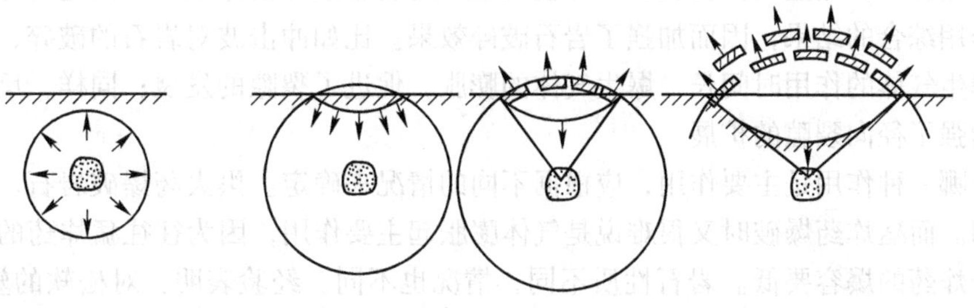

a　　b

图 5-12 反射拉应力波破坏作用

a—入射压力波波前；b—反射拉应力波波前

该理论的试验基础是岩石杆件的爆破试验（亦称为霍普金森杆件试验）和板件爆破试验。杆件爆破试验是用长条岩石杆件，在一端安置炸药爆炸，则靠炸药一端的岩石被炸碎，而另一端岩石也被拉断呈许多块，杆件中间部分没有明显破坏，如图5-13所示。板件爆破试验是在松香平板模型的中心钻一小孔，插入雷管引爆，除平板中心形成和装药的内部作用相同的破坏外，在平板的边缘部分形成了由自由面向中心发展的拉裂区，如图5-14所示。这些试验说明了拉伸波对岩石的破坏作用。这种理论称为动作用理论。

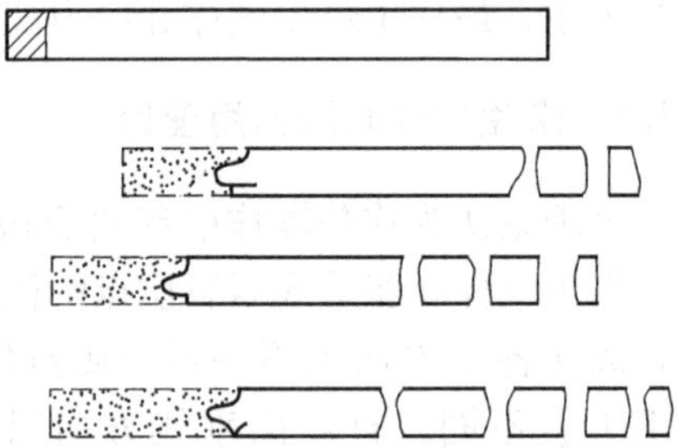

图5-13 岩石杆件的爆破（霍普金森效应）试验

在具有一定厚度的水泥板上放置药包进行爆破时，水泥板的另一面（自由面）将被崩坏而脱落，而水泥板的中间层反而没有受到破坏（如图5-15所示）。水泥板的破坏过程与前述岩石杆件相似。

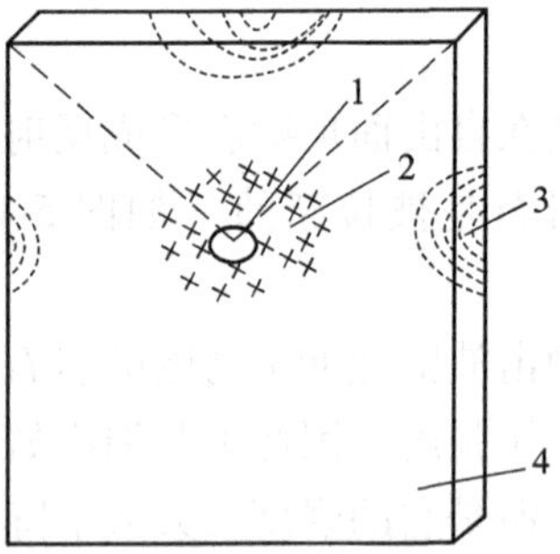

图5-14 板件爆破试验
1—装药孔；2—破碎区；3—拉裂区；4—震动区

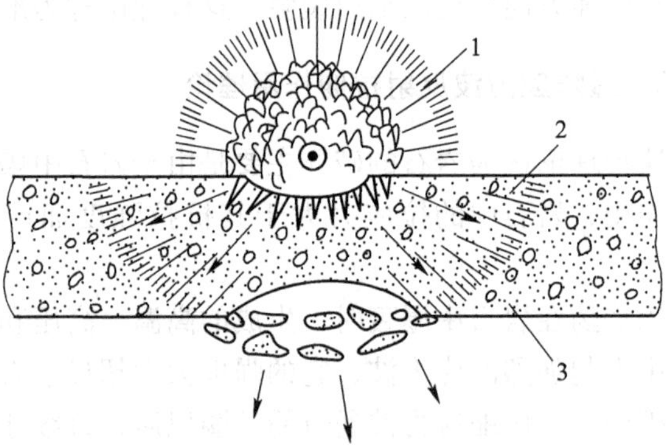

图5-15 水泥板的爆破试验
1—空气冲击波波阵面；2—水泥板中应力波波阵面；3—水泥板

5.3.3 爆生气体和应力波综合作用理论

实际爆破中，爆生气体膨胀和爆炸应力波都对岩石破坏起作用，不能绝对分开，而应是两种作用综合的结果，因而加强了岩石破碎效果。比如冲击波对岩石的破碎，作用时间短，而爆生气体的作用时间长，爆生气体的膨胀，促进了裂隙的发展；同样，反射拉伸波也同样加强了径向裂隙的扩展。

至于哪一种作用是主要作用，应根据不同的情况来确定。黑火药爆破岩石，几乎不存在动作用。而猛炸药爆破时又很难说是气体膨胀起主要作用，因为往往猛炸药的爆容比硝铵类混合炸药的爆容要低。岩石性质不同，情况也不同。经验表明：对松软的塑性土壤，波阻抗很低，应力波衰减很大，这类岩土的破坏主要靠爆生气体的膨胀作用。而对致密坚硬的高波阻抗岩石，应主要靠爆炸应力波的作用，才能获得较好的爆破效果。

这种理论的实质可以认为是：岩体内最初裂隙的形成是由冲击波或应力波造成的，随后爆生气体渗入裂隙并在准静态压力作用下，使应力波形成的裂隙进一步扩展。哈努卡耶夫认为，岩石波阻抗不同，破坏时所需应力波峰值不同，岩石波阻抗高时，要求高的应力波峰值，此时冲击波或应力的作用就显得重要。他把岩石按波阻抗值分为三类：

第一类岩石属于高阻抗岩石。其波阻抗为 15~25MPa · s/m。这类岩石的破坏，主要取决于应力波，包括入射波和反射波。

第二类岩石属于中阻抗岩石。其波阻抗为 5~15MPa · s/m。这类岩石的破坏，主要是入射应力波和爆生气体综合作用的结果。

第三类岩石属于低阻抗岩石。其波阻抗小于 5MPa · s/m。这类岩石的破坏，以爆生气体形成的破坏为主。

5.4 单个药包爆破作用

为了分析岩体的爆破破碎机理，通常将装药简化为在一个自由面条件下的球形药包（又称集中药包）。球形药包的爆破作用原理是其他形状药包爆破作用原理的基础。

5.4.1 内部作用

当药包在岩体中的埋置深度很大，其爆破作用达不到自由面时，这种情况下的爆破作用叫做爆破的内部作用，相当于单个药包在无限介质中的爆破作用。岩石的破坏特征随离药包中心距离的变化而发生明显的变化。根据岩石的破坏特征，可将耦合装药条件下受爆炸影响的岩石分为三个区域（如图 5-16 所示）。

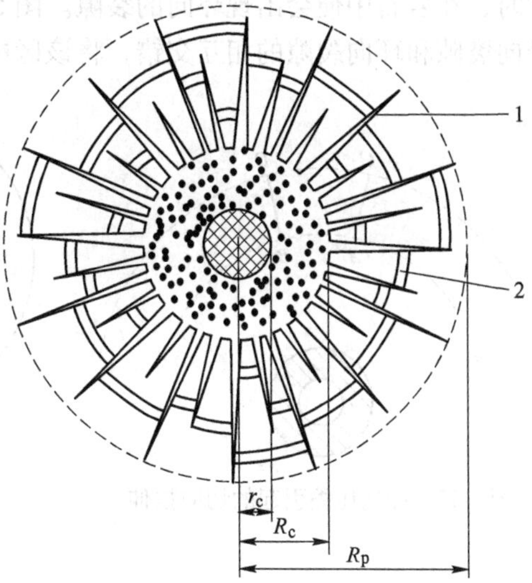

图 5-16 爆破的内部作用
1—径向裂隙；2—环向裂隙
r_c—药包半径；R_c—粉碎区半径；R_p—破裂区半径

5.4.1.1 粉碎区（压缩区）

这个区是指直接与药包接触的岩石。当密封在岩体中的药包爆炸时，爆炸压力在数微秒内就能迅速上升到几千甚至几万兆帕，并在此瞬间急剧冲击药包周围的岩石，在岩石中激发出冲击波，其强度远远超过了岩石的动抗压强度。此时，对大多数在冲击载荷作用下呈现明显脆性的坚硬岩石，则被压碎；对于可压缩性比较大的软岩（如塑性岩石、土壤和页岩等）则被压缩成压缩空洞，并且在空洞表层形成坚实的压实层。因此，粉碎区又叫压缩区，如图 5-16 所示。由于粉碎区是处于坚固岩体的约束条件下，大多数岩石的动抗压强度都很大，冲击波的大部分能量业已消耗于岩石的塑性变形、粉碎和加热等方面，致使冲击波的能量急速下降，其波阵面的压力很快就下降到不足以压碎岩石。所以粉碎区的半径很小，一般约为药包半径的几倍。

虽然粉碎区的范围不大，但由于岩石遭到强烈粉碎，能量消耗却很大，又使岩石过度粉碎加大矿石损失，因此爆破岩石时应尽量避免形成粉碎区。

5.4.1.2 裂隙区（破裂区）

当冲击波通过粉碎区以后，继续向外层岩石中传播。随着冲击波传播范围的扩大，岩石单位面积的能流密度降低，冲击波衰减为压缩应力波。其强度已低于岩石的动抗压强度，不能直接压碎岩石。但是，它可使粉碎区外层的岩石遭到强烈的径向压缩，使岩石的质点产生径向位移，因而导致外围岩石层中产生径向扩张和伴生切向拉伸应变，如图 5-17 所示。假定在岩石层的单元体上有 A 和 B 两点，它们的距离最初为 X，受到径向压缩后推移到 C 和 D 两点，它们彼此的距离变为 $x+\mathrm{d}x$。这样，就产生了切向拉伸应变 $\frac{\mathrm{d}x}{x}$。如果这种切向拉伸应变产生的拉应力超过了岩石的动抗拉强度的话，那么在外围的岩石层中就会产生径向裂隙。这种裂隙以 0.15~0.4 倍压缩应力波的传播速度向前延伸。当这种切向伴生拉伸应力小到低于岩石的动抗拉强度时，裂隙便停止向前发展。随着压缩应力波的进一步扩展和产生径向裂隙做功，其药包为中心的压力急剧下降，先前受到径向压缩的岩石能量快速释放，岩石变形回弹，因而又形成卸载波，卸载波产生与压缩应力波作用方向相反的向心拉伸应力，使岩石质点产生反向的径向移动，当径向拉伸应力超过岩石的动抗拉强度时，在岩石中便会出现环向的裂隙。图 5-18 是径向裂隙和环向裂隙的形成原理示意图。径向裂隙和环向裂隙的相互交错，将该区中的岩石割裂成块，此区域亦称破裂区。

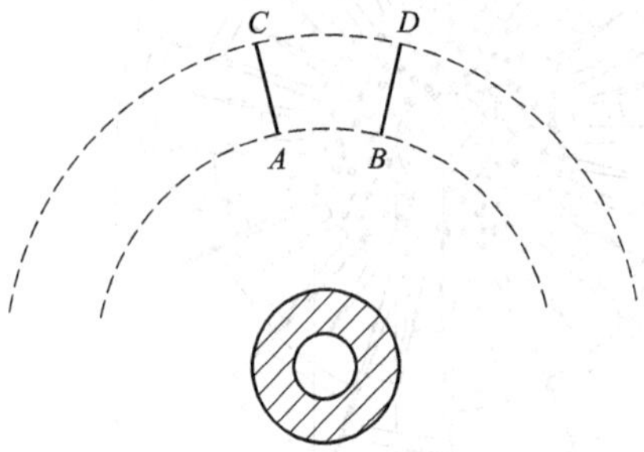

图 5-17 径向压缩引起的切向拉伸

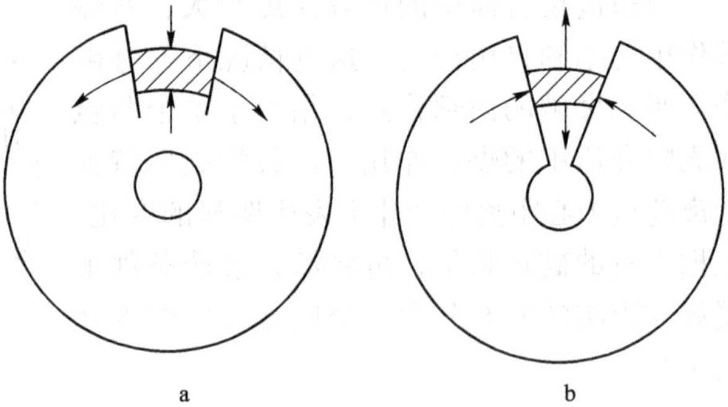

图 5-18 径向裂隙和环向裂隙的形成原理

a—径向裂隙；b—环向裂隙

一般来说，岩体内最初形成的裂隙是由应力波造成的，随后爆炸气体渗入裂隙起着气楔作用。并在静压作用下，使应力波形成的裂隙进一步扩大。破裂区半径一般认为可达药包半径的 120~150 倍左右。

5.4.1.3 弹性震动区

破裂区以外的岩石中，由于应力波引起的应力状态和爆轰气体压力建立起的准静应力场均不足以再使岩石破坏，只能引起岩石质点作弹性振动，直到弹性振动波的能量被岩石完全吸收为止，这个区域叫弹性震动区或地震区。由于弹性震动对岩体没有破坏效应，能量损失很小，因此其传播范围很大。

5.4.2 外部作用

当集中药包埋置在靠近地表的岩石中时，药包爆破后除产生内部的破坏作用以外，还会在地表产生破坏作用。在地表附近产生破坏作用的现象称为外部作用。

根据应力波反射原理，当药包爆炸以后，压缩应力波到达自由面时，便从自由面反射回来，变为性质和方向完全相反的拉伸应力波，这种反射拉伸波可以引起岩石片落和引起径向裂隙的扩展。

5.4.2.1　反射拉伸波引起自由面附近岩石的片落

压缩应力波传播到自由面，一部分或全部反射回来成为同传播方向正好相反的拉伸应力波，当拉伸应力波的峰值压力大于岩石的抗拉强度时，可使脆性岩石拉裂造成表面岩石与岩体分离，形成片落（软岩则隆起），这种效应叫霍普金森（Hopkinson）效应。图5-19表示霍普金森效应的破碎机理中应力波的合成过程。

图5-19a中（1）的表明压缩应力波刚好达到自由面的瞬间。这时，波阵面的波峰压力为P_a。图5-19a中的（2）表示经过一定的时间后，如果前面没有自由面，则应力波的波阵面必然到达$H_1'F_1'$的位置。但是，由于前面存在有自由面，压缩应力波经过反射后变成拉伸应力波，反射回到$H_1''F_1''$的位置，在H_1H_2平面上，在受到$H_1'F_1''$拉伸应力作用的同时，又受到$H_2'F_1''$的压缩应力的作用。合成的结果，在这个面上受到合力为$H_1'F_1''$的拉伸应力的作用，这种拉伸应力引起岩石沿着$H_1''H_2$平面成片状拉开。片落的过程如图5-19b所示。

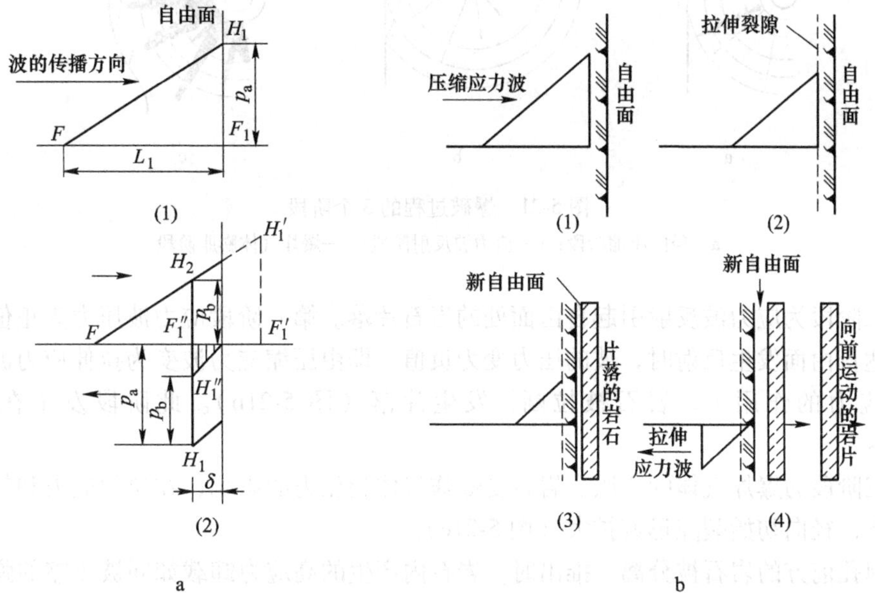

图5-19　霍普金森效应的破碎机理
a—应力波合成的过程；b—岩石表面片落过程

5.4.2.2　反射拉伸波引起径向裂隙的延伸

从自由面反射回岩体中的拉伸波，即使它的强度不足以产生“片落”，但是反射拉伸波同径向裂隙梢处的应力场相互叠加，也可使径向裂隙大大地向前延伸，裂隙延伸的情况与反射应力波传播的方向和裂隙方向的交角θ有关。如图5-20所示，当θ为90°时，反射拉伸波将最有效地促使裂隙扩展和延伸；当θ小于90°时，反射拉伸波以一个垂直于裂隙方向的拉伸分力促使径向裂隙扩张和延伸，或者在径向裂隙末端造成一条分支裂隙；当径向裂隙垂直于自由面时即 θ 为 0°时，反射拉伸波再也不会对裂隙产生任何拉力，故不会促使裂隙继续延伸发展，相反的，反射波在其切向上是压缩应力状态，会使已经张开的裂隙闭合。

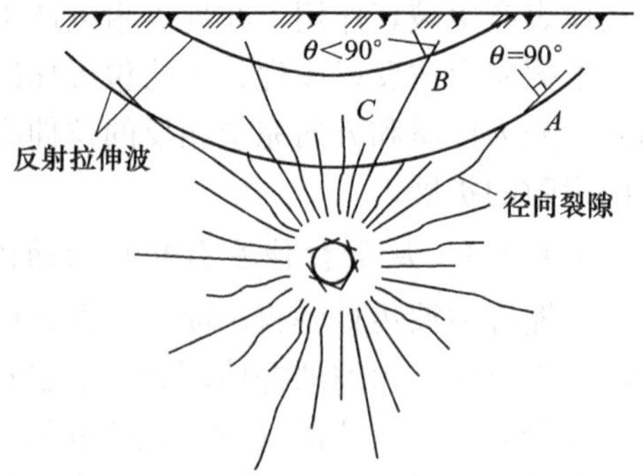

图 5-20 反射拉伸波对径向裂隙的影响

5.4.3 炸药在岩石中爆破破坏过程与破坏模式

从时间来说，将岩石爆破破坏过程分为 3 个阶段为多数人所接受。

第一阶段为炸药爆炸后冲击波径向压缩阶段。炸药起爆后，产生的高压粉碎了炮孔周围的岩石，应力波以 3000~5000m/s 的速度在岩石中引起切向拉应力，由此产生的径向裂隙向自由面方向发展，应力波由炮孔向外扩展到径向裂隙的出现需 1~2ms（图 5-21a）。

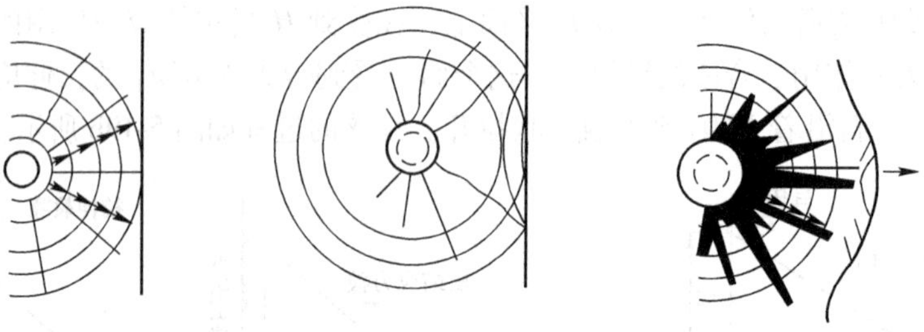

图 5-21 爆破过程的 3 个阶段

a—径向压缩阶段；b—应力波反射阶段；c—爆炸气体膨胀阶段

第二阶段为应力波反射引起自由面处的岩石片落。第一阶段应力波压力为正值，当应力波到达自由面发生反射时，波的压力变为负值。即由压缩应力波变为拉伸应力波。在反射拉伸应力的作用下，岩石被拉断，发生片落（图 5-21b）。此阶段发生在起爆后 10~20ms。

第三阶段为爆炸气体的膨胀。岩石受爆炸气体超压力的影响，在拉伸应力和气楔的双重作用下，径向初始裂隙迅速扩大（图 5-21c）。

当炮孔前方的岩石被分离、推出时，岩石内产生的高应力卸载如同被压缩的弹簧突然松开一样，这种高应力的卸载作用，在岩体内引起极大的拉伸应力，继续了第二阶段开始的破坏过程，第二阶段形成的细小裂隙构成了薄弱带，为破碎的主要过程创造了条件。

应该指出的是：

（1）第一阶段除产生径向裂隙外，还有环状裂隙的产生。

（2）如果从能量观点出发，第一、二阶段均是由应力波的作用而产生的，而第三阶段原生裂隙的扩大和碎石的抛出均是爆炸气体作用的结果。

综上所述，炸药爆炸时，周围岩石受到多种载荷的综合作用，包括：应力波产生和传播引起的动载荷；爆炸气体形成的准静载荷和岩石移动及瞬间应力场张弛导致的载荷释放。

在爆破的整个过程中，主要有5种破坏模式：

（1）炮孔周围岩石的压碎作用；

（2）径向裂隙作用；

（3）卸载引起的岩石内部环状裂隙作用；

（4）反射拉伸引起的“片落”和引起径向裂隙的延伸；

（5）爆炸气体扩展应力波所产生的裂隙。

无论是应力波拉伸破坏理论还是爆炸气体膨胀压破坏理论，就其岩石破坏的力学作用而言，主要的仍是拉伸破坏。

5.4.4 爆破漏斗

当药包爆炸产生外部作用时，除了将岩石破坏以外，还会将部分破碎了的岩石抛掷，在地表形成一个漏斗状的坑，这个坑称为爆破漏斗。

5.4.4.1 爆破漏斗几何参数

置于自由面下一定距离的球形药包爆炸后，形成爆破漏斗的几何参数如图5-22所示。

（1）自由面：被爆破的岩石与空气接触的面叫做自由面，又叫临空面。如图5-22中的*AB*面。

（2）最小抵抗线*W*：自药包重心到最近自由面的最短距离，即表示爆破时岩石抵抗破坏能力最小的方向，因此，最小抵抗线是爆破作用和岩石移动的主导方向。

（3）爆破漏斗半径*r*：爆破漏斗的底圆半径。

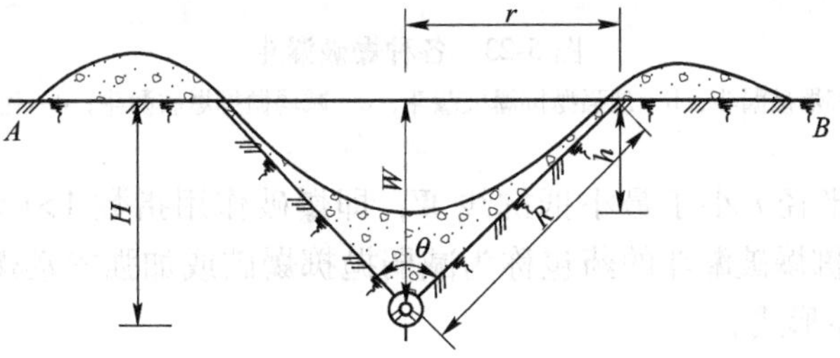

图5-22 爆破漏斗图

（4）爆破作用半径*R*：药包重心到爆破漏斗底圆圆周上任一点的距离，简称破裂半径。

（5）爆破漏斗深度*H*：自爆破漏斗尖顶至自由面的最短距离。

（6）爆破漏斗的可见深度*h*：自爆破漏斗中岩堆表面最低洼点到自由面的最短距离。

（7）爆破漏斗张开角*θ*：爆破漏斗的顶角。

此外，在爆破工程中，还有一个经常使用的指数，称为爆破作用指数*n*。它是爆破漏斗半径*r*和最小抵抗线*W*的比值，即

$$n = \frac{r}{W} \tag{5-23}$$

5.4.4.2 爆破漏斗基本形式

根据爆破作用指数*n*值的不同，爆破漏斗有以下4种基本形式（图5-23）。

（1）标准抛掷爆破漏斗（图5-23a）。这种爆破漏斗的漏斗半径*r*与最小抵抗线*W*相

等，即爆破作用的指数 $n=\frac{r}{W}=1.0$，漏斗的张开角 $\theta=90°$。形成标准抛掷爆破的药包称为标准抛掷爆破药包。在确定不同种类岩石的单位炸药消耗量时，或者确定和比较不同炸药的爆炸性能时，往往用标准爆破漏斗容积作为比对的依据。

（2）加强抛掷爆破漏斗（图 5-23b）。这种爆破漏斗半径 r 大于最小抵抗线 W，即爆破作用指数 $n>1.0$，漏斗张开角 $\theta>90°$，形成加强抛掷爆破漏斗的药包称为加强抛掷爆破药包。当 $n>3$ 时，爆破漏斗的有效破坏范围并不随 n 值的增加而明显增大。所以，爆破工程中加强抛掷爆破作用指数为 $1<n<3$。一般情况下，$n=1.2\sim2.5$。

（3）减弱抛掷爆破漏斗（亦称加强松动爆破漏斗）（图 5-23c）。

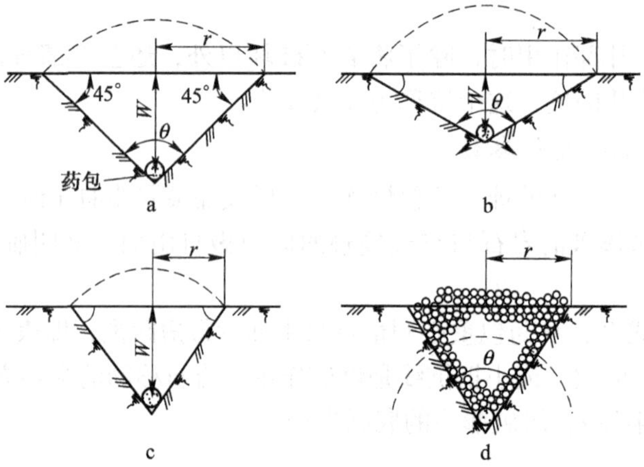

图 5-23 各种爆破漏斗

a—标准抛掷爆破漏斗；b—加强抛掷爆破漏斗；c—减弱抛掷爆破漏斗；d—松动爆破漏斗

这种爆破漏斗半径 r 小于最小抵抗线 W，即爆破作用指数 $1>n>0.75$，漏斗张开角 $\theta<90°$。形成减弱抛掷爆破漏斗的药包称为减弱抛掷爆破或加强松动爆破药包，它是井巷掘进常用的爆破漏斗形式。

（4）松动爆破漏斗（图 5-23d）。药包爆破后只使岩石破裂，几乎没有抛掷作用，从外表看，不形成可见的爆破漏斗。此时的爆破作用指数 n 不大于 0.75，一般界定区间为 $0.75>n>0.4$。又可细分为标准松动爆破，加强或减弱松动爆破。松动爆破时采用的药量一般较小，因此，爆破时所产生的碎石飞散距离也较小。常用于井下和露天的矿石回采作业。

5.5 延长装药爆破作用

工程中的炮孔爆破大都采用延长装药。延长药包是相对于集中药包而言的，当药包的长度（或最大边长）和它横截面的直径（或最小边长）之比值 φ 大于某一值时，叫做延长药包。φ 值大小的规定目前尚未统一。就圆柱形装药而言，通常当 $\varphi>6$ 时，即视为延长药包。实际上，要真正起到延长药包的作用，有人认为药包的长度要超过药包直径 17 倍以上。当延长装药垂直于自由面时，由于炸药对岩石的施力方向和应力波的传播方向与集中装药不同，爆破时受岩石的夹制作用较大，形成爆破漏斗较困难，但一般仍能形成爆破漏斗，只是往往留有残孔，如图 5-24 所示。对这种条件的爆破漏斗形成进行分析时，大都是把延长药包看成由一系列集中药包组成，靠近炮孔口的集中药包，抵抗线小，取强抛掷的作用，而靠近孔底的集中药包，抵抗线大，只能取松动作用，甚至不能形成爆破漏斗。这些集中药包形成爆破漏斗的轮廓线构成延长药包的爆破漏斗。由于孔底破坏弱，爆破后会留有残孔。

如果延长装药平行于自由面，这时通常存在两个自由面，爆破效果要比一个自由面的情况好，如图 5-25a 所示。这种情况在隧道掘进爆破和露天台阶爆破中较常见，而且只需要将岩石从原岩体中分离下来，并实现松动，不需要产生大量的抛掷。这种情况下，为实现露天爆破后孔底平坦，炮孔深度应加深——超深深度 h，如图 5-25b 所示。

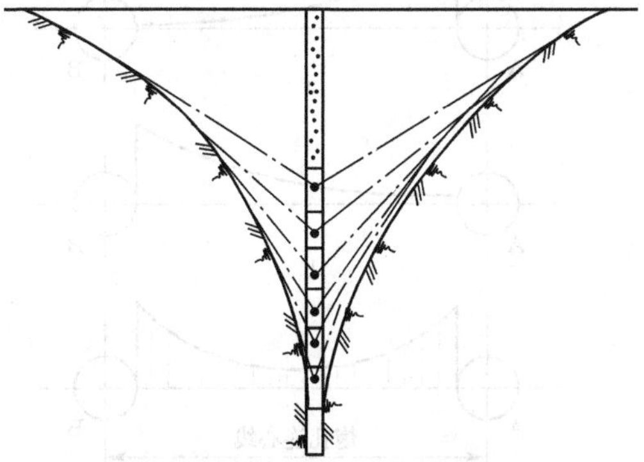

图 5-24 装药垂直自由面的爆破漏斗

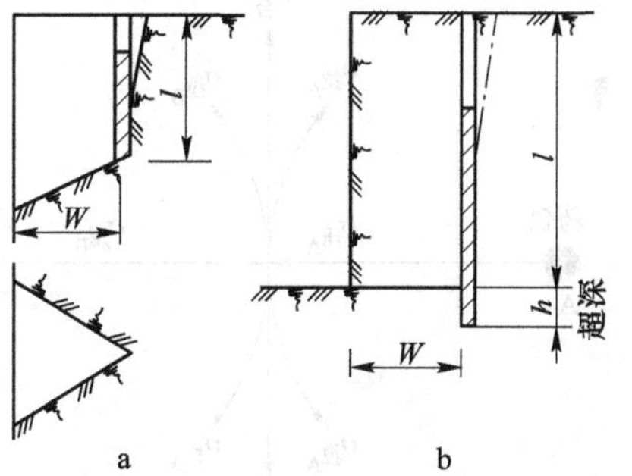

图 5-25 装药平行自由面的爆破漏斗

如果炮孔倾斜于自由面，情况则介于垂直和平行之间，形成的爆破漏斗是锥体形，如图 5-26 所示。

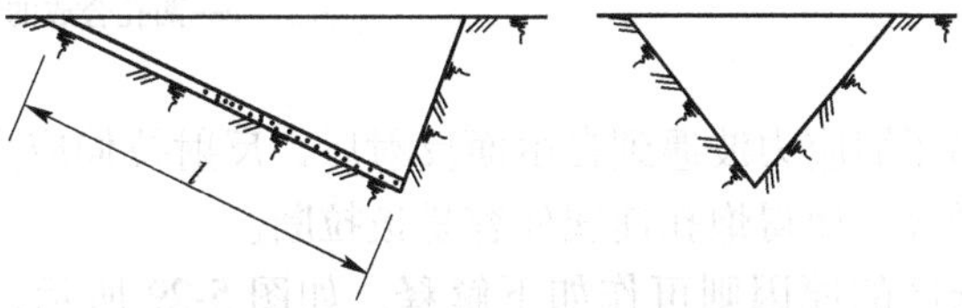

图 5-26 装药倾斜自由面的爆破漏斗

延长装药更接近工程实际，并常以群药包形式实施，因此在爆破工程中又细分为浅孔、深孔、条形硐室装药等多种演化，这将在后面的章节中详述。

5.6 成组药包爆破时岩石破坏特征

前面论述了单药包爆破时岩石破碎机理的几个方面的问题。然而在实际爆破工程中极少采用单药包爆破，往往要靠使用成组药包爆破来达到预期的目的。成组药包爆破的应力分布变化情况和岩石破坏过程要比单药包爆破时复杂得多，因此，研究成组药包的爆破作用机理对于合理选择爆破参数有重要的指导意义。

5.6.1 单排成组药包齐发爆破

对单排多药包齐发爆破，为便于研究和描述，只取相邻两药包齐发爆破时的特征就可类推。研究表明，当相邻两药包齐发爆破时，在沿炮孔连心线上的应力得到加强，而在炮孔连心线中段两侧附近则出现应力降低区。

炮孔连心线上应力加强的原因，一方面是来自两孔的压缩应力波将在两线中点相遇，在连线方向上产生应力叠加，其切向拉应力加强（如图 5-27 所示），有助于形成连线裂隙。二是炮孔内爆生气体的准静态压力作用，使两炮孔各自在连线方向上产生切向伴生拉应力，由于炮孔的应力集中，产生的切向伴生拉应力在炮孔壁炮孔连线方向上最大（如图 5-28 所示），因此裂隙将由孔口开始向炮孔连线发展，使两炮孔沿中心连线断裂。

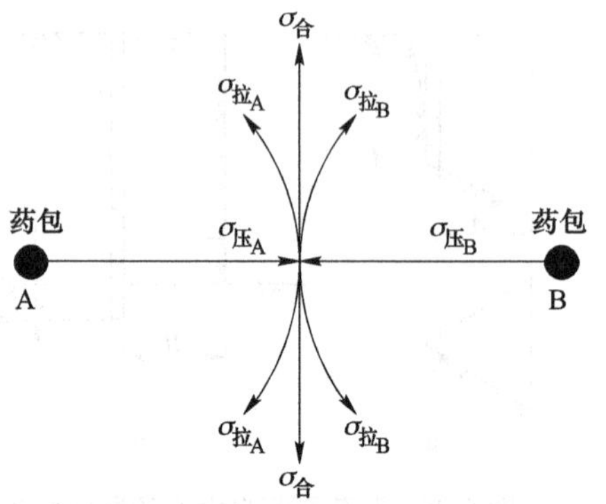

图 5-27 相邻炮孔应力波相遇叠加

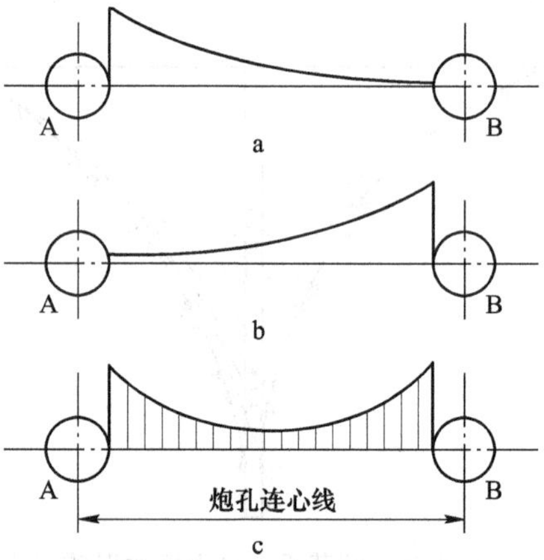

图 5-28 相邻炮孔中心连线上准静态拉应力分析
a—单个 A 孔产生的切向伴生拉应力；
b—单个 B 孔产生的切向伴生拉应力；
c—两孔合成的切向伴生拉应力

此外，来自炮孔的压缩应力波遇到自由面反射后，反射拉伸应力叠加，也将使两装药炮孔连线上的拉应力增大，使得炮孔连线处容易被拉断。

至于产生应力降低区的原因则可作如下解释。如图 5-29 所示，由于应力波的叠加作用，在两药包的辐射状应力波作用线成直角相交处产生应力降低区。先分析左边 A 药包的情况。取某一点的岩石单元体，单元体沿炮孔的径向方向出现压应力，在法线方向上则出现伴生拉应力（图 5-29a）。同样，右边 B 药包也将产生类似结果（图 5-29b）。左右两个

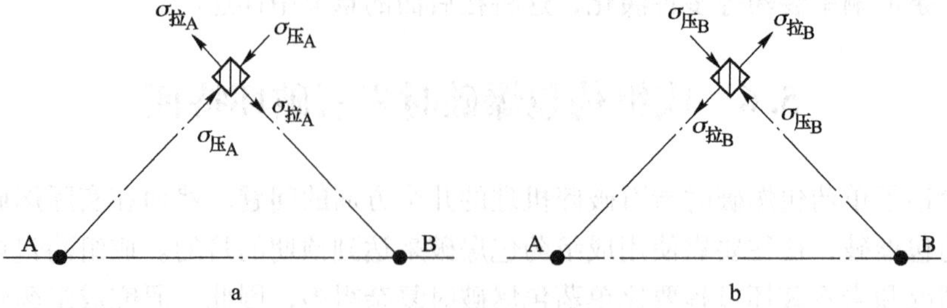

图 5-29 应力降低的图析

炮孔药包的齐发起爆，使所取岩石单元体中由左边炮孔药包爆轰引起的拉压应力正好同由右边炮孔药包爆轰所引起的压拉应力互相削弱，这样就形成了应力降低区。

由此看来，适当增大孔距，并相应的减小最小抵抗线，使应力降低区处在岩石之外的空中，有利于减少大块的产生。此外，相邻两排炮孔的V形布置比矩形布置更为合理（有利于减少大块的产生）。

多炮孔爆破时，装药的密集（临近）系数，也称炮孔密集（临近）系数，是影响爆破效果的重要因素，装药密集系数 m 定义为相邻炮孔的间距 a 与最小抵抗线 W 的比值，即

$$m = a/W \tag{5-24}$$

根据工程实践，取得以下结论：

（1）当 $m \geqslant 2.0$，即 $a \geqslant 2W$ 时，两装药各自形成单独的爆破漏斗，如图5-30a所示。

（2）当 $2.0 > m > 1.0$ 时，两装药形成一个爆破漏斗，但往往两装药之间底部破碎不充分，如图5-30b所示。

（3）当 $m = 0.8 \sim 1.0$ 时，两装药形成一个爆破漏斗，且漏斗底部平坦，漏斗体积最大，如图5-30c所示。

（4）当 $m < 0.8$ 时，两装药距离较近，大部分能量用于抛掷岩石，漏斗体积反而减小，如图5-30d所示。

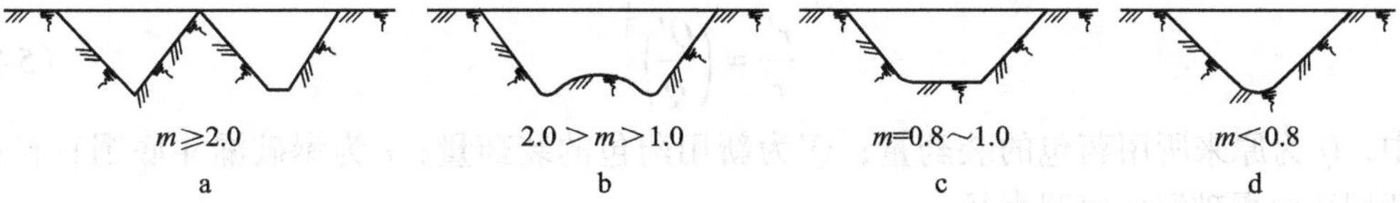

图5-30 装药密集系数对爆破漏斗形状的影响

5.6.2 多排成组药包齐发爆破

多排成组药包齐发爆破所产生的应力波相互作用的情况比单排时更为复杂。在前后排各两个炮孔所构成的四边形岩石中，从各炮孔药包爆轰传播过来的应力波互相叠加，造成应力极高的状态，因而使岩石破碎效果得到改善。然而在另一方面，多排成组药包齐发爆破时，只有第一排药包的爆破具有两个自由面的优越条件，而后排药包的爆破则因自由面数较少而受到较大的夹制作用。正是因为这个缘故，多排成组药包的齐发爆破效果不好，得不到实际使用。

5.7 能量平衡理论与装药量计算

针对所要爆破的岩石恰当地确定所用炸药的装药量，是爆破工程中极为重要的一项工作。它直接关系到爆破效果的好坏和成本的高低，进而影响凿岩爆破甚至铲装运等工作的综合经济技术效果。然而，尽管多少年来已有不少人在这方面做了大量调查研究工作，可是精确计算装药量的问题至今尚未获得十分圆满的解决。

人们从生产实践中积累了不少经验，为了从这些经验中找出规律性，提出了各式各样

的装药量计算公式。例如：

$$Q = c_1 W^2 + c_2 W^3 \tag{5-25}$$

式中，c_1、c_2为系数；W为最小抵抗线，m。

上式的物理意义是，炸药总量应由两个分量组成。第一项炸药分量用于克服岩石内部分子之间的联结力，使漏斗块体得以从岩体中分离出来而形成爆破漏斗。它的大小同漏斗的表面积成正比。第二项炸药分量则用于使漏斗范围内的岩石产生破碎。它同被破碎岩石的体积成正比。考虑到实施加强抛掷爆破时还需要将爆落的岩块抛移一定距离，因此，还有人主张应在上述计算公式的基础上再加上由 W 的 4 次幂构成的第三项药包分量，即：

$$Q = c_1 W^2 + c_2 W^3 + c_3 W^4 \tag{5-26}$$

从上式中忽略掉第一、三两个分量，就成了“体积公式”。可以近似地认为，炸药量是同所爆破的岩石体积成正比的。

5.7.1 相似法则

布若伯格（Broberg）根据实验结果指出，在均质岩石表面上的药包爆轰时，药包正下方岩石被压缩，压缩区周围的岩石将被破裂成高为 d_L、直径为 r 的爆破漏斗，如图 5-31a 所示。如果改用一个在各个向度上都按比例增大的药包，爆破实验结果表明，爆破漏斗的各个向度都将按药包增大的同一比例增大，即：

$$\frac{r'}{r} = \left(\frac{Q'}{Q}\right)^{\frac{1}{3}} \tag{5-27}$$

式中，Q 为原来所用药包的装药量；Q' 为新用药包的装药量；r 为爆破漏斗底圆直径；r' 为新用药包爆破漏斗底圆直径。

上式表示，当药包的长、宽、高都增大 b 倍时（药包体积增大 b^3 倍），爆破漏斗的直径和深度也将增大 b 倍，如图 5-31b 所示。由此可以得出结论：对于一定的岩石，破碎每立方 m 岩石所需平均装药量是一个定值，而不管漏斗体积是大还是小。

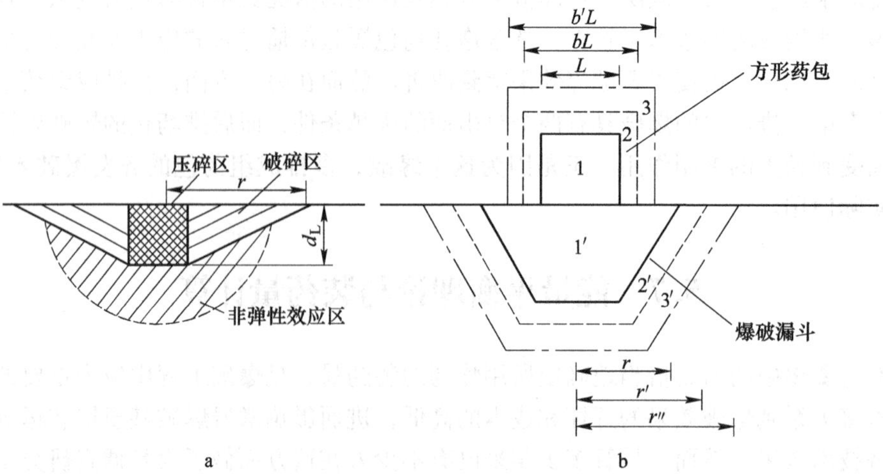

图 5-31 外部药包效应

当药包装置在岩石内部爆轰时，药包周围岩石中同样也会产生压缩区。不论药包的形状是圆柱状还是球状，压缩区的体积同药包体积成正比。

在完全弹性体介质中，相似法则可获得比较精确的结果。按照这一法则，在理论上许多物理量的数值，在药包增大时都按同一比例增大。然而在实际上，自然界的岩石通常都是或多或少不均质和各向异性的，因此，实际上相似法则只能获得近似值。

命
$$S_\alpha = \left(\frac{Q'}{Q}\right)^{\frac{1}{3}}$$

则式（5-11）可以写成下面的形式：

$$r' = S_\alpha r \tag{5-28}$$

式中，S_α为模拟比（或缩尺比）。

5.7.2　体积法则

在单个水平自由面条件下，靠近自由面的单个药包爆破时形成爆破漏斗。在这种情况下，用“体积公式”同相似法则计算所得的装药量结果是一致的。沃奥班（Vauban）首先提出的这个体积公式的实质是，在一定的炸药和岩石条件下，爆落的土石方体积同所用的装药量成正比，即：

$$Q = qV \tag{5-29}$$

式中，Q 为装药量，kg；q 为单位体积岩石用药量，kg/m^3；V 为爆破漏斗体积，m^3。

如果药包是集中药包，按照前面的定义，标准抛掷爆破时爆破作用指数 n 的值为1，即：

$$r = W$$

所以，爆破漏斗体积的大小为：

$$V = \frac{\pi r^2}{3} W \approx W^3 \tag{5-30}$$

标准抛掷爆破的装药量可以认为是：

$$Q_{标} = qW^3 \tag{5-31}$$

式中，W 为最小抵抗线。

根据相似法则，在岩石性质、炸药威力和药包埋置深度都不变动的情况下，仅只改变（增大或减小）装药量就可以获得加强抛掷爆破漏斗或减弱抛掷爆破漏斗。这样，适用于各种类型的抛掷爆破的装药量计算公式，就可以写成下面的形式：

$$Q_{抛} = f(n) q W^3 \tag{5-32}$$

式中，$f(n)$ 为爆破作用指数函数。

对于加强抛掷爆破，$f(n)$ 的值大于1；对于减弱抛掷爆破，$f(n)$ 的值小于1；对于标准抛掷爆破，$f(n)$ 的值等于1。$f(n)$ 具体的函数形式有多种，一直是爆破研究者研究和争论的焦点之一。

5.7.3　利文斯顿爆破漏斗理论

岩石爆破破碎机理的研究在20世纪50年代中期开始有比较明显的发展与进步。在各国爆破理论研究者当中，美国的利文斯顿（C. W. Livingston）是比较突出的一个。

利文斯顿提出一套以能量平衡为基础的岩石爆破破碎的爆破漏斗理论（如图 5-32 所示）。他认为，炸药包在岩体内爆炸时传给岩石的能量多少和速度，取决于岩石性质、炸药性能、药包大小和药包埋置深度等因素。在岩石性质一定的条件下，爆破能量的多少又取决于药包重量；能量释放速度取决于炸药的传爆速度。若将药包埋置在地表以下很深的地方爆炸，则绝大部分爆炸能量被岩石吸收；如果将药包逐渐向地表移动并靠近地表爆炸时，传给岩石的能量比率将逐渐降低，传给空气的能量比率逐渐增高。

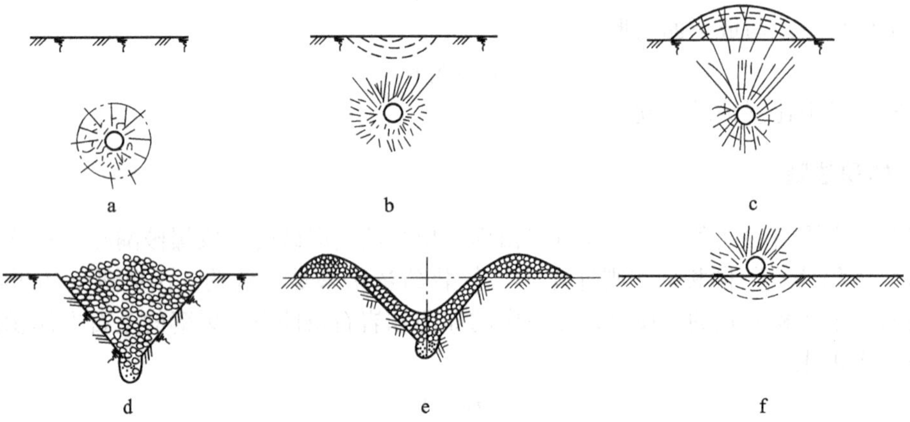

图 5-32　利文斯顿爆破漏斗示意图

利文斯顿根据爆破能量作用效果的不同，将岩石爆破时的变形和破坏形态分为以下四种类型。

5.7.3.1　弹性变形

地表下埋置很深的药包的爆破，是爆破的内部作用，爆破时地表岩石不会遭受破坏，爆炸能量完全消耗于药包附近药室壁的压缩（粉碎）和震动区的弹性变形。如令药包量不变，则当药包埋置深度减小到某一临界值时，地表岩石开始发生明显破坏。脆性岩石将片落，塑性岩石将“隆起”。这个药包埋置深度临界值称为临界深度，并以下式表示：

$$L_n = E \cdot \sqrt[3]{Q} \tag{5-33}$$

式中，L_n为药包为 Q 时的临界深度，m；Q 为药包重量，kg；E 为应变能系数，m/kg$^{1/3}$。

利文斯顿认为，E 的意义为在一定的装药量 Q 条件下，岩石表面开始破裂时岩石可能吸收的最大爆破能量。爆破能量低于此值时，岩石表面只产生弹性变形而无明显破坏；超过此能量限度，则岩石表面将由弹性形变转化为破裂。很明显，临界深度是岩石表面呈弹性变形状态的上限。

如果岩石和炸药的性质固定不变，则 Q 值大时 L_n值也大，Q 值小时 L_n值也小。L_n值同 $Q^{1/3}$值之比保持一个固定不变的常数，这个常数就是应变能系数 E。相反，当岩石性质不同时，E 也有不同的值。加拿大工业有限公司 CIL 在一个铁矿的实测值表明，几种不同岩石（矿石）的应变能系数值从 4.875m/kg$^{1/3}$到 10.875m/kg$^{1/3}$。如换用不同的炸药，则应变能系数也随之改变。

5.7.3.2 冲击破坏

如果药包重量不变，埋置深度从临界深度值再进一步减小，则因抵抗线减小，地表岩石的“片落”现象更加显著，爆破漏斗体积增大。当药包埋置深度减小到某一界限值时，爆破漏斗体积达到最大值。这时的埋置深度就是冲击破坏状态的上限，称为最适宜深度 W_0。

命所采用的埋置深度对临界深度之比为“深度比”并以 Δ 表示，则式（5-33）可写为：

$$W_c = \Delta E \sqrt[3]{Q} \tag{5-34}$$

式中，W_c为药包重心到岩石表面的距离；Δ 为深度比，无量纲。

$$\Delta = \frac{W_c}{L_n} \tag{5-35}$$

利文斯顿称式（5-34）为一般方程。

当药包埋置深度为最适宜深度 W_0时，最适宜深度比为：

$$\Delta_0 = \frac{W_0}{L_n} \tag{5-36}$$

通过漏斗爆破试验求出 E 值及 Δ_0的值，则当现场所用药量 Q 值为已知时，可以利用上式求出最适宜深度 W_0，以此作为最小抵抗线进行爆破即可获得最佳爆破效果。

$$W_0 = L_n \Delta_0 = \Delta_0 E \sqrt[3]{Q} \tag{5-37}$$

Δ_0值随岩石性质的不同而差异很大。一般在脆性岩石中 Δ_0值较小，约为 0.5 左右；在塑性岩石中 Δ_0值较大，接近于 1。

5.7.3.3 碎化破坏

如果药包重量继续保持不变，药包埋置深度从最适宜深度继续减小，则地表岩石中生成的爆破漏斗体积也减小而岩石碎块的块度更细碎，岩块抛掷距离、空气冲击波和响声更大。当药包埋置深度继续减小到某一定值时，传播给大气的爆炸能开始超过岩石吸收的爆炸能。这个埋置深度称为转折深度。

岩石呈碎化破坏状态的下限为最适宜深度，上限为转折深度。在此范围内的爆破都会有或大或小的漏斗生成。

5.7.3.4 空气中爆炸

如药包重量继续保持不变，而药包埋置深度从转折深度值继续减小，则岩石破碎加剧，岩块抛移更远，声响更大，爆炸能量传给大气的比率更高，而被岩石吸收部分的比率更低。其下限为转折深度，上限为深度等于零，即药包完全裸露在大气中爆炸。

从上述四种形态来看，炸药爆炸能量消耗在以下四个方面：岩石的弹性变形，岩石的破碎，岩块的抛移，以及响声、地震和空气冲击波。随药包量和埋置深度的不同，能量消耗的分配情况也不同。一般消耗在岩石弹性变形上的能量是不可避免的，消耗在岩块抛移和飞散以及产生空气冲击波、噪声和地震的能量应尽可能避免或减小。

除弹性变形外，其他三种爆炸能量做功的形态都包含爆破漏斗的形成。当药包重量 Q 值固定不变时，爆破生成漏斗的体积依埋置深度而变化。漏斗体积的大小对爆破效果有重要意义。为了弄清漏斗的特性，必须进行漏斗爆破试验，对不同埋置深度下漏斗体积进行精确测量。漏斗体积同埋置深度的关系是，埋置深度由大变小时，漏斗体积由小变大。埋置深度为最适宜深度时，漏斗体积达到最大。此后，埋置深度进一步减小，则漏斗体积又逐渐减小。

为比较全面地描述爆破漏斗的特性，常常需要绘制漏斗体积同药包埋置深度之间的关系曲线。为了消除由于药包重量 Q 的变化而引起的曲线的变化，可以采用比例爆破漏斗体积 V/Q（即单位药量所爆破的岩石体积）来代替爆破漏斗体积 V，并用深度比来代替埋置深度。图 5-33 为 V/Q-Δ 曲线。

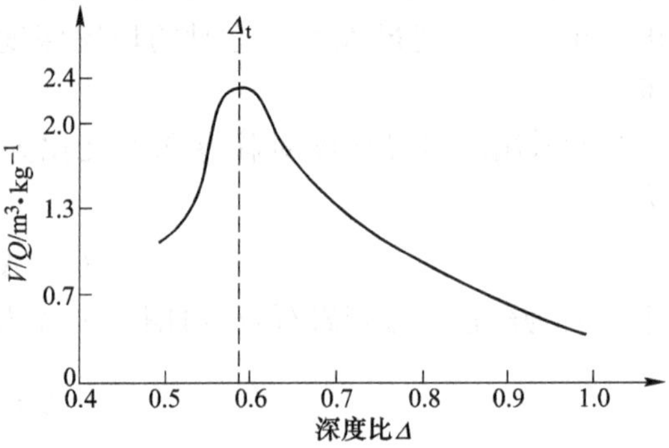

图 5-33　铁燧石的 V/Q-Δ 曲线图

从爆破漏斗试验中可以得知，爆破漏斗体积 V 是药包埋置深度 d_c 的幂函数，即

$$V = f(W_c^3) = f(L_n^3\Delta^3) = L_n^3\Delta^3 \tag{5-38}$$

命 $\Delta^3 = ABC$

则

$$V = ABCL_n^3 = ABCE^3Q \tag{5-39}$$

或

$$\frac{V}{Q} = ABCE^3 \tag{5-40}$$

式中，A 为能量利用系数，无量纲，主要由药包实际埋置深度决定；当 $W_c = W_0$ 时，$A = 1$，为最大值；B 为岩石、炸药性质指数，无量纲，与岩石性质和炸药性质有关；当岩石和炸药不变时，B 值随药包重量 Q 而变；如果 Q 值也不变，则进行不同埋置深度的漏斗爆破试验的 B 值等于 1；C 为应力分布系数，无量纲，取决于药包形状、炮孔布置方式、装药结构、地质构造条件等因素；药包形状为球状药包时 $C = 1$，为最大值。

利文斯顿称式（5-40）为破碎过程方程。

利文斯顿爆破漏斗理论是建立在一系列实验的基础上，比较接近于实际，故在爆破工程中得到一定程度的应用。

【例 5-1】　在一已知岩石中，通过爆破试验得知一个 4.5kg 重的球状药包最适宜深度为 1.5m，临界深度为 3m。问应变能系数和最适宜深度比各是多少？

解： 应变能系数值为

$$E = \frac{L_n}{\sqrt[3]{Q}} = \frac{3}{\sqrt[3]{4.5}} \approx 1.8\mathrm{m/kg^{1/3}}$$

最适宜深度比值为

$$\Delta_0 = \frac{W_0}{L_n} = \frac{1.5}{3} = 0.5$$

故该条件下的应变能系数是 $1.8\mathrm{m/kg^{1/3}}$，最适宜深度比是 0.5 。

【例 5-2】　如果在同上岩石中需使用一个 450kg 重的球状药包，最适宜深度应为多少？如果在 30m 深处埋置药包进行最适宜爆破，则应使用多大的药包？

解： 450kg 重的药包在该岩石中的最适宜深度值为

$$W_0 = \Delta_0 E\sqrt[3]{Q} = 0.5 \times 1.8 \times \sqrt[3]{450} \approx 6.9\text{m}$$

在30m深处埋置药包进行最适宜爆破，药包量为

$$Q = \left(\frac{W_0}{\Delta_0 E}\right)^3 = \left(\frac{30}{0.5 \times 1.8}\right)^3 \approx 37037\text{kg}$$

故450kg重的药包在该岩石中的最适宜深度值为6.9m，如在30m深处埋置药包进行最适宜爆破的药量是37037kg。

5.7.4 装药量计算

5.7.4.1 集中药包装药量计算

依据前面所述的相似法则和体积法则推导出的集中药包抛掷爆破装药量计算式(5-32)，可用下式表示，

$$Q = f(n) \cdot K_b \cdot W^3 \tag{5-41}$$

式中，K_b为标准抛掷爆破单位体积岩石的炸药消耗量，kg/m^3。

针对其爆破作用指数函数$f(n)$的确定问题，我国工程界应用较为广泛的是苏联学者鲍列斯阔夫提出的经验公式：

$$f(n) = 0.4 + 0.6n^3 \tag{5-42}$$

鲍列斯阔夫公式适用于抛掷爆破装药量的计算。将式(5-42)代入式(5-41)，得到集中药包抛掷爆破装药量的计算通式：

$$Q_p = (0.4 + 0.6n^3)K_b W^3 \tag{5-43}$$

应用计算加强抛掷爆破的装药量时，结果与实际情况比较接近。但是，当最小抵抗线W大于25m时，用式(5-43)计算出来的装药量偏小，应乘以修正系数φ：

$$Q_p = (0.4 + 0.6n^3)\varphi K_b W^3 \qquad \varphi = \begin{cases} 1, & W \leqslant 25\text{m} \\ \sqrt{W/25}, & W > 25\text{m} \end{cases} \tag{5-44}$$

另外，式(5-43)，式(5-44)是用2号岩石铵梯炸药为当量试验得出的，对于不同当量的炸药还需换算修正。

集中药包松动爆破的装药量可按下式计算：

$$Q_s = K_s W^3 \tag{5-45}$$

式中，Q_s为集中药包形成松动爆破的装药量，kg；K_s为集中药包形成松动爆破的单位体积岩石的炸药消耗量，一般称为松动爆破的单位用药量系数，kg/m^3。

工程经验表明，K_s与K_b之间存在以下关系：

$$K_s = f(n) \cdot K_b = \left(\frac{1}{3} \sim \frac{1}{2}\right) K_b \tag{5-46}$$

即集中药包松动爆破的单位用药量约为标准抛掷爆破单位用药量的三分之一到二分之一。松动爆破的装药量公式又可以表示为

$$Q_s = (0.33 \sim 0.5)K_b W^3 \tag{5-47}$$

5.7.4.2 延长药包药量计算

延长药包是在工程爆破中应用最为广泛的药包。如浅孔爆破法和深孔爆破法中都使用的是柱状药包，硐室爆破法中使用的条形药包也属于延长药包。

A 延长药包垂直于自由面

井巷掘进掏槽爆破时，炮孔装药就是延长药包垂直于自由面的一种形式（图 5-34）。这种情况下炸药爆炸时易受到岩体的夹制作用，但一般仍能形成圆锥状的漏斗，只是易残留炮窝。计算装药量时，仍可按体积公式来计算。

$$Q = K_b f(n) W^3 \tag{5-48}$$

式中，Q 为装药量，kg；W 为最小抵抗线，m，其值为

$$W = l_d + \frac{1}{2} l_e$$

其中，l_d为堵塞长度，m；l_e为装药长度，m。

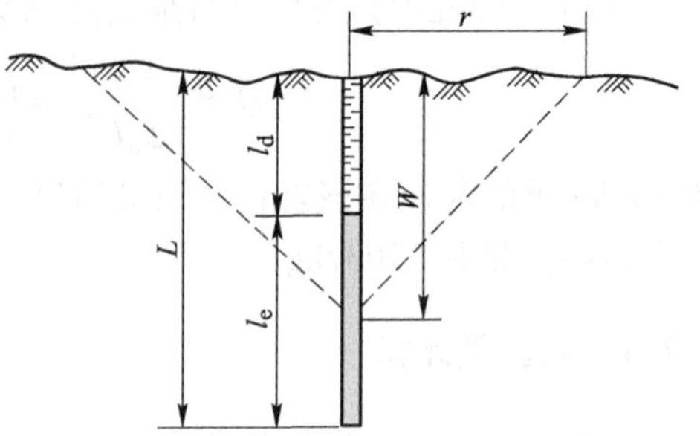

图 5-34 柱状装药垂直自由面

需要说明的是，在浅孔爆破中，由于凿岩机所钻的孔径很小，炮孔内往往容纳不下由式（5-48）计算所得的装药量。在这种情况下，需要多打炮孔以容纳计算的药量。在井巷掘进爆破设计时，常先用平均单耗与每循环爆破方量的体积的乘积来计算每掘进循环的总装药量，然后根据断面尺寸和循环进尺确定单孔装药量。

B 延长药包平行于自由面

深孔爆破靠近边坡的炮孔装药和硐室爆破采用的条形药包都是延长药包平行于自由面的具体形式。延长药包爆破后形成的爆破漏斗是一个 V 形横截面的爆破沟槽。设 V 形沟槽的开口宽度为 $2r$，沟槽深度 W，当 $r=W$ 时，$n = \frac{r}{W} = 1$，称为标准抛掷爆破沟槽，如图 5-35 所示。根据体积公式计算装药量（不考虑端部效应）：

$$Q_n = K_b V = K_b \cdot \frac{1}{2} \cdot 2rWl = K_b \cdot rWl = K_b W^2 l$$

即

$$Q_n = K_b W^2 l \tag{5-49}$$

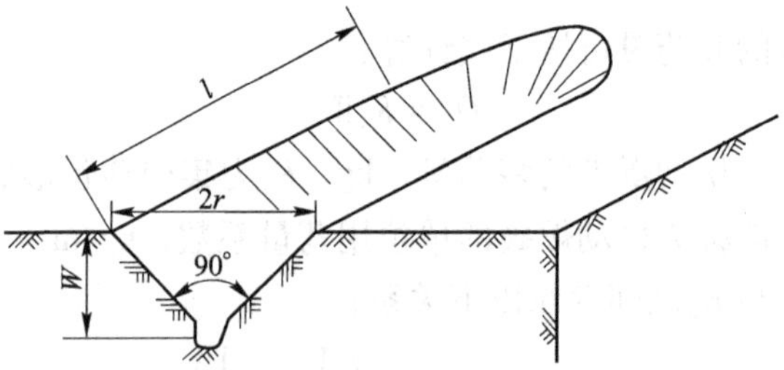

图 5-35 延长药包平行于自由面

对于形成非标准抛掷爆破沟槽的情况，装药量的计算公式应考虑爆破作用指数 n 的影响，于是

$$Q_n = f(n) K_b W^2 l \tag{5-50}$$

式中，Q_n为延长药包的装药量，kg；$f(n)$ 为与爆破作用指数有关的经验公式；W 为延长药包的最小抵抗线，m；l 为延长药包的装药长度，m。

对于硐室爆破中使用的条形药包，装药量的计算公式可以表示为

$$Q_t = \frac{Q_n}{l} = f(n) k_b W^2 \tag{5-51}$$

式中，Q_t为条形药包单位长度装药量，kg/m。

式（5-51）中的$f(n)$为经验公式，形式多样，各不相同。我国使用较多的是苏联学者鲍列斯阔夫和阿夫捷也夫提出的经验公式。

（1）鲍列斯阔夫公式

$$f(n) = \frac{0.4 + 0.6n^3}{0.55(n+1)}\varphi \tag{5-52}$$

式中，n为爆破作用指数。

$$\varphi = \begin{cases} 1, & W \leqslant 25\text{m} \\ \sqrt{W/25}, & W > 25\text{m} \end{cases}$$

（2）阿夫捷也夫公式

$$f(n) = \frac{2(0.4 + 0.6n^3)\psi}{n+1} \tag{5-53}$$

其中，

$$\psi = \begin{cases} 1, & W \leqslant 25\text{m} \\ W^{0.0032(W-25)}, & W > 25\text{m} \end{cases}$$

（3）我国爆破工程技术人员也提出了一些计算$f(n)$的经验公式，其中由铁道科学研究院提出的公式如下

$$f(n) = \frac{\lambda_n(1+n^2)}{2}\varphi \tag{5-54}$$

式中，

$$\lambda_n = \begin{cases} 1.0, & n < 1 \\ 1.1, & 1 \leqslant n \leqslant 1.3 \\ 1.2, & n > 1.3 \end{cases}$$

式（5-54）的特点是：计算结果与现有的一些经验公式所求得的$f(n)$值的平均值较为接近。应该注意的是，式（5-52）~式（5-54）都未经过最小抵抗线大于60m的爆破工程实践的检验。

5.7.5 单位岩石炸药消耗量

从以上“相似法则”“体积法则”到“利文斯顿爆破漏斗理论”分析，其深层的含义就是要达到一定的工程目的，要对特定岩性的岩石进行爆破时，爆破每单位体积的岩石和所需要的炸药量是一个定值。为寻求出这一定值规律的计算方法，爆破研究者付出了诸多努力，但其结果总不尽如人意。岩石的不均质性，地质结构、构造的复杂多变性，爆破目的、环境和所用爆破器材的差异，都直接影响了研究结论的可靠性和精确度。但宏观的法则和理论具有实用的指导意义，而具体和定量的计算仍能多角度逼近真实。

能量平衡是针对特定的岩石和一定的工程目的而确定的，其最终归结到单位炸药消耗量的定义中，选择和确定合理的单位炸药消耗量，是爆破工程技术的关键参数。

需要强调的符号含义是：K_b是指单个集中药包形成标准抛掷爆破漏斗（$n=1$）时，爆破每 $1m^3$岩石或土壤所消耗炸药的质量，称作标准抛掷爆破单位用药量系数。K_s则是指单个集中药包形成松动爆破漏斗时（一般 $n<0.75$），爆破每 $1m^3$岩石或土壤所消耗炸药的质量系数。

K_b与 K_s相对于同类岩石来讲，存在式（5-53）的关系。因此，工程实际中常先选择 K_b值再决定 K_s的值。当然，也可以直接选择 K_s的值。

选择 K_b或 K_s时，应考虑多方面的影响因素来加以确定，主要有以下几个途径：

（1）查表。对于普通的岩土爆破工程，K_b和 K_s的值可由相关表格中查出。值得注意的是大多数表都是对 2 号岩石铵梯炸药而言的，使用其他炸药时应乘以炸药换算系数 e（见表 5-1）。

（2）采用工程类比的方法，参照条件相近工程的单位用药量系数确定 K_b或 K_s的值。在工程实际中，用这个途径更为现实、可靠。

（3）采用标准抛掷爆破漏斗试验确定 K_b。理论上讲，形成标准抛掷爆破漏斗的装药量 Q 与其所爆落的岩体体积之比即为 K_b的值。但是，在试验中恰好爆成一个标准抛掷爆破漏斗是很困难的，因此，在试验中常根据式（5-43）计算 K_b的值，即

$$K_b = \frac{Q}{(0.4 + 0.6n^3)W^3} \tag{5-55}$$

试验时，应选择平坦地形，地质条件要与爆区一样，选取的最小抵抗线 W 一般取 3～5m，采用集中药包。根据最小抵抗线 W、装药量 Q 以及爆后实测的爆破漏斗底圆半径 r，计算 n 值并由式（5-55）计算 K_b值。试验应进行 3 次以上，并根据各次的试验结果选取接近标准抛掷爆破漏斗的装药量。试验是繁杂的，但对于一些重大的工程是必不可少的。

需要指出的是，K_b和 K_s都只是单个集中药包爆破时装药量与所爆落岩体体积之间的一个关系系数。当群药包共同作用时，群药包的总装药量与群药包一次爆落的岩体总体积的比值称为单位耗药量，简称炸药单耗，用字母 q 来表示，即

$$q = \frac{\Sigma Q}{\Sigma V} \tag{5-56}$$

式中，q 为单位耗药量，kg/m^3；ΣQ 为群药包总装药量，kg；ΣV 为群药包一次爆落的岩体总体积，m^3。

一般只有在单个集中药包爆破时，K_b或 K_s才与 q 相等。在群药包爆破设计中，K_b和 K_s只用来计算单个药包的装药量。单位耗药量 q 也是一个经济指标，可用来衡量爆破工程的经济效益，是爆破工程预算的重要指标之一。

在工程爆破的设计和施工过程中，为了选择与岩石性质相匹配的炸药，有时需要将一种炸药的用量换算成另外一种炸药的用量。工程上常用炸药换算系数 e 来表示炸药之间的当量换算关系。关于炸药换算系数 e 的确定方法，习惯上以 2 号岩石铵梯炸药作为标准炸药，规定 2 号岩石铵梯炸药的 $e=1$，并以 2 号岩石铵梯炸药的做功能力 320mL 或猛度 12mm 作为标准，其他炸药品种根据以下两式：

$$e_b = \frac{320}{\text{所换算炸药的作功能力值}} \quad \text{或} \quad e_m = \frac{12}{\text{所换算炸药的猛度值}}$$

求算 e 值。也可以根据上述两式的平均值求算 e 值，即 $e = \frac{e_b + e_m}{2}$。常用炸药的换算系数 e

值列于表 5-12 中。事实上，用作功能力和猛度两个指标确定炸药的换算系数具有一定的局限性，必要时，可以通过爆破漏斗试验法确定 e 值。

表 5-12 常用炸药的换算系数 e 值

炸药名称	换算系数 e	炸药名称	换算系数 e
2 号岩石铵梯炸药	1.0	1 号岩石水胶炸药	0.75~1.0
2 号露天铵梯炸药	1.28~1.5	2 号岩石水胶炸药	1.0~1.23
2 号煤矿许用铵梯炸药	1.20~1.28	一、二级煤矿许用水胶炸药	1.2~1.45
4 号抗水岩石铵梯炸药	0.85~0.88	1 号岩石乳化炸药	0.75~1.0
梯恩梯	0.75~0.94	2 号岩石乳化炸药	1.0~1.23
铵油炸药	1.0~1.33	一、二级煤矿许用乳化炸药	1.2~1.45
铵松蜡炸药	1~1.05	胶质硝化甘油炸药	0.8~0.89

5.8 影响爆破作用与安全的主要因素

5.8.1 最小抵抗线原理与安全准则

爆轰波和爆生气体在岩体中引起的应力在最小抵抗线方向最先传播到自由面并产生破碎效应，使岩石表面在最小抵抗线方向上向外隆起，形成以最小抵抗线为对称轴的钟形鼓包，然后向外抛散。此处岩土体抵抗力最弱，岩土介质运动的初速度最大。抛掷的结果形成爆堆，而爆堆的分布对称于最小抵抗线的水平投影，在最小抵抗线方向上抛掷最远。

岩石爆破破碎、抛掷和堆积的主导方向，是最小抵抗线方向。这种破碎、抛掷和堆积同最小抵抗线的关系，称为最小抵抗线原理。

最小抵抗线 W 的确定方法根据爆破方法的不同而有所区别。对于采用集中药包的爆破方法，最小抵抗线 W 是从药包中心到地面或最近临空面的最短距离，如图 5-36a 所示；而采用延长药包爆破的炮孔法爆破，最小抵抗线 W 则是从药包长度的中心到距该中心最近临空面的最短距离，如图 5-36b 所示。孤石或大块的最小抵抗线方向如图 5-36c 所示。

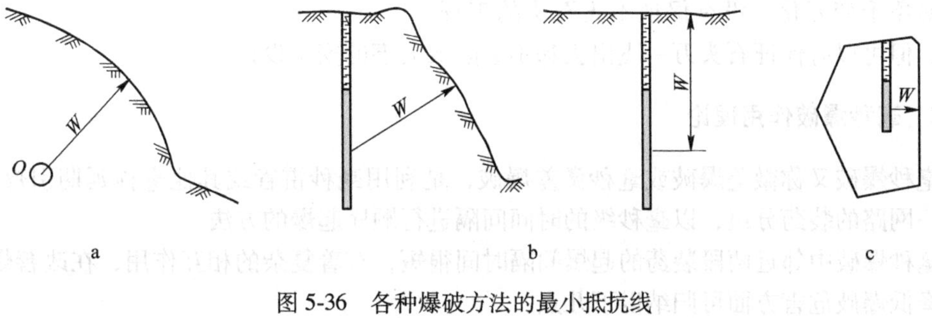

图 5-36 各种爆破方法的最小抵抗线

基于最小抵抗线原理，如果要求多个药包爆落的岩土体向某处集中抛掷堆积，则应尽可能选择和利用凹形地形，合理地布置药包，如图 5-37 所示。如果地形条件不利，可用辅助药包及采用不同的起爆顺序，以改变最小抵抗线方向和爆破抛掷方向，如图 5-38 所示。

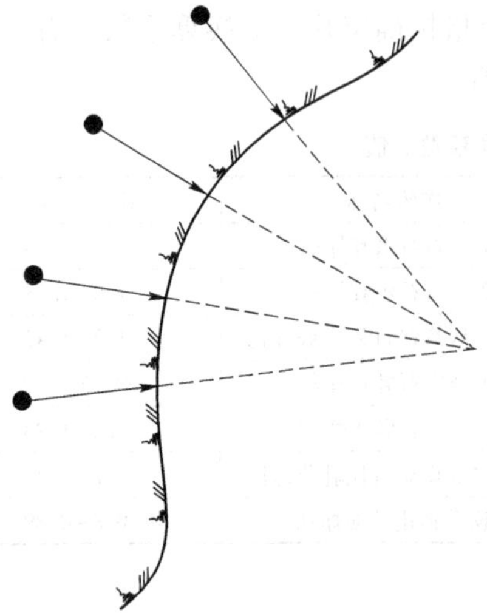

图 5-37 适于集中抛掷堆积的凹形地形

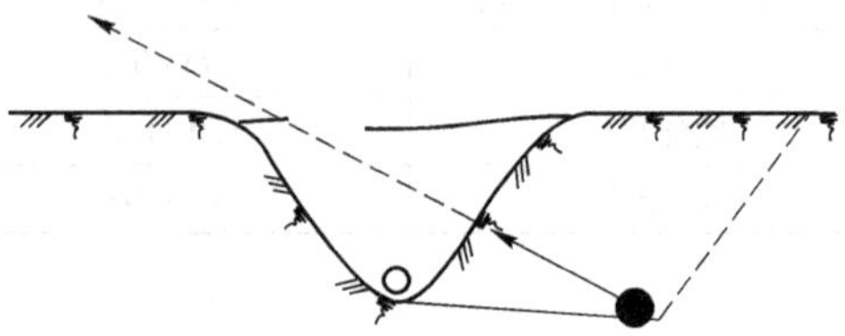

图 5-38 改变最小抵抗线的辅助药包

在图 5-39 中，仅改变药包 O_1 和 O_2 的位置（即起爆顺序），就可改变最小抵抗线方向和抛掷方向。

最小抵抗线的指向是岩石破碎、抛掷和产生飞石的主导方向，应特别注意该方向的选择和安全防护。施工时应认真测量核实最小抵抗线 W 的大小和指向。由于装药量 Q 与 W 的 3 次幂有关，W 值的错误测算往往会导致严重的爆破事故。

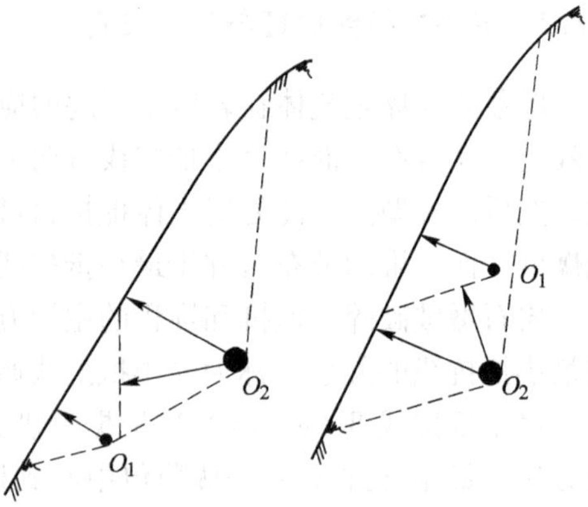

图 5-39 药包位置与起爆顺序对最小抵抗线方向的影响

选对最小抵抗线方向，尽量指向不需保护的角度，即使出现飞石类的意外也不至于发生伤害或损失。这就是爆破安全工程的准则之一。爆破对象千变万化，没有保证不飞石头的工程大师，但可以有保证石头万一飞出去却不会酿成灾害的安全设计。

5.8.2 毫秒爆破作用理论

毫秒爆破又称微差爆破或毫秒微差爆破，是利用毫秒雷管或其他毫秒延期引爆装置，将同一网路的装药分组，以毫秒级的时间间隔进行顺序起爆的方法。

毫秒爆破中邻近两段装药的起爆间隔时间很短，有着复杂的相互作用，在改善爆破效果和降低爆破危害方面可归纳以下几点：

（1）提高了炸药能量利用率，增强破碎作用，降低了大块率。

（2）减小了抛掷作用，并将空气冲击波和个别飞石变成了有用功，而且爆堆集中，能提高装岩效率。

（3）在时间上和空间上分散了爆破地震效应，提高了爆破工程能力或降低了对环境的影响。

(4) 可以在地下有瓦斯的工作面内使用（放炮前，瓦斯浓度不超过1%，总延期时间不超过130ms），实现全断面一次爆破，缩短爆破作业时间，提高掘进速度，并有利于工人健康。

目前，几乎所有的爆破方法在成组装药爆破时都采用毫秒爆破，将其爆破作用机理总结归入岩石爆破理论中讨论是十分必要的。

5.8.2.1 毫秒爆破作用机理

A 应力波相互干涉

如前所述，若相邻两装药同时爆炸，由于应力波的相互干涉，在两装药中间岩体某区域内将形成应力降低区，从而容易产生大块。但若使相邻的两装药间隔一定时间爆炸，比如当先期爆炸装药在岩体内激起压缩波从自由面反射成拉伸波后，再引爆后期爆炸的装药，不仅能消除应力降低区，而且能增大该区内的拉应力，如图5-40所示。

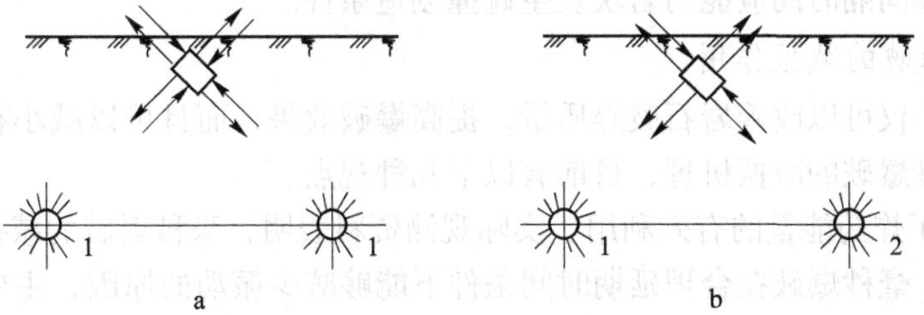

图5-40 瞬发爆破与毫秒爆破时相邻装药产生应力波的比较

a—瞬发爆破；b—毫秒爆破

1，2—起爆顺序

试验表明：在深孔毫秒爆破中，后起爆药包较先起爆药包滞后十至几十毫秒起爆，两组深孔爆破产生的应力波叠加，可以改善破碎效果。

B 形成新的自由面

毫秒爆破能够改善岩石的破碎质量，是由于先期爆炸装药在岩体内已造成了某种程度的破坏，形成了一定宽度的裂隙和附加自由面，为后期装药爆破创造了有利的破岩条件。

图5-41所示，在先爆破炮孔形成漏斗后，对后起爆炮孔来说，相当于增加了新的自由面，后起爆炮孔的最小抵抗线和爆破作用方向都有所改变，增加了入射压缩波与反射拉伸波在自由面方向的破岩作用，并减少夹制作用。此外，由于先期爆炸产生的新自由面改变了后期爆炸装药的作用方向（不再垂直原有自由面），故能减小岩石的抛掷距离和爆堆宽度，并为运动岩块相互碰撞、利用动能使之发生二次破碎创造了条件。

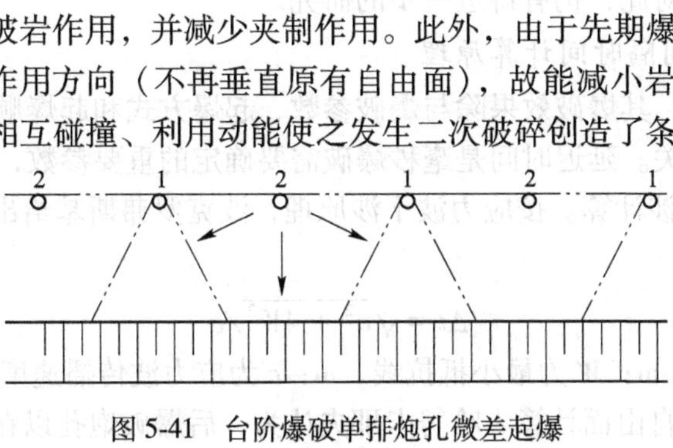

图5-41 台阶爆破单排炮孔微差起爆

1，2—起爆顺序

按这种观点，在毫秒爆破的各种形式中，以台阶爆破的炮孔间隔起爆或波浪式毫秒爆破的爆破效果最好。

C 剩余应力叠加

先期爆炸激起的爆炸应力波在岩体内形成动态应力场并产生一系列裂缝。其后，岩体承受高压爆生气体的作用，使裂缝进一步扩展，但随着爆生气体的膨胀，压力不断降低。后期爆炸装药应在先期爆炸装药产生的静态应力场尚未消失前起爆，利用先期爆炸装药在岩体产生的剩余应力来改善岩石的破碎质量。

D 岩块碰撞辅助破碎

在毫秒爆破过程中，先起爆装药炸起的运动岩块在未落下之时，与后起爆抛起的岩块能够发生相互碰撞，利用动能使其再次发生破碎，并阻挡了个别飞石的飞出和将空气冲击波变为破碎功。同时，减小了岩石的抛掷距离和爆堆宽度。按这种观点，毫秒爆破最好的起爆方式和起爆间隔时间应能为岩块发生碰撞创造条件。

E 毫秒爆破的减振作用

毫秒爆破不仅可以改善岩石破碎质量，提高爆破效果，而且可以减小在围岩内产生的振动。关于毫秒爆破的减振机理，目前有以下几种观点。

（1）提高了炸药能量的有效利用。实际观测资料表明，毫秒爆破的减振作用与延期时间有很大关系，毫秒爆破在合理延期时间条件下能够减少振动的原因，主要是改善了破碎质量，使炸药能量获得了较充分的利用，从而减小了地震波的能量和强度。依据这种观点，减振作用的合理延期时间应与改善岩石破碎质量的合理延期时间相一致。

（2）减小了一次爆炸的药量。由于振动过程的延续时间很短，可将每组（段）装药爆炸激起的地震波看作是孤立的，当一次爆炸的药量愈大时，距爆源相同距离处产生的振速就愈大。微差爆破将一次爆破药量用毫秒级的时间差分成若干段，其产生的地震效应变成了一次起爆药量中最大一段起爆药量的震动效应。

（3）相反相位振动的叠加。这种观点认为，当相位相反时，地震波叠加后的强度或质点振速将减小。但这种观点存在不足：首先，如果这种观点成立，那么同样会存在着使振动增强的可能性，然而一次爆炸产生振动过程的延续时间只有4~8ms，而一般毫秒爆破采用的延期时间远比该时间大，这说明实际上很难发生振动叠加。

尽管国内外学者对毫秒爆破的破岩机理进行了许多研究，提出了许多论点，但目前尚未形成统一的认识。对此，仍有待进一步的研究。

5.8.2.2 毫秒间隔时间计算原理

采用毫秒爆破时，其爆破效果除与爆破参数、起爆方式和起爆顺序有关外，还与所采用的毫秒微差时间相关。延迟时间是毫秒爆破需要确定的重要参数，目前有以下方法：

（1）按应力波干涉计算。按应力波干涉原理，波克罗弗斯基给出能够增强破碎效果的合理延期时间 Δt 为

$$\Delta t = \sqrt{a^2 + 4W^2}/c \tag{5-57}$$

式中，a 为炮孔间距，m；W 为最小抵抗线，m；c 为应力波传播速度，m/s。

（2）按形成新的自由面计算。哈努卡耶夫认为，后爆破炮孔以在先爆破孔刚好形成爆破漏斗，且爆岩脱离岩体，形成0.8~1.0cm宽的裂缝时起爆为宜。

$$\Delta t = t_1 + t_2 + t_3 = 2W/c + L_f/c_f + B_w/v_r \quad (5\text{-}58)$$

式中，t_1为弹性波传至自由面并返回的时间，s；t_2为形成裂缝的时间，s；t_3破碎岩石离开岩体距离 B_w 的时间，s；L_f 为裂缝长度，m，$L_f \approx 1.4W$；B_w为裂缝宽度，m；c_f为裂缝扩展平均速度，m/s，$c_f = 0.1c$；v_r 为岩石运动平均速度，m/s。

(3) 按地震效应最小的原则确定，一般地震波具有很复杂的波形，其整个波动过程大致可以分为三部分：1) 初震相；2) 主震相；3) 余震相（图5-42）。主震相振幅大，破坏性大。

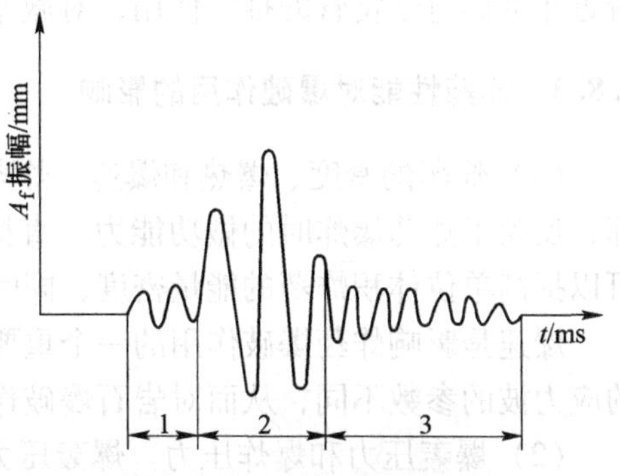

图5-42 爆破地震波形
1—初震相；2—主震相；3—余震相

地震波振幅与炮孔装药量、测点至炮孔的距离有如下的关系：

$$A_f = K \times Q^b \times R_1^n \quad (5\text{-}59)$$

式中，A_f为振幅峰值；Q 为装药量，kg；R_1为测点至深孔（震源）的距离，m；K，b，n 为常数，一般 $b=0.4\sim1.0$；$n=-1\sim-2$。

震动速度的峰值和装药量、测点至震源距离也存在类似关系。

从式（5-48）可以看出：装药量、至震源距离不同，产生的有害振幅（最大峰值）值也不同。在爆破工作中，应根据需要保护的建筑物或其他设施所能承受的地震幅值（或地震振动速度、加速度）设计毫秒微差爆破方案（深孔布置、装药量及参数计算）及防震措施。

按地震效应最小的原则确定微差间隔时间，有多个工程研究成果建议微差间隔时间为30~50ms为好。

(4) 依经验公式计算。

1) 我国长沙矿冶研究院提出的公式

$$\Delta t = (20 \sim 40) W_0/f \quad (5\text{-}60)$$

式中，W_0为实际最小抵抗线，m；f 为岩石的坚固性系数。

2) U. Langefors（兰格弗斯）等人的瑞典经验公式

$$\Delta t = 3.3kW \quad (5\text{-}61)$$

式中，k 为除最小抵抗线外，决定于其他因素的系数，$k=1\sim2$。

3) 苏联矿山部门的公式

$$\Delta t = k'W(24 - f) \quad (5\text{-}62)$$

式中，k'为岩石裂隙系数，裂隙不发育的岩石 $k'=0.5$，中等发育岩石 $k'=0.75$，发育岩石 $k'=0.9$，式（5-60）~式（5-62）中，Δt 单位均为ms。

近年来，各国采用的毫秒爆破合理微差间隔时间情况是：美国 $\Delta t=9\sim12.5$ms；瑞典 $\Delta t=3\sim10$ms；加拿大 $\Delta t=50\sim75$ms；法国 $\Delta t=15\sim60$ms；英国 $\Delta t=25\sim30$ms；苏联和我国 $\Delta t=25$ms等。

由于岩石条件的复杂性，爆破孔网参数的不均匀性，实施毫秒爆破器材的局限性等，毫秒爆破中的最优时间间隔应是一个区间或范围，而不应是一个固定值。过去我国批量生产的低段位毫秒雷管延期时间多为25ms，尚不能很好满足选择合理延期时间的需要。随着近年数码电子雷管的推广使用，对微差间隔时间的应用试验研究提供了更广阔的空间。

5.8.3 炸药性能对爆破作用的影响

（1）炸药的密度、爆热和爆速。炸药的密度、爆热、爆速、爆炸压力和猛度等性能指标，反映了炸药爆炸时的做功能力，直接影响炸药的爆炸效果。增大炸药的密度和爆热，可以提高单位体积炸药的能量密度，同时提高了炸药的爆速、猛度和爆力。

爆速是影响炸药爆破作用的一个重要性能指标。不同爆速的炸药，在岩体内爆炸激起的应力波的参数不同，从而对岩石爆破作用及其效果有着明显的影响。

（2）爆轰压力和爆炸压力。爆轰压力是指炸药爆炸时爆轰波波阵面（*C-J* 面）上的压力。当爆轰波传播到炮孔壁面上时，在孔壁岩体中产生强烈的冲击波，这种冲击波在岩石中，特别是在硬岩中传播会引起炮孔周围岩石的粉碎和破裂，它为整个岩石的破碎创造了先决条件。

爆炸压力是指炸药在完成爆炸反应以后，爆轰气体产物膨胀作用在炮孔壁上的压力。它是对破碎效果起决定作用的因素。在爆破过程中爆炸压力对岩体起胀裂、推移和抛掷的作用。一般来说，爆炸压力越高，对岩体的胀裂、推移和抛掷的作用越强烈。

在爆破破岩过程中，冲击波的作用超前于爆轰气体产物的膨胀作用，冲击波在岩体中造成的初始变形（或裂隙），为爆炸压力的胀裂作用创造了有利条件。另外，炸药的爆轰反应是一个极短暂的过程，往往在岩体尚未破碎之前就结束了。所以，爆轰压力的作用时间短于爆炸压力的作用时间，这有利于由爆炸应力波在岩体中造成的初生裂隙得到进一步延伸和发育，有利于提高爆炸能量的利用率。

爆炸压力的大小取决于炸药的爆热、爆温、爆轰气体生成量以及装药结构等，爆炸压力的作用时间除与炸药本身的性能有关外，还与爆破时炮泥的堵塞质量有关。因此在工程爆破中除了针对岩石性能和爆破目的选用性能相适应的炸药品种外，还应注意堵塞质量。

（3）炸药爆炸能量利用率。炸药在岩体中爆炸时所释放出的能量，通过爆炸应力波和爆轰气体膨胀压力的方式传递给岩石，使岩石产生破碎。但是，真正用于破碎岩石的能量只占炸药释放能量的极小部分，大部分能量都消耗在做无用功上。例如采用抛掷爆破时用于爆破破碎上的有用功占总量的5%～7%。即使采用松动爆破，能量利用率也不会超过20%。因此，提高炸药爆炸能量利用率是有效破碎岩石、改善爆破效果和提高经济效益的重要途径。

在工程爆破中，岩石的过度粉碎，产生强烈的抛掷，形成爆破地震波、空气冲击波、噪声和爆破飞石等均属无益消耗的爆炸功。因此，必须根据爆破工程的要求，采取有效措施来提高炸药爆炸能量利用率。如根据岩石性质合理选择炸药品种，合理确定爆破参数，选择合理的装药结构和药包起爆顺序，以及保证堵塞质量等，都可以提高炸药在岩体中爆炸时的能量利用率。

5.8.4 自由面对爆破作用与安全的影响

自由面指被爆破的岩石或介质与空气接触的表面，也有人在研究中把岩石与水或其他较软的介质的界面称为准自由面。岩石与空气的分界面是最典型的自由面。

5.8.4.1 自由面在爆破中的作用

自由面的作用归纳起来有以下 3 点：

（1）反射应力波。当爆炸应力波遇到自由面时发生反射，压缩应力波变为拉伸波，引起岩石的片落和径向裂隙的延伸。

（2）改变岩石应力状态及强度极限。在无限介质中，岩石处于三向应力状态，而自由面附近的岩石则处于单向或双向应力状态。故自由面附近的岩石强度接近岩石单轴抗拉或抗压强度，比在无限介质中承受爆破作用时相应的强度减少几倍甚至十几倍。

（3）自由面是最小抵抗线方向，应力波低达自由面后，在自由面附近的介质运动因阻力减小而加速，随后而到的爆炸气体进一步向自由面方向运动，形成鼓包，最后破碎、抛掷。

自由面存在有利于岩石破碎。其中，自由面的大小和数目对爆破作用效果的影响更为明显。自由面小和自由面的个数少，爆破作用受到的夹制作用大，爆破困难；单位炸药消耗量增高。

5.8.4.2 自由面大小、方向和位置对爆破作用的影响

从前面的分析中可以知道，对于有效地进行爆破，自由面是非常重要的因素。图 5-43 表示自由面数对爆破效果的影响。图 5-43a 表示只有一个自由面时的爆破情况，图 5-43b 表示具有两个自由面时的爆破情况。

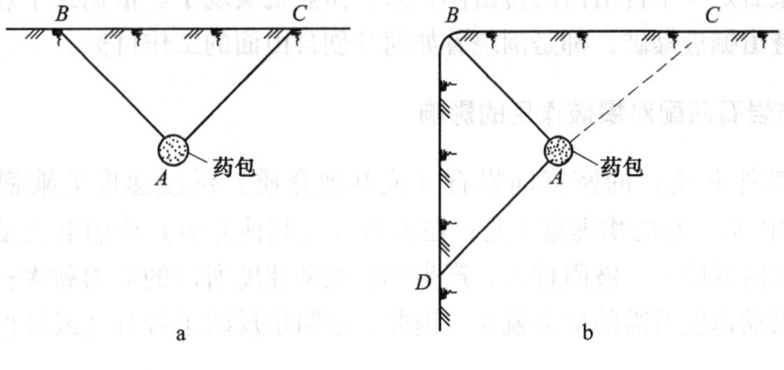

图 5-43 自由面数对爆破效果的影响

此外，装药量计算公式是以单自由面为前提的，而在实际工程中，为了改善爆破效果，也常利用多自由面爆破，因此计算装药量时，还应考虑自由面数量的影响。

一般地，当自由面数由 1 增加到 2 时，q 降低 40%，当自由面数由 2 增加到 3 时，q 降低 60%。

自由面的位置对爆破作用也产生影响。炮孔中的装药在自由面上投影面积愈大，愈有利于爆炸应力波的反射，对岩石的破坏愈有利。如果在一个自由面的条件下，垂直于自由面布置炮孔，那么在这种条件下炮孔中装药在自由面的投影面积极小，所以爆破破碎也很小，如图 5-44a 所示。如果炮孔与自由面成斜交布置，那么装药在自由面上的投影面积比较大，爆破破碎范围也比较大，如图 5-44b 所示。

另外，当其他条件一样时，若自由面位于装药的下方如图 5-44c 所示，由于在这种条件下有岩石本身重力的作用，所以爆破效果最好；反之若自由面位于装药的上方如图

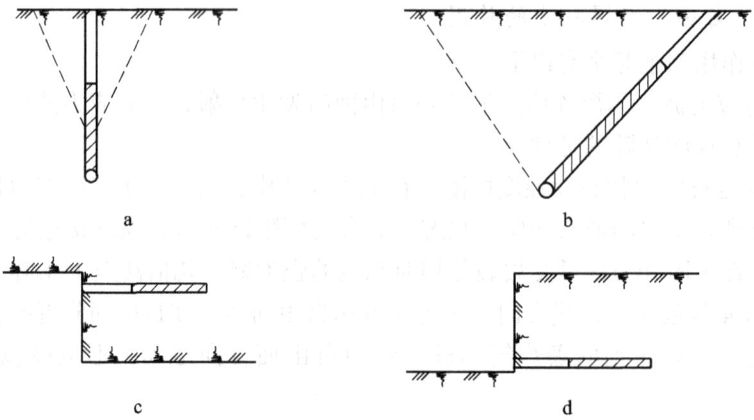

图 5-44　炮孔与自由面相对位置对爆破的影响

a—垂直布置炮孔；b—倾斜布置炮孔；
c—自由面在炮孔下方；d—自由面在炮孔上方

5-44d 所示，爆破效果就要差一些，因为此时爆破的作用要克服岩石本身的重力。地下采矿中的 VCR 法，就是利用自由面位于装药的下方这一特性。

自由面其实是爆破工程的最终目标。开采矿岩，就是要从一个自由面原岩条件下，使其出现多个、最后是 6 个自由面的自由体，采矿作业就实现了。依据这个理念，之后的露天台阶爆破和隧道掘进爆破，都是围绕着如何开创自由面的工作目标。

5.8.5　炸药与岩石匹配对爆破作用的影响

岩石（或其他介质）的密度同岩石（或其他介质）纵波速度的乘积，称为该岩石（或介质）的波阻抗。它的物理意义是：在岩石（或其他介质）中引起扰动使质点产生单位振动速度所必需的应力。波阻抗大，产生单位振动速度所需的应力就大；反之，波阻抗小，产生单位振动速度所需的应力就小。因此，波阻抗反映了岩石（或其他介质）对波传播的阻尼作用。

同理，炸药的密度与其爆速的乘积称为炸药的波阻抗。

实验表明，炸药或凿岩机钎杆的波阻抗值同岩石的波阻抗值愈接近，炸药或钎杆传给岩石的能量就愈多，在岩石中所引起的破碎程度也愈大。从能量观点来看，为提高炸药能量的有效利用率，炸药的波阻抗应尽可能与所爆破岩石的波阻抗相匹配。因此，岩石的波阻抗愈高，所选用炸药的密度和爆速应愈大。

5.8.6　装药结构对爆破作用的影响

5.8.6.1　不耦合装药

装药在炮孔（孔）内的安置方式称为装药结构，它是影响爆破效果的重要因素。最常采用的装药结构形成有：

（1）耦合装药。炸药与炮孔直径相同，药包与炮孔壁之间不留间隙。

（2）不耦合装药。炸药直径小于炮孔直径，药包与炮孔壁之间留有间隙。又称为径向不耦合装药。

（3）连续装药。炸药在炮孔内连续装填，不留间隔。

（4）间隔装药。炸药在炮孔内分段装填，装药之间由炮泥、木垫或空气柱隔开。又有人称其为轴向不耦合装药。

各种装药结构如图 5-45 所示。

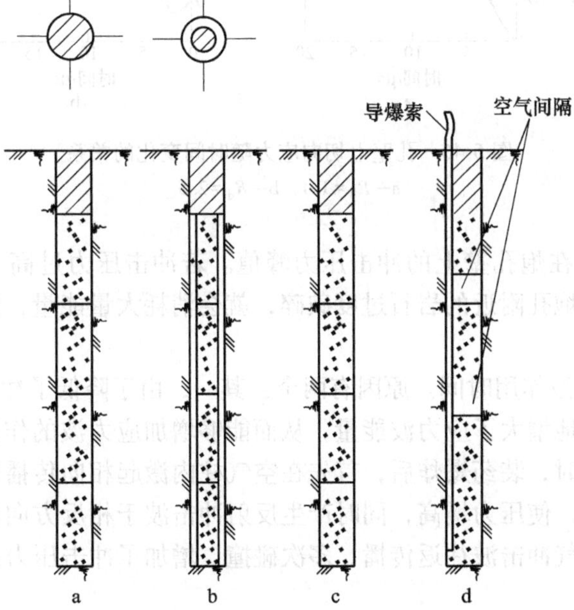

图 5-45 装药结构

a—耦合装药；b—不耦合装药；c—连续装药；d—间隔装药

药包与孔壁的不耦合程度常用不耦合系数 R_d 来表示，即炮孔直径 d 与药包直径 d_e 的比值：

$$R_d = \frac{d}{d_e} \tag{5-63}$$

从式中看出，当 $R_d = 1$ 时，药包与孔壁完全耦合；当 $R_d > 1$ 时，药包与孔壁不耦合，这表明药包与孔壁间存在着空气间隙，由于炸药与岩石的波阻抗均为空气波阻抗的 10^4 倍，在不耦合情况下爆炸能从炸药传播到空气，再由空气传播到岩石的过程中严重衰减。只要药包和孔壁之间存在空气间隙，这种损失就不可避免。

在工程爆破中，并不是把所有的有径向间隙的装药笼统称为不耦合装药，而是把 $R_d >$ 2.0 以上的才认为是真正的不耦合装药。因为，小于此值的不耦合装药的不耦合爆破效果不明显。

5.8.6.2 轴向空气间隔装药

试验证明，在一定岩石和炸药条件下，采用轴向空气间隔装药，可以增加用于破碎或抛掷岩石的爆炸能量，提高炸药能量的有效利用率，降低装药量。轴向空气间隔装药的作用原理如图 5-46 所示。

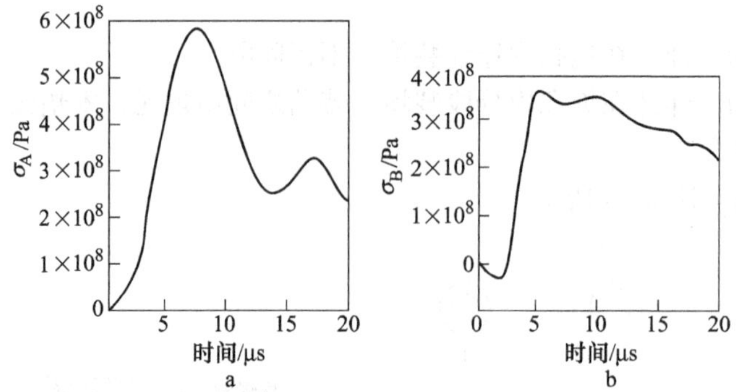

图 5-46 孔壁上切向应力随时间变化的关系

a—R_d = 1.1；b—R_d = 2.5

（1）降低了作用在炮孔壁上的冲击压力峰值。若冲击压力过高，在岩体内激起冲击波，产生压碎圈，使炮孔附近的岩石过度破碎，就会消耗大量能量，影响压碎圈以外岩石的破碎效果。

（2）增加了应力波作用时间。原因有两个：其一，由于降低了冲击压力，减小或消除了冲击波作用，相应地增大了应力波能量，从而能够增加应力波的作用时间；其二，当两段装药间存在空气柱时，装药爆炸后，首先在空气柱内激起相向传播的空气冲击波，并在空气柱中心发生碰撞，使压力增高，同时产生反射冲击波于相反方向传播，其后又发生反射和碰撞。炮孔内空气冲击波往返传播、多次碰撞，增加了冲击压力及其激起的应力波的作用时间。

图 5-47 为在相似材料模型和相同试验条件下测得的连续装药和空气柱间隔装药激起的应力波波形。可见，空气柱间隔装药激起的应力波，其峰值应力减小，应力波作用时间增大，又由于空气冲击波碰撞，在应力波形上可以看到两个峰值应力，但总的来看，应力变化比较平缓。

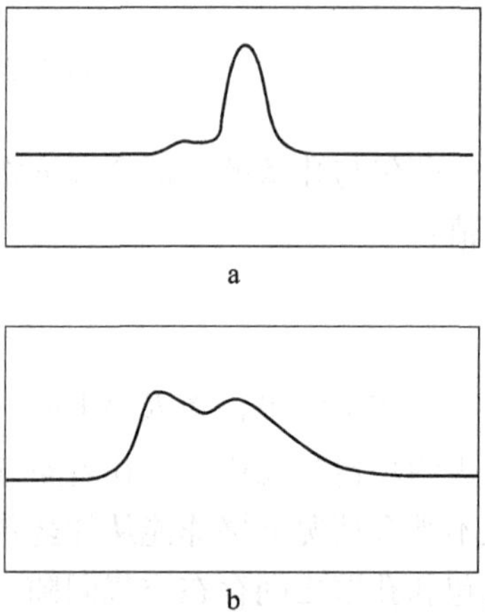

图 5-47 连续装药与空气柱间隔装药激起的应力波波型

a—连续装药；b—空气柱间隔装药

（3）增大了应力波传给岩石的冲量，而且比冲量沿炮孔分布较均匀，这是以上两点带来的结果。有关试验结果表明：在连续装药情况下，炮孔底比冲量远比炮孔口比冲量高，比冲量沿炮孔全长分布不均，这会使爆破块度不匀并增加大块率；采用空气柱间隔装药时，炮孔底比冲量减小，而炮孔口比冲量增大，比冲量在炮孔全长分布趋于均匀，故能改善块度质量并减小大块率。

由于空气柱间隔装药有以上三个方面的作用，因此在一定的岩石和炸药条件下，合理确定空气柱长度与装药长度的比值，能达到调整应力波参数，提高炸药量的有效利用和改善爆破效果的目的。

在通常采用的装药条件下，不同岩石适用的空气柱长度与装药长度的比值见表 5-13。

若炮孔长度超过 3.5~4m，应采用多段间隔装药。在隧道或井巷掘进中，一般可将装药分为两段，其中底部装药应为总药量的65%~70%，装药间用导爆索连接起爆。如果没有适合的起爆方法，也可以采用多段间隔装药，使装药间距离不超过殉爆距离，或采用连续装药，将空气柱留在装药与炮泥之间。

表 5-13 合理的空气柱长度

岩石名称	软岩	中等坚固多裂隙岩石（$f=8\sim10$）	中等坚固块体岩石（$f=8\sim10$）	多裂隙的坚固岩石（$f=10\sim16$）	坚固、坚韧且具有微裂隙的岩石
空气柱长度与装药长度之比	0.35~0.4	0.3~0.32	0.21~0.27	0.15~0.2	0.15~0.2

采用不耦合装药时，需要注意采取必要的措施避免炸药爆炸间隙效应的发生；采用空气柱间隔装药时，则应保证各段装药的可靠起爆。

此外，在周边爆破中，没有专用的小直径炸药可供使用时，也可采用空气柱间隔装药（增大空气柱长度），来控制炸药的爆破作用。

5.8.7 堵塞对爆破作用与安全的影响

工程爆破中，一般都要对炮孔进行堵塞。用来封闭炮孔的材料统称为炮泥。用炮泥堵塞炮孔可以达到以下目的：

（1）保证炸药充分反应，使之放出最大热量和减少有毒气体生成量。

（2）降低爆生气体逸出自由面的温度和压力，提高炸药的热效率，使更多的热量转变为机械功。

（3）在有瓦斯的工作面内，除降低爆炸气体逸出自由面的温度和压力外，炮泥还起着阻止灼热固体颗粒（例如雷管壳碎片等）从炮孔内飞出的作用，提高爆破安全性。

除此之外，炮泥也会影响爆炸应力波的参数，从而影响岩石的破碎过程和炸药能量的有效利用。试验表明，爆炸应力波的参数与炮泥材料、炮泥长度和填塞质量等因素有关。

分析炮泥对爆炸应力波参数的影响，需要了解炮泥在炸药爆炸过程中的运动规律。试验研究表明，炮泥运动具有以下规律（如图5-48所示）：

（1）炮泥一般是可压缩性物质，其运动不是在所有截面同时发生的。靠近装药的炮泥层最先运动（曲线3），然后，后面的层依次跟着发生运动（曲线2、曲线1）。

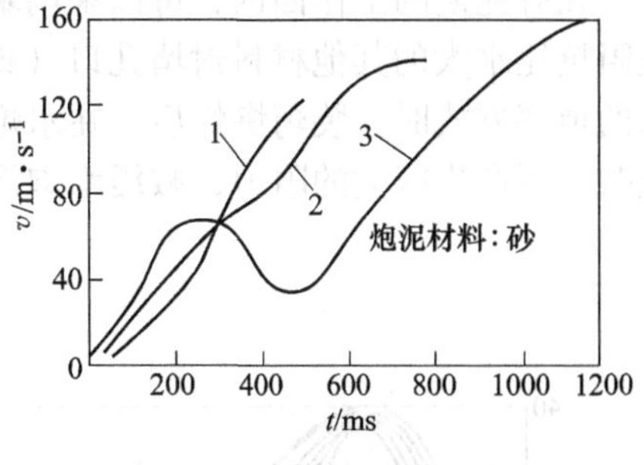

图 5-48 装药爆炸时炮泥运动速度的变化
1—上段炮泥；2—中段炮泥；3—下段炮泥

（2）在不同区段上，炮泥运动具有不同的规律。靠近装药的一段炮泥，其运动规律最复杂。

（3）离装药较远或近炮孔口的一段炮泥，从运动开始，其速度一直在增长，不发生减速，而且超过一定时间后，其运动速度将大于下段炮泥的运动速度，从而对下段炮泥的运动不再产生任何阻碍作用。

从炮泥运动规律可以看出，在岩石破碎以前，炮泥能够阻止爆炸气体从炮孔内逸出，增加爆炸应力波的作用时间及其冲量。但不同区段炮泥阻止爆炸气体逸出的机理不同。下段炮泥（靠近装药的炮泥），在未发生剪切前，主要靠横推力产生的摩擦力阻止炮泥运动和气体膨胀，剪切后，靠其惯性延迟气体逸出；上段炮泥在一定时间内靠惯性阻止下段炮泥的运动，但当运动速度超过下段炮泥的运动速度后就不再起任何作用。

影响岩石的应力波参数的因素，首先是炮孔内气体压力的变化。若没有炮泥，装药与大气直接接触，气体压力就会很快由最大值下降到大气压；当装有炮泥，又没有裂隙与自由面相通时，气体压力下降较慢，从而能够增加压力作用时间和传给岩石的比冲量。图5-48表示在有堵塞和无堵塞的炮孔中，压力随时间变化的关系。从图5-49中可以看出，有堵塞和无堵塞两种条件下对炮孔壁的冲击初始压力虽然没有明显的影响，但堵塞大大增加了爆轰气体膨胀作用在孔壁上的压力和延长了压力作用的时间。从而大大提高了它对岩石的胀裂和抛移作用。良好的堵塞还加强了它对炮孔中的炸药爆轰时的约束作用，使炸药的爆轰反应及其爆轰性能得到一定程度的改善，从而全面地提高炸药爆炸能量的利用率和做功能力。

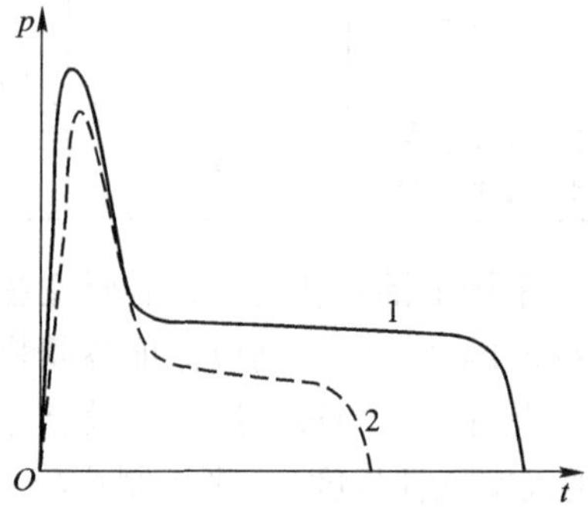

图5-49 堵塞对炮孔压力的影响
1—有堵塞；2—无堵塞

图5-50所示为在一定距离处（$r/r_b=40$）测得的无炮泥和有炮泥时的应力波形。从图5-50中看出，在有炮泥时，应力上升较快，达到峰值后下降较慢，应力作用时间增大，而且，应力波形与炮泥材料有关。炮泥材料的密度、压缩性、抗剪强度和内摩擦关系愈高，对炮孔内气体运动和膨胀产生的阻力就愈大，因此，压力作用时间和传给岩石的冲量也将相应增大。而且采用低爆速，低猛度炸药时，炮泥的作用尤为显著。

在有瓦斯的工作面内，可以采用聚乙烯塑料袋装的水炮泥。但采用水炮泥时，仍需用波阻抗比水大的其他材料封堵孔口（或采用两个以上的水炮泥）。试验表明，采用这种结构的填塞方式时，装药爆炸后，在水炮泥一端激起的冲击波和从另端反射回的冲击波相碰撞时，可产生很大的阻力，减缓水炮泥的运动（如图5-51所示）。

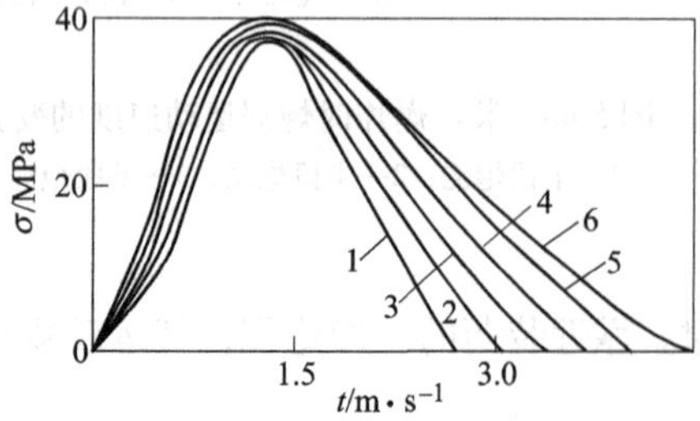

图5-50 无炮泥和有炮泥时的应力波形
1—无炮泥；2—黏土；3—砂；4—三袋水炮泥；
5—碎石；6—两袋水炮泥和其他材料封口

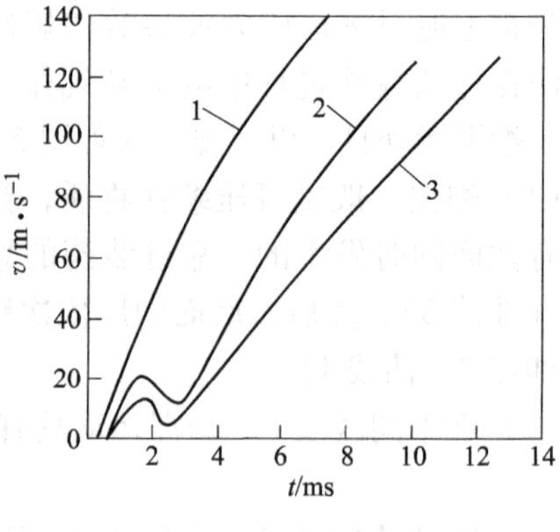

图5-51 不同结构水炮泥运动速度的变化
1—一袋水炮泥；2—三袋水炮泥；
3—一袋水炮泥及其他材料封口

我国《爆破安全规程》和《煤矿安全规程》都规定，在有瓦斯的条件下，爆破作业必须用炮泥堵塞炮孔，而且堵塞长度不能小于一定值。

5.8.8 起爆药包位置对爆破作用与安全的影响

装药采用雷管起爆时，雷管所在位置称为起爆点。浅孔爆破中起爆点通常是一个，但当装药长度很大时，也可设多个起爆点，或沿装药全长敷设导爆索起爆（相当于无穷多个起爆点）。

5.8.8.1 正向起爆与反向起爆

单点起爆时，若起爆点置于装药顶端（靠近炮孔口的装药端），爆轰波传向孔底，这种起爆方式称为正向起爆，若起爆点置于装药底端，爆轰波传向孔口则为反向起爆；若起爆点位于装药长度中间，雷管聚能穴朝向孔底，则称双向起爆或中间起爆。

起爆点位置和爆轰方向也是影响岩石爆破作用和爆破效果的重要因素。试验结果表明，反向起爆优于正向起爆，表现在：炮孔利用率随起爆点移向装药底部而增加，增加程度与岩石性质、炸药性质和炮孔深度有关；单位体积装药量相同时反向起爆能减小大块率等。

关于起爆点位置和爆轰方向对岩石破碎过程的影响主要从以下两方面来解释。

（1）反向起爆时，炮泥开始运动的时间比正向起爆推迟 $\Delta t(\Delta t=lc/D)$，lc 为装药长度，D 为炸药爆速），使爆炸气体在炮孔内存留的时间相应增大，也增加岩石内应力波的作用时间。

（2）起爆点位置不同，岩石内的应力分布不同。由自由面产生的反射拉伸波的破坏作用也有很大差别。

图 5-52 表示的是反向起爆应力波传播的历程，并将炸药的爆速 D 和岩石中纵波波速 c_p之比不同的 3 种条件下进行了分析。由图 5-52 所示，反向起爆时，若把底端起爆的长条形装药从 t_1时刻到 t_6时刻，各装药时间段爆炸产生的应力波波阵面在岩石中传播到达的位置进行分析，压缩应力波和在自由面反射的拉伸应力波都在炮孔孔口处密集。这有利于孔口岩石的破坏和减小大块率，压缩应力波在孔底方向分布稀疏，有利减弱对下层台阶的破坏作用。

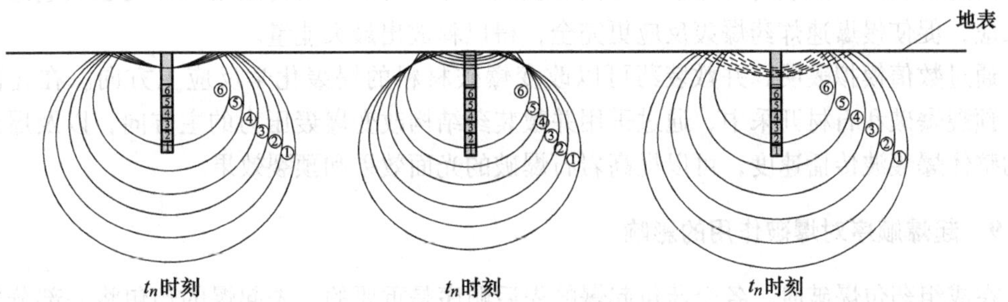

图 5-52 反向起爆时的炸药爆轰波及应力波传播图析

a— $D = c_p$；b— $D > c_p$；c— $D < c_p$

图 5-53 表示的是正向起爆应力波传播的历程图析表明：其应力波的分布和密集与反向起爆时正好相反，这不利于减少孔口大块和保护下层台阶。

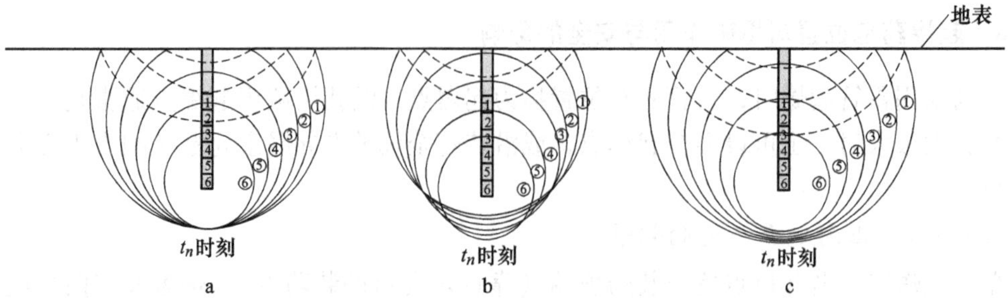

图 5-53 正向起爆时的炸药爆轰波及应力波传播图析

a— $D = c_p$；b— $D > c_p$；c— $D < c_p$

需要说明，无论是正向起爆，还是反向起爆，岩石内的应力分布都是很不均匀的，但若相邻炮孔分别采用正、反起爆，将能改善这种状况。

若采用多点起爆，由于爆轰波发生相互碰撞，可以增大爆炸应力波的参数，包括峰值应力、应力波作用时间及其冲量，从而能够提高岩石的破碎度，但起爆点数目超过 4 个以上时，冲量和破碎度不再明显增加。目前，因没有实现多点起爆的完善方法，故在大多数情况下，仍是采用单点起爆。

需要引起注意的是：某些国家安全规程规定，在有瓦斯的工作面内进行爆破时，只能采用反向起爆。我国《煤矿安全规程》（2003 年）规定：在有瓦斯的工作面实施毫秒爆破时，若采用反向起爆，则必须采取相应的安全措施。而最近修订的《爆破安全规程》（2014 年）对含瓦斯岩石或煤层条件下，爆破能否采用反向起爆及采用反向起爆的安全性却没有明确的规定。

5.8.8.2 导爆索并敷起爆

并敷装药是两种固有爆速不同的爆炸材料并排敷设的一种装药结构。比如在光面爆破、预裂爆破、石材开采生产爆破和中深孔爆破中，经常采用导爆索沿柱状炸药轴向并敷的装药结构。

研究证明，并敷装药时爆轰波传播速度快的炸药可以带动传爆慢的炸药也快速进行爆轰反应，促使慢爆速炸药爆轰反应更完全，得以释放出最大能量。

通过数值模拟表明，并敷装药可以改变爆破材料的爆轰化学反应主方向。在光面爆破、预裂爆破和石材开采中，通过采用并敷装药结构改变爆轰压力的主方向，以及爆破材料的整体爆轰波传播速度，可以提高岩石爆破的光面效果和预裂效果。

5.8.9 起爆顺序对爆破作用的影响

在成组药包爆破时，各个药包起爆的先后顺序是重要的。先起爆的药包将一部分岩石炸碎并抛移一定距离，为后续起爆的药包创造了新的自由面。如果由于起爆器材质量的疵病或者施工中的错误搞乱了起爆顺序，就很可能造成整个爆破的失败。每一个药包的最小抵抗线都是经过计算或预估的，应同它的药量相适应；如果有一个或几个药包未起爆，则势必使后续药包爆破时的实际最小抵抗线增大；而过大的最小抵抗线往往造成“冲天炮”之类的事故。

岩石是在爆轰波和爆生气体造成的应力场作用下破碎的，因此，齐发爆破和延期爆破的岩石破碎过程是不相同的。秒差延期爆破实际上是单发爆破的简单相加。微差爆破则不然，它利用先行起爆的药包造成的应力场来帮助后续起爆药包破碎岩石，因此，各个药包之间起爆的时间间隔和顺序是很重要和很严谨的爆破参数之一。

本章小结

岩石是爆破工程的主要对象，了解岩石基本性质和可钻可爆性分级是爆破设计的重要依据和正确选择爆破参数的保证。

岩石爆破理论阐述的是炸药爆炸对岩石破坏的历程，是爆破工程破裂介质的理论基础部分，更是本书的又一重要学习内容。要求学习者能了解岩石爆破理论的几种代表学说、成组药包爆破时岩石破坏的特征、能量平衡理论及装药量计算、单位炸药消耗量、最小抵抗线原理、毫秒爆破作用理论和影响爆破作用的因素。熟练运用爆破漏斗、延长装药爆破作用理论分析解释爆破工程实际问题。重点掌握装药量计算和单位岩石炸药消耗量、最小抵抗线、毫秒爆破作用的理论和安全工程意义。

知识点：岩石波阻抗、岩石可钻性分级、岩石可爆性分级、爆生气体膨胀作用理论、爆炸应力波反射拉抻作用理论、爆生气体和应力波综合作用理论、单个药包爆破内部作用、爆破过程中的5种破坏模式、标准抛掷爆破漏斗 、延长装药、单排成组药包齐发爆破的特征、多排成组药包齐发爆破的特征、利文斯顿爆破漏斗、鲍氏公式、单位炸药消耗量、最小抵抗线原理、毫秒爆破作用机理、自由面在爆破中的作用、波阻抗匹配、不耦合装药、炮孔堵塞的作用、正向起爆与反向起爆。

重点：岩石分级方法及意义；单个药包在岩石中的爆破作用；成组药包爆破时岩石破坏特性；爆破漏斗及装药量计算原理；影响爆破作用的因素分析。

难点：岩石爆破破碎原因的三种学说；单个药包在岩石中的爆破作用；爆破漏斗、爆破作用指数、单位炸药消耗量；装药量计算及原理。

习　题

（1）名词解释：

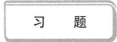

岩石波阻抗、纵波、横波、延长药包、自由面、单位炸药消耗量、最小抵抗线、体积法则、不耦合装药、不耦合系数、间隔装药、正向起爆、反向起爆、并敷装药、炸药波阻抗。

（2）爆破地震与自然地震有什么异同？

（3）岩石可爆性分级的定义与意义？

（4）请收集有关岩石分级、围岩分级的资料，与你掌握的分级进行比较分析。

（5）简述应力波与爆生气体共同作用理论要点和作用过程。

（6）什么是岩石波阻抗？分析其对爆破的影响？

（7）单药包在无限均匀介质中爆破会产生怎么样的爆破作用？

（8）单排成组药包齐发爆破时，岩体中应力状态与单药包爆破情况有什么不同？

（9）什么是单位炸药消耗量？有几种不同的表述？

（10）试述最小抵抗线原理及安全应用。

（11）作图说明爆破漏斗的构成要素、相互关系及划分爆破类型的标准。

（12）试述毫秒爆破作用机理。

（13）简述利文斯顿爆破漏斗理论。

（14）简述影响爆破作用的主要因素。

（15）一埋置深度为4m的药包，爆破后得到直径是10m的爆破漏斗。求1）爆破作用指数，指出属何类型的爆破，如果炸药单耗为1.5kg/m^3时爆破药量应为多少？2）如果漏斗直径不变，要求实现减弱抛掷爆破，其深度如何调整。

（16）在一岩石中，通过实验得知一个6kg重的球状药包最适宜深度为1.8m，临界深度为3.6m。问1）应变能系数和最佳深度比为多少？2）如果药量增加5倍为30kg，对应的最适深度增加几倍？如果埋置深度增加5倍，要获得最适宜爆破药量应增加几倍？

6 矿山与地下工程爆破技术及安全

扫一扫，课件及习题答案

在爆破工程中，爆破开采是在有限的范围内进行的，实施爆破时需要解决两个同等重要的问题：

（1）用最有效的方法将既定范围内的岩石进行适度破碎，必要时再将破碎后的岩石进行抛掷，以达到一定的工程目的；

（2）降低对爆破范围外岩石的破坏（损伤），最大限度地保持岩石原有的强度和稳定性，以利于爆破后围岩的长期稳定。同时，也降低爆破地震效应对环境的影响等。

6.1 控界爆破技术

工程爆破的目的是破解特定的目标，而不是破坏周围的一切。因此在爆破的同时首先更重要的是保护破解目标以外的原始环境不受损伤。爆炸的能量是巨大而短暂高速的，也是最难驾驭的能源。限制其能量破坏范围，阻断能量传递的首选手段就是在破碎与保留的界面上进行隔断措施。这就是轮廓控制爆破，亦称控界爆破、周边控制爆破等。经过长期的研究，人们提出和发展了光面爆破、预裂爆破，并在不断研究和改进降低围岩损伤的新技术。

6.1.1 预裂爆破

沿开挖边界布置密集炮孔，采取不耦合装药或装填低威力炸药，在主爆区之前起爆，从而在爆区与保留区之间形成预裂缝，以减弱主爆区爆破对保留岩体的破坏并形成平整轮廓面的爆破技术，称为预裂爆破。

6.1.1.1 预裂爆破成缝机理

A 力学条件

保证预裂爆破成功的必要条件是炸药在炮孔中爆炸产生的压力不破坏孔壁和沿预定的方向成缝。

预裂爆破成缝的力学条件为：

（1）单个炮孔装药爆炸产生的径向压力 $\sigma_{动压}$ 应小于岩石的动态极限动态抗压强度 $[\sigma_{动压}]$，使孔壁不发生粉碎性破坏，即：$\sigma_{动压} < [\sigma_{动压}]$。

（2）单个炮孔装药爆炸产生的切向伴生拉应力 $\sigma_{拉}$ 应小于岩石的动态极限抗拉强度 $[\sigma_{动拉}]$，使孔壁不产生不定向裂隙，即 $\sigma_{拉} < [\sigma_{动拉}]$。

（3）相邻炮孔在其炮孔连心线上产生的合成拉应力 $\sigma_{合拉}$ 应大于岩石的动态极限抗拉强度 $[\sigma_{动拉}]$，使相邻炮孔在其连心线上产生定向裂缝，即 $\sigma_{合拉} > [\sigma_{动拉}]$。

B 工程条件

对预裂爆破的成缝机理目前仍有不同的学术观点，依据其裂缝产生的力学条件，可将比较公认的机理归纳为以下三方面的共同作用。

（1）不耦合装药。预裂爆破都采用不耦合装药。当炸药与孔壁留有空隙时，炮孔所受的压力会大大降低。试验发现：径向不耦合系数为 2.5 时的孔壁最大切向应力，只相当于相同爆破条件下不耦合系数为 1.1 时的 1/16。因此，完全可能将现有的常用炸药，采用不耦合装药将孔壁压力降低到只有几百兆帕乃至几十兆帕。此时，孔壁压力接近或低于岩石的极限动态抗压强度，使炮孔压力不致压碎孔壁。

同时，当被降低的孔壁压力所产生的切向伴生拉应力也低于岩石的极限动态抗拉强度时，孔壁也难以产生不定向径向裂隙。

（2）相邻炮孔互为导向空孔。如果装药孔的附近有空孔，除了产生应力集中，有助于径向裂缝向空孔方向发展外，空孔的存在对其他方向的径向裂缝发展能起抑制作用；这时，空孔称为导向孔。如图 6-1 所示，假定岩石未被破坏，A、B 两点距爆源的距离相等，A 点在空孔壁上（图 6-1a），由于应力集中，其切向拉应力大于 B 点的切向拉应力，A 点的拉应力首先达到岩石的抗拉强度而裂开，所经过的时间设为 t_1，在此瞬间 B 点不会开裂。A 点一旦开裂，其切向应力被释放，应力卸载波向岩石内传播，应力释放波从 A 到 B 的时间为 l/c_u（c_u为应力释放波的传播速度，A、B 的距离为 l）。B 点的拉应力达到岩石的动态抗拉强度的时间设为 t_2。如果 $t = t_1 + l/c_u < t_2$，则 B 点的切向拉应力在未达到岩石动态抗拉强度之前就被释放（卸载），从爆源延展过来的裂缝将不会到达 B 点（图 6-1b）。反之，如果 t 大于 t_2，则 2 点就可形成裂缝。由分析可知，空孔距装药孔越远，在空孔壁上的应力集中值越小，抑制裂缝的效果也越差。装药孔附近只有一个空孔，虽然两孔之间能够形成贯通裂缝，但装药孔的另一侧仍然有径向裂缝产生，即在一个空孔的条件下，不能完全消除装药孔周围的径向裂缝。如果装药孔两侧都有空孔，它不仅增加了形成贯通裂缝的条件，而且在装药孔的其他方向形成径向裂缝的机会也将大大减少。

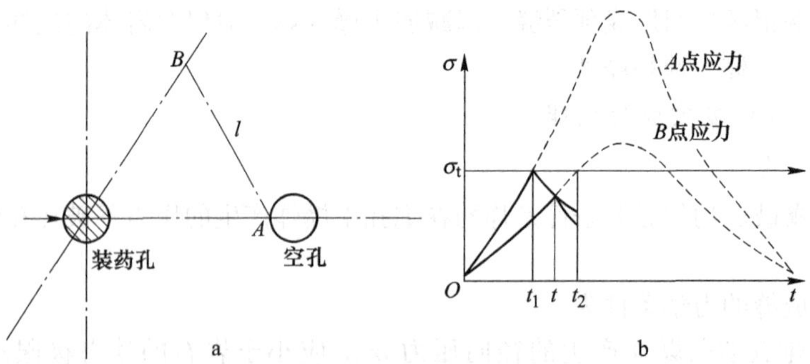

图 6-1　空孔对裂缝扩展的抑制作用

如果邻近两孔都是不耦合装药，互为空孔。两孔同时起爆，应力波必然在两孔之间相遇，首先形成贯通裂缝。随后切向应力释放，其他方向的径向裂缝不再延伸，这是最理想的条件，但是一般难以做到真正同时起爆。

（3）同时起爆预裂孔。同时起爆预裂孔是保证预裂成缝的重要条件，这从其力学条件和成缝机理中可明确。依据爆炸应力波与爆生气体共同作用理论，解释相邻炮孔齐发爆破的岩石应力特征，其在炮孔连心线上合成拉应力得到加强。其机理已在前面章节中“单排孔药包齐发爆破”进行了讨论。要使相邻炮孔爆炸产生的合成拉应力大于岩石的极限动态抗拉强度，只是控制装药量大小的问题。同时起爆并不是绝对的齐发爆破，是应尽量缩小同排预裂孔的起爆误差。在有些条件下不允许一次同时起爆预裂孔时，也要尽量减少起爆段别，减少同一预裂缝的起爆延期时间。

6.1.1.2 预裂爆破装药量确定

A 影响装药量因素

影响预裂爆破效果的因素很多，包括钻孔间距、直径、岩石的物理力学性质、地质构造、炸药性质、装药结构和不耦合系数等。它们同时又影响着装药量。

首先从预裂爆破的实践发现，预裂爆破在各种因素不变的情况下保证成缝的装药量变化区间相当大。例如，某种岩石在线装药密度为400g/m药量下形成裂缝，但装药量降到250g/m时也炸出了裂缝。说明预裂缝的形成与装药量不是一一对应的关系。之所以会发生这种情况，除不同孔位所处的地质及岩性有差异（这是各种因素中人们最无法控制的一个因素）是原因之一外，更主要的原因是裂缝宽度。目前对于不同岩性、不同裂缝宽度与装药量的关系，尚无系统研究，也少见文献报道。尽管如此，要使爆炸裂缝增宽，必须增加药量这一基本观点是可以接受的，虽然增加的数量无法确定。

但是，装药过小使裂缝不能形成。装药过大，壁面残留不是半孔而是1/3~1/4个孔壁及两孔之间出现凹槽或鱼鳞状破裂。药量过大与过小出现的情况都可以分辨清楚。除上述两种药量外，其他的装药量若能保证成缝，在其中选择最佳装药量较为困难。通过现场爆破试验，在过大与过小装药量之间选取中值可以做到。这里介绍的装药量计算公式是指中值附近的数值。

在影响预裂效果及装药量的因素中，岩石性质、孔距及不耦合系数较为重要。岩石性质一般指岩石的物理力学性质。预裂爆破的理论指出，岩石的抗拉强度直接与成缝有关。但是岩石抗拉强度没有抗压强度容易获取，为简单起见，有时也可以用后者替代前者进行估算。

不耦合系数的影响，前已述及。它对孔壁压力大小的影响，还可以通过孔内装药量的大小调节。

钻孔间距不仅影响装药量的大小，还直接关系着预裂壁面的质量。大量预裂爆破的实践表明，在保证两孔之间裂开成缝的前提下，小间距的壁面质量远远优于大间距的壁面质量。然而小间距增加钻孔量，使其应用受到一些限制。但是，为保证边坡工程质量，也不宜选择大的孔间距。孔间距的选择一般以钻孔直径的倍数表示：永久边坡宜取7~10倍钻孔直径（d）；3~5年的临时边坡宜取10~15d；其他临时性边坡取15~20d。

B 装药量确定

预裂爆破装药量的计算及确定有3种方法：理论计算法，经验公式计算法和经验数值法。理论计算法因预裂爆破理论还有不成熟的地方，许多参数确定有困难，甚至不准确，直接影响计算精确度，加之运算比较复杂，实际使用也比较少。一般工程中都采用经验数据法。

由于预裂爆破成缝与装药量不存在一一对应关系，所以一些学者提出一些经验数据供选取，然后再通过试验确定合适的装药量。表6-1为深孔预裂爆破时建议选取的数值。

表 6-1 预裂爆破参数经验数值

岩石性质	岩石抗压强度/MPa	钻孔直径/mm	钻孔间距/mm	线装药量/g·m^{-1}
软弱岩石	<5	80	0.6~0.8	100~180
		100	0.8~1.0	150~250
		80	0.6~0.8	180~300
中硬岩石	50~80	100	0.8~1.0	250~350
次坚石	80~120	90	0.8~0.9	250~400
		100	0.8~1.0	300~450
坚石	>120	90~100	0.8~1.0	300~700

注：药量以 2 号岩石铵梯炸药为标准，间距小者取小值，大者取大值；节理裂隙发育者取小值，反之取大值。

6.1.1.3 预裂爆破施工

A 钻孔

实践表明，预裂壁面的超欠挖和不平整度主要取决于钻孔精度。可以这样说，预裂爆破的成败 60%取决于钻孔质量，40%取决于爆破技术水平。

钻孔质量的好坏取决于钻孔机械性能、施工中控制钻孔角度的措施和工人操作技术水平。以上三个影响钻孔质量的因素中，尤以工人操作技术水平最为重要。如果操作人员技术水平不高，即使采用一些好设备，也难以钻出高质量的炮孔。相反，即使采用一些性能较差的设备，但技术工人认真操作，仍可钻出高质量炮孔。国内钻孔经验表明，对于平整的施工现场，设置钻机移动轨道，是钻出高质量钻孔的重要的技术措施。目前，已研制生产出保证钻孔精度的控制器，它在钻孔时能自动调整钻孔角度。

预裂孔的偏差直接关系到边坡面的超欠挖，控制钻孔质量是施工人员必须关注的问题。预裂孔的放样、定位和钻孔施工中角度的控制决定着钻孔质量。一般施工放样的平面误差不应大于 5cm。钻孔定位是施工中的重要环节，对于不能自行行走的钻机，铺设导轨往往是不可少的；而对于能自行行走的钻机必须注意机体定位。钻孔过程中，应有控制钻杆角度的技术措施。

在预裂面内的钻孔左右偏差比在设计预裂面前后方向的钻孔偏差危害要小一些。因为它尚不至于给超欠挖带来过大的影响，仅仅使相邻钻孔之间壁面内的不平整度增大。

在设计预裂面前后方向的钻孔偏差的危害则要大得多，它是壁面参差不齐、波浪起伏和造成超欠挖的根源，钻孔中要防止这种偏差的产生。

国内外预裂爆破的钻孔深度多在 15m 以内；也偶有深度达数十米的情况。过大的钻孔深度，易使钻孔精度难以控制而对预裂爆破效果不利。

B 装药结构

预裂爆破装药结构有两种形式：采用定位装置将装药的塑料管控制在炮孔中央，爆破效果好，但费用较高；另一种是将 25mm、32mm 或 35mm 等直径的标准药卷顺序连续或间隔绑在导爆索上。炮孔底部 1~2m 区段的装药量应比设计值大 1~4 倍。取值视孔深和岩性而定，孔深者及岩性坚硬者取大值。接近堵塞段顶部 1m 的装药量为计算值的 1/2 或 1/3。炮孔其他部位按计算的装药量装药。

绑在导爆索上的药串可以再绑在竹片上，缓缓送入孔内，应使竹片贴靠在保留岩壁一侧。

C 堵塞

为了保证预裂爆破效果，应该进行堵塞。堵塞时先用牛皮纸团或编织袋放入堵塞段的下部，再回填钻屑。要使装药段保持空气间隔。

由于预裂爆破是在夹制条件下的爆破，振动强度很大，有时为了防振，可将预裂孔分段起爆，如图 6-2 所示，一般采用 25ms 或 50ms 延时的毫秒雷管。在分段时，同一段位的孔数在满足振动要求条件下尽量多一些，但至少不应少于 3 孔。实验证明，孔数较多时，有利于预裂成缝和壁面整齐。

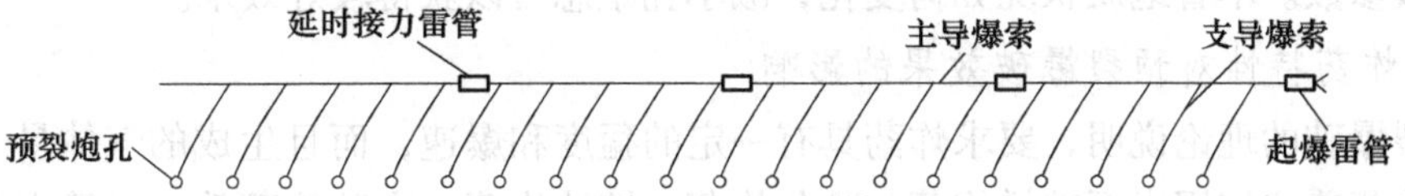

图 6-2 预裂孔的分段起爆

当预裂孔与主爆区炮孔一起爆破时，预裂孔应在主爆孔爆破前引爆，其时间差应不小于 75~110ms。

6.1.1.4 预裂爆破实施中的一些问题

A 预裂爆破（光面爆破）壁面质量标准

预裂爆破与光面爆破的目的是沿设计轮廓线形成整齐的轮廓面，其质量标准应符合以下条件：

（1）裂缝必须贯通，壁面上不应残留未爆落岩体。

（2）相邻孔间壁面的不平整度小于±15cm。

（3）为使壁面达到平整，钻孔角度偏差应小于 1°。

（4）壁面应残留有炮孔孔壁痕迹，且应不小于原炮孔壁的 1/2~1/3。

（5）残留的半孔率，对于节理裂隙不发育的岩体应达到 85%以上；对于节理裂隙较发育和发育的岩体，应达到 50%~85%；对节理裂隙极发育的岩体，应达到 10%~50%。

在过去文献资料中，还强调预裂爆破的裂缝宽度，认为缝宽应达 1cm 以上。在软岩中，这一要求可以做到；但对于中硬、坚硬岩石，该要求难以达到。有时勉为其难，将使保留岩体受到很大损伤。

B 预裂爆破与地质状况关系

一般而言，岩石愈完整均匀，愈有利于预裂爆破。非均质、破碎和多裂隙的岩层则不利于预裂爆破。对于破碎的岩石，预裂壁面的不平整度往往不由爆破参数决定，而由破碎面控制。甚至预裂面会沿裂隙面或破碎面形成。当裂隙率达到 5%时，预裂爆破有时难以按设计成缝。当裂隙率为 1.5%~5%时，采用小孔距预裂往往收到良好效果。

高倾角裂隙对预裂面不平整度的影响较之倾角为 45°~60°时小得多。与预裂面大致平行，位于保留区而距设计预裂面不太远的高倾角裂隙，爆破时该面与预裂面之间的岩石有时很难保留，由此造成超挖。但是，若该裂隙面的面积很大，沿该面滑下形成的保留面，对边坡稳定有时很有利。总之这种情况下，设计应根据高倾角的构造情况调整预裂缝的位置。

与预裂面垂直的裂缝，往往使预裂缝不能连接起来，构成齿状缝面，形成超欠挖；与预裂面斜交的裂缝，又易使裂缝偏离中心线，顺裂隙延伸一段距离后与其他预裂孔贯穿，形成更严重的超欠挖。

岩石的非均质性也影响裂缝形成。工程试验证明，顺岩层走向易成缝，而垂直岩层走向难成缝。单孔爆破试验表明，顺岩层走向裂缝长度是垂直岩层走向的2~3倍。

对于水平层状岩石，层厚不大时，预裂爆破时常造成孔口移动。可通过减少顶部装药量、减小孔距和减少堵塞长度予以调整。

由上可知，必须在预裂爆破前或实施几次爆破后，在弄清地质状况的基础上及时调整预裂爆破参数。不管地质状况如何变化，减小孔距总可以获得较好效果。

C 炸药特性对预裂爆破效果的影响

预裂爆破的理论说明，要求炸药具有一定的猛度和爆速，而且生成的气体量大。我国的工业炸药普遍使用岩石铵梯炸药、乳化炸药、铵油炸药、水胶炸药等。尽管它们都有获得预裂爆破成功的例证，但不表明它们都是进行预裂爆破最合适的炸药。由于采用不耦合装药进行预裂爆破，使孔壁受力状态得以调整。这是上述炸药都能获得预裂爆破成功的重要条件。采用上述炸药进行预裂爆破，当不耦合系数小于2时，常使孔壁受到损坏。国外有专用于预裂和光面爆破的炸药，例如表6-1中的古力特等。我国也曾研制出专门用于光面爆破的炸药，因种种原因未形成规模生产，也未能在全国推广。一般为求施工简便，多用与主爆破区相同的炸药进行预裂爆破。通过不耦合系数和装药量的调整满足预裂爆破需要。

在其他预裂爆破参数不变的条件下，采用不同品种炸药可以获得不同的效果。例如在葛洲坝工程中，使用40%耐冻胶质炸药获得很好的预裂面，换成同量的2号岩石铵梯炸药，则往往形不成裂缝。

凡能进行预裂爆破的炸药，都有一个适合每种岩石的装药量范围。当炸药性能改变时，这一范围随之而变，此时必须重新调整装药量或钻孔间距。在施工过程中经常对所使用的炸药进行性能测定（例如爆速等），对取得良好的爆破效果有极大好处。

D 关于预裂缝前设置缓冲孔的问题

为了保护预裂面的完整性，人们常在它前面设置1~2排缓冲孔（一排居多）。缓冲孔的抵抗线较主炮孔小、间距小和装药量小。在我国缓冲孔的使用以水利水电系统最多，铁道建设次之，矿山采用较少。

E 预裂爆破的自身损坏及其防震防破坏

预裂爆破是一种处在夹制作用很大情况下的爆破，振动强度大和使保留岩石受到一定程度影响在所难免。但是，预裂缝一旦形成，对防止主爆区产生的振动及对保留岩体的损坏又起着重要的保护作用。

（1）预裂爆破自身的影响。正确的设计和施工，预裂爆破一般不会对保留岩体产生严重损坏。产生损坏的原因除因设计不当外，主要为施工中将药包贴保留壁面所致。尤其在炮孔底部，因装药量大破坏范围可达约10cm。此外，当岩石为水平层状时，预裂爆破的上抬力，会使孔口以下数米的岩层受到损坏。预裂爆破使保留岩体在水平方向的损坏程度一般在1.0m以内，遇到水平层状岩石并含泥化夹层，顺夹层损坏深度可达2~3m。上述的损坏一般不影响边坡的稳定。至于孔口段保留岩体的损坏，可通过孔口装药量及堵塞长度进行调整。

至于预裂爆破产生的振动影响，根据三峡等水电工程的观测资料，在装药量相等情况下，是深孔台阶爆破的3~4倍。因此，有重要设施需要保护以及为减少对保留岩体的振动影响，应当限制预裂爆破的单响药量。

(2) 预裂缝减震及防损坏。预裂缝形成后有两个重要作用：1）防止主爆区的破裂缝伸向保留区；2）减小主爆区对保留区的振动影响。

预裂爆破的实践表明：软弱岩石（小于60MPa）和坚硬岩石形成的裂缝差别很大，前者缝宽可达1cm，甚至更大，后者只在5mm以内。缝宽对减振有重要影响。葛洲坝工程预裂缝的地面宽度可达1cm以上，实测减振率达48.2%~70.8%。若预裂缝充填泥石或水，减振效果大为降低。在预裂缝形成后，应尽快进行主爆区的爆破。

坚硬岩中预裂缝宽度虽然小，但岩石抗压强度高，抵抗应力波作用能力强，一般主爆区爆破产生的振动不容易造成保留岩体损坏。预裂缝又阻断了主爆区延伸至保留区的裂缝，因而保留岩体的质量可以得到保证，这是预裂爆破取得良好效果的重要原因。

F 预裂缝超深及超长

a 预裂孔底以下开裂深度

合适的预裂爆破装药量，均可使裂缝在孔底贯穿；有时预裂缝还可向下延伸一段距离。葛洲坝等工程中实测的预裂缝向下延伸距离为0.7~1.5m。预裂缝向底部延伸的深度，与炮孔装药量，尤其与底部装药量有关。以上数值仅给一个大体的数量概念。当靠近预裂孔底有水平夹层或裂隙时，预裂缝一般就此止住，不会再向下延伸。

b 预裂缝的超深和超长

设计中，预裂缝的超深和超长，起着防止主爆区爆炸应力波和爆破裂隙直达保留区的作用，如图6-3所示。

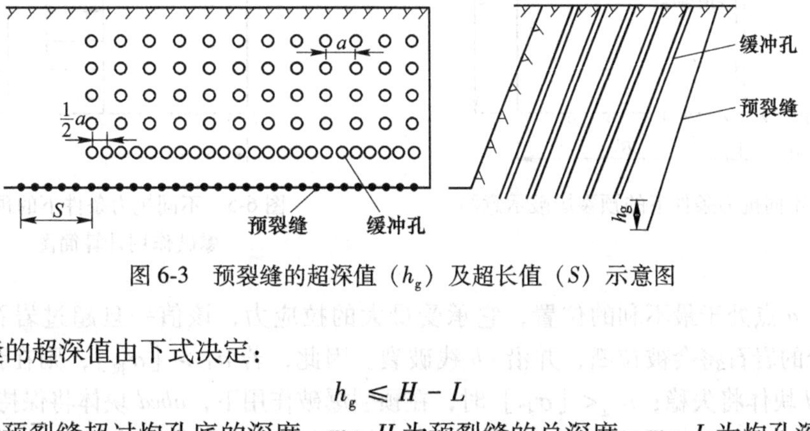

图6-3 预裂缝的超深值（h_g）及超长值（S）示意图

预裂缝的超深值由下式决定：

$$h_g \leqslant H - L \tag{6-1}$$

式中，h_g为预裂缝超过炮孔底的深度，m；H为预裂缝的总深度，m；L为炮孔深度，m。

如果预裂缝的超深值等于或大于主爆孔爆破的底部破坏深度，那么由主爆孔造成的破坏性裂缝就不会通过预裂缝延伸至保留区。从防震上讲，应力波绕射到保留区的强度较之直达波的强度弱。一般预裂缝的超深值应大于1.0m。

预裂缝超长值（S）的确定大多采用经验数据。为了防止爆破应力波绕过预裂缝破坏保留岩体，露天深孔爆破预裂缝应该越过爆破界限范围以外 7～10m。美国有人建议为 15m。

G 不同抗力条件下的预裂爆破

一般预裂爆破是在预裂缝两侧岩体能够顶得住爆炸荷载向两侧推力的情况下进行的，这一情况属于对称抗力情况下的预裂爆破。

但在工程施工中，预裂爆破往往是在裂缝两侧岩体厚度不相等的条件下进行的。有时其中一侧岩体处于一种较为单薄的情况。爆破后，单薄一侧岩体产生较大位移，给以后的深孔爆破造成极大困难。例如，某水电站左岸溢洪道右边墙预裂爆破，孔深 20m，预裂缝一侧岩体厚度为 10m（即小于 1 倍预裂孔深），爆破后该侧有数千方岩石被崩塌下河，堵塞河道。这些情况都说明必须认真对待不对称抗力条件下的预裂爆破。

在进行不对称抗力条件下的预裂爆破，要正确地确定预裂孔深度与两侧岩体厚度的关系，即 B 和 B' 与 H 的关系，如图 6-4 所示。当 $B' \gg H \gg B$ 时，属不对称情况。当预裂孔深为 H 时，B 值应多大才能抵抗得住预裂爆破的推力，要予以研究。B 值大小显然与岩石性质、地质产状等因素有重要关系。如在 B 位置存在的水平夹层、断层或裂隙，将极大减弱其抵抗预裂爆破推力的能力。

采用图 6-5 所示的计算简图，分析 B 与 H 之间的关系。计算中的基本假设条件为：预裂爆破产生了沿孔轴呈均匀地分布荷载 q；沿 ab 线附近没有不利的地质构造，岩石是均匀且各向同性的。$abcd$ 块体受力条件简化为一端固定的悬臂梁受均布荷载的作用。

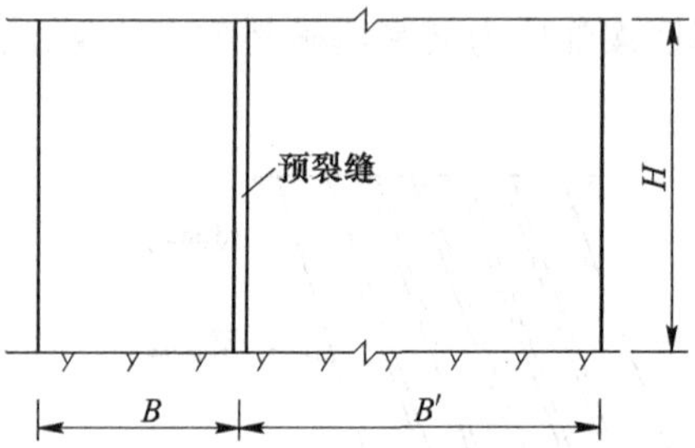

图 6-4 不同抗力条件下的预裂爆破示意图

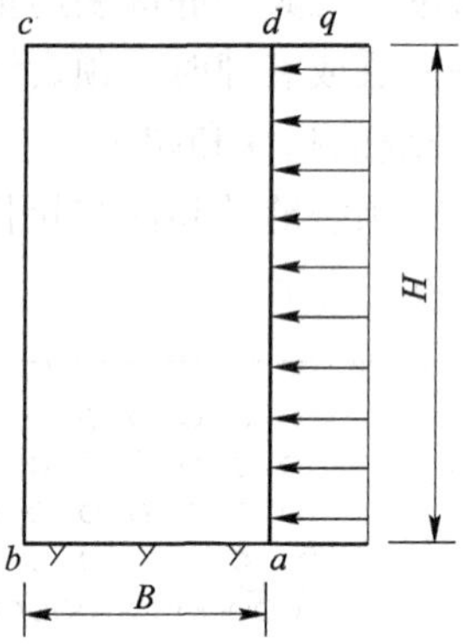

图 6-5 不同抗力条件下的预裂爆破作用计算简图

显然，a 点处于最不利的位置，它承受最大的拉应力，该值一旦超过岩石的抗拉强度，a 点处的岩石将会被拉断，并沿 ab 线破裂。因此，若 $\sigma_{拉} > [\sigma_{拉}]$，则在预裂爆破作用下，$abcd$ 块体将失稳；$\sigma_{拉} < [\sigma_{拉}]$ 时，在预裂爆破作用下，$abcd$ 块体将保持稳定。

根据弹性理论平面应变问题求解，可较容易得到 $abcd$ 块体的失稳判定方程：

$$\frac{H}{B} < \sqrt{\frac{[\sigma_{拉}] + q/5}{3q}} \tag{6-2}$$

同时，式（6-2）中的 q 值应满足：

$$q=\frac{p_k d}{a}=\frac{[\sigma_{拉}]d}{a}>[\sigma_{拉}] \tag{6-3}$$

式中，p_k为作用于炮孔壁的压力，kg/cm^2，根据预裂爆破的基本理论 $p_k<[\sigma_{拉}]$；a 为炮孔间距，cm；d 为炮孔直径，cm。

根据式（6-2）和式（6-3）的计算，B 应大于 $2H$ 才是安全的。当有水平向裂隙、弱面等存在，B 值还要增大。

6.1.2 光面爆破

沿开挖边界布置密集炮孔，采取不耦合装药或装填低威力炸药，在主爆区之后起爆，以形成平整轮廓面的爆破作业，称为光面爆破。

光面爆破与预裂爆破一样都是控制轮廓成形的爆破方法，它们都能有效地控制开挖面的超欠挖。二者之间的主要差别表现在两方面：第一，预裂爆破是在主爆区爆破之前进行，光面爆破则在其后进行；第二，预裂爆破是在一个自由面条件下爆破，所受夹制作用很大。而光面爆破则在两个自由面条件下爆破，受夹制作用小。因装药量远比主炮区炮孔小，故振动影响较小，对保留基岩的破坏较轻微。主要缺点是它在主爆区之后爆破，其阻隔主爆区地震效应及防裂缝伸入保留区的能力较预裂爆破差。

光面爆破原大多用于地下隧道开挖，现在明挖中使用也逐渐增多。例如，三峡水利枢纽永久船闸的高边坡及直立墙闸室边界面的开挖都使用光面爆破法。地下工程及隧道开挖中，因为光面爆破得出的壁面平整，裂隙少，危石少，硐中施工的安全性及围岩稳定性大大提高，支护工程量也大大减少。例如，安徽某铜矿在部分竖井、马头门和调车场开挖中应用光面爆破，超挖量由20%~30%降低到3%。有资料表明：由于隧洞采用光面爆破减少超挖节省的费用，几乎是爆破成本的4倍。

应当指出：不论在何种岩质条件下，采用光面爆破与不采用光爆或其他控制围岩轮廓爆破法相比，效果相差甚远。即使围岩岩质很差而不能留下半个孔壁，在对减轻围岩破坏、减少超挖，以及防止冒顶等方面，其作用都是不能忽视的。近年，大多控界工程项目都严格要求进行光面或预裂爆破。

因为光面爆破存在第二个自由面，进行光面爆破的一个重要而必备的条件是孔间距应小于抵抗线。采用与之相反的做法，孔间岩壁不易形成平整壁面或者壁面不平整度差。

6.1.2.1 光面爆破作用机理

在爆破成缝的机理方面，光面爆破与预裂爆破可谓大同小异。不同之处是光面爆破有侧向自由面，应力波传到自由面后产生反射拉伸波，因其抵抗线一般大于间距，若用导爆索起爆，反射波尚不能干扰两孔间直达波波峰的叠加；侧向自由面的存在，使应力波和爆生气体的能量向抵抗线方向转移。实践证明，这种转移的能量不至于阻碍裂缝的形成，但可使作用于保留岩体的能量减弱。光面爆破的壁面质量优于预裂爆破的壁面质量，这也是重要原因之一。

光面爆破时，相邻孔不论同时起爆还是有毫秒差的延时起爆，应力波的作用都会使相邻孔间岩体形成初始裂缝，随后爆炸气体的作用有助于裂缝的延长，并使两孔间裂缝贯通。

6.1.2.2 光面爆破设计

A 光面爆破抵抗线的确定

一般光面爆破的抵抗线按下式确定：

$$W_{min} = (10 \sim 20)d \tag{6-4}$$

式中，W_{min}为光面爆破最小抵抗线，m；d 为炮孔直径，m。

B 孔距

光面爆破的孔距可按下式确定：

$$a = (0.6 \sim 0.8)W_{min} \tag{6-5}$$

式中，a 为光面爆破孔间距，m。

C 装药量的确定

光面爆破装药量，一般按经验数据确定，或按式（6-4）和式（6-5）计算的 W_{min}和 a 再按与台阶爆破类似的方法计算装药量。

（1）采用下式计算装药量。

$$Q = q \cdot a \cdot L \cdot W_{min} \tag{6-6}$$

式中，Q 为装药量，kg；q 为炸药单耗，kg/m^3，q 一般取 0.15～0.25kg/m^3，软岩取小值，硬岩取大值；a 为炮孔间距，m；L 为孔深，m。

（2）经验数据法。

光面爆破装药量主要依据经验数值，也可参看表 6-2～表 6-4。

表 6-2 国内部分水工隧洞开挖的光面爆破参数

工程名称	岩性	不耦合系数	线装药密度 $q/g \cdot m^{-1}$	炮孔间距 a/cm	最小抵抗线 W/cm	密集系数/m
隔河岩引水隧洞	石灰岩 页岩	2.25	150～200（石灰石） 50～100（页岩）	40～50	60～70	0.65～0.75
三峡茅坪溪泄水隧洞	花岗岩	2.25	300	50	70	0.71
天生桥一级引水隧洞	泥岩 砂岩	1.56	250～300	40～50	50～60	0.67～0.83
广蓄引水隧洞	花岗岩 片麻岩	1.92	289	60	70	0.86
鲁布革电站引水洞	石灰岩 白云岩	2.0	425	60	100	0.6
东江电站导流洞	花岗岩	2.0	485	56	70	0.8
太平驿电站引水洞	中硬岩		360	50～60	50～60	1.0
察尔森水库输水洞	软岩		300	40～50	50～60	0.8～1.0

表 6-3 隧洞光面爆破参数一般参考值

围岩条件＼钻爆参数	炮孔间距 a/m	最小抵抗线 W/m	线装药密度 q/kg·m^{-1}	适用条件
坚硬岩	0.55~0.70	0.60~0.80	0.30~0.35	炮孔直径 D 为 40~50mm，药卷直径为 20~25mm，炮孔深为 1.0~3.5m
中硬岩	0.45~0.65	0.60~0.80	0.20~0.30	
软岩	0.35~0.50	0.40~0.60	0.08~0.12	

表 6-4 马鞍山矿山研究院光爆参数

岩体情况	开挖部位及跨度/m	光爆孔参数				
		炮孔直径/mm	炮孔间距/mm	最小抵抗线/mm	炮孔密集系数	线装药密度 q/kg·m^{-1}
整体稳定性好，中硬到坚硬岩石	顶拱 <5	35~45	600~700	500~700	1~1.1	0.20~0.30
	顶拱 >5	35~45	700~800	700~900	0.9~1.0	0.20~0.25
	边墙	35~45	600~700	600~700	0.9~1.0	0.20~0.25
整体稳定性一般或欠佳，中硬到坚硬岩石	顶拱 <5	35~45	600~700	600~800	0.9~1.0	0.20~0.25
	顶拱 >5	35~45	700~800	800~1000	0.8~0.9	0.15~0.20
	边墙	35~45	600~700	700~800	0.8~0.9	0.20~0.25
节理裂隙发育、破碎、岩性松软	顶拱 <5	35~45	400~600	700~900	0.6~0.8	0.12~0.18
	顶拱 >5	35~45	500~700	800~1000	0.5~0.7	0.12~0.18
	边墙	35~45	500~700	700~900	0.7~0.8	0.15~0.20

注：炮孔密集系数宜选取小于 1 的数值。

6.1.3 光面与预裂爆破应用

6.1.3.1 光面与预裂爆破应用条件

工程爆破的目的或原则，是在保证开挖质量的前提下，以最简捷的爆破方式获取良好的社会和经济效益。预裂爆破和光面爆破虽然它们都能获得完整、光滑的壁面，但在技术上却有差异，什么条件下使用哪种爆破方法时应考虑下列因素的影响：

（1）进行试验比较，二者的爆破参数都应取得满意的效果。施工过程的各个环节的掌握也应符合设计要求。

（2）要根据边坡或结构的特点和工程要求选择方案。例如，三峡工程永久船闸双闸室直立边壁高 60m，两闸室间之隔墩宽 60m。选择光面爆破比预裂爆破更有利于保护隔墩的完整性。

（3）分析地质条件与节理裂隙的组合情况，以及它们对裂缝形成的影响。

（4）施工队伍的经验及掌握复杂起爆技术的熟练程度。

（5）预裂爆破在半无限介质中爆破成缝，势必对缝两侧岩体产生较强的振动和损伤。如果它的一侧 2~4 倍预裂孔深的厚度处存在自由面，此时的预裂爆破不仅对裂缝的形成有利，而且对保留岩体的损伤也较轻。

（6）采用光面爆破时，应注意观测主爆区爆破对保留区岩体的影响。

（7）进行高边坡开挖时，顶部一、二层宜采用光面爆破。必要时还须采用多层浅孔光面爆破，待达到一定压重后，再进行正常台阶的光面爆破。

6.1.3.2 双预裂爆破法

预裂爆破对保留岩体有一定损伤，如果它尚不危及岩体的稳定，从工程意义上说是可以接受的，可以说大部分工程都是如此。但是，在某些要求特别严格的部位，有时不允许对保留岩体造成破坏，必须采取更严格的措施。

如图6-6所示，在距最终开挖轮廓线1m左右的地方，先初步预裂一次。该预裂孔间距可以适当加大，如达到孔径的15~20倍。对此预裂面的质量不做过高要求，只要求裂开成缝。然后再沿设计轮廓线钻正常预裂孔进行爆破，在两条裂缝之间造成破碎带。

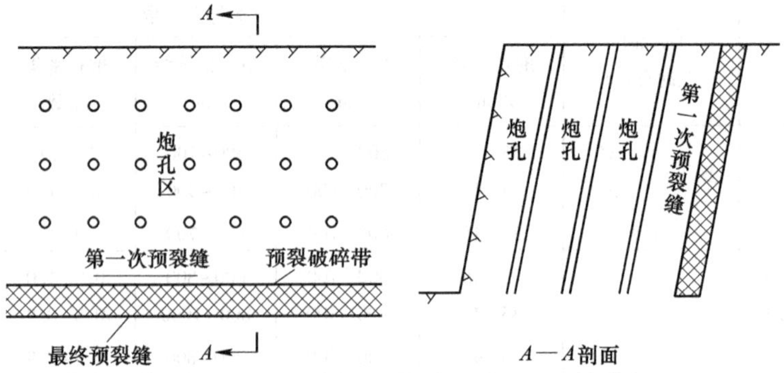

图6-6 开挖区边缘形成破碎带的示意图

一般必须在主爆区爆破之前进行建立破碎带的爆破。若建立破碎带的爆破需与主爆区的爆破同次进行时，其起爆时间应早于主爆孔100ms以上。

在破碎带的形成过程中，最终轮廓线的预裂爆破，因其前面有第一次预裂爆破形成的粗裂缝，吸引爆炸能量向它发展，可以减轻它对保留岩体的破坏。所以，采用建立破碎带的办法较正常预裂爆破方法而言，更有利于使保留岩体获得较好质量。但是，由此增加了部分钻孔工作量，这需要对被保护物的重要性与施工可行性进行比较后，再做出决策。

6.1.3.3 预裂-光面爆破法

在图6-6中，第一次预裂后，沿开挖轮廓线钻光爆孔，在主爆区炮孔爆破后再进行光面爆破的方法，即为预裂-光面联合爆破法。此法可在中硬以上、裂隙发育程度中等的岩体采用。它的钻孔量较之破碎带法略有减少，同时，因光面爆破对保留岩体的损坏也较预裂爆破小，故其有可取之处。

6.1.3.4 施工预裂爆破或光面爆破

在同一高程，深孔台阶爆破范围较大而必须实施分区爆破时，先爆区往往造成后爆区界面的严重拉裂及破坏，致使后爆区钻孔及爆破困难，从而延误工期。若在爆区分界面上增设施工预裂爆破或施工光爆工序，可获得事半功倍的效果。

施工预裂爆破或施工光爆因属临时工程，可采取较大孔距施爆，孔距增大至15~20倍钻孔直径。其他参数计算及施工工艺与正式预裂爆破相同。

6.2 露天台阶爆破技术

露天深孔台阶爆破广泛地用于矿山、铁路、公路和水利水电等工程中。台阶爆破是工作面以台阶形式推进的爆破方法。按孔径、孔深的不同，分为深孔台阶爆破和浅孔台阶爆破。通常，将孔径大于 50mm，孔深大于 5m 的钻孔称为深孔；反之，则称为浅孔。以往的教科书会用炮孔和炮孔来区别深孔爆破和浅孔爆破。

6.2.1 露天深孔台阶爆破

随着深孔钻机和装运设备的不断改进，爆破技术的不断完善和爆破器材的日益发展，深孔爆破已是露天爆破工程中最主要的工作模式。

6.2.1.1 台阶要素

深孔爆破的台阶要素如图 6-7 所示。为了达到良好的爆破效果，必须正确确定图 6-8 中各项台阶要素。

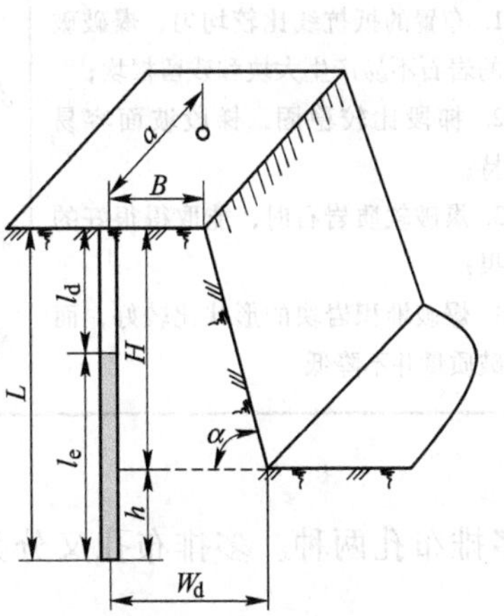

图 6-7 台阶要素图

H—台阶高度；W_d—前排钻孔的底盘抵抗线，定义为炮孔轴心线至坡底线的水平距离；L 为钻孔长度；l_e—装药长度；l_d—堵塞长度；h—超深；α—台阶坡面角；a—孔距；B—在台阶面上从钻孔轴心至坡顶线的安全距离

6.2.1.2 钻孔形式

露天深孔爆破的钻孔形式一般为垂直钻孔和倾斜钻孔两种，如图 6-8 所示。

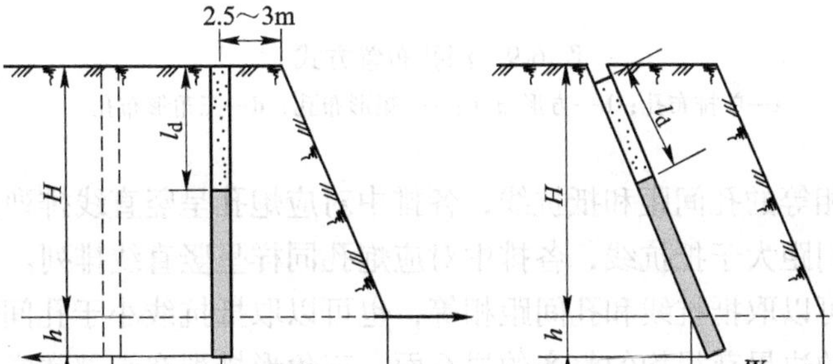

图 6-8 露天深孔布置

H—台阶高度；h—超深；W_d—底盘抵抗线；l_d—堵塞长度；b—排距

垂直深孔和倾斜深孔的使用条件和优缺点见表 6-5。

表 6-5 垂直深孔与倾斜深孔比较

深孔布置形式	采用情况	优 点	缺 点
垂直深孔	在开采工程中大量采用，特别是大型矿山	1. 适用于各种地质条件（包括坚硬岩石）的深孔爆破； 2. 钻凿垂直深孔的操作技术比倾斜孔简单； 3. 钻孔速度比较快	1. 爆破岩石大块率比较多，常常留有根坎 2. 台阶顶部经常发生裂缝，台阶坡面稳固性比较差
倾斜深孔	光面爆破、预裂爆破、最终边坡、中小型矿山、石材开采、建筑、水电、道路、港湾及软质岩石开挖工程	1. 布置的抵抗线比较均匀，爆破破碎的岩石不易产生大块和残留根坎； 2. 梯段比较稳固，梯段坡面容易保持； 3. 爆破软质岩石时，能取得很好的效果； 4. 爆破堆积岩块的形状比较好，而爆破质量并不降低	1. 钻凿倾斜钻孔的技术操作比较复杂，容易发生卡钻事故； 2. 在坚硬岩石中不宜采用； 3. 钻凿倾斜深孔的速度比垂直深孔慢； 4. 装药不顺，常会堵孔，炮孔利用率低

6.2.1.3 布孔方式

布孔方式有单排布孔和多排布孔两种。多排布孔又分为方形、矩形及三角形（梅花形）3 种，如图 6-9 所示。

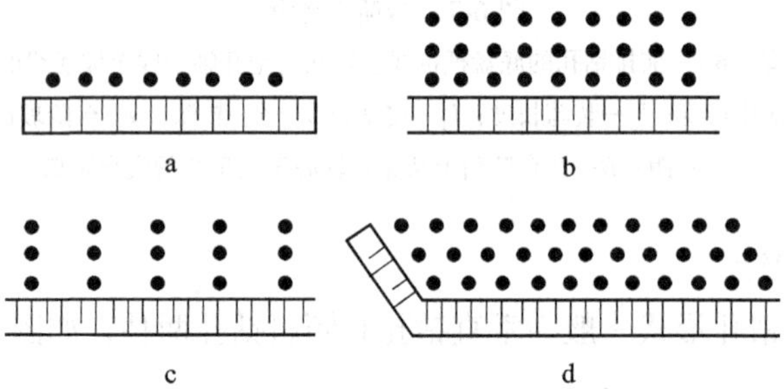

图 6-9 深孔布置方式

a—单排布孔；b—方形布孔；c—矩形布孔；d—三角形布孔

方形布孔具有相等的孔间距和抵抗线，各排中对应炮孔呈竖直线排列。

矩形布孔的孔间距大于抵抗线，各排中对应炮孔同样呈竖直线排列。

三角形布孔时可以取抵抗线和孔间距相等，也可以取抵抗线小于孔间距，后者更为常用。为使爆区两端的边界获得均匀整齐的岩石面，三角形排列在端部常常需要补孔。从能量均匀分布的观点看，等边三角形布孔更为理想。

6.2.1.4 爆破参数

露天深孔爆破参数包括：孔径、孔深、超深、底盘抵抗线、孔距、排距、堵塞长度和单位炸药消耗量等。

A 孔径与孔深

露天深孔爆破的孔径主要取决于钻机类型、台阶高度和岩石性质。我国大型金属露天矿多采用牙轮钻机，孔径250~310mm；中小型金属露天矿以及化工、建材等非金属矿山则采用潜孔钻机，孔径100~200mm；铁路、公路路基土石方开挖常用的钻孔机械，其孔径为76~170mm不等。一般来说钻机选型确定后，其钻孔直径就已确定下来。国内常用的深孔直径有76~80mm、100mm、150mm、170mm、200mm、250mm、310mm多种。

孔深由台阶高度和超深来确定。

垂直深孔孔深：

$$L = H + h \tag{6-7}$$

倾斜深孔孔深：

$$L = H/\sin\alpha + h \tag{6-8}$$

B 台阶高度与超深

台阶高度的确定应考虑为钻孔、爆破和铲装创造安全和高效率的作业条件，它主要取决于挖掘机的铲斗容积和矿岩开挖技术条件。目前，我国深孔爆破常用的台阶高度为 $H = 10 \sim 15\text{m}$。随着大型露天矿采用的穿孔、装载、运输设备不断向大型化发展，台阶高度有进一步增高的趋势。

超深 h 是指钻孔超出台阶底盘标高的那一段孔深，其作用是降低装药中心的位置，以便有效地克服台阶底部阻力，避免或减少留根底，以形成平整的底部平盘。

根据实践经验，超深可用下式确定：

$$h = (0.15 \sim 0.35)W_d \tag{6-9}$$

$$h = (0.12 \sim 0.30)H \tag{6-10}$$

$$h = (8 \sim 12)d \tag{6-11}$$

式中，d 为炮孔直径，m。

当岩石松软时取小值，岩石坚硬时取大值，国内矿山的超深值一般为0.5~3.6m。如底盘岩石需要保护时，则不可超深或要留一定厚度的保护层。

C 底盘抵抗线

（1）根据钻孔作业的安全条件确定：

$$W_d \geqslant H\cot\alpha + \beta_s \tag{6-12}$$

式中，W_d 为底盘抵抗线，m；H 为台阶高度，m；α 为台阶坡面角，一般为60°~75°；β_s 为从钻孔轴心线至坡顶线的安全距离，对大型钻机，$\beta_s \geqslant 2.5 \sim 3.0\text{m}$。

（2）按台阶高度和孔径计算：

$$W_d = (0.6 \sim 0.9)H \tag{6-13}$$

$$W_d = k \cdot d \tag{6-14}$$

式中，k 为系数，取值范围见表6-6；d 为炮孔直径，mm。

表6-6 k 值范围

装药直径/mm	清碴爆破 k 值	压碴爆破 k 值	装药直径/mm	清碴爆破 k 值	压碴爆破 k 值
200	30~35	22.5~37.5	310	35.5~41.9	19.4~30.6
250	24~48	20~48			

（3）按每孔装药条件估算（巴隆公式）。

$$W_d = d\sqrt{\frac{7.85\rho\lambda}{qm}} \tag{6-15}$$

式中，d 为炮孔直径，dm；ρ 为装药密度，g/mL；λ 为装药系数，$\lambda=0.7\sim0.8$；q 为单位炸药消耗量，kg/m^3；m 为炮孔密集系数（即孔距与排距之比），一般 $m=1.2\sim1.5$。

以上说明，底盘抵抗线受许多因素影响，变动范围较大。除了要考虑上述因素外，控制坡面角也是调整底盘抵抗线的有效途径。

D 孔距和排距

孔距 a 是指同一排深孔中相邻两钻孔轴心线间的距离。孔距按下式计算：

$$a = mW_d \tag{6-16}$$

密集系数 m 值通常大于 1.0。在宽孔距小抵抗线爆破中则为 2~3 或更大。但是第一排孔往往由于底盘抵抗线过大，应选用较小的密集系数，以克服底盘的阻力。

排距 b 是指多排孔爆破时，相邻两排钻孔间的距离，它与孔网布置和起爆顺序等因素有关。计算方法为：

（1）采用等边三角形布孔时，排距与孔距的关系为：

$$b = a \cdot \sin60° = 0.866 \cdot a \tag{6-17}$$

式中，b 为排距，m；a 为孔距，m。

（2）多排孔爆破时，孔距和排距是一个相关的参数。在给定的孔径条件下，每个孔都有一个合理的负担面积，即：

$$S = a \cdot b \text{ 或 } b = \sqrt{\frac{S}{m}} \tag{6-18}$$

式中符号含义同前。

上式表明，当合理的钻孔负担面积 S 和炮孔密集系数 m 已知时，即可求出排距 b。

E 堵塞长度 l_d

合理的堵塞长度和良好的堵塞质量，对改善爆破效果和提高炸药利用率具有重要作用。

合理的堵塞长度应能降低爆炸气体能量损失、能增加爆炸气体在孔内的作用时间和能减少空气冲击波、噪声和飞石的危害。

堵塞长度 l_d 按下列公式确定：

$$l_d = (0.7 \sim 1.0)W_d \tag{6-19}$$

垂直深孔取 $(0.7\sim0.8)W_d$；倾斜深孔取 $(0.9\sim1.0)W_d$。

或

$$l_d = (20 \sim 30)d \tag{6-20}$$

式中，d 为炮孔直径，mm。

应该指出的是堵塞长度与堵塞质量、堵塞材料密切相关。堵塞质量好和堵塞物的密度大也可减小堵塞长度。

矿山大孔径深孔的堵塞长度一般为 5~8m，当采用尾砂堵塞时，也可以减少到 4~5m。

F 单位炸药消耗量 q（单耗）

影响单位炸药消耗量的主要因素有岩石的可爆性、炸药特性、自由面条件、起爆方式和块度要求。因此，选取合理的单位炸药消耗量往往需要通过多次试验或长期生产实践来验证。各种爆破工程都有根据自身生产经验总结出来的合理炸药单耗值。例如：冶金矿山单耗一般在0.1~0.35kg/t之间。对于水利水电工程的岸坡开挖、铁路和公路的路基开挖等，为了将部分岩石向坡下抛出，也可将炸药单耗增加10%~30%。在设计中可以参照类似矿岩条件下的实际单耗值选取，也可以按表6-7选取。该表数据以2号岩石乳化炸药为标准。

表 6-7 单位炸药消耗量 q 值

岩石坚固性系数 f	3~4	5	6	8	10	12	14	16	20
q/kg·m^{-3}	0.35	0.40	0.45	0.50	0.55	0.60	0.65	0.70	0.80

G 每孔装药量

单排孔爆破或多排孔爆破的第一排孔的每孔装药量按下式计算：

$$Q = q \cdot a \cdot W_d \cdot H \tag{6-21}$$

式中，q 为单位炸药消耗量，kg/m^3；a 为孔距，m；W_d 为底盘抵抗线，m；H 为台阶高度，m。

多排孔爆破时，从第二排孔起，以后各排孔的每孔装药量按下式计算：

$$Q = k \cdot q \cdot a \cdot b \cdot H \tag{6-22}$$

式中，k 为考虑受前面各排孔的矿岩阻力作用的增加系数，$k = 1.1 \sim 1.2$；b 为排距，m；其他符号含义同前。

我国部分露天矿深孔爆破参数见表6-8。

表 6-8 我国部分露天矿深孔爆破参数

矿山名称	首钢水厂铁矿	南芬铁矿	歪头山铁矿	大冶铁矿	南京吉山铁矿	海州露天煤矿	大连石灰石矿	南京白云石矿	兰尖铁矿
矿岩种类	块状磁铁矿	硅酸铁	二层铁	矽卡岩大理岩	磁铁闪长岩	页岩砂页岩	白云岩	白云岩	钛磁铁矿
	层状磁铁矿	绿泥角闪岩	角闪片岩石英岩	花岗闪长岩		砂岩			辉长橄榄岩
	混合花岗岩			磁铁矿		砂砾岩			
岩石坚固性系数 f	>14	16~20	12~16	8~12	12~14	4~6	6~8	6~8	12~14
	12~14	8~10	8~12	10~12		7~8			
	8~10			10~14		9~10			
孔径/mm	250	310	250	170~200	200	180	250	150	250
台阶高/m	12	12	12	12	12	9	12~13	12	15
						8~9			
						8			

续表 6-8

矿山名称	首钢水厂铁矿	南芬铁矿	歪头山铁矿	大冶铁矿	南京吉山铁矿	海州露天煤矿	大连石灰石矿	南京白云石矿	兰尖铁矿
底盘抵抗线/m	7~8	12	10	6		7.0			
	7~8			6	7	6.5	9~10	6~7	6~7
	7~9	12	11	6		6.0			
排距/m	5~6	6.5	4	3.5~4		—			
	5.5~6			4~4.5	5	5.5	6~6.5	4.0	6.5
	6~7	7.5	5	3~3.5		5.0			
孔距/m	7.5~8.5	5~6.5	7~10	3.5~4		7.0			
	8~9			3~3.5	8	6.0	10~11	6~7	10
	9~10	5.5~7.5	7.5~11	3~3.5		5.5			
炮孔密集系数前排/后排	1.1/1.5	0.42/1.0	0.7/2.5	0.6/1.0		1.0			
	1.1/1.4			0.5/0.8	1.1/1.6	0.9/1.1	1.1/1.7	1/1.6	1.5
	1.1/1.4	0.46/1.0	0.7/2.2	0.5/1.0		0.8/1.1			
孔深/m	14~15	14.5~15.5	14.5~15	14.5~15.5		11			
	13.5~14.5			14.5~15	14	10.5~11.5	14.5~15.5	14~14.5	16~18
	13.5~14.5	13.5~14.5	13.5~14	14.5~15		11			
填塞高度/m	4.5~5.5	6~7	6~8	7~8		6.0			
	5.5~6.5			7~8	5.5~6.5	5.5	6~6.5	4~5	7~8
	6~6.5	6~7	7~8	7~8		5.0			
后排孔药增加系数	1.2	1.15~1.2	不增加	1.3~1.5		—			
	1.2			1.3~1.5	1.2	1.2	不增加	1.2	不增加
	1.2	1.15~1.2	不增加	1.3~1.5		1.3			
单位炸药消耗量/kg·m^{-3}	0.5~0.6	1.2	0.68	0.5~0.6		0.2			
	0.4~0.6			0.5~0.6	0.4	0.3	0.3~0.4	0.4~0.5	0.5~0.6
	0~0.35	0.88	0.4	0.8		0.35			
延米爆破量/t·m^{-1}	130~140		110~120	37~40		96			
	140~150	117		37~40	90	70	160~165	50~60	150
	150		110	37~40		54			

注：兰尖铁矿为混装乳化炸药爆破参数。

确定露天深孔爆破参数，除参照上述国内外有关资料外，尚可通过实验室模型试验、计算机数值模拟和生产实际不断完善，以达到最优的爆破效果。

6.2.1.5 装药结构

装药结构是指炸药在装填时的状态。在露天深孔爆破中，分为连续装药结构、分段装药结构、孔底间隔装药结构和混合装药结构。

(1) 连续装药结构。炸药沿着炮孔轴向方向连续装填，如图 6-9 所示。当孔深超过 8m 时，一般布置两个起爆药包（弹），一个布置于距孔底 0.3~0.5m 处，另一个置于药柱最顶端 0.5m 处。其优点是操作简单；缺点是药柱偏低，在孔口未装药部分易产生大块。

（2）分段装药结构。将深孔中的药柱分为若干段，用空气、岩碴或水隔开，如图 6-10 所示。其优点是提高了装药高度，减少了孔口部位大块率的产生；缺点是施工麻烦，提高了钻爆成本。

（3）孔底间隔装药结构。在深孔底部留出一定长度不装药，以空气作为间隔介质；此外尚有用水或柔性材料作为间隔。在孔底实行空气间隔装药亦称孔底气垫装药，如图 6-11 所示。

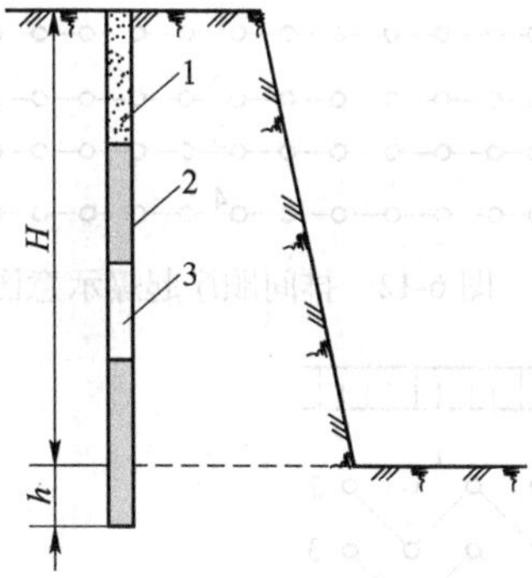

图 6-10　空气分段装药
1—堵塞；2—炸药；3—空气

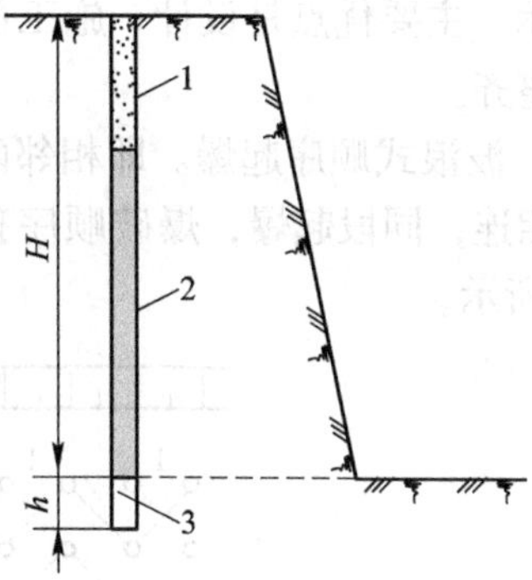

图 6-11　孔底间隔装药
1—堵塞；2—炸药；3—空气

孔底空气间隔装药中，空气的作用是：

1）降低爆炸冲击波的峰值压力，减少炮孔周围岩石的粉碎性破坏。

2）岩石受到爆炸冲击波的作用后，还受到爆炸气体所形成的压力波和来自炮孔孔底的反射波作用。当这种二次应力波的压力超过岩石的极限破裂强度（表示裂隙进一步扩展所需的压力）时，岩石的微裂隙将得到进一步扩展。

3）延长应力的作用时间。冲击波作用于堵塞物或孔底后又返回到空气间隔中，由于冲击波的多次作用，使应力场得到增强的同时，也延长了应力波在岩石中的作用时间（作用时间增加 2~5 倍），若空气间隔置于药柱中间，炸药在空气间隔两端所产生的应力波峰值相互作用可产生一个加强的应力场。

正是由于空气间隔的上述 3 种作用，使岩石破碎块度更加均匀。

如果是水间隔，由于水是不可压缩介质，具有各向压缩换向并均匀传递爆炸压力的特征，在爆炸作用初始阶段不仅炮孔孔壁，而且充水孔壁同样受到冲击载荷作用，峰值压力下降较缓；到爆炸作用后阶段，伴随爆炸气体膨胀作功，水中积蓄的能量释放加强了岩石的破碎作用。

如果是孔底柔性材料间隔（柔性垫层可用锯末等低密度、高孔隙率的材料做成，其孔隙率可达到 50%以上），孔内炸药爆炸后所产生的冲击波和爆炸气体作用于孔壁产生径向裂隙和环状裂隙的同时，通过柔性垫层的可压缩性及对冲击波的阻滞作用，大大减少了对炮孔底部的冲击压力，减少了对孔底岩石的破坏。这种装药结构主要用于对孔底以下基岩需要保护的水利水电工程。

应该指出的是在分段装药结构和孔底间隔装药结构的应用中，必须合理地确定间隔长度、间隔位置、应用条件。

（4）混合装药结构。孔底装高威力炸药，上部装普通炸药的混合装药。这种装药结构可以有效地克服根底现象，同时也减少了钻孔超深。

6.2.1.6 起爆顺序

尽管多排孔布孔方式只有方形、矩形和三角形，但是起爆顺序却变化无穷，归纳起来有以下几种，以及以此为基础的变化组合方式。

（1）排间顺序起爆。它亦称逐排起爆，如图6-12所示。主要优点是设计、施工简便，爆堆比较均匀整齐。

（2）波浪式顺序起爆。即相邻两排炮孔的奇偶数孔相连，同段起爆，爆破顺序犹如波浪，如图6-13所示。

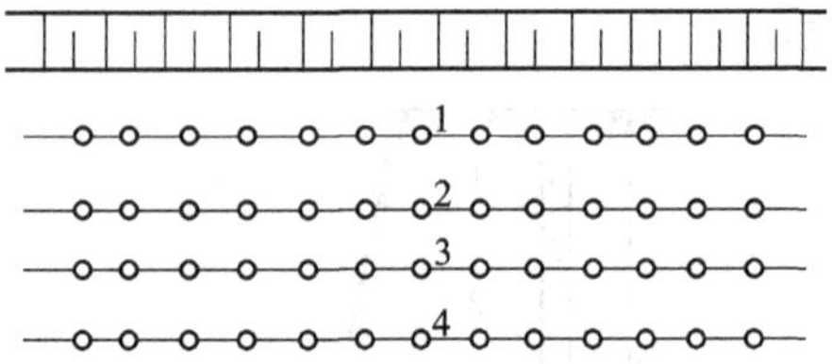

图6-12 排间顺序起爆示意图

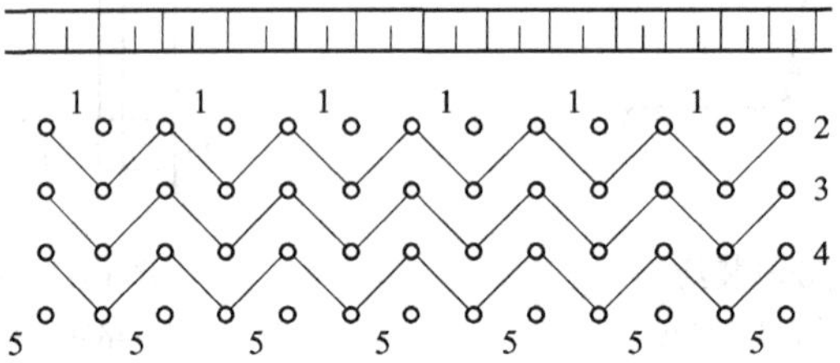

图6-13 波浪式顺序起爆示意图

（3）V字形顺序起爆。即前后排孔同段相连，其起爆顺序似V字形，如图6-14所示。起爆时，先从爆区中部爆出一个V字形的空间，为后段炮孔的爆破创造自由面，然后两侧同段起爆。该起爆顺序的优点是岩石向中间崩落，加强了碰撞和挤压，有利于改善破碎质量。由于碎块向自由面抛掷作用小，多用于挤压爆破和掘沟爆破。

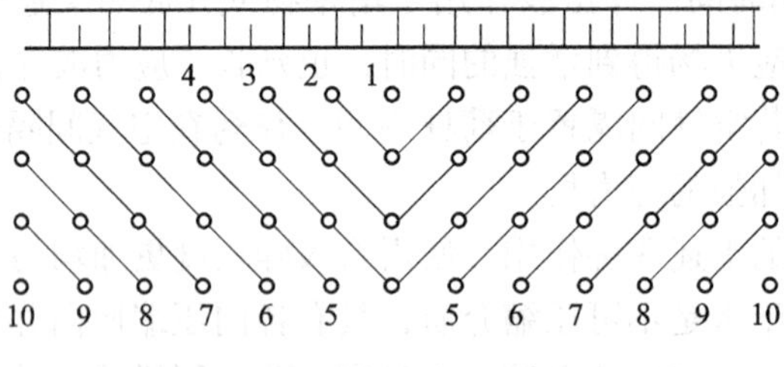

图6-14 V字形顺序起爆示意图

（4）对角线顺序起爆。亦称斜线起爆，如图6-15所示，从爆区侧翼开始，同时起爆的各排炮孔均与台阶坡顶线相斜交，毫秒爆破为后爆炮孔相继创造了新的自由面。其主要优点是在同一排炮孔间实现了孔间延期，最后的一排炮孔也是逐孔起爆，因而减少了后冲，有利于下一爆区的穿爆工作，适用于开沟和横向挤压爆破。

6.2.1.7 技术设计

矿山或路堑开采技术条件：赋存条件、矿岩物理力学性质、爆破区域环境。

爆破技术设计：

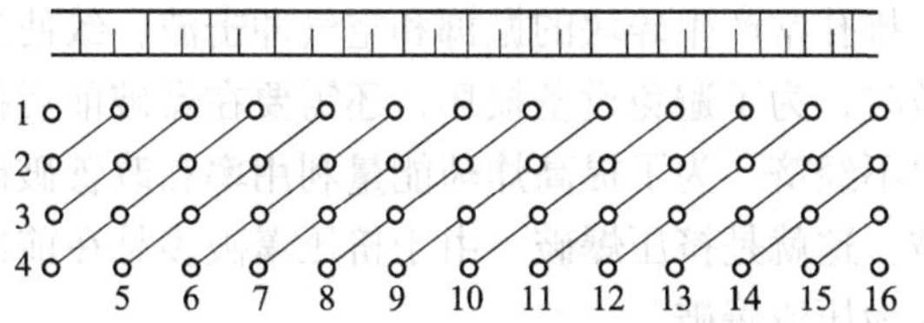

图 6-15 对角线顺序起爆示意图

（1）台阶要素、钻孔形式、钻机类型、布孔方式。

（2）爆破参数的确定：孔径与孔深、超深、底盘抵抗线、孔网参数（孔距、排距、密集系数）、堵塞长度。

（3）装药结构。

（4）药量计算：单位炸药消耗量、每孔装药量及总药量。

（5）起爆方法选择、炮孔起爆顺序及网路设计。

（6）材料消耗，主要技术经济指标。

（7）安全范围的确定、人员与设备的撤离方案、应急预案设计。

（8）附图：包括台阶三面（或两面）投影图、装药结构图、起爆网路图、爆区平面图、安全警戒范围图。

6.2.1.8 施工工艺

露天深孔台阶爆破施工工艺流程如图 6-16 所示。

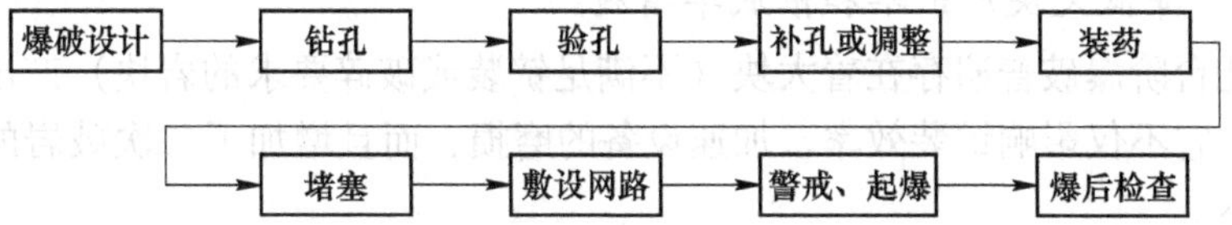

图 6-16 深孔台阶爆破施工工艺流程图

多排孔爆破一般采用以毫秒级的时间间隔逐排或逐孔顺序起爆。为减少根底和大块，一些矿山推崇宽孔距小抵抗线爆破或挤压爆破技术。

A 宽孔距小抵抗线毫秒爆破技术

宽孔距小抵抗线爆破是在保持炮孔负担面积不变的前提下，加大孔距、减少抵抗线，即增大密集系数的一种爆破技术。其在炮孔负担面积不变的情况下，减小最小抵抗线，则先爆破炮孔形成较大漏斗角，就为后排孔爆破创造了一个弧形且含有微裂隙的自由面。增大了自由面的反射拉伸应力作用范围，有利于促进爆破漏斗边缘径向裂隙的扩展，破碎效果好。

宽孔距小抵抗线爆破密集系数（m）值的选取可根据类似工程的成功案例或本工程的试验值选取。一般认为 $m=2\sim6$ 都可取得良好的爆破效果，个别情况 $m=6\sim8$ 也是可行的。

B 露天台阶挤压爆破

矿岩一经破碎，其体积通常会比原生状态时增加 50%～60%，故在自由面处应留出足够的补偿空间来容纳爆碎的岩石。以往都是把上次爆破的岩石清理后再进行下次爆破。在这种爆破条件下，第一排孔常产生碎块的抛掷和空气冲击波，致使炸药爆炸能量的利用率不高。在露天台阶爆破时，为了避免设备损坏，还需要在爆破前后拆、装轨道和运移大型设备，因而费时费钱很不经济。为了提高炸药能量利用率和改善破碎质量，人们创造出不留足够补偿空间的爆破，这就是挤压爆破。由于挤压爆破多是在前次爆破下来的矿岩未全部清运时起爆的，又称为压渣爆破。

露天台阶多排孔微差挤压爆破的炮孔布置如图 6-17 所示。自由面前面堆积的碎矿石的特性，是影响挤压爆破效果的重要因素，故应对压碴爆破参数进行合理的选择。

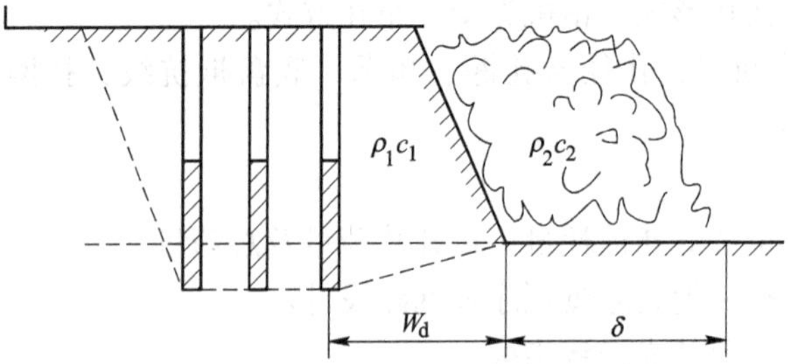

图 6-17　露天台阶压碴爆破

ρ_c—波阻抗；δ—压碴厚度；W_d—底盘抵抗线

挤压爆破时，爆堆的密度一般比清渣爆破时的爆堆密度大些。这时为获得较好的爆破效果，必须适当增大炸药单位消耗量或改变其他参数。如改变布孔方式和起爆顺序，使挤压方向指向斜侧面。

6.2.1.9 降低大块产出率和根底率措施

露天深孔台阶爆破普遍存在着大块（不满足铲装或破碎要求的岩块）产出率和根底率偏高的问题，它不仅影响铲装效率，加速设备的磨损，而且增加了二次破岩的工作量，提高了采矿成本。

大块的标准主要取决于铲装设备和初始破碎设备的型号和尺寸，因此，其标准的制定是因时、因地而异的。

A　产生部位和原因分析

大量的统计资料表明，大块主要产自台阶上部和台阶的坡面，同一爆区软、硬岩的分界处，爆区的后部边界。其原因是：

（1）为了克服底盘抵抗线的阻力，炸药主要置于炮孔的中、底部，使其沿炮孔轴线方向的炸药能量分布不均。孔口部分能量不足，岩石破碎不均匀。

（2）台阶前部，即邻近台阶坡面的一定范围内，岩石受前次爆破的破坏，原生弱面张裂，甚至被切割成“块体”，爆破时这部分“块体”易整体振落，形成大块。

（3）同一爆区硬岩和软岩分界部分，有时从爆区表面就可看到大块条带，易于振落。

（4）爆区的后部与未爆岩石相交处（沿爆破塌落线）也会产生一些因爆破而振落的大块。

根底是指爆破后难以挖掘的凸出采掘工作面一定高度的硬坎、岩埂。对于台阶高度 12m 的矿山，凸出采掘工作面标高 1.5m 以上的硬坎、岩埂，即为根底。

根底产生的原因是孔网参数选择不当，起爆顺序和毫秒间隔时间不合理，底部装药不足等。

B 降低大块率、根底率的措施

降低大块率，根底率的措施是多方面的，归纳起来有正确的设计、严格的施工和科学的管理。

（1）正确的设计。就是要确定合理的爆破参数，特别要注意的是：1）选准前排孔抵抗线；

2）控制最后排孔的装药高度；

3）控制合理超深和堵塞长度；

4）选取与岩石特性相匹配的炸药，增强底部炸药威力；

5）选取合理的毫秒延期间隔时间；

6）爆区有明显结构面时，要根据岩体结构面特征，决定装药结构和起爆顺序；

7）在适宜地点采用大孔距、小抵抗线爆破或压碴爆破。

（2）严格的施工。严格的施工不仅是严格爆破的施工，而且要严格布孔和穿孔作业的施工。钻孔作业是爆破的先头作业，它的好坏直接影响爆破效果，对深度不合格的炮孔，一定要补足深度后方可装药爆破。

特别要注意记录钻孔过程中的空洞、软夹层等不良地质情况，以便工程师在装药前给出处理方案。

（3）科学的管理。爆破技术和科学的管理是一个有机的整体。前者是基础，后者是保证。在爆破管理上要实行分层管理，逐层考核，责任到人。严格执行质量管理体系和质量监控网络。

6.2.1.10 预装药技术

在多排孔大区微差爆破时，为了解决装药时间集中、空间紧张、任务重和需要大批劳动力的问题，可以采用预装药技术。所谓预装药就是在大量深孔爆破时，在全部炮孔钻完之前，预先在验收合格的炮孔中装药或炸药在孔内放置时间超过 24h 的装药作业。这样就可以把集中装药变为分散装药，减轻工人的劳动强度，而且也可解决炸药厂（或混装车）的均衡生产问题，同时也解决了钻孔工作量，降低了废孔率和穿爆成本。采用预装药作业时，应遵守以下规定：

（1）应制定安全作业细则并经爆破工作领导人审批；

（2）预装药爆区应设专人看管，并插红旗作为警示标志，无关人员和车辆不可以进入预装药区；

（3）预装药时间不宜超过 7 天；

（4）雷雨季节露天爆破不宜进行预装药作业；

（5）高温、高硫区不应进行预装药作业；

（6）预装药所使用的雷管、导爆管、导爆索、起爆药柱等起爆器材应具有防水防腐性能；

（7）正在钻孔的炮孔和预装药孔之间，应有 10m 以上的安全隔离区；

（8）预装药炮孔应在当班进行堵塞，填塞后应主要观察炮孔内装药长度的变化。由炮孔引出的导爆管端口应可靠密封，预装药期间不应连接起爆网路。

6.2.2 露天浅孔台阶爆破

露天浅孔台阶爆破与露天深孔台阶爆破，二者基本原理是相同的，工作面都是以台阶的形式向前推进，不同点仅仅是孔径、孔深比较小，爆破规模比较小。浅孔台阶爆破的施工机具简单，一般采用手持式或带气腿的风动凿岩机即可，易于操作，施工组织比较容易。

浅孔台阶爆破主要用于矿山采矿、采石以及平整地坪，开挖路堑、沟槽，开挖基础等。是目前我国铁路、公路、水利水电、人防工程和小型矿山开采的常用爆破方法。

爆破参数应根据施工现场的具体条件和类似工程的成功经验选取，并通过实践检验修正，以取得最佳参数值。

（1）炮孔直径（d）。由于采用浅孔凿岩设备孔径多为 36~42mm，药卷直径为 32mm 或 35mm。

（2）炮孔深度和超深。

$$L = H + h \tag{6-23}$$

式中，L 为炮孔深度，m；H 为台阶高度，m；h 为超深，m。

浅孔台阶爆破的台阶高度（H）一般不超过 5m。超深（h）一般取台阶高度的 10%~15%，如果台阶底部辅以倾斜炮孔，台阶高度尚可适当增加，如图 6-18 所示。

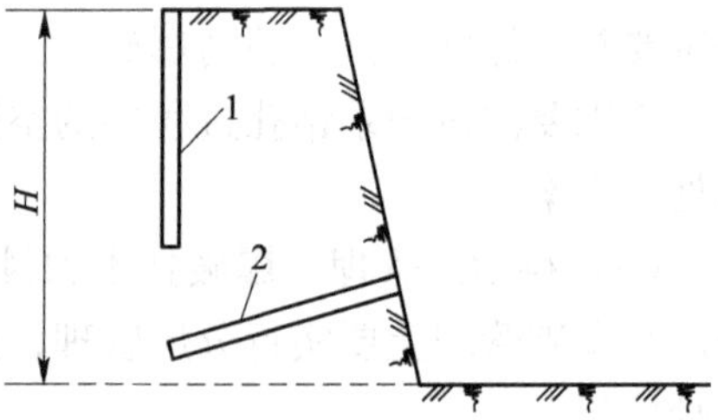

图 6-18 小台阶炮孔图
1—垂直炮孔；2—倾斜炮孔

（3）炮孔间距（a）。

$$a = (1.0 \sim 2.0)W_d \tag{6-24}$$

或

$$a = (0.5 \sim 1.0)L \tag{6-25}$$

（4）底盘抵抗线（W_d）。

$$W_d = (0.4 \sim 1.0)H \tag{6-26}$$

在坚硬难爆的岩石中，或台阶高度较高时，计算时应取较小的系数。

（5）单位炸药消耗量（q）。与深孔台阶爆破的单位炸药消耗量相比，浅孔台阶爆破的单耗值应大一些。

6.2.3 露天爆破施工安全问题

6.2.3.1 爆破作业地点的安全保障

在爆破作业地点附近要圈出一块场地，以便进行装药和爆破作业。在爆破期间作业点应视为危险区进行管控。

小危险区应标以醒目标记（白天插旗子，夜间挂红灯），危险区内不得有妨碍运药和妨碍作业人员通过的障碍物。

如果在斜坡上进行爆破作业，运药之前，陡坡（大于 30°）时应安放梯子或栏杆。

天暗进行爆破作业时，场地上要有好的照明，不使人眼发花。

在整个危险区要有警告牌和封锁信号，信号的位置应使相邻的信号彼此能看见。在电力爆破时，从敷设网路时起，危险区内所有的电器设备应当断电。

6.2.3.2 装药安全问题

当准备对下向炮孔装药时，必须清除孔口周围的石块和其他可能在装药过程中掉进孔里的杂物。

散装药时应当使用漏斗，也可在孔口铺一张纸，纸的当中挖一个和炮孔一样大小的窟窿，通过这个窟窿向炮孔装药。

为防止形成阻塞，装药时可将一根每间隔一段打一个结的软绳放到孔中，一边装药，一边往上提绳。这个方法虽然很有效，但却因为麻烦很少有人用。

如炸药阻塞轻微，可以加点水，并用长木杆松动将其排除。

如果形成的阻塞未被及时发现和已经不可能将其排除，则炮孔带着阻塞爆炸，而在这个炮孔地段可能留下的根底，要在铲装爆岩过程中清除。也可以用水冲洗的办法清除阻塞，把水排干后重新装药。

如果形成了阻塞，在任何情况下也不能用金属重物打通它。在实践中，用金属工具打通阻塞曾引起严重的不幸事故。

6.2.3.3 填塞质量的一般要求

填塞是保证爆破成功的重要环节之一，炮孔装药后必须保证足够的填塞长度和填塞质量。禁止使用无填塞爆破。

深孔爆破可以用孔边钻屑或细石料填塞，浅孔爆破宜用炮泥填塞，水下炮孔应用碎石渣填塞；不应使用石块和易燃材料填塞炮孔。

浅孔爆破中，填塞材料一般用黄土或黏土和沙子按 2∶1 的拌和料，要求不含石块和较大颗粒，含水量 15%～20%，使填塞材料用手握住略使劲时，能够成型，松手后不散，且手上不沾水迹。当装药填塞与起爆时间间隔较长，且天气较为干燥时，黄土在孔内易干化成硬块并缩小，使填塞效果大为降低，应适当加些砂子以改善填塞效果。采用水炮泥（水袋）填塞时，其后面应用不小于 15cm 的炮泥将炮孔填满堵严。

不应捣固直接接触药包的填塞材料或用填塞材料冲击起爆药包。

炮孔填塞时要注意填塞料的干湿度，保证填塞严实以免发生冲炮。发现有填塞物卡孔可用非金属杆或高压风处理。堵塞水孔时，应放慢填塞速度，由填塞料将水挤出孔外。在使用机械和人工填塞炮孔时，填塞作业应避免夹扁、挤压和张拉雷管脚线、导爆管、导爆索。

分层间隔装药应注意间隔填塞段的位置和填塞长度，保证间隔药包到位。

6.3 地下空间掘进爆破

地下采矿需从地表开凿一系列的通道才能到达深埋地下的矿体，实施采矿作业。在地表从上往下掘进的垂直通道称为竖井，而倾斜通道称为斜井，与地表没有直接连通的井称为盲井；在岩体或矿层中从下向上掘进的垂直通道，称为天井，也属于盲井。在岩体或矿层中开凿的不直接通地表的水平通道，称为平巷（水平巷道），而一端直通地表、成为地面与地下进出通道的平巷，称为平硐。

地下开凿的与各种通道相连的工作间，如大型库房、水泵房、车场等，地铁站、地下油库、地下机库、水电站地下厂房等，统称为地下硐室或硐库。

山坡露天矿开采，常采用在山上打矿岩下放溜井，再由山下平硐运出地面的方案，称为平硐溜井开拓系统。

在交通运输工程中，为穿越山岭掘进的通道为隧道。隧道较矿山巷道而言的特点是断面面积大、施工环境复杂、服务年限长、质量要求高。

水利工程的地下工程建设，常见的是开凿引水导洞和地下厂房硐室。引水导洞一般断面较小，而地下厂房硐室则往往属于超大型硐库。

井巷工程就是指为进行采矿或其他工程目的，在地下开凿的各类通道和硐室的总称。亦可称为地下空间工程，其所使用的爆破工法亦统称为矿山法。

6.3.1　平巷掘进爆破

平巷掘进爆破的特点是只有一个自由面，即掘进工作面，夹制作用大，钻孔数目多，炸药单耗大。在一个工作面内布孔既要考虑高效破岩成巷，又要考虑实现设计断面、保护保留围岩。巷道掘进循环炮孔深度一般 1.5~3.5m，有些行业又把孔深为 2.5~5.0m 的称为深孔掘进爆破。

6.3.1.1　工作面和炮孔布置

平巷掘进在工作面内布孔，各炮孔位置不同，作用不同，分为掏槽孔、辅助孔（又称崩落孔）和周边孔。周边孔又可分为顶孔、底孔和帮孔。各类炮孔布置如图 6-19 所示。

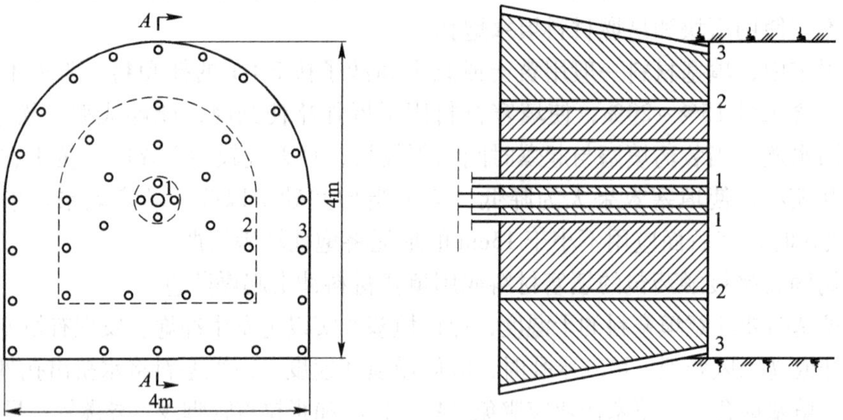

图 6-19　平巷掘进工作面各类炮孔

1—掏槽孔；2—辅助孔；3—周边孔

（1）掏槽孔：用于爆出新的自由面，使后续爆破成为两个自由面条件下的爆破，可极大地改善后续其他炮孔爆破的爆破效果。掏槽孔通常布置在开挖断面的中央偏下方，或布置在工作面利于形成新自由面的软岩部位。

（2）辅助孔：又称崩落孔。用来进一步扩大掏槽空间，持续为后续爆破提供新的自由面和创造更好的爆破条件，同时也是崩落岩石、形成巷道空间的主要炮孔。辅助孔均匀的布置在掏槽孔和周边孔之间。

（3）周边孔：又称轮廓孔。控制爆破后的巷道断面规格、形状，实现设计的轮廓要求，同时要保护保留围岩，实现尽量小的超欠挖。周边孔沿设计轮廓线布置。

由于掏槽孔是在一个自由面条件下的爆破，其破岩最为困难，因此单孔用药量最多，其次，是辅助孔，周边孔用药最少。若以辅助孔为单孔平均装药量，则掏槽孔药量应增大15%~20%，而周边孔应减少10%~15%。

各类炮孔的起爆顺序：先起爆掏槽孔，其次辅助孔，最后起爆周边孔。当辅助孔有多层、多排时，靠近掏槽空腔的先起爆，由近及远依次顺序起爆；当周边孔不能同时起爆时，通常其起爆顺序为：先顶孔，其次帮孔，最后底孔。

平巷掘进爆破只有一个自由面，四周岩石夹制力很大，爆破条件困难。因此，掏槽孔的布置极为重要，其掏槽效果的好坏直接影响爆破效果和循环进尺，是爆破成巷的关键，必须精心设计、精心施工，才能达到预期的爆破效果。

A 掏槽孔的形式

根据巷道断面、岩石性质和地质构造等条件，掏槽孔的排列形式种类繁多，归纳起来有3种：倾斜孔掏槽、垂直孔掏槽（平行空孔直线掏槽）和混合式掏槽（倾斜、垂直并用）。

a 倾斜孔掏槽

倾斜孔掏槽的特点是掏槽孔与工作面斜交。通常分为单向掏槽、锥形掏槽和楔形掏槽。

（1）单向掏槽。各掏槽孔平行排列成一行，并朝一个方向倾斜。适用于软岩或具有层理、节理、裂隙或软夹层的岩石中。可根据自然弱面存在的情况分别采用顶部掏槽、底部掏槽或侧向掏槽；掏槽孔倾斜角50°~70°，孔间距0.3~0.6m。与此相邻的第二排孔也做同样适当倾斜，形成半楔形组，掏槽可靠性更高，如图6-20所示。

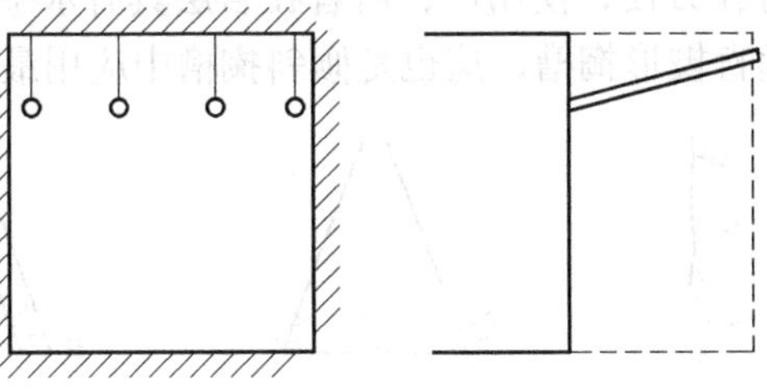

图6-20 单向掏槽

（2）锥形掏槽。各掏槽孔以几乎相等角度向槽底一点集中，但相互不贯通，爆破后形成锥形槽腔，如图6-21所示。锥形掏槽分为三角锥形、圆锥形等，其掏槽效果好，尤其

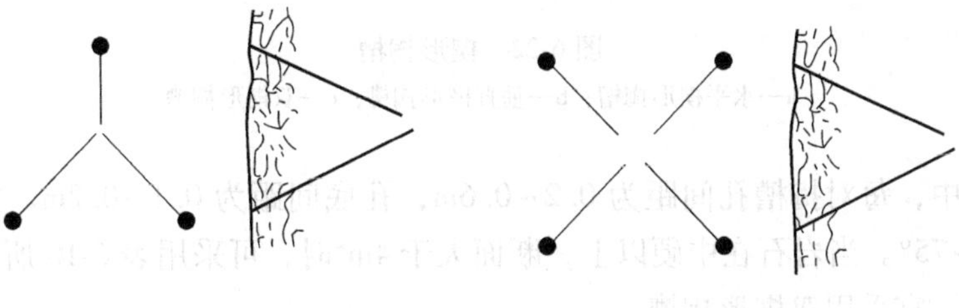

图6-21 锥形掏槽
a—三角形锥；b—四边形锥

适用于$f>8$、断面≮$4m^2$的坚韧岩石巷道。但由于锥形掏槽各掏槽孔角度不同，人工钻孔很困难，只能采用凿岩台车才可以方便地实现各种角度的钻孔，因此锥形掏槽多用于井筒掘进，而普通平巷掘进应用较少。锥形掏槽孔有关参数视岩石性质而定，施工中可参考表6-9选取，表中参数适用于孔深小于2m的浅孔爆破。

表6-9 锥形掏槽孔主要参数

岩石坚固性系数f	炮孔倾角/(°)	相邻炮孔间隔/m	
		孔口间距	孔底间距
2~6	75~70	1.00~0.90	0.4
6~8	70~68	0.90~0.85	0.3
8~10	68~65	0.85~0.80	0.2
10~13	65~63	0.80~0.70	0.2
13~16	63~60	0.70~0.60	0.15
16~18	60~58	0.60~0.50	0.10
18~20	58~55	0.50~0.40	0.10

（3）楔形掏槽。采用两排炮孔，成对沿预设槽腔两侧对称布置，倾斜指向槽底一条直线，孔底互不贯通，爆后形成楔形槽腔。岩石坚硬或掘进断面较大，可采用双楔形、多楔形（又称复式楔形）掏槽，如图6-22所示。双楔形掏槽效率和炮孔利用率高，但孔数多，钻孔成本高，因此难爆岩体采用双楔形或多楔形掏槽，而破碎易爆岩体用单楔形掏槽。楔形掏槽有垂直楔形掏槽（形成的槽腔与水平面垂直）和水平楔形掏槽（形成的槽腔与水平面平行）之分，前者打孔方便，使用广；后者在岩层具有水平层理、节理或巷道宽时才使用。实际工程中常见垂直楔形掏槽，这也是倾斜掏槽中应用最广一种掏槽形式。

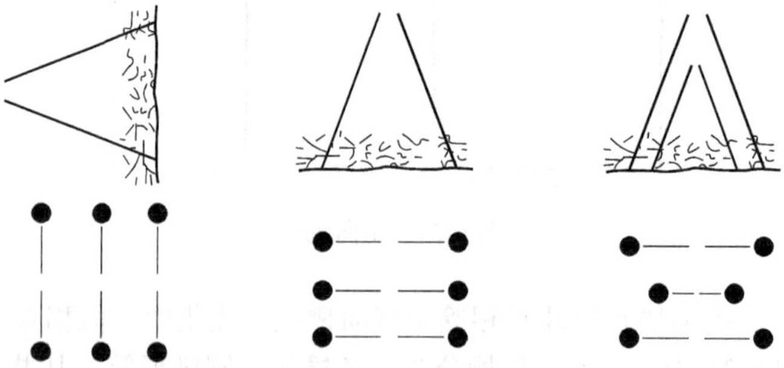

图6-22 楔形掏槽

a—水平楔形掏槽；b—垂直楔形掏槽；c—双楔形掏槽

楔形掏槽中，每对掏槽孔间距为0.2~0.6m，孔底间距为0.1~0.2m。掏槽孔与工作面交角为55°~75°。当岩石在中硬以上，断面大于$4m^2$时，可采用表6-10所列的参数。岩石坚硬难爆时，宜采用双楔形掏槽。

倾斜孔掏槽的优点是易将槽腔内岩石抛出，而形成凹槽，且所需炮孔数相对较少；缺点是炮孔深度受巷道宽度和高度限制，且底部夹制作用大，炮孔利用率较低。在小断面中掘进，这种影响尤为突出。

表 6-10 楔形掏槽的主要参数

岩石坚固性系数f	炮孔与工作面夹角/(°)	两排炮孔孔口间距/m	炮孔数目/个（对）
2~6	75~70	0.6~0.5	4（2）
6~8	70~65	0.5~0.4	4~6（2~3）
8~10	65~63	0.4~0.35	6（3）
10~12	63~60	0.35~0.30	6（3）
12~16	60~58	0.30~0.20	6（3）
16~20	58~55	0.20	6~8（3~4）

b 垂直孔掏槽

垂直孔掏槽亦称平行空孔直线掏槽或直孔掏槽，其特点是：所有的掏槽孔均垂直于工作面，且孔间距小、相互平行，其中有一个或几个不装药的空孔。通常有缝形掏槽、桶形掏槽和螺旋形掏槽等形式。

空孔的作用有两个：一是作为装药炮孔爆破时的辅助自由面；二是作为破碎体的补偿空间，理想的情况是只有当装药孔和空孔之间的距离恰当，爆破作用所产生的破碎体完全抛出槽腔，才能取得良好的掏槽效果。当空孔与装药孔的间距过小时，槽腔内破碎体中空隙体积所占比例相对就大些，爆炸气体外泄的通道就多，既增加爆炸气体的损失率，也可能崩坏周边炮孔。如果空孔与装药孔的间距过大，装药孔将无法提供足够的能量使岩石破碎并产生一定速度的抛掷。

（1）缝形掏槽，又称龟（Jun）裂掏槽。其特点是各掏槽孔相互平行，布置在一条直线上，装药孔与空孔间隔布置，爆破后装药孔与空孔贯通，在炮孔范围形成一条不太宽的条缝，如图 6-23 所示。掏槽孔数目取决于巷道断面大小和岩石的坚固性系数，在中硬以上岩石，一般 3~7 个孔，孔间距离 8~15cm。空孔直径可与装药孔直径相同，也可取 50~100mm 的大直径空孔。此种掏槽方式最适于工作面有较软的夹层或接触带相交的情况，将掏槽孔布置在较软或接触带附近的部位。

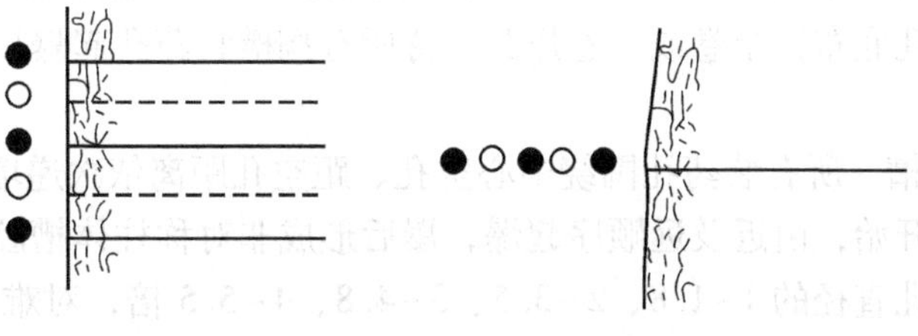

图 6-23 缝形掏槽
a—垂直缝形掏槽；b—水平缝形掏槽

（2）桶形掏槽，亦称角柱形掏槽。各掏槽孔互相平行，按一几何形状对称布置，爆后形成的槽腔呈圆柱体或角柱体。一般桶形掏槽布孔 5~7 个，其中 1~4 个空孔，其他为装药孔，如图 6-24 所示。空孔直径可与装药孔直径相同，也可取 75~100mm 的大直径空孔，如图 6-25 所示。大直径空孔可形成较大的人工自由面和补偿空间，孔距可适当增大，有利于获得大的掏槽空腔。在坚硬难爆岩石中掏槽，宜采用大直径空孔。桶形掏槽应用范围广，大、中、小断面均可采用，其掏槽体积大，有利于辅助孔的爆破，是垂直孔掏槽中工程应用最多的一种形式。

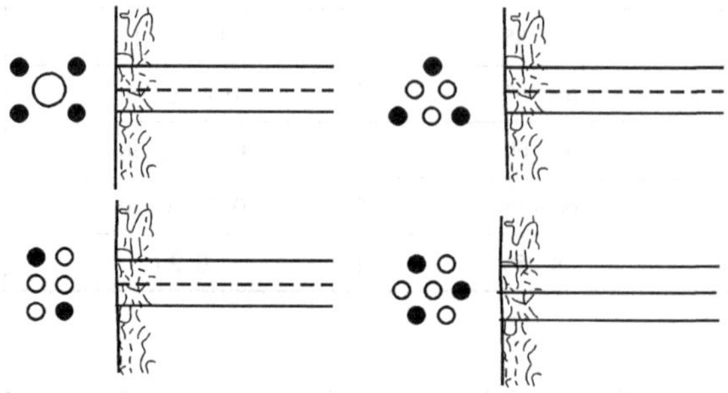

图 6-24　桶形掏槽

●—装药孔；○—空孔

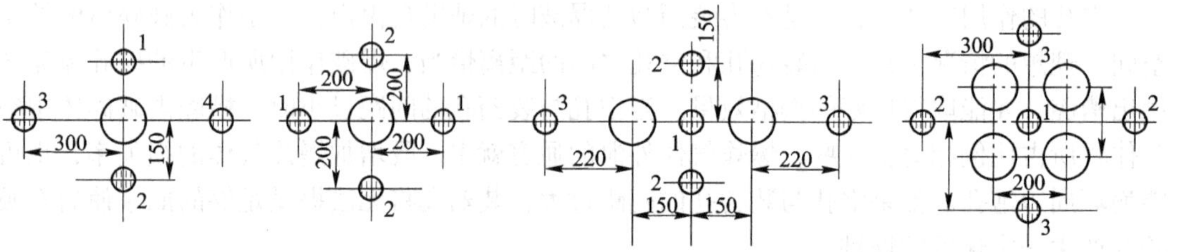

图 6-25　大直径空孔角柱形掏槽（mm）

●—装药孔；○—空孔；1~4—起爆顺序

垂直孔掏槽，空孔数目、空孔直径以及空孔到装药孔的最近距离对掏槽效果影响很大。一般空孔直径一定时，孔距过大，空孔与装药孔不易贯通，易出现“冲炮”现象；孔距过小，爆破作用过强，有时会将相邻炮孔中的炸药“挤实”，使其密度过高而拒爆。一般装药孔与空孔的间距取为：$(1\sim2)d$，d 为空孔直径。为了增强爆渣的外抛作用，可将空孔打深些，在其孔底布置半卷或一卷炸药，待所有掏槽装药孔起爆后再起爆，以便将爆渣推出槽腔。

（3）螺旋形掏槽。所有装药孔围绕中心空孔、距空孔距离依次递增呈螺旋状布置，并从距空孔距离最近开始，由近及远顺序起爆，爆后形成非对称柱体槽腔。装药孔距空孔距离的递增，可取空孔直径的 1~1.8、2~3.5、3~4.8、4~5.5 倍，对难爆岩石可增加 1、2 个空孔，以增大自由面和补偿空间，空孔比装药孔可略深 20~30cm，以便在孔底装入少量炸药（200~300g）作清渣药包，在所有掏槽孔爆破之后起爆以利槽腔抛碴。空孔可以是小直径（图 6-26a），也可以是大直径（图 6-26b）。螺旋形掏槽适用于较均质岩石。

（4）渐进式螺旋掏槽。渐进式螺旋掏槽是由螺旋形掏槽发展而来，是一种新型的直孔掏槽开挖方法。其特点是所有掏槽孔围绕中心空孔，以中心空孔为参照，孔距由近及远、孔深从浅到深，呈螺旋渐进形式布置；且从距空孔距离最近开始依次顺序起爆。其孔深变化一般为：最先起爆的 1 段炮孔，距中心空孔最近、孔深最小，约为中空孔深的 1/4~1/5；

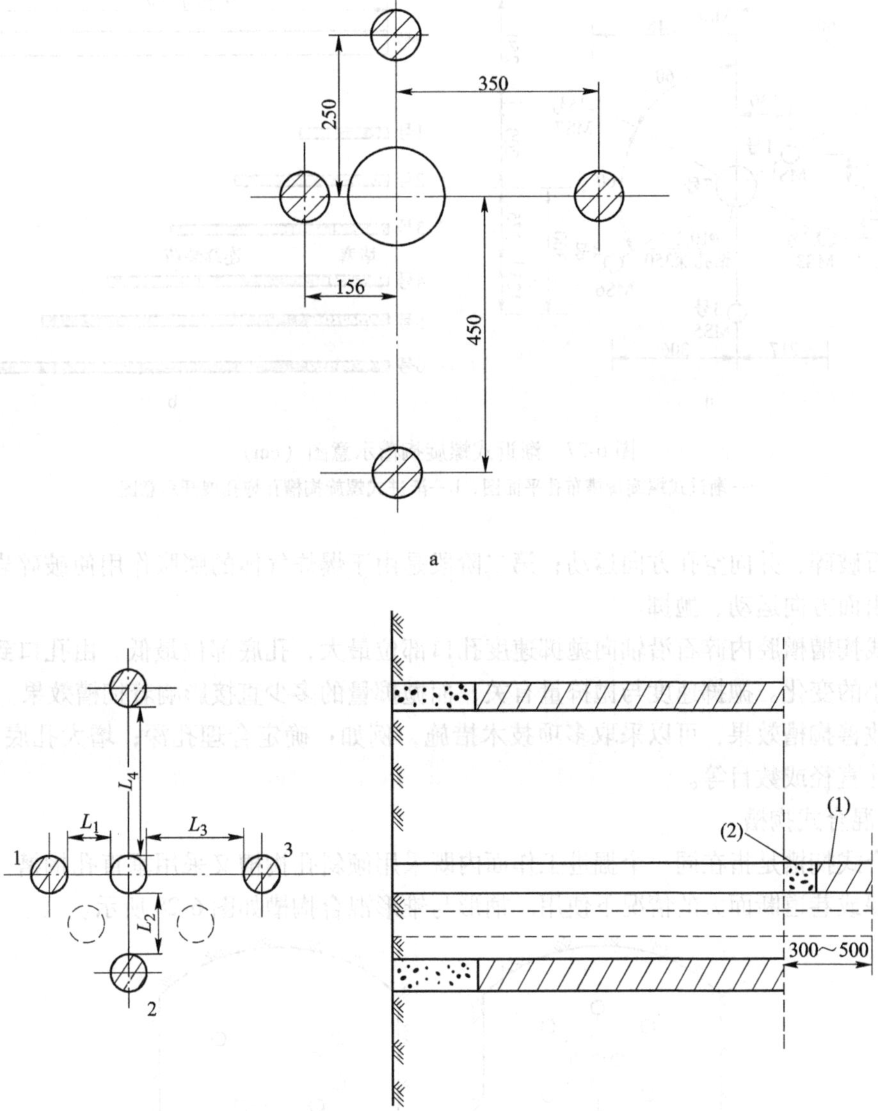

图 6-26 螺旋形掏槽示意图

a—大直径空孔螺旋掏槽；b—小直径空孔螺旋掏槽

1、2、3—炮孔；（1）—炸药；（2）—炮泥

随后 2 段炮孔比 1 段孔深 40～70cm；3 段孔深又比 2 段孔深 40～70cm；依次类推，到最后一段其孔深应与中空孔深基本相同，如图 6-27 所示。这种掏槽方法，所需掏槽孔少，炸药单耗低，作业时间短，爆破效率高。

垂直孔掏槽的优点是炮孔垂直工作面布置，方式简单，钻孔方便，深度不受巷道断面限制，装药孔以相邻空孔为最小抵抗线破碎方向，破碎均匀，炮孔利用率高；缺点是爆破成槽腔相对要困难些，且炮孔数目和炸药消耗量偏多。常在大断面掘进中使用。

平行空孔直线掏槽爆破过程分为两个阶段：第一阶段是装药炮孔爆破在冲击波的作用

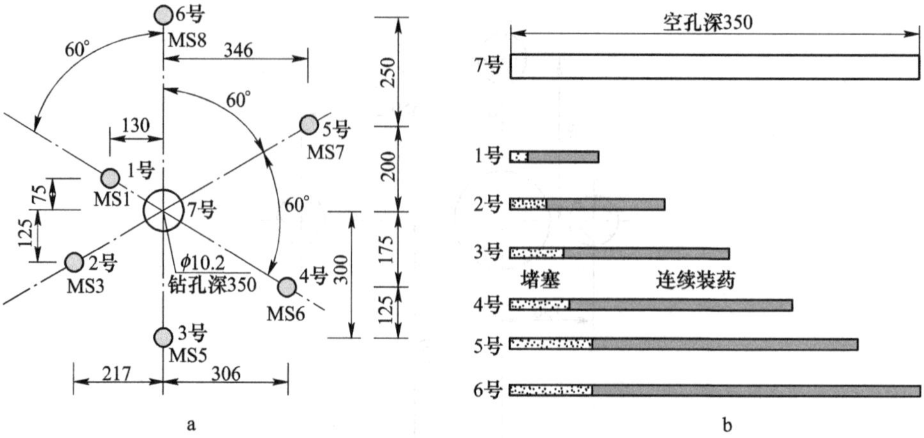

图 6-27　渐近式螺旋掏槽示意图（cm）

a—渐进式螺旋掏槽布孔平面图；b—渐进式螺旋掏槽孔炮孔展开示意图

下使岩石破碎，并向空孔方向运动；第二阶段是由于爆炸气体的膨胀作用使破碎岩石沿槽腔向自由面方向运动、抛掷。

直线掏槽槽腔内碎石沿轴向抛掷速度孔口部位最大，孔底部位最低。由孔口到孔底呈逐渐减小的变化。抛掷速度与抛掷量有关，而抛掷量的多少直接影响着掏槽效果。

为改善掏槽效果，可以采取多项技术措施，例如：确定合理孔深；增大孔底装药量；增加空孔直径或数目等。

c　混合式掏槽

混合式掏槽是指在同一个掘进工作面内既采用倾斜孔掏槽又采用垂直孔掏槽，一般在特别难爆或巷道断面大的情况下使用。桶形与锥形混合掏槽如图 6-28 所示。

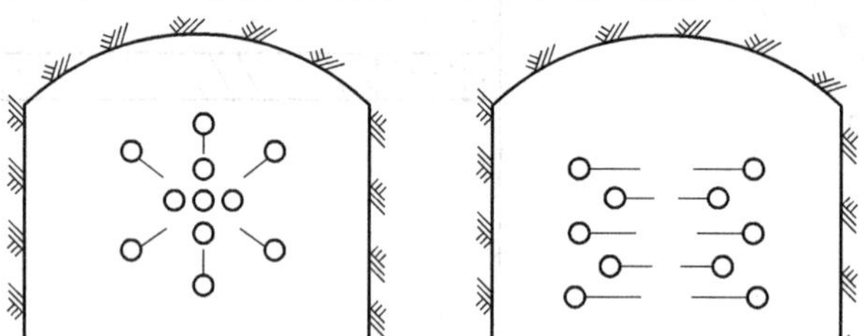

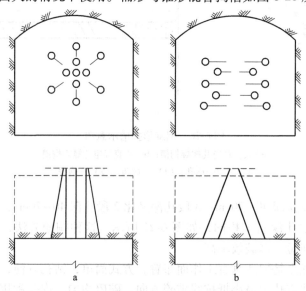

图 6-28　桶形与锥形混合掏槽示意图

a—桶形与锥形混合；b—复式楔形掏槽

B 各炮孔布置原则

掘进工作面一般首先布置掏槽孔。掏槽孔是井巷掘进爆破各类炮孔爆破条件最差、最难爆、最重要的炮孔，其自由面少、炮孔密度大、超深大、钻孔质量要求高。一般应选择布置在最易施工操作和有利后续爆破的位置，以及工人钻孔、装药最方便省力的高度。因此，对小断面巷道一般掏槽孔布置在工作面的中下部，甚至靠巷道底板布置，使掏槽孔和周边孔底孔之间不再布置辅助孔；对大断面巷道整个掏槽空间一般设计在开挖工作面几何中心偏下方，掏槽中心距底板约 1.4m 左右为宜。为了有利后续爆破，掏槽孔应比其他孔深约（10~20)%。

其次，布置周边孔。为便于打孔，周边孔沿巷道设计轮廓线内侧布置，孔间距 0.5~1.0m，孔口距巷道轮廓线 0.1~0.2m；为确保崩落设计范围岩石，不欠挖，周边孔均应外摆 1°~3°角，使孔底落在设计轮廓线外约 0.1m 处。周边孔的底孔爆破条件相对较差，布孔时应注意：（1）孔间距适当减小，一般为 0.4~0.7m；（2）底孔孔口高出巷道底板 0.1~0.2m，向下倾斜钻孔，使孔底低于底板 0.1~0.2m，需抛碴时，还应将炮孔加深 0.2m 左右；（3）底孔装药量应适当加大，介于掏槽孔和辅助孔之间，装药长度为孔深的 0.5~0.7 倍，抛碴爆破时，每孔增加 1~2 个药卷。

最后，布置辅助孔。辅助孔以掏槽孔爆破所形成的槽腔为中心，分层均匀布置在掏槽孔和周边孔之间，一般孔距 0.5~0.8m，排距为孔距（0.9~1.0）倍。光面爆破时，其最外圈辅助孔与周边孔距离应满足光爆层要求，要大于光爆孔孔距。

工作面的炮孔布置如图 6-29 所示。

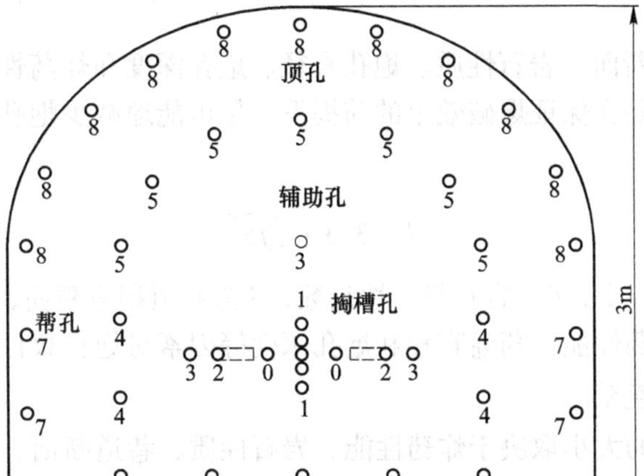

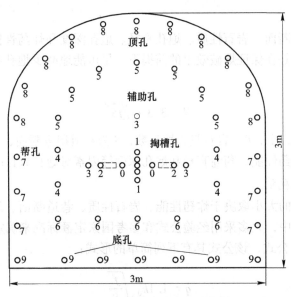

图 6-29 工作面炮孔布置示意图

○—炮孔；1~9—起爆顺序

6.3.1.2 平巷掘进爆破参数确定

平巷掘进爆破参数主要指炮孔直径、炮孔深度、炮孔数目和单位炸药消耗量等。

A 炮孔直径 d

炮孔直径的确定主要依所用药卷直径而定。目前，普通平巷掘进爆破多采用直径为32mm、35mm 的硝铵类炸药卷，尤以 32mm 最多。一般匹配 38~42mm 的炮孔直径。

B 炮孔深度 L

炮孔深度（简称孔深）是指孔底到工作面的垂直距离。

孔深的大小，不仅影响着掘进工序的工作量和完成各工序的时间，而且影响爆破效果和掘进速度。它是决定每班掘进循环次数的主要因素。为了实现快速掘进，在提高机械化程度、改善循环技术和改进工作组织的前提下，应力求加大孔深并增多循环次数。在采用手持式和气腿式凿岩机钻孔的条件下，采用普通型孔径（40~42mm）时，其孔深可按表6-11 选取，若采用小直径（34~35mm）时，以浅孔为宜。在同样岩性条件下，巷道断面积大的炮孔深度可取大一些。试验表明：孔深在 1.5m 时，炮孔利用率达 90%以上；孔深在 1.8m 以上时，炮孔利用率仅 80%左右。掏槽孔应比一般炮孔深 0.15~0.25m，岩石坚硬取大值。

表 6-11 普通型孔径的炮孔深度 （m）

岩石坚固性系数 f	掘进断面	
	$<12m^2$	$>12m^2$
1.6~3	2.0~3.0	2.5~3.5
4~6	1.5~2.0	2.2~2.5
7~20	1.2~1.8	1.5~2.2

C 炮孔数目

炮孔数目与掘进断面、岩石性质、炮孔直径、炮孔深度和炸药性能等因素有关。确定炮孔数目的基本原则是在保证爆破效果的前提下，尽可能地减少炮孔数目。通常可按下式估算：

$$N = 3.3 \cdot \sqrt[3]{fS^2} \tag{6-27}$$

式中，N 为炮孔数目，个；f 为岩石坚固性系数；S 为巷道掘进断面，m^2。

该式没有考虑炸药性能、药卷直径和炮孔深度等因素对炮孔数目的影响。

D 单位炸药消耗量

单位炸药消耗量的大小取决于炸药性能、岩石性质、巷道断面、炮孔直径和炮孔深度等因素。在实际工程中，大多采用经验公式和参考国家定额标准来确定。

（1）修正的普氏公式，该公式具有下列简单的形式：

$$q = 1.1k_0\sqrt{\frac{f}{S}} \tag{6-28}$$

式中，q 为单位炸药消耗量，kg/m^3；f 为岩石坚固性系数；S 为巷道掘进断面，m^2；k_0为考虑炸药爆力的校正系数，$k_0=525/p$，p 为所用炸药的爆力，mL。

（2）井巷掘进的单位炸药消耗量定额见表 6-12，所用炸药为 2 号岩石硝铵炸药。

表 6-12　平巷掘进单位炸药消耗量定额　（kg/m^3）

掘进断面积/m^2	岩石坚固性系数 f				
	2~3	4~6	6~10	12~14	15~20
4~6	1.05	1.50	2.15	2.64	2.93
6~8	0.89	1.28	1.89	2.33	2.59
8~10	0.78	1.12	1.69	2.04	2.32
10~12	0.72	1.01	1.51	1.90	2.10
12~15	0.66	0.92	1.36	1.78	1.97
15~20	0.64	0.90	1.31	1.67	1.85

确定了单位炸药消耗量后，根据每一掘进循环爆破的岩石体积，按式（6-29）计算出每循环所使用的总药量：

$$Q = qV = qSL\eta \tag{6-29}$$

式中，V 为每循环爆破岩石体积，m^3；S 为巷道掘进断面，m^2；L 为炮孔深度，m；η 为炮孔利用率，一般取 0.8~0.95。

6.3.2　井筒掘进爆破

井筒泛指竖井和斜井，也包括盲井。通常由井颈、井身和井窝组成。

在地下矿山为使矿体与地表相通，首先要掘进一系列的井巷，称为开拓。按井巷形式不同，分为平硐开拓、竖井开拓、斜井开拓和联合开拓。根据多年来金属矿山、非金属矿山、铀矿山、化工矿山和建材矿山的不完全统计，各种形式开拓工程所占比例列于表 6-13，其中竖井开拓应用最为广泛。

表 6-13　各种开拓形式所占比例

类型	平硐开拓	竖井开拓	斜井开拓	联合开拓
比例/%	28	38	11	23

在地下矿山，竖井（立井）是通向地表的主要通道，是提取矿石、岩石、升降人员、运输材料和设备以及通风、排水的咽喉。

在长、大隧道的开挖工程中，为缩短工期往往也需要掘进竖井、斜井以增加工作面和改善通风条件。在水利、水电工程中，永久船闸输水系统，抽水蓄能电站也都需要掘进竖井。

所谓竖井就是服务于各种工程在地层中开凿的直通地面的竖直通道，而斜井是在地层中开凿的直通地面的倾斜巷道。盲井是不能直接通达地表的地下井筒。按其倾斜与否分类有盲竖井、盲斜井。

盲竖井、盲斜井设计所需资料及有关规定与竖井、斜井相同。不同之处在于盲竖井、盲斜井的井架、卷扬机硐室和其他辅助硐室均布置在井下，因此对工程地质和水文地质的要求比竖井、斜井要严格些，但是就爆破技术来说二者没多大差别。

6.3.2.1　竖（立）井工作面炮孔布置

竖井一般采用圆形断面，其优点是承压性能好、通风阻力小和便于施工。炮孔呈同心圆布置。同心圆数目一般为 3~5 圈，其中最靠近开挖中心的 1~2 圈为掏槽孔，最外一圈为周边孔，其余为辅助孔。

A 掏槽孔的形式

掏槽孔的形式最常用的有以下两种。

（1）圆锥形掏槽。圆锥形掏槽与工作面的夹角（倾角）一般为70°~80°，掏槽孔比其他炮孔深0.2~0.3m。各孔底间距不得小于0.2m（图6-30a）。

（2）直孔桶形掏槽。圈径通常为1.2~1.8m，孔数为4~7个。在坚硬岩石中爆破时，为减少岩石夹制力，除选用高威力炸药和增加装药量以外，尚采用二级或三级掏槽，即布置多圈掏槽，并按圈分次爆破，相邻每圈间距为0.2~0.4m左右，由里向外逐圈扩大加深（图6-30b、c、d），各圈孔数分别控制在4~9个左右。

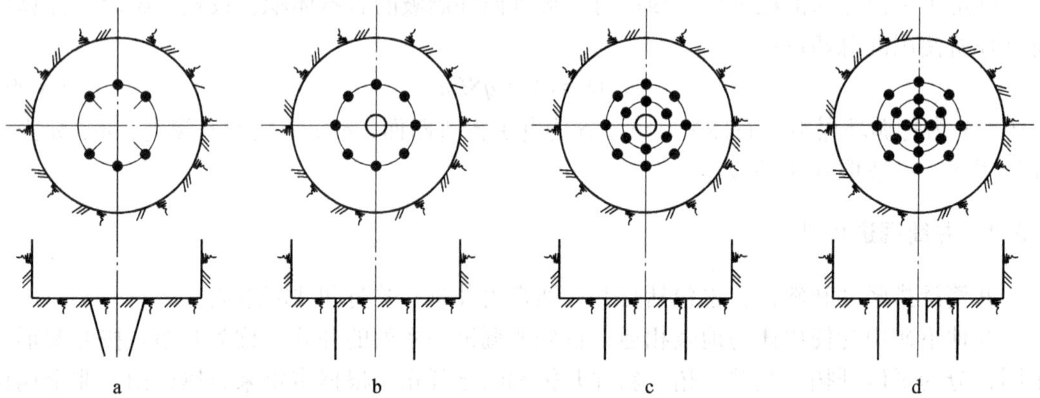

图6-30 竖井掘进的掏槽形式

a—圆锥掏槽；b—一级桶形掏槽；c—二级桶形掏槽；d—三级桶形掏槽

为改善岩石破碎和抛掷效果，也可在井筒中心钻凿1~3个空孔，空孔深度较其他炮孔深0.5m以上，并在孔底装入少量炸药，最后起爆。

采用圆锥形和直线桶形掏槽时，掏槽圈直径和炮孔数目可参考表6-14选取。

表6-14 掏槽圈直径和炮孔数目

掏槽参数		岩石坚固性系数f				
		1~3	4~6	7~9	10~12	13~16
掏槽圈直径/m	圆锥掏槽	1.8~2.2	2.0~2.3	2~2.5	2.2~2.6	2.2~2.8
	桶形掏槽	1.8~2.0	1.6~1.8	1.4~1.6	1.3~1.5	1.2~1.3
炮孔数目/个		4~5	4~6	5~7	6~8	7~9

B 辅助孔和周边孔布置原则

辅助孔介于掏槽孔和周边孔之间，可布置多圈，其最外圈与周边孔距离应满足光爆层要求，以0.5~0.7m为宜。其余辅助孔的圈距取0.6~1.0m，按同心圈布置，孔距0.8~1.2m左右。

周边孔布置有两种方式：

（1）采用光面爆破，将周边孔布置在井筒轮廓线上，孔距取0.4~0.6m。为便于打孔，孔略向外倾斜，孔底偏出轮廓线0.05~0.1m。

（2）采用非光面爆破时，则将炮孔布置在距井帮 0.15～0.3m 的圆周上，孔距 0.6～0.8m。孔向外倾斜，使孔底落在掘进面轮廓线略外些。与光面爆破相比，井帮易出现凸凹不平，岩壁破碎，稳定性差问题。

6.3.2.2 竖井爆破参数确定

A 炮孔直径

炮孔直径在很大程度上取决于使用的钻孔机具和炸药性能。

采用手持式凿岩机，在软岩和中硬岩石中孔径为 38～46mm，孔深 2m。随着钻机机械化程度的提高，孔径和孔深都有增大的趋势。例如：采用伞式钻架（由钻架和重型高频凿岩机组成的风液联动导轨式凿岩机具），钻头直径为 36～50mm，孔深 3.5～4.0m。

B 炮孔深度

手持式凿岩机孔深以 2m 为宜，伞式钻架孔深 3.5～4.0m 效果最佳。一般来讲，井筒直径越大，掏槽效果越好，炮孔深度可取大值。

炮孔深度的确定，也可按计划要求的月进度，按下式计算。

$$I = \frac{L \cdot n_1}{24 \cdot n \cdot \eta_1 \cdot \eta} \tag{6-30}$$

式中，I 为按月进度要求的炮孔深度，m；L 为计划的月进度，m；n 为每月掘井天数，依掘砌作业方式而定。平行作业可取 30 天；单行作业，在采用喷锚支护时为 27 天；在采用混凝土或料石永久支护时为 18～20 天；n_1 为每循环小时数；η 为炮孔利用率，一般为0.8～0.9；η_1 为循环率，一般可取 80%～90%。

C 炮孔数目

炮孔数目（N）的确定通常先根据单位炸药消耗量进行初算，再根据实际统计资料用工程类比法初步确定炮孔数目，作为布置炮孔时的依据，然后再依炮孔布置情况，适当加以调整，最后确定之。

根据单位炸药消耗量进行估算时，可按下式计算。

$$N = \frac{q \cdot S \cdot \eta \cdot m}{\alpha \cdot G} \tag{6-31}$$

式中，q 为单位炸药消耗量，kg/m^3；S 为井筒的掘进断面，m^2；η 为炮孔利用率；m 为每个药包的长度，m；G 为每个药包的质量，kg；α 为炮孔平均装药系数，当药包直径为 32mm 时，取 0.6～0.72；当药包直径为 35mm 时，取 0.6～0.65。

D 单位炸药消耗量

影响单位炸药消耗量的主要因素有：岩石坚固性、岩石结构构造特性、炸药威力等。井筒断面越大，单位炸药消耗量越低。可参照类似工程选取，见表 6-15。

表 6-15 部分井筒的爆破参数

井筒名称	掘进断面/m^2	岩石性质	炮孔深度/m	炮孔数目/个	掏槽方式	炸药种类	药包直径/mm	雷管种类	爆破进尺/m	炮孔利用率/%	单耗/$kg \cdot m^{-3}$
凡口新副井	27.3	石灰岩 $f=8～10$	2.8	80	锥形	甘油与硝铵炸药	32	毫秒	2.1	81	1.96

续表 6-15

井筒名称	掘进断面/m^2	岩石性质	炮孔深度/m	炮孔数目/个	掏槽方式	炸药种类	药包直径/mm	雷管种类	爆破进尺/m	炮孔利用率/%	单耗/$kg \cdot m^{-3}$
铜山新大井	29.2	花岗岩、长岩、大理岩 $f=4\sim6$、$8\sim10$	3~3.8	62	直孔	含 20%~30% TNT 和 2% TNT 的硝铵	32	毫秒	平均 2.5	75	1.67
安庆铜矿副井	29.2	页岩，角页岩，细砂岩	2~2.3	70~95	锥形	硝铵黑	32	毫秒、秒差	2.7~3.3	77	3.14
凤凰山新副井	26.5	大理岩 $f=8\sim10$	4.3~4.5	104	复锥	2 号岩石硝铵炸药	32	秒差	1.5~1.7	75	2.15
桥头河 2 号井	26.5	石灰岩 $f=6\sim8$	1.8	65	锥形	40%硝化甘油炸药	35	毫秒	1.6	88	1.97
万年 2 号风井	29.2	细砂岩，砂质泥岩 $f=4\sim6$	4.2~4.4	56	直孔	铵梯黑	45	毫秒	3.8	89	2.28
金山店主井	24.6	$f=10\sim14$	1.3	60	锥形	2 号岩石硝铵炸药	32	毫秒	0.8	70	1.79
金山店西风井	24.6	$f=10\sim14$	1.5	64	锥形	2 号岩石硝铵炸药	32	毫秒	1.1	85	1.79
凡口矿主井	26.5	石灰岩 $f=8\sim10$	1.3	63	锥形	2 号岩石硝铵炸药	32	秒差	1.1	85	1.70
程潮铁矿西副井	15.5	$f=12$	2.0	36	锥形	硝化甘油炸药	35	秒差	1.7	93	1.22

6.3.2.3 竖井爆破的起爆网路

竖井掘进爆破，大多采用电雷管起爆网路或导爆管雷管起爆网路；对于孔深大于 2.5m 炮孔，也可采用电雷管——导爆索复式起爆网路，或每孔多发雷管多点起爆网路。

在电雷管起爆网路中，广泛采用并联网路和串并联网路，而串联网路由于工作条件差易发生拒爆现象，在竖井掘进中极少采用。

6.3.2.4 斜井掘进爆破

斜井爆破法与平巷爆破法相比有诸多相似之处，不同之处是斜井倾斜 10°~25°，甚至 35°的倾角，给钻孔、爆破、装岩、排水等工序都带来了难度。斜井掘进作业的爆破工艺必须与斜井机械化配套相适应，钻孔机具多用凿岩台车，直径 42~50mm。根据国内目前钻孔机具和爆破器材的现状，大力推广使用中深孔（孔深 2~3.0m）、全断面一次光面爆破和抛碴爆破。

6.3.2.5 天井反向掘进爆破

天井是矿山用于连接上下两个开采水平，提升下放设备、材料、通风、行人以及勘探矿体等。若专门用于放矿的天井，也称溜井。

由于天井用途不同，其断面形状和尺寸也不相同。断面形状一般为矩形和圆形。断面尺寸为（1.5m×1.5m）~（3.0m×3.0m）。

A 浅孔爆破法

天井自下而上的掘进称反向掘进，工人站在人工搭筑的工作台上进行钻孔、爆破作业。工作台每循环架设一次，工作台与工作面距离为 2~2.5m。采用上向式凿岩机打孔。

炮孔数目计算和炮孔布置原则与水平巷道掘进相同。

炮孔深度为 1.6~1.8m，孔数为 2.5~3.5 个/m^2。掏槽方式常用直孔或半楔形掏槽，如图 6-31 所示。

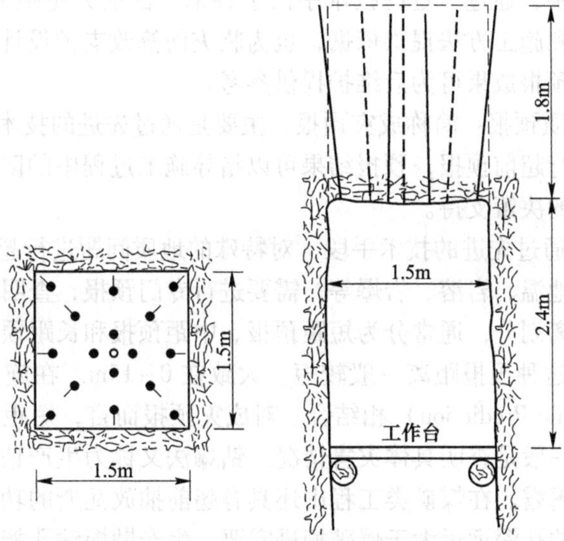

图 6-31 浅孔爆破法

这种方式在掘进高天井时，通风、提升条件差，工效低且不安全，仅在掘进盲短天井或在岩层破碎地带以及掘进某些特殊形式的天井时应用。

B 深孔爆破法

用深孔钻机自上而下或自下而上沿天井全高钻凿一组平行深孔，然后分段，自下而上依次爆破，形成所需的断面和一定高度的天井。

掘进过程中，工人不进入天井内作业，其优点是工作安全，作业条件好，是掘进天井行之有效的一种方法。

深孔爆破法掘进天井时，虽然是一次钻完炮孔全部深度，但由于岩石爆破后产生膨胀，为了保证每次爆破所需的补偿空间，要采取分段爆破。分段高度取决于岩石性质、天井断面、孔径大小等因素。一般情况下，岩石易爆时，段高较大；岩石难爆时，段高则较小。

6.3.3 井巷掘进爆破施工安全要点

井巷掘进爆破的技术难度和一次爆破药量在常规工程爆破中都是比较小型的，但其安全问题和安全事故的频率却是突出的。这不是单纯的爆破技术出的问题，而是因为井巷工程特殊的施工条件惹的祸。避开爆破施工环节，这里主要强调井巷掘进施工前期准备和施工过程的安全要点。

6.3.3.1 地质预报与超前探测

井巷掘进爆破施工中发生的事故，大多都是地质情况不明导致的。溶洞、冒顶、塌方、涌水、泥石流、瓦斯煤粉突出等灾害引发的事故教训惨痛。其实，除前期工程地质勘探揭示的较粗犷的地质情况外，在施工期还有很多技术手段能预报穿越地层的详细状况。

按预报的作用划分，通常分为常规性超前预报、灾害超前地质预报和专门预报。

（1）常规性超前地质预报：简称常规预报，主要是结合施工进程，收集区域的地质资料，初步判断围岩类别，通过一定的技术手段了解掌子面前方短距离内的工程地质状况，为正确制定爆破方案和施工方法提供依据，也为临灾前修改支护设计或修改施工方案等提供基础信息，同时，预报成果可为后维护提供参考。

（2）灾害超前地质预报：简称成灾预报，主要是通过先进的技术手段，对前方可能存在灾害的地质条件进行超前预报，预报结果可以指导施工过程中的防灾减灾工作，并为隧道施工战略提供一定的决策支持。

（3）专门预报：通过先进的技术手段，对特殊的地质问题进行超前预报，如遇到大断层、重大涌突水、高地温、岩溶、岩爆等，需要进行专门预报，查明灾害的规模和性质。

按距掌子面的距离划分，通常分为短距预报、中距预报和长距预报。

（1）短距预报：这种预报距离一般较短，大致在0~15m。在施工中通常采用钻爆法与TBM（Tunnel Seismic Prediction）相结合。对成灾预报而言，短距离预报可以看作是临灾预报或防灾处理，一般是查明具体灾害情况。钻爆法又称为生产钻探，是工程中与常规生产合一的近景地质揭露。在煤矿类工程中还具有超前抽放瓦斯的功能。这类钻孔一般布置在掌子面上，设计的孔深远远大于爆破掘进需要。生产勘探钻孔能提前直接揭示工作面前方的断层、溶洞、水体、含泥沙层、瓦斯及煤粉情况，是井巷掘进爆破安全的最后一道预报。

（2）中距预报：预报距离一般为15~50m。中距预报的仪器和方法很多，但从大量的预报案例来看，地球物理探测对前方20~40m范围的超前探测是十分有效。这也恰恰从另一方面也说明了物探法在中、长距预报中有一定的潜力。

（3）长距预报：长距预报距离通常能够达到50m以上，目前单次探测有效距离达到50m以上预报距离的仪器有很多，对探明大型溶洞等灾害具有十分重要的作用。比如，采用TSP（Tunnel Advanced Detection）超前探测，就能重点查明隧道岩体完整性、软弱结构面、断层破碎带、裂隙发育带规模、大小、发育位置。并对隧道进行贯通性探测。其每次可探测100~200m，为提高预报准确度和精度，采取重叠式预报，每开挖100~150m预报一次，重叠部分不小于20m进行对比分析，并将每次探测结果与开挖揭示情况对比分析。

6.3.3.2 严禁打残孔

井巷掘进爆破中由于有一定的炮孔利用率存在，每循环爆破后都会留有深度不等的残孔。全世界所有爆破安全规程中都有“严禁打残孔”的规定。但每年打残孔的安全事故出现频次最高。由于其伤害的多是直接操作的钻机手，很多事故都被忽略了。以致屡禁不止。

前面很多知识点都有所论述，因为炸药或起爆雷管的原因、炮孔清洗不净的原因、药卷间夹杂碎渣的原因、由于管道效应所致、由于误装漏爆等原因，循环爆破后的残孔都很有可能留有残药。当用钻机套打这些残孔时，悲剧就有可能发生。大家知道，合金钻头在岩石炮孔里高速冲击摩擦，便产生高温，可达数百度到能融化钻头的高温，其远高于炸药的爆发点。残药可能不多，但爆炸产生的能量足以推动钻杆连带钻机摧毁钻机手，发生悲剧。

6.3.3.3 爆破通风

在新建、扩建矿井、巷道、隧道中，在掘进施工时，为了稀释和排除自煤（岩）体涌出的有害气体、爆破产生的炮烟和矿尘以及保持良好的气候条件，必须进行不间断通风。而这种井巷只有一个出口（称独头巷道），不能形成贯穿风流，故必须采用导风设施，使新鲜风流与污浊风流隔开。

《爆破安全规程》规定，一般地下爆破后，要强制通风15min方可进入工作面。而《煤矿安全规程》规定：煤巷、半煤岩巷和有瓦斯涌出的岩巷掘进采用局部通风机通风时，应当采用压入式，不得采用抽出式（压气、水力引射器不受此限）；瓦斯喷出区域和突出煤层的掘进通风方式必须采用压入式。而且，放炮员必须配备瓦斯检测器，坚持“一炮三检”制度，即在掘进作业的装药前、放炮前和放炮后都要认真检查放炮地点附近的瓦斯。

A 长距离巷道掘进时的局部通风

当掘进长距离的巷道、隧道时，多采用局部通风机通风。为了保证通风效果，需要注意以下几方面问题：

（1）通风方式要选择得当，一般采用混合式通风；

（2）条件许可时，尽量选用大直径的风筒，以降低风筒风阻，提高有效风量；

（3）保证风筒接头的质量。根据实际情况，尽量增长每节风筒的长度，减少风筒接头处的漏风；

（4）风筒悬吊力求“平、直、紧”，以消除局部阻力；

（5）要有专人负责，经常检查和维修。

B 提高通风效果的一般措施

（1）采用双风机、双电源、自动换机和风筒自动倒风装置。正常通风时由专用开关供电，使局部通风机运转通风；一旦运转风机因故障停机时，电源开关自动切换，备用风机即刻启动，继续供风，从而保证了局部通风机的连续运转。由于双风机共用一趟主风筒，风机要实现自动倒风，则连接两风机的风筒也必须能够自动倒风。

（2）掘进开工前应安好通风设备，按设计要求建立好掘进通风系统。

（3）整个掘进施工过程中，为控制掘进工作面通风服务的风门和调节风窗等通风设施应始终处于良好状态。

（4）所有掘进工作面的风筒出口应采用硬质风筒。

（5）风筒迎头的距离：煤巷不超过5m，半煤岩巷不超过8m，岩巷不超过10m。如果巷道中有空帮和空顶，则应设法充填，否则应采取防止瓦斯积聚的措施。

（6）长距离通风时，为了减少漏风和降低风阻可采用漏风少的接头，增加每节风筒长度。

（7）因通风距离长、风筒风阻大，一台局部通风机不能满足供风要求时，可采用两台局部通风机串联工作，但应作通风设计。

（8）急倾斜煤层的小眼用压气引射器通风时，应保证不停压风，否则应改用局部通风机通风。

（9）每个掘进工作面要建立台帐和卡片，记录内容有地点、巷道长度、开工日期、装备达标情况等。

C 综合防尘措施

掘进巷道的矿尘来源，当用钻孔爆破法掘进时，主要产生于钻孔、爆破、装岩工序，其中以凿岩产尘量最高；当用综掘机掘进时，切割和装载工序以及综掘机整个工作期间，矿尘产生量都很大。因此，要做到湿式钻孔，爆破使用水炮泥，综掘机内外喷雾。要有完善的洒水除尘和灭火两用的供水系统，实现放炮喷雾、装煤岩洒水和转载点喷雾，安设喷雾水幕净化风流，定期用预设软管冲刷清洁巷道。从而达到减少矿尘的飞扬和堆积。

6.3.3.4 掘进中的安全监测

目前，针对井巷掘进施工的安全监测技术手段有很多。如爆破地震、粉尘、有毒有害气体监测，位移和收敛沉降监测，围岩应力变形与损伤监测，这些监测都可以实现远程和实时在线监测。有关知识在此不再展开。

6.3.4 隧道掘进爆破技术

隧道是铁路、公路等建设的重点和关键工程，比较常用的掘进方法有钻爆法、盾构法和掘进机法三种。由于钻爆法对地质条件适应性强、掘进成本低，特别适合于坚硬岩石隧道、破碎岩石隧道的施工，是当前国内外常用的隧道掘进方法。钻爆法又称为矿山法，与巷道掘进的差别是断面较大。

6.3.4.1 隧道爆破施工特点

铁路、公路隧道爆破与矿山巷道掘进爆破同属于只有一个临空面的单自由面条件下的爆破，两者的开挖原则基本相同，但隧道爆破施工还具有以下特点：

（1）断面尺寸大。隧道的高度和跨度一般超过6.0m，双线铁路和高速公路隧道跨度更是以大断面和超大断面为主（表6-16为国际隧道协会对隧道断面的划分），爆破中应更重视对围岩保护。

表6-16 国际隧道协会对隧道断面的划分

划分	断面积/m^2	划分	断面积/m^2
超小断面	<0.3	大断面	50.0~100.0
小断面	3.0~10.0	超大断面	>100.0
中等断面	10.0~50.0		

（2）地质条件复杂。尤其是浅埋隧道（一般指埋深小于2.0倍隧道跨度），岩石风化破碎，地表水、裂隙水影响较大，岩石节理、裂隙、软弱夹层、滴漏水直接影响钻孔和爆破效果。

（3）服务年限长，造价昂贵。为了在运营中较少维修，避免中断交通，施工中必须保证良好的质量。

（4）隧道爆破钻孔质量和精度要求高，孔位、方向和深度要准确，超、欠挖应在允许范围之内，以确保爆破断面达到设计标准。

因此，隧道爆破除了要求循环进尺、炮孔利用率、炸药消耗等指标外，对岩石破碎块度、爆堆形状、抛掷距离、隧道围岩稳定性影响、周边成形和爆破振动控制等均有更高的要求。

为了适应大断面隧道爆破施工的要求，隧道爆破各部位的炮孔有比一般巷道更加细致的划分，一般隧道炮孔的名称位置如图 6-32 所示。

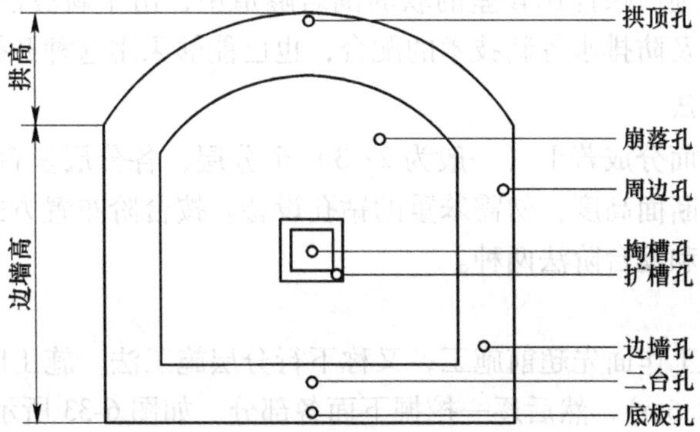

图 6-32　隧道爆破各部位炮孔名称

(1) 掏槽孔：开挖断面中下部，最先起爆、担负掏槽爆破的炮孔；
(2) 扩槽孔：在掏槽孔之后起爆的一部分炮孔；
(3) 边墙孔：直墙部位的炮孔；
(4) 拱顶孔：隧道拱圈部位的炮孔；
(5) 周边孔：周边轮廓线上的炮孔；
(6) 底板孔：隧道最底部分一排炮孔；
(7) 二台孔：底板孔上面的一排炮孔；
(8) 崩落孔：其他爆破岩石的炮孔，又称为掘进孔。

6.3.4.2　隧道掘进方法

根据地质和水文条件、隧道断面及形状、长度、支护形式、埋深、施工技术与装备、工程工期等因素的不同，隧道掘进施工方法可选择全断面一次施工、台阶式施工、导坑式施工等，一般宜优先选用全断面法和正台阶法。对地质条件变化大的隧道，选择施工方法时要考虑有较大的适应性，以便在围岩变化时易于变换施工方法。

A　全断面一次施工法

又称全断面法，是在地质条件较好隧道的施工中，以凿岩台车钻孔、装药、填塞、起爆网路连接，一次完成整个断面开挖，并以装碴、运输机械完成出碴作业的方法。

全断面法施工场地宽敞，工作面空间大，能充分发挥机械的效能，便于大型机械作业，并只有一道开挖工序，干扰少，工序集中，开挖工效高，施工进度快，且最大限度地减少了开挖过程中对隧道围岩的扰动，开挖断面大，受岩石夹制作用小，有利于较大规模爆破作业，能充分发挥隧道深空钻爆的作用，管理方便，通风排水及管线布置简单，运输方便。国内铁路系统如秦岭隧道采用全断面法，成功地月掘进 350m 以上，最高达 450m 以上。实践表明，全断面法是隧道掘进中合理先进的开挖方法。

一般认为该法主要用于围岩稳定、坚硬、完整、不需要临时支护的Ⅴ~Ⅵ类围岩（铁道隧道围岩分类法，本节以下同）的岩石隧道以及高度不超过 5m、断面不超过 $30m^2$ 的中小型断面隧道。使用凿岩台车钻眼，一次爆破循环进尺可达 2.5~4m。但近几年来，随着大型施工设备的不断出现，施工机械化程度和施工技术的不断提高，大断面和全断面一次施工的隧道越来越多，施工断面已超过 $50m^2$。尤其在一些重点工程上，已基本不采用传统的导坑法，即使在地质条件比较差的软弱围岩隧道中，由于新奥法、锚杆喷射混凝土、注浆加固、管棚支护及防排水等新技术的配合，也已能够采用这种开挖方法。

B 台阶式施工法

该法是将隧道断面分成若干（一般为 2~3）个分层，各分层呈台阶状同时推进施工。其最大特点是缩小了断面高度，勿需笨重的钻孔设备。按台阶布置方式的不同，台阶式施工法可分为正台阶法和反台阶法两种。

a 正台阶法

该法为最上分层工作面先超前施工，又称下行分层施工法。施工时首先掘进上部弧形断面（高一般为 2~2.5m），然后逐一挖掘下面各部分。如图 6-33 所示的三个分层的情况，施工顺序如图中数字顺序（图中开挖用阿拉伯数字①、②、③表示，衬砌或其他支护结构用罗马数字Ⅳ、Ⅴ表示，本节以下各图同）。

该法工序少，干扰少，上部钻孔可与装碴同时作业，必要时可以喷射混凝土或砂浆作为临时支护，可用于围岩稳定性好、不需或仅需局部临时支护的隧道，但要求有较强能力的出碴设备。

b 反台阶法

反台阶法又叫上行分层施工法，施工顺序正好与正台阶施工法相反。该法施工能使工序减少，施工干扰小，下部断面可一次挖至设计宽度，空间大，便于出碴运输和布置管线，特别有利于爆破破岩，能节省大量材料，适合于围岩稳定、不需要临时支护、无大型装碴设备的情况。

C 导坑式施工法

导坑式施工法是以一个或多个小断面导坑超前一定距离开挖，随后逐步扩大开挖至设计断面，并相继进行砌筑的方法。导坑式施工法按导坑位置不同分为中央下导坑、中央上导坑、上下导坑和两侧导坑等，如图 6-34~图 6-36 所示。

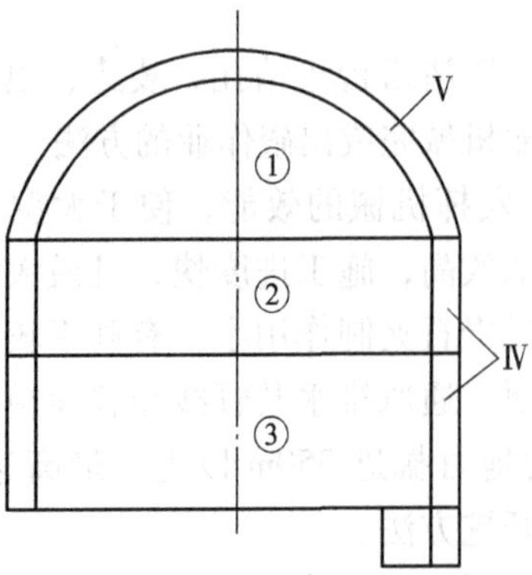

图 6-33 正台阶施工法

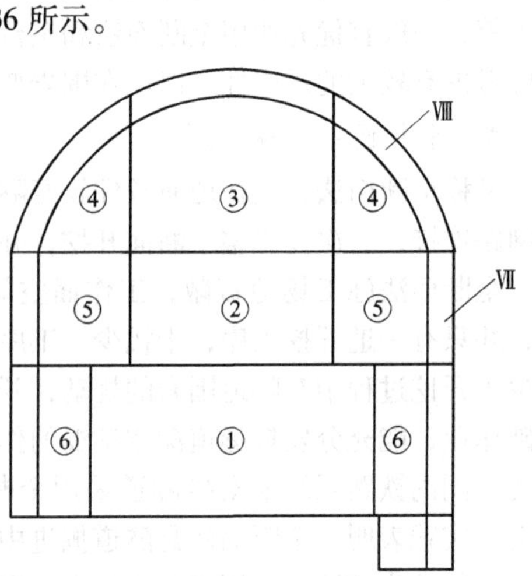

图 6-34 下导坑漏斗施工法

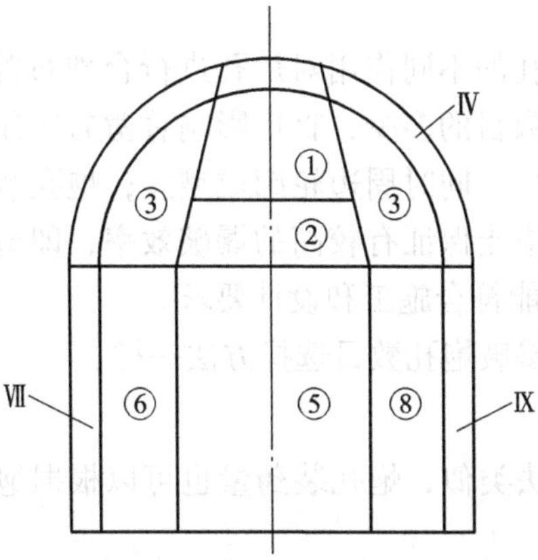

图 6-35 中央上导坑先拱后墙法

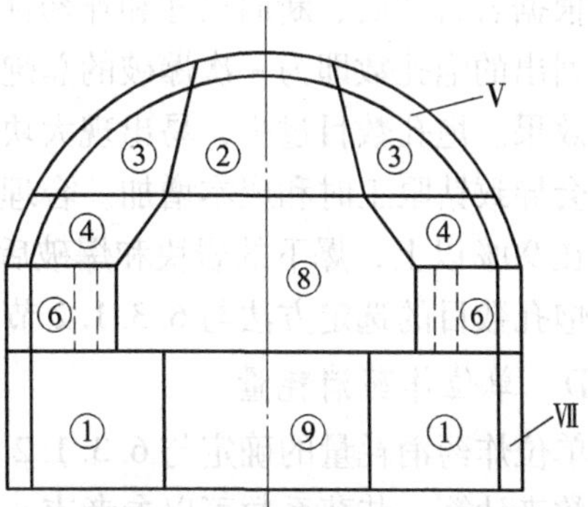

图 6-36 品字形导坑先拱后墙施工法

6.3.4.3 隧道掘进爆破参数确定

爆破参数的选取对隧道掘进爆破的效果和质量起着决定性的影响作用。爆破参数主要有：炮孔直径和装药直径、炮孔深度、炮孔间距、炮孔数目、单位炸药消耗量等。在选取这些爆破参数时，不仅要考虑岩石性质、地质状况和断面尺寸等因素，而且还要考虑到这些参数间的相互关系及其对爆破效果和爆破质量的影响。

A 炮孔直径和装药直径

炮孔直径对凿岩速度、孔数和装药参数等都有影响。直径过小会影响装药的稳定爆轰；过大则影响凿岩速度。因此，在选择炮孔直径时，根据断面大小，破碎块度要求，凿岩设备的能力及炸药性能等进行综合分析。一般根据药卷直径和标准钻头直径来确定炮孔直径。

当采用耦合装药时，装药直径即为炮孔直径；不耦合装药时，装药直径一般指药卷直径。工业炸药的最小直径不应小于25mm，否则爆炸不稳定或发生拒爆，因此钻孔直径不宜太小。在矿山平巷和隧道掘进爆破中，一般都采用药卷装药，标准药卷直径为32mm或35mm，为确保装药顺利，炮孔直径一般为38~42mm。在大断面隧道中，为减少炮孔数目，用大功率凿岩台车和伞钻打眼时，多采用炮孔直径为48~60mm，药卷直径40~45mm。

B 炮孔深度

从钻孔爆破综合工作效果的角度来看，炮孔深度在各爆破参数中居重要地位。它不仅影响每一个掘进循环中各工序的工作量、完成的时间和掘进速度，而且影响爆破效果和材料消耗；另外，炮孔深度决定着掘进循环次数。目前常采用浅孔多循环和深孔少循环两种工艺，究竟采用那种工艺要视具体条件而定。以掘进每米隧道所需劳动量最少或工时最小、成本最低的炮孔深度为最优炮孔深度，通常根据任务要求、循环组织或断面宽度来确定炮孔深度。

在我国目前所具备的掘进设备和技术条件下，隧道掘进中常用的炮孔深度为2~3m，随着新型、高效凿岩机和先进装运设备的应用、爆破器材质量、施工工艺水平以及施工组织、管理水平的提高，炮孔深度应向3~5m深孔发展。另外，炮孔深度还与岩层条件有关，岩石越坚硬、越稳定，炮孔深度越深；岩石越软和不稳定，炮孔深度越浅。

C 炮孔数目

根据岩石性质、断面尺寸和炸药性质等，按炮孔的不同作用对炮孔进行合理布置，最终排列出的炮孔数即为一次爆破的总炮孔数。炮孔数目的多少，直接影响着凿岩工作量和爆破效果。炮孔数目过少，易出现大块，不利于装岩，同时周边轮廓成型差；炮孔数目过多，会导致钻眼工时和成本增加。合理的炮孔数目应当保证有较高的爆破效率，即炮孔利用率在90%以上，爆下的岩块和爆破后的轮廓，均能符合施工和设计要求。

炮孔数目的选定方法与6.3.1.2节中平巷掘进爆破炮孔数目选择方法一样。

D 单位炸药消耗量

单位炸药消耗量的确定与6.3.1.2中的确定方法类似，炮孔装药量也可以根据炮孔装药系数来计算，装药系数可以参考表6-17选取。

表6-17 装药系数表

抗压强度/MPa	10~20	30~40	50~60	80	100	150~200
掏槽孔	0.50	0.55	0.60	0.65	0.70	0.80
崩落孔	0.40	0.45	0.50	0.55	0.60	0.70
周边孔	0.40	0.45	0.55	0.60	0.65	0.75

注：1. 穿过有瓦斯与煤尘爆炸危险的地层时，装药长度系数应遵循《爆破安全规程》的规定。

2. 周边眼的有关数据不适用于光面爆破。

E 炮孔利用率

炮孔利用率是合理选择钻眼爆破参数的一个重要准则。炮孔利用率定义为每掘进循环的工作面进度与炮孔长度之比。影响炮孔利用率的主要因素有单位炸药消耗量、装药直径、炮孔数目、装药系数和炮孔深度等。炮孔利用率一般为0.85~0.95。

6.3.4.4 地铁隧道施工

地铁隧道施工类似于一般隧道施工，但地铁隧道工程的地质条件及地面环境条件更复杂，钻爆开挖存在以下难点：

（1）隧道埋深浅，钻爆开挖时，爆破振动引起上方软弱地层的坍塌会危及施工安全，甚至塌至地面影响地面安全；

（2）由于某些隧道线先于在建隧道线完成，或者是两条隧道线同时在建，但两条线隧道间距较小，先行开挖隧道支护易受后开挖隧道爆破振动影响甚至破坏；

（3）地铁隧道从城区下方穿过，地面有大量的建筑和市政设施，钻爆施工易对地面及地中建（构）筑物产生振动影响，严重的还会危及生命财产安全；

（4）工期紧，降振与开挖进度矛盾突出，安全条件下快速开挖方法，钻爆是关键。

因此，地铁隧道爆破多采用CRD法（CROSS DIAPHRAGM的简称），亦称交叉中隔壁法施工，即采用控制爆破技术和控制炸药单耗降低爆破振动强度，减少对爆破施工区段建筑物的影响，尽可能减轻对围岩扰动，充分利用围岩自有强度维持隧道的稳定性，有效地控制地表沉降，控制隧道围岩的超欠挖，达到良好的轮廓成型。

小断面通道开挖选取一次可挖的导坑断面，其余部分在不超过振动控制范围时，扩挖光爆，完成开挖。特殊地段和浅埋、断层破碎带，穿越道路、地下管线时，采用预裂爆破、周边布空孔、限定振速、减少药量等方法，减小振动，并与支护手段相结合、保持隧道围岩稳定，保证施工安全，防止损伤管线，破坏道路，危及地面建筑物。

6.4 爆破技术在井工煤矿防灾减灾中的应用

我国是一个多煤少油的国家，已探明的煤炭储量占世界煤炭储量的33.8%。我国煤炭产量连续多年位居世界第一，煤炭在我国一次性能源结构中处于主导地位，20世纪50年代煤炭消耗占全部能源的比例曾高达90%。但近年来，在经济转型、环保加强等因素的制约下，煤炭消费增速明显放缓，2015年降至64%，2018年降至59%，国家《能源发展战略行动计划（2014—2020年）》提出，到2020年，中国煤炭消费总量控制在42亿吨左右，比重控制在62%以内。

随着井工煤矿开采深度逐年增加，瓦斯、火灾、粉尘等灾害严重威胁煤矿安全高效开采。在煤矿开采过程中，爆破技术在防灾减灾领域始终发挥着至关重要的作用，如远距离爆破井巷揭煤技术、深孔预裂控制爆破强化抽采瓦斯技术、松动爆破防治采掘工作面突出技术等。

6.4.1 深孔预裂控制爆破强化抽采瓦斯技术

6.4.1.1 深孔预裂控制爆破基本原理

从20世纪80年代开始，我国开始研究采用深孔预裂控制爆破法来强化抽采瓦斯。该方法的实质是：在回采工作面的运输巷和回风巷布置平行于工作面、相隔一定间距、孔深50m左右的爆破孔和控制孔，二者交替布置，控制孔内不装药。爆破孔装药段长30m左右，利用压风装药器进行连续耦合装药，孔内辅以煤矿许用安全导爆索，正向起爆。利用炸药爆炸的能量及控制孔的导向、补偿作用，使爆破孔与控制孔之间的煤体产生新的裂隙，并使原生裂隙得以扩展，从而提高煤层透气性，增加瓦斯抽采量。

深孔控制预裂爆破是为了增加煤体的裂隙长度和范围，以提高煤层透气性，减少抽采阻力，从而提高瓦斯的抽采率。因此，它不仅要求在相邻孔间连线方向形成贯通裂隙，而且要求其他方向尽可能多地产生裂隙，使煤体内形成以炮孔为中心相互连通的裂隙网。其特点是采用连续耦合装药工艺，并在爆破孔周围增加辅助自由面——控制孔。由于爆破是在含瓦斯煤体中进行的，煤与瓦斯处于一个系统内，所以同时要考虑瓦斯压力对产生爆破裂隙的影响。

深孔控制预裂爆破裂隙区域的形成过程如下：炸药在孔内爆炸后，将产生应力波和爆生气体，在爆破近区产生压缩粉碎区，形成爆炸空腔，煤体固体骨架发生变形破坏。在爆炸空腔壁上产生的长度在炮孔半径1~3倍范围内的介质被强烈压缩、粉碎，产生初始裂隙（不同于原生裂隙）。此外，空腔壁上部分原生裂隙将会扩展、张开；在爆破中区，应力波过后，爆破气体产生准静态应力场，并楔入中腔壁上已张开的裂隙中，与煤层中的高压瓦斯气体共同作用于裂隙面上，在裂隙尖端产生应力集中，使裂隙进一步扩展，进而在炮孔周围形成径向“之”字形交叉裂隙网；在爆破远区，由于控制孔的作用，形成反射拉伸波和径向裂隙尖端处的应力场相互叠加，促使径向裂隙和环向裂隙进一步扩展，大大增加裂隙区的范围。同时，原生裂隙中的瓦斯，由于爆炸应力场的扰动将作用于已产生的裂隙内，使裂隙进一步扩展，最后，在爆破孔的周围形成包括压缩粉碎圈、径向裂隙和环向裂隙交错的裂隙圈及次生裂隙圈在内的较大的连通裂隙网。

6.4.1.2 深孔预裂控制爆破施工工艺和要求

爆破孔和控制孔孔径选择。在连续耦合装药情况下，当装药密度一定时，爆破孔孔径增加一倍，裂隙扩展长度增加一倍以上。当孔径达到一定值后，透气性提高的幅度将随着爆破孔孔径的增大而逐渐减小，说明单纯靠增大爆破孔孔径来提高透气性效果是有限的。一般爆破孔直径在75~100mm之间较为合理。

控制孔位置及孔径。在爆破孔与控制孔的水平连线上，当爆炸压力一定时，随着控制孔半径的增大，煤体所受拉应力以四次幂级数增加，也就是控制孔径越大，对裂隙的形成和扩展越有利。由于受打钻设备和工艺等因素的限制，当孔径达到一定值后，再增大孔径会带来诸多不利因素。一般直径在90~150mm即可达到导向和补偿目的。

爆破孔与控制孔间距的选择。在煤层条件一定时，随着孔间距的增大，透气性系数迅速降低，当孔间距达到一定值时，透气性已接近原始煤体，即孔间没有形成新的裂隙，反之，当孔间距减小时，透气性迅速上升。但孔间距越小，工程量越大，成本越高。因此，应在保证良好的预裂效果的同时，尽可能加大孔间距，工程应用中，当爆破孔径为75mm、控制孔直径为90mm时，合理的孔间距应为5~8m。

爆破孔封孔长度的选择。在预裂爆破中，爆破孔的封孔长度是一个非常关键的参数。要求它的长度不仅能保证爆破后炮泥不抛出，爆破效果好，而且要合理，以保护巷道的帮煤体不被破坏，满足爆破后的抽采要求。在预裂爆破中，由于封孔段相对于煤体为结构弱面，炸药爆炸后瞬间，应力波将集中向结构弱面作用，即向封孔段作用；而封孔材料为黄泥，其塑性变形好，能有效地吸收爆炸应力波，使其迅速大幅度衰减，从而减轻了应力波对煤体的破坏作用。起爆方法采用正向起爆，爆轰波由孔口向孔底传播，爆炸应力波相对对孔口方向作用较小。在预裂爆破中，爆破孔两边设计有控制孔，控制孔作为自由面存在于爆破孔的同一水平面上，使爆炸能量向控制孔方向作用，从而减小了爆炸应力波对巷帮煤体的作用。从巷帮煤体矿压分布情况看，一般离巷帮2~3m为卸压带，3~4m为应力集中带，远处为原始应力带。当封孔长度超出应力集中带时，爆破产生的裂隙扩展将受到应力集巾带的遏制，因此裂隙不易向巷帮扩展。一般认为合适的封孔长度为10~12m。

同时起爆炮孔数目的确定。预裂爆破中，如果单孔起爆，爆破影响范围内的煤体只受到一次压力应力波及一次控制孔反射的拉应力波的作用，煤体相对受力较小，方向单一。尤其是其对距爆破孔较远的煤体，影响更小。而双爆破孔起爆时，爆破影响范围内的煤体，尤其是两个爆破孔之间的煤体，受到双向压应力和拉应力的叠加应力场的作用，使控制孔充分发挥作用，更有利于煤体破坏，产生更多的裂隙，使煤体卸压。显然，一次起爆孔数越多，越有利于提高预裂爆破效果，有利于加快工程进度。但受爆破各工序工时的限制，一次起爆孔数太多，一个班内不能完成爆破工序。基于以上原因，根据经验，选择一次起爆孔数在2~3个爆破孔为宜。

6.4.1.3 深孔预裂控制爆破技术现场应用

在焦作矿务局焦西矿进行的预裂控制爆破抽采瓦斯试验中，爆破孔孔径75mm，控制孔孔径90mm，孔间距为5~10m，爆破孔封孔长度为10~12m（采用压风送泥封孔），控制孔封孔长度为1m，一次起爆孔数为2~3个，爆破后把所有钻孔的封孔段通开，插管封孔进行瓦斯抽采，表6-18列出了3次工业性试验的有关工艺参数。

表6-18 深孔预裂控制爆破工业试验有关工艺参数

爆破顺序	孔号	类型	孔间距/m	孔深/m	装药量/kg	封孔长度/m
第一次	1	控制孔	7.5	50		1
	2	爆破孔	7.5	50	177	10
	3	控制孔	7.5	50		1
	4	爆破孔	7.5	50	177	11
	5	控制孔	10	50		1
第二次	6	爆破孔	10.5	45	155	11
	7	控制孔	9.5	51		1
	8	爆破孔	10	50	155	12
	9	控制孔	9.6	50		1
	10	爆破孔	9.3	42	141	10
	11	控制孔		25		1
第三次	1	控制孔	10	35		1
	2	爆破孔	10	25	65	10
	3	控制孔	10	25		1
	4	爆破孔	10	25	70	10
	5	控制孔	10	25		1
	6	爆破孔	10	25	61	10
	7	控制孔	5	30		1
	8	控制孔		25		1

在试验区内，通过5个多月抽采瓦斯的对比测试，取得了以下结果：

（1）深孔预裂控制爆破后，煤层透气性系数比非预裂爆破区平均提高1.45倍。在开始抽采阶段，透气性系数可提高一个数量级，随着时间的延长，透气性系数趋于某一稳定值，但最终的稳定值仍比非预裂爆破区大1倍。这说明深孔预裂控制爆破后形成的裂隙虽然也会慢慢被压实，但煤体内仍然产生有不可恢复的破裂，所以爆破后的煤层透气性最终仍高于未爆破煤层的透气性。

（2）在瓦斯抽采量方面，预裂爆破区比未预裂爆破区为高。表6-19给出了预裂爆破区与未预裂爆破区不同时间内的百米钻孔瓦斯抽采量与抽采总量。可以看出，在6个月的抽采期内，瓦斯抽采总量可提高1.5倍，在第一个月内可提高3.3倍；因此可以认为，通过预裂控制爆破可以加速瓦斯抽采。经计算，在5个月内开采层瓦斯抽采率可达30.7%，而未预裂爆破区，6个月的瓦斯抽采率仅为21.6%，因此预裂控制爆破可以缩短开采层瓦斯的预抽时间，提高瓦斯抽采率。该方法目前正在进一步扩大试验中。

为了避免炸药爆破诱发煤与瓦斯突出事故乃至瓦斯爆炸或瓦斯、煤尘爆炸事故，多年来众多研究者一直探索采用二氧化碳物理爆破技术取代炸药装药，并取得了良好的效果。

表 6-19 预裂爆破区与未预裂爆破区钻孔抽采瓦斯情况对比

抽采时间/d	百米钻孔瓦斯抽采量/$m^3 \cdot min^{-1} \cdot hm^{-1}$			百米钻孔瓦斯抽采总量/$m^3 \cdot min^{-1} \cdot hm^{-1}$		
	预裂爆破区	未预裂爆破区	比值	预裂爆破区	未预裂爆破区	比值
2	0.762	0.082	8.25			
6	0.318	0.073	4.35			
10	0.248	0.068	3.65			
20	0.153	0.054	2.83			
30	0.132	0.049	2.69	11381.9	2676.9	4.30
60	0.086	0.042	2.05	4221.5	2112.1	2.00
90	0.067	0.036	1.86	3312.2	1666.4	1.98
120	0.046	0.030	1.53	2229.2	1314.8	1.70
150	0.030	0.026	1.15	1500.2	1037.4	1.40
180				1009.7	818.5	1.20
六个月内总计				236507	9626.2	2.50

6.4.2 松动爆破防治采掘工作面突出技术

6.4.2.1 松动爆破基本原理

深孔松动爆破是在较长的钻孔中采用药壶装药的方法进行爆破，以松动工作面前方爆破钻孔附近的煤体，改变煤体力学性质，使煤体在松动爆破的作用下产生裂隙、卸压，为煤体中瓦斯的顺利排放创造条件，以降低煤层突出危险性。

从爆破原理看，药壶爆破只作用在靠近钻孔壁附近的煤体内，除能在装药段钻孔壁四周形成扩大的空腔外，还能形成破碎圈、裂隙圈和震动圈，如图 6-37 所示。爆破在破碎圈和裂隙圈内能起到卸压和排放瓦斯的作用，但由于爆破冲击波产生的破碎圈消耗了大量的爆破能量，在没有爆破自由面条件下其作用范围较小。裂隙圈则是由应力波和爆生气体共同作用的产物，既有径向裂隙也有环状裂隙，且裂隙圈的大小决定了深孔松动爆破影响范围的大小。通常深孔松动爆破单位长度上的装药密度越大，爆破孔的径向作用范围越大。

6.4.2.2 松动爆破防治煤巷掘进工作面突出技术

《防治煤与瓦斯突出细则》（2019 版）第一百零二条规定：有突出危险的煤巷掘进工作面采用松动爆破或者其他工作面防突措施时，必须经试验考察确认防突效果有效后方可使用；倾角在 8°以上的上山掘进工作面不得选用松动爆破措施。

防突措施在工作面前方形成一个立体的煤体卸压和瓦斯排放范围，以达到有效防突作用。通常巷道轮廓线外应控制的范围对不同的防突措施有不同的要求，为安全起见，《防治煤与瓦斯突出细则》（2019 版）第一百零五条规定：松动爆破应至少控制到巷道轮廓线外 3m 的范围。

深孔松动爆破，核心技术是钻孔施工和爆破装药。使用该技术时不易打长孔，不采取特殊措施很难装药，往往由于装药达不到规定的位置而起不到防突作用，或者由于装药不好发生拒爆现象。同时，若炸药质量欠佳，会引起爆燃，有可能引发煤尘瓦斯爆炸恶性事故。

A 布孔原则

使用深孔松动爆破时，要有专门的施工设计，钻孔应布置在工作面上方与中部，能使

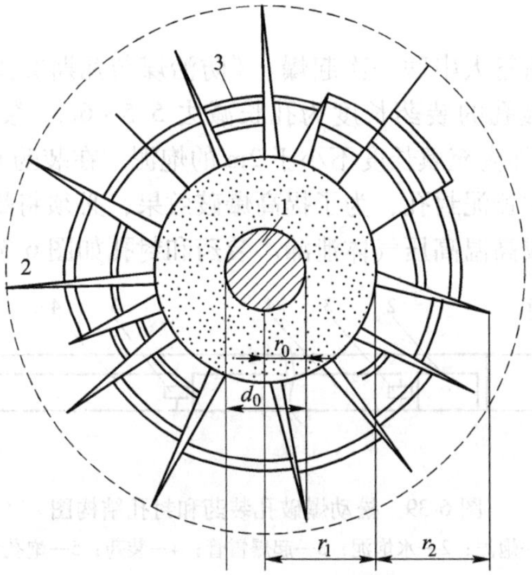

图 6-37 松动爆破原理图

1—炸药；2—径向裂隙；3—环向裂隙

r_1—破碎区；r_2—裂隙区；d_0—炮孔直径

巷道周边 3m 以内的范围处于深孔爆破的影响半径内。《防治煤与瓦斯突出细则》（2019 版）第一百零五条规定：松动爆破钻孔的孔径一般为 42mm，孔深不得小于 8m；孔数根据松动爆破的有效影响半径确定；松动爆破的有效影响半径通过实测确定。为了避开上次爆破在煤体所产生的裂隙区，防止爆破效果不佳，两次爆破之间要留有 1m 的完好煤体，因此，炸药不能装在这 1m 的完好煤体内。钻孔必须用炮泥堵严，其余的也必须用炮泥或河沙充填。起爆采用串并联方式。由于孔长，炸药不易装入孔内，为了防止拒爆或装药达不到设计位置，钻孔应打直，孔壁要光滑，还应用竹片或其他不燃物质，将炸药捆接成 1m 长的特殊药包，以利装药。爆破应在反向风门之外，采取串并联方式远距离爆破，以确保人身安全。钻孔布置如图 6-38 所示。

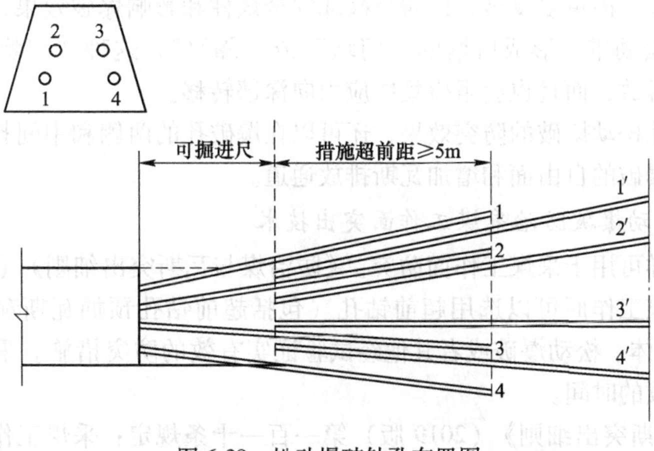

图 6-38 松动爆破钻孔布置图

1、2、3、4—上次循环爆破孔；1′、2′、3′、4′—本次循环爆破孔（措施钻孔的超前距，不小于 5m）

B 装药封孔

采用正向装药，多雷管大串联一次起爆。《防治煤与瓦斯突出细则》（2019 版）第一百零五条规定：松动爆破孔的装药长度为孔长减去 5.5~6m。装药后应装入长度不小于 0.4m 的水炮泥，水炮泥外应充填长度不小于 2m 的炮泥。在装药和充填炮泥时，应防止折断电雷管的脚线。通常用黄泥封孔，为了提高爆破效果，必须将炮泥填好捣实，以避免爆破时炮泥冲出钻孔而造成高温高压气体泄漏。装药和封孔如图 6-39 所示。

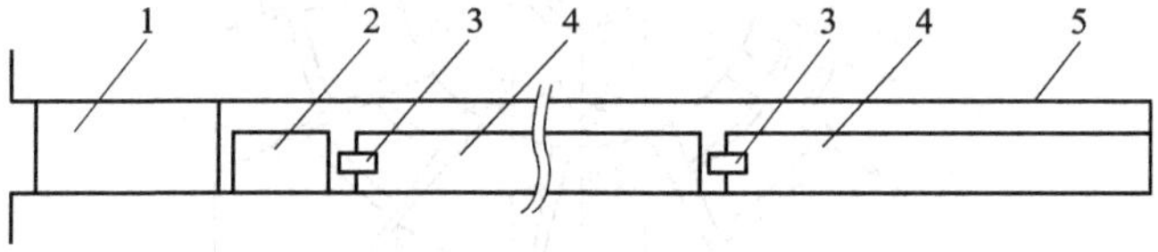

图 6-39 松动爆破孔装药和封孔结构图

1—炮泥；2—水炮泥；3—起爆雷管；4—装药；5—炮孔壁

C 注意事项

由于在实施深孔松动爆破时，有可能诱导突出，因此，必须采取撤人、停电、设警戒和反向风门、远距离爆破等安全措施，并在爆破 30min 后方能进入工作面检查。执行深孔松动爆破后，必须进行措施效果检验，经措施效果检验有效后方能施工。此外，《防治煤与瓦斯突出细则》（2019 版）第一百零五条规定：松动爆破应当配合瓦斯抽采钻孔一起使用。

打措施孔时，要注意钻进速度，并应避免卡钻。当钻孔打完后，钻杆应来回拖动，尽可能将钻孔中残余的煤粉排出，也可以用压风清除钻孔内的煤粉，以保证装药的顺利进行。

为了提高松动爆破的效果：一是要做到布孔均匀，钻孔可以单排或双排布置，但每一循环的布孔位置要与上一循环错开，避免在同一孔位重复布孔爆破，以保证控制范围内的煤体充分卸压和排放瓦斯；二是应特别注意孔深、装药长度和封孔起始位置之间的关系，既不要在已松动范围内重复爆破，以避免破坏安全煤柱和影响爆破效果，也不要因装药长度不够而留下未松动带，形成所谓的“门坎”或“隔墙”，这种“门坎”或“隔墙”不仅会阻碍瓦斯的排放，而且也会阻碍集中应力向深部转移。

为了提高深孔松动爆破的防突效果，还可以在爆破孔的两侧和中间打一些不装药的排放钻孔，以扩大爆破的自由面和增加瓦斯排放通道。

6.4.2.3 松动爆破防治采煤工作面突出技术

松动爆破同样可用于采煤工作面防突。《防治煤与瓦斯突出细则》（2019 版）第一百零八条规定：采煤工作面可以选用超前钻孔（包括超前钻孔预抽瓦斯和超前钻孔排放瓦斯）、注水湿润煤体、松动爆破或者其他经试验证实有效的防突措施。采取排放钻孔措施的，应当明确排放的时间。

《防治煤与瓦斯突出细则》（2019 版）第一百一十条规定：采煤工作面的松动爆破防突措施适用于煤质较硬、围岩稳定性较好的煤层。松动爆破孔间距根据实际情况确定，一般 2~3m，孔深不小于 5m，炮泥封孔长度不得小于 1m。应当适当控制装药量，以免孔口煤壁垮塌。松动爆破时，应当按远距离爆破的要求执行。

6.4.3　远距离爆破井巷揭煤技术

井巷（包括石门、立井、斜井、平硐）自底（顶）板岩柱穿过煤层进入顶（底）板的全部作业过程，称为井巷揭煤工程，是井工煤矿开采过程中的关键技术和安全节点。

井巷揭煤作业基本流程如图6-40所示。

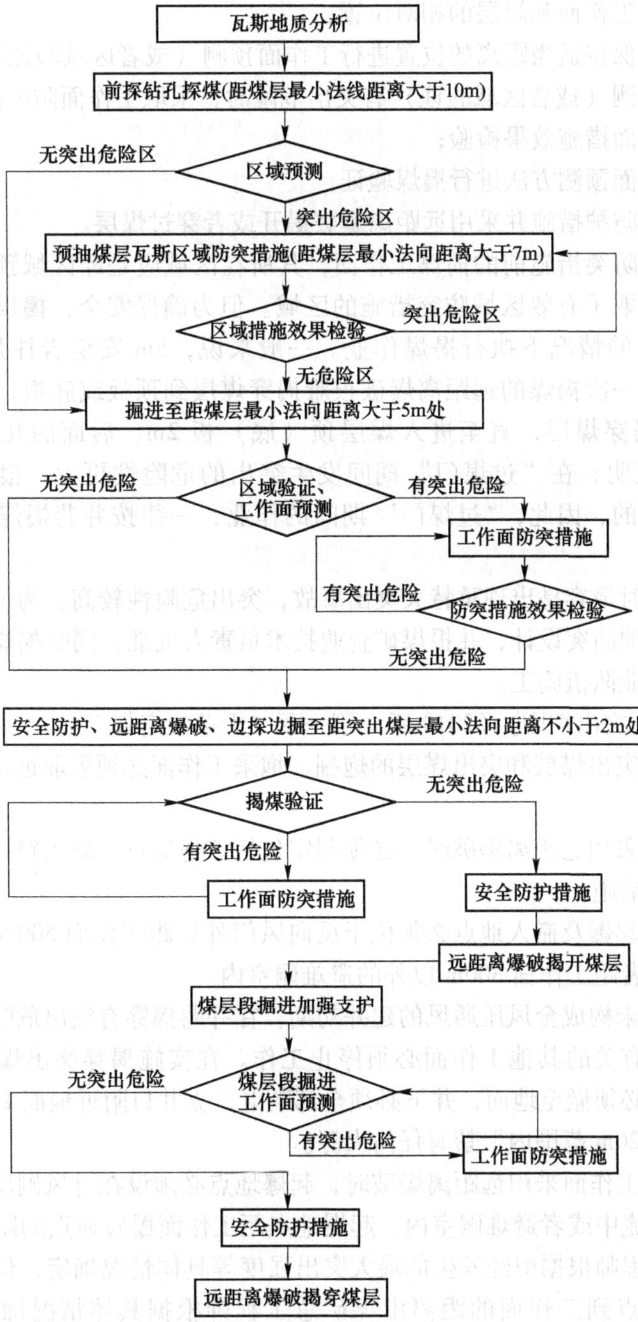

图6-40　井巷揭煤作业基本流程图

《防治煤与瓦斯突出细则》（2019 版）第七十八条规定：揭煤作业包括从距突出煤层底（顶）板的最小法向距离 5m 开始，直至揭穿煤层进入顶（底）板 2m（最小法向距离）的全过程，应当采取局部综合防突措施。在距煤层底（顶）板最小法向距离 5m 至 2m 范围，掘进工作面应当采用远距离爆破。揭煤作业前应当编制井巷揭煤防突专项设计，并报煤矿企业技术负责人审批。

揭煤作业应当按照下列程序进行：

（1）探明揭煤工作面和煤层的相对位置；

（2）在与煤层保持适当距离的位置进行工作面预测（或者区域验证）；

（3）工作面预测（或者区域验证）有突出危险时，采取工作面防突措施；

（4）实施工作面措施效果检验；

（5）采用工作面预测方法进行揭煤验证；

（6）采取安全防护措施并采用远距离爆破揭开或者穿过煤层。

采取局部综合防突措施前的揭煤工作面，其所在区域应是经区域预测划分的无突出危险区域，或是采取了有效区域防突措施的区域。但为确保安全，揭煤工作面还需在预留足够的安全岩柱的情况下执行揭煤作业。一般来说，5m 安全岩柱是足够的。同时，对于缓倾斜煤层，一次揭煤的远距离爆破很难揭穿煤层到顶板或底板，往往还要掘进几个循环才能进入揭穿煤层，直至进入煤层顶（底）板 2m。后面的几个掘进循环俗称“过煤门”，实践证明，在“过煤门”期间发生突出的危险性更大。很多大型突出事故都是在这期间发生的，因此，“过煤门”期间的作业，一律按井巷揭煤的安全和技术措施执行。

由于井巷揭煤时最容易出现重特大突出事故，突出危险性较高。为慎重起见，必须在揭煤作业前编制专项防突设计，并报煤矿企业技术负责人批准。同时揭煤作业应当由具有相应技术能力的专业队伍施工。

《防治煤与瓦斯突出细则》（2019 版）第一百二十条规定如下：

（1）井巷揭穿突出煤层和突出煤层的炮掘、炮采工作面必须采取远距离爆破安全防护措施。

（2）井巷揭煤采用远距离爆破时，必须制定包括放炮地点、避灾路线及停电、撤人和警戒范围等的专项措施。

（3）井巷揭煤起爆及撤人地点必须位于反向风门外且距工作面 500m 以上全风压通风的新鲜风流中，或者距工作面 300m 以外的避难硐室内。

（4）在矿井尚未构成全风压通风的建井初期，在井巷揭穿有突出危险煤层的全部作业过程中，与此井巷有关的其他工作面必须停止工作。在实施揭穿突出煤层的远距离爆破时，井下全部人员必须撤至地面，井下必须全部断电，立井口附近地面 20m 范围内或斜井口前方 50m、两侧 20m 范围内严禁有任何火源。

（5）煤巷掘进工作面采用远距离爆破时，起爆地点必须设在进风侧反向风门之外的全风压通风的新鲜风流中或者避难硐室内，起爆地点距工作面爆破地点的距离应当在措施中明确，由煤矿总工程师根据曾经发生的最大突出强度等具体情况确定，但不得小于 300m；采煤工作面起爆地点到工作面的距离由煤矿总工程师根据具体情况确定，但不得小于 100m，且位于工作面外的进风侧。

（6）远距离爆破时，回风系统必须停电撤人。爆破后，进入工作面检查的时间应当在措施中明确规定，但不得小于 30min。

6.5 二氧化碳相变爆破工艺

6.5.1 二氧化碳相变爆破设计

液态二氧化碳爆破属于物理爆炸范畴，其威力与炸药的换算尚无公认数据，所使用项目一般都是非常规条件，大多作为控制爆破和机械破碎的辅助技术。因此，目前在选择液态二氧化碳爆破的布孔参数、装药量等参数，主要依靠工程类比经验，尚未有像传统炸药爆破参数的设计理论适用于液态二氧化碳爆破参数设计。对于煤体增透技术参数，已经有大量的文献进行了相应的研究，本节不再阐述。这里仅介绍几例文献资料总结供参考。

6.5.1.1 露天煤矿块煤爆破

一例煤矿块煤开采使用二氧化碳爆破技术时，采用串联布线方式，将所有致裂器串联，用专业设备检查各炮孔导通正常后连接起爆器，孔网参数情况见表 6-20。

表 6-20 某矿孔网参数

孔距/m	排距/m	孔深/m	孔径/mm	孔数	布孔方式
6	5	5	100	11	梅花

6.5.1.2 煤巷掘进工程

某巷道断面为矩形，宽 3.7m，高 3.4m。设计煤眼为 13 个，炮孔深度为 2m，炮孔垂直于巷道断面布设，其中 1~5 为掏槽眼，6~13 为周边眼，炮孔直径为 110mm，炮孔布置如图 6-41 所示。爆破选用 MZL350-108/1950 型二氧化碳致裂器。储液管长 1950mm，管径

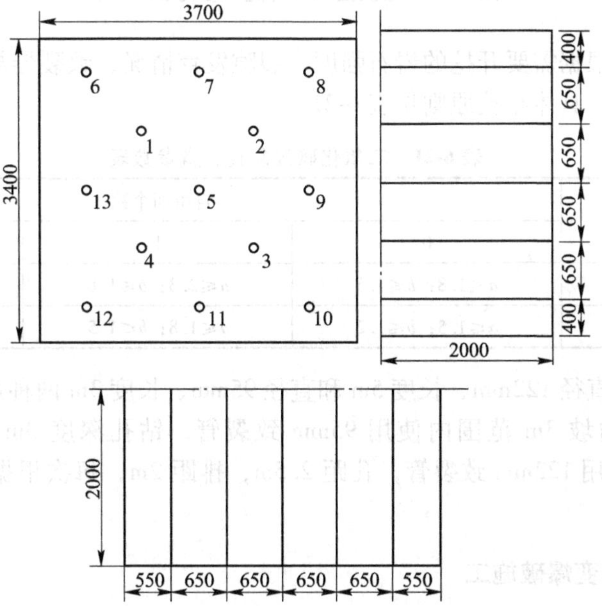

图 6-41 二氧化碳爆破炮孔布置图（mm）

为 108mm，容积为 7.2L。

6.5.1.3　小台阶爆破

某大坝坝肩中硬岩石爆破中，采用二氧化碳爆破技术时，选择长 1.2m，外径 83mm，充装液态二氧化碳后质量约为 25kg 致裂管。交叉布眼，炮孔垂直工作面。炮孔直径 100mm，炮孔间距 0.9m，排距 0.9m，炮孔深度 3m。爆破孔布置如图 6-42 所示。

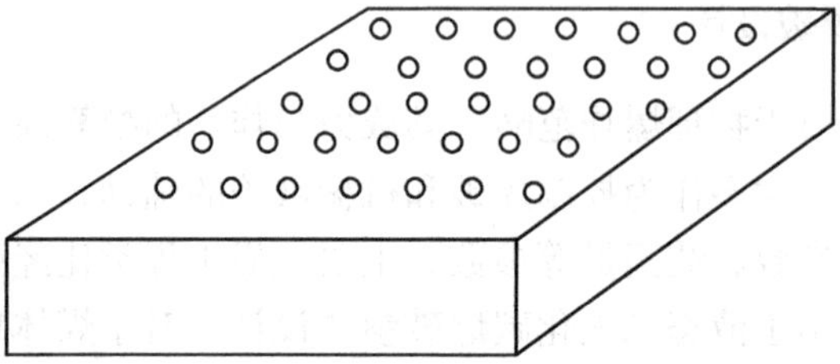

图 6-42　二氧化碳小台阶爆破炮孔布置图

6.5.1.4　地铁基坑开挖

某地铁基坑为中硬类岩石，开挖尺寸为 54m×48m，基坑深度 20m，在基坑东南角设置出渣坡道，因此基坑由西向东、由北向南分块分层进行开挖，开挖顺序如图 6-43 所示。

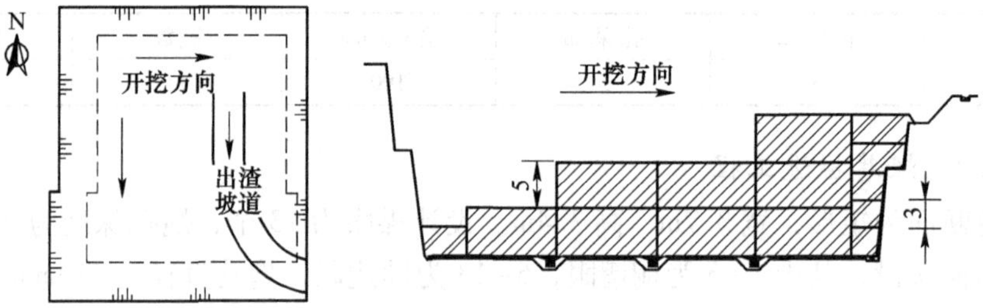

图 6-43　地铁基坑开挖施工步序图（m）

致裂孔的间距根据需要开挖的岩石强度、裂隙发育情况、致裂器规格以及作业区域临空面情况进行设定，具体布孔原则见表 6-21。

表 6-21　二氧化碳致裂孔布置参数表

致裂管型号	自由面个数		
	0	1	2
ϕ122	$a≤1.8$；$b≤1.5$	$a≤2.3$；$b≤1.8$	$a≤3.0$；$b≤2.4$
ϕ95	$a≤1.5$；$b≤1.2$	$a≤1.8$；$b≤1.5$	$a≤2.5$；$b≤1.8$

施工分别采用直径 122mm、长度 5m 和直径 95mm、长度 3m 两种规格致裂管，为保护基坑边坡在靠近边坡 3m 范围内使用 95mm 致裂管，钻孔深度 3m，孔距 1.8m，排距 1.4m；基坑中部采用 122mm 致裂管，孔距 2.5m，排距 2m，每次根据作业面情况起爆致裂 20~40 个孔。

6.5.2　二氧化碳相变爆破施工

首先装填致裂管前要验孔，之后把致裂管放入炮孔内，先用沙子灌入炮孔与致裂管的缝隙中并捣实，然后用木楔或者沙子打入缝隙将致裂管固定牢固。爆破管安装完毕后用 ϕ20mm 的钢丝绳把每一个爆破管尾部的环扣串联在一起，最后将钢丝绳固定在临近坚固锚地上，以防止爆破过程中致裂管从孔中飞出造成“飞管”事故。

将每根爆破管的起爆线以 20 根左右为一组进行串联，串联后检测线路电阻，以串联爆破管数量确定电阻值范围，一个爆破管的电阻为 2Ω 为标准参考计算测得电阻。防止线路搭铁、断路或短路现象。将各线路并联在一起形成网路，最后由两根主线引出用于连接起爆器。在检测总起爆网络电阻值与设计值一致时，就可正常连接起爆器，进入起爆准备。

二氧化碳相变爆破同样要疏散人员，要将所有人员疏散至安全区域，警戒范围深孔为 100m，浅孔为 200m。

所有检查完毕后，由专人发出起爆信号后按下起爆器，起爆器可以采用传统的晶体管发爆器和智能云安全发爆器。

起爆后对作业面进行通风除尘，根据爆破环境在 5~30min 左右进入爆区，安排专职人员对致裂管进行检查，确定没有未起爆的致裂管后将其用吊钩吊出炮孔。清洗并拆解检查

液态二氧化碳爆破技术一般用于要求无火花、低振动和严格控制飞石的爆破环境中，除在高瓦斯、突出矿井低透气性煤层中用于预裂抽采外，完全可以代替炸药用于水泥、钢铁厂清淤清堵，市政工程，隧道爆破，水下爆破，深孔预裂爆破等。其技术进步和应用范围都具有较大的研究空间。

6.6 其他爆破

本节所介绍的土岩爆破技术方法在常规矿山生产爆破或土岩开挖爆破施工中较少用到，其中有些技术也是我国已规定淘汰的工法。但这些爆破技术都是前人大量使用的较完善的爆破工法，或在特别条件下成功应用的专业技术。由于世界各国爆破技术的进展不同和条件所需，这些工法还在有效使用，尤其是在特殊应急条件下或会采用。为拓展视野和承传，本节作为课程拓展内容进行介绍。

6.6.1 药壶爆破

药壶爆破是利用集中药包爆破的一种特殊形式。它是将已钻凿好的深孔或浅孔，在其底部先用少量装药多次爆破，将炮孔底部扩大成葫芦形药室，再利用这种药室装入更多的炸药形成一个集中药包，然后与深孔或浅孔部位的柱状装药同时起爆，以改善爆破效果，提高爆破效率。因此，又俗称葫芦炮、坛子炮。

药壶有垂直扩壶和水平扩壶，分别指由垂直孔扩成的药壶和由水平孔扩成的药壶；垂直药壶又有浅孔扩壶（用 ϕ38~42mm 浅孔扩成）和深孔扩壶（ϕ76~100mm 中深孔扩成）。药壶爆破是在较大型钻机不足的条件下提高爆破效率的一种补充办法，硬岩难以扩成药壶，在节理裂隙发育的岩层中，扩壶容易产生乱膛、卡孔，尤其是水平孔扩壶，一般成功率不高，所以硬岩和节理、裂隙发育的硬岩都不宜采用药壶爆破；地下工程因多次扩壶的排烟问题不好解决，故不用药壶爆破。在平场和道路工程中，如果岩石扩壶不困难、机械化程度又不高的情况下，采用药壶爆破在经济上和效率上有优势，但在安全方面可靠度较差。因此，药壶爆破我国爆破工程中已被淘汰。

扩大药壶要进行多次爆破，一般第一次扩壶装药量为100~200g，以后按扩壶次序增加，大致按下述比例增加炸药量（设第一次扩壶装药量的基数为1）：二次扩壶：1∶2；三次扩壶：1∶2∶3；四次扩壶：1∶2∶3∶7。

扩大药壶次数由岩石条件和药壶装药量决定，通常对黏土、黄土和坚实的土壤要扩大2次；风化或松软岩石要扩大2~3次；中硬岩石和次坚硬岩石扩大3~5次；坚石（Ⅹ~Ⅻ级）扩大5~7次。扩大药壶的药量与次数也可参考表6-22的经验数据选取。

表6-22 扩大药壶爆破次数与药包量 (g)

岩石等级分类	扩壶次数						
	1	2	3	4	5	6	7
Ⅴ以下	100~200	200					
Ⅴ~Ⅵ	200	200	300				
Ⅶ~Ⅷ	100	200	400	600			
Ⅸ~Ⅹ	100	200	400	600	800	900	1000

扩壶工作完成以后，将壶内残渣吹净。测量药壶体积的简易方法是用铁棍测量器，即用等长的两根细绳系在一根铁棍的两端，使用时将铁棍竖着放入药壶，调整细绳，根据绳索长度推算出药壶不同位置的直径，再按形态（圆球形或椭圆球形）计算药壶体积。

药壶爆破药包的最小抵抗线都不大，爆破大多在接近地表的风化岩、半风化岩石中进行，装药过多容易出现飞石失控，所以不应超量装药，且应实测最小抵抗线，按松动爆破设计装药量。

6.6.2 二次浅孔爆破

二次爆破泛指破大块和炸孤石的爆破作业，一般用浅孔爆破，也有用聚能弹和裸露爆破进行二次爆破的。现今这类作业已被机械设备所取代。

正确钻孔是保证二次爆破安全（不出飞石）的关键，一般要求是：单孔孔底应穿过或达到大块重心；多孔爆破时，孔底距与孔底处的最小抵抗线相等或相接近。

一般是单孔单药包，装于孔底，口部堵塞。对桩形大块，孤石应考虑分段装药，将按体积估算的药量按段数均分。多个钻孔的大块，一般是孔底装药，将按体积估算的药量按孔数均分，口部堵塞。

破大块的炸药单耗应控制在70~150g/m^{3}之间，易碎岩石选小值，岩块大者选小值，反之则选大值，也可以参考表6-23。

表6-23 大块岩石二次爆破参数

大块尺寸/m^3	大块厚度/m	炮孔深度/m	炮孔数目/个	单孔装药量/kg·孔$^{-1}$	大块尺寸/m^3	大块厚度/m	炮孔深度/m	炮孔数目/个	单孔装药量/kg·孔$^{-1}$
0.5	0.8	0.5	1	0.03	2.0	1.0	0.65	2	0.06
1.0	1.0	0.65	1	0.08	3.0	1.5	1.0	2	0.10

破孤石药量比二次破碎要大，原因是孤石均比较坚硬，又多半埋于地下。其钻爆参数可参考表6-24。

表 6-24 大块孤石爆破参数

孤石体积/m^3	孤石厚度/m	炮孔深度/m	炮孔数目/个	单孔装药量/kg·孔$^{-1}$	孤石体积/m^3	孤石厚度/m	炮孔深度/m	炮孔数目/个	单孔装药量/kg·孔$^{-1}$
0.5	0.8	0.5	1	0.05	2.0	1.0	0.65	2	0.10
1.0	1.0	0.65	1	0.10	3.0	1.5	1.0	2	0.20

6.6.3 裸露药包爆破

裸露爆破法与工程爆破中的其他方法，如炮孔、深孔、药壶、药室等爆破方法有很大差别。裸露爆破多是利用扁平形药包，放在被爆物体的表面进行爆破；而其他的爆破方法，无论是集中药包还是条形药包，均需将药包放在被爆物体的内部进行爆破。裸露爆破实质上是利用炸药的猛度，对被爆物体的局部（炸药所接触的表面附近）产生压缩、粉碎或击穿作用。炸药爆轰时的气体产物大部分逸散到大气中损失掉了，故炸药的爆力作用未能被充分利用。

裸露爆破作为一种爆破方法，具有一定的应用范围和价值。它主要用于不合格大块的二次破碎、清除大块孤石、破冰和爆破冻土。对于这样一些施工条件，只要爆破地点周围没有重要设备或设施，采用裸露爆破法，就能充分显示它的灵活性和高速度的施工效率。裸露爆破具有以下特点：

（1）爆破操作技术简单，施工人员易于掌握和运用；

（2）不需要开挖硐室，也不需要钻孔及其他复杂的准备工作，因此施工速度快、耗用劳动力少；

（3）不需要钻孔机械及其他辅助设备，工作具有很大灵活性。

裸露爆破所能破碎的块体体积有限，一般不宜大于 $1m^3$。因为裸露爆破时炸药的能量损失大，单位用药量多，块体体积过大时，使用裸露爆破在经济上是不合理的。

用裸露药包爆破岩石时，药包重量的计算主要是根据岩石等级及岩石体积决定的，其用药量可参考表 6-25 所列数据，并通过试验确定。

表 6-25 大块石二次爆破用药量

岩石等级	大块边长 0.5~0.6m，每 $1m^3$ 5~8 块		大块边长 0.7m，每 $1m^3$ 3 块		单位炸药耗量/kg·m^{-3}
	平均体积/m^3	每块炸药用量/kg	平均体积/m^3	每块炸药用量/kg	
Ⅳ	0.15~0.2	0.25	0.33	0.44	1.3
Ⅴ	0.15~0.2	0.28	0.33	0.47	1.4
Ⅵ	0.15~0.2	0.30	0.33	0.50	1.5
Ⅶ	0.15~0.2	0.32	0.33	0.53	1.6
Ⅷ	0.15~0.2	0.34	0.33	0.57	1.7
Ⅸ	0.15~0.2	0.36	0.33	0.60	1.8
Ⅹ	0.15~0.2	0.38	0.33	0.64	1.9
Ⅺ	0.15~0.2	0.40	0.33	0.67	2.0

表 6-25 中所列数据，岩石块度均小于 $1m^3$。对于体积大于 $1m^3$ 的岩石，则可参考表 6-26 的数据。

表 6-26　裸露药包大块石二次爆破体积与药包重量表

大块石体积/m^3	0.5	1.0	1.5	2.0	3.0	4.0	5.0
药包重量/kg	1.1	1.5	2.0	2.5	3.1	4.5	5.5

用裸露药包爆破冻土时，其单位体积的用药量与软岩石接近，可参考表 6-26 中数据，并通过试验确定。

施工时按计算出的药量，将炸药制成圆饼形，药饼的厚度应大于该种炸药传爆的临界厚度（药饼厚度一般不应小于 3cm），药饼直径视药量需要的多少而定。然后将药饼放置在要爆破的岩石顶部中央位置，起爆药包放在药包中央，最后用覆盖材料将药饼覆盖起来，并稍加压实。图 6-44 为裸露药包的放置方法。覆盖材料最好使用湿土或含水细砂，切不要使用干砂或石块。覆盖材料的厚度应大于药包的厚度。为了不使覆盖材料与炸药相混合，最好用牛皮纸或炸药包装纸盖在药包上，再压上覆盖物，这样可以提高爆破效果。

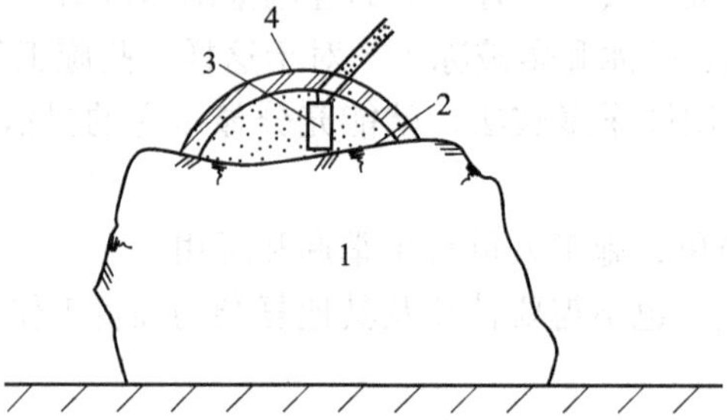

图 6-44　裸露药包的放置方法
1—岩石；2—炸药；3—雷管；4—覆盖材料

裸露药包爆破要重点防止药空气冲击波和飞石，根据我国爆破安全规程的规定，裸露爆破时，个别飞石对人员的安全距离不小于 400m。

如果遇到的孤石有部分或大部分的体积埋入土中时，采用裸露爆破往往由于爆炸应力波被土壤吸收，而达不到预期的爆破效果。在这种情况下，可采用半裸露药包爆破孤石，即在孤石靠近地面的空隙上放置裸露药包，如图 6-45 所示。也可在孤石旁挖一个洞，然后在孤石底部埋入药包，如图 6-46 所示。为了减少掏挖洞穴的工作量，可以在紧靠孤石下部钻一个小炮孔，在孔底装药爆破，这样的炮孔宛如巨石下的蛇穴，故把这种爆破方法

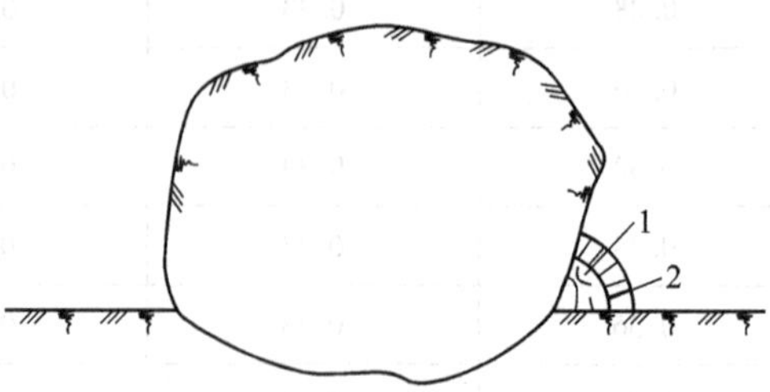

图 6-45　半裸露药包爆破孤石
1—炸药；2—覆盖材料

称之为蛇穴爆破法，如图6-47所示。蛇穴爆破法个别飞石对人员的最小安全距离为300m。

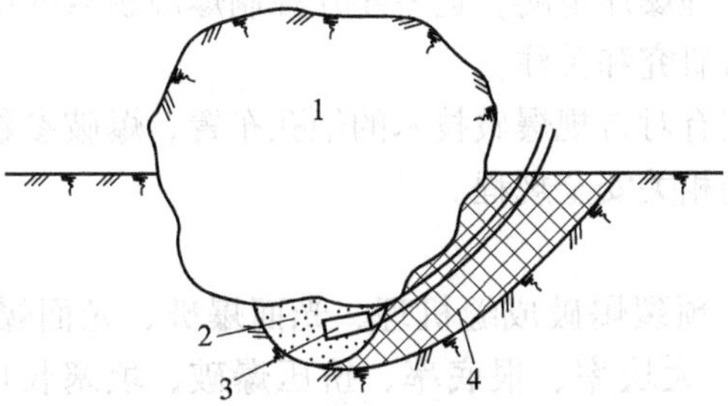

图6-46 炸除埋入泥土内的孤石

1—孤石；2—炸药；3—雷管；4—堵塞材料

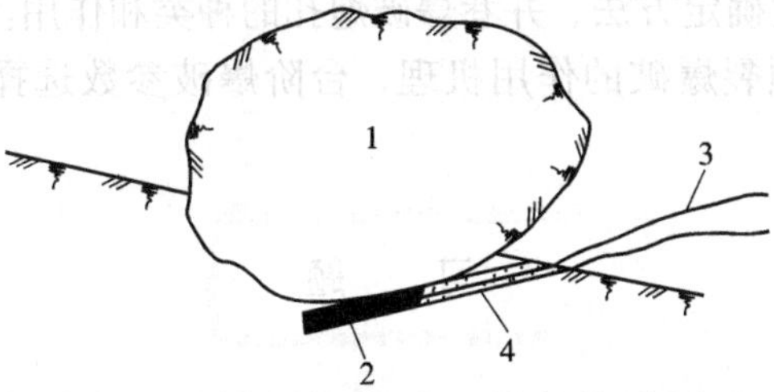

图6-47 蛇穴爆破法

1—巨石；2—药包；3—雷管脚线；4—堵塞材料

裸露药包也可以用聚能药包代替。聚能药包的作用原理及应用已在前面章节中详细介绍，这里不再赘述。

本章小结

本章介绍的内容是以前面章节基本理论为基础的控界爆破和常规爆破专业技术。控界爆破属于爆破工程技术的一个重要部分，也是爆破安全技术的核心技术之一。预裂爆破与光面爆破是控界技术的最常用技术，目前基本上所有爆破工程都会有控界问题，都会巧妙地运用预裂爆破或光面爆破技术来实现。它也是常规爆破设计的必须环节，其主爆破参数在设计中同步选择。预裂爆破与光面爆破的理论基础是单排成组药包的爆破机理，是基础理论知识与应用贴切最紧密的新工艺技术。

露天台阶爆破是爆破工程中占比最大的工程技术，学习中要掌握露天爆破设计和施工安全要点，要清楚台阶要素和布孔方式并理解其原理，掌握露天深孔台阶爆破、挤压爆破和宽孔距小抵抗线毫秒爆破技术要点。

地下爆破与露天爆破的最大不同是施工空间的狭窄和自由面的局限，使得难以利用大型设备与机械。另外，地质灾害和通风安全问题更是影响爆破施工的重要因素。这导致井巷掘进爆破成为爆破工程中作业环境条件最艰苦的一项工作。井巷掘进一般要在狭小的空间内循环进行钻孔、爆破、出碴、支护、通风、照明等工序，岩石爆破又是单自由面独头掘进，在此条件下创造第二个自由面和控制轮廓线的超欠挖以及减小围岩的损伤是本节学习的要点。掏槽是井巷掘进的关键技术，它有多种布孔方式以适应不同岩性和掘进条件；

周边孔的设计与爆破应用预裂或光面爆破技术是掘进工程的质量保障。

二氧化碳爆破属于物理爆炸范畴，近些年在控制爆破领域的应用剧增，与其他新兴爆破技术如何竞相发展值得研究和关注。

要求学习完本章后应有对常规爆破技术的炮孔布置、爆破参数确定、起爆网路设计的能力，要熟悉工程爆破的相关安全规程。

知识点：预裂爆破、预裂爆破成缝机理、光面爆破、光面爆破作用机理、深孔与浅孔、底盘抵抗线、超深 、大块率、根底率、挤压爆破、填塞长度、平巷掘进炮孔分类、倾斜掏槽、平行空孔直线掏槽、渐近式螺旋掏槽、隧道分类、隧道施工特点、小净距近接隧道、浅埋隧道、全断面开挖方法、台阶法、分部开挖法。

重点：光面爆破、预裂爆破的特点、机理和一般参数与工艺；台阶爆破、底盘抵抗线、挤压爆破、堵塞长度确定方法、井巷爆破炮孔的种类和作用。

难点：光面爆破、预裂爆破的作用机理、台阶爆破参数选择、平巷掘进炮孔的布置原则。

习　题

（1）何为预裂爆破，有何作用效果？何为光面爆破，有何作用效果？二者异同点是什么？

（2）试述预裂爆破与光面爆破的应用条件。

（3）试述预裂爆破成缝机理的力学条件和工程条件。

（4）浅孔与深孔划分的标准是什么？

（5）深孔台阶高度的确定需要考虑哪些因素？

（6）什么是超深？说明其在深孔爆破中的作用。超深的大小如何影响爆破效果？

（7）底盘抵抗线有哪几种确定方式？

（8）堵塞的作用是什么？如何确定堵塞长度？

（9）简述大块率对爆破质量的影响。

（10）什么叫根底？怎样降低根底的出现？

（11）简述挤压爆破的定义和机理。

（12）露天爆破施工的一般安全问题有哪些？

（13）井巷掘进爆破工作面上有几种类型的炮孔，其作用是什么？

（14）试述掏槽眼的形式和适用条件。

（15）简述渐进式螺旋掏槽的布孔方式。

（16）何为炮孔利用率？何为循环进尺？

（17）能不能在残孔上套打炮孔？为什么？

（18）简述大型硐室开挖掘进的方法。

（19）隧道小净距近接和浅埋是如何定义的？

（20）试论二氧化碳爆破的应用前景。

7 爆破危害与安全防控

扫一扫，课件
及习题答案

爆破作为强大的工具使人类具有摧坚的力量，但同时也伴生有爆破公害的负面效应。归纳爆破公害主要有地震、飞石、有毒有害气体、粉尘、冲击波和噪音等。而对于爆破施工本身的事故则有早爆、误爆、盲炮等人为灾害。爆破安全技术就是在尽力达到爆破工程目的的同时，研究如何使爆破灾害危险降到最低限度。因此，对工程爆破的前期调查和实时安全监测更显得非常必要。

7.1 爆破危害安全控制

7.1.1 爆破地震安全距离

爆破振动是爆破公害之一，在爆区一定范围内，它会造成各种破坏作用，如建筑物的震裂、边坡的滑塌等，给环境带来损害。爆破地震的安全距离，是指工程爆破的震动效应不至于对临近保护对象有实质性损伤的最小距离。当保护对象距爆破点小于这个距离时，就有可能发生伤害。这是爆破安全设计和安全评价的重要内容。

7.1.1.1 爆破地震强度与安全距离计算

A 爆破地震强度计算

对爆破振动的测试是预防爆破事故的重要措施，我国爆破安全规程采用保护对象所在地质点峰值振动速度作为爆破振动判据的主要物理量指标，其计算大多使用工程爆破测试数据所推导的经验公式。常用的计算公式有：

a 萨道夫斯基公式

萨道夫斯基公式如下：

$$v = K\left(\frac{Q^{\frac{1}{3}}}{R}\right)^{\alpha} \tag{7-1}$$

式中，v 为介质质点的振动速度，cm/s；K 和 α 是与爆破条件、岩石特性等有关的衰减系数，不同岩性的取值见表 7-1；Q 为炸药量，kg，齐发爆破时取总装药量，延迟爆破为最大一段的装药量；R 为观测（计算）点到爆源的距离，m。

表 7-1 爆区不同岩性的 K、α 值

岩 性	K	α
坚硬岩石	50~150	1.3~1.5
中硬岩石	150~250	1.5~1.8
软岩石	250~350	1.8~2.0

b 抛掷爆破的震动速度计算公式

对于抛掷爆破的震动速度计算公式为：

$$v = \frac{K}{\sqrt[3]{f(n)}}\left(\frac{Q^{\frac{1}{3}}}{R}\right)^{\alpha} \tag{7-2}$$

式中，$f(n)$ 为爆破作用指数 n 的函数，根据鲍列斯科夫的建议，$f(n) = 0.4 + 0.6n^3$。

B 地震安全距离

a 安全距离

安全距离的一般公式为：

$$R = \left(\frac{K}{v}\right)^{1/\alpha} Q^{1/3} \tag{7-3}$$

对群药室爆破，在各药室至建筑物的距离差值超过平均距离的10%时，用等效距离 R_e 和等效药量 Q_e 替代 R 和 Q，其计算方法如下：

$$R_e = \frac{\sum_{i=1}^{n}\sqrt[3]{q_i r_i}}{\sum_{i=1}^{n}\sqrt[3]{q_i}} \tag{7-4}$$

$$Q_e = \sum_{i=1}^{n} q_i\left(\frac{R_e}{r_i}\right)^3 \tag{7-5}$$

式中，q_i 为第 i 个药室的药量；r_i 为第 i 个药室至建筑物的距离。

对于条形药包，可将条形药包以1~1.5倍最小抵抗线长度分为多个集中药包，参照群药包爆破时的方法计算其等效距离和等效药量。

b 单药室爆破对邻近巷道硐室的安全距离

单药室爆破对邻近巷道硐室的安全距离如下：

$$R_1 = K_s W\sqrt[3]{f(n)} \tag{7-6}$$

式中，K_s 为经验系数，与巷道围岩有关，见表7-2。

表7-2 K_s 的经验取值

围　岩	坚硬稳固	中等坚硬稳固	破碎围岩
K_s	≤2	2~3	3~4

7.1.1.2 爆破振动安全允许标准

爆破振动安全允许标准，是指能保证保护对象安全的爆破振动最大允许值，也是标明保护对象能承受振动的阈值。对于评价爆破地震作用于保护对象的安全影响，具有实际意义。

由于爆破地震不同于天然地震，它的震源在地表浅层发生，能量衰减较快，地震持续时间短，振动频率较高，在离爆源近范围内地面质点竖向振动较显著等，因此，爆破地震的破坏判据，也与天然地震不同。

确定爆破安全允许距离时，应考虑爆破可能诱发滑坡、滚石、雪崩、涌浪、爆堆滑移等次生有害影响，适当扩大安全允许距离或针对具体情况划定附加的危险区。我国爆破安全规程规定：地面建筑物的爆破振动判据，采用保护对象所在地质点峰值振动速度和主振频率；水工隧道、交通隧道、矿山巷道、电站（厂）中心控制室设备、新浇大体积混凝土的爆破振动判据，采用保护对象所在地质点峰值振动速度。爆破振动安全允许标准见表7-3。

表 7-3 爆破振动安全允许标准

序号	保护对象类别	安全允许质点振动速度 v/cm·s^{-1}		
		$f\leqslant 10$Hz	10Hz<$f\leqslant 50$Hz	$f>50$Hz
1	土窑洞、土坯房、毛石房屋	0.15~0.45	0.45~0.9	0.9~1.5
2	一般民用建筑物	1.5~2.0	2.0~2.5	2.5~3.0
3	工业和商业建筑物	2.5~3.5	3.5~4.5	4.2~5.0
4	一般古建筑与古迹	0.1~0.2	0.2~0.3	0.3~0.5
5	运行中的水电站及发电厂中心控制室设备	0.5~0.6	0.6~0.7	0.7~0.9
6	水工隧洞	7~8	8~10	10~15
7	交通隧道	10~12	12~15	15~20
8	矿山巷道	15~18	18~25	20~30
9	永久性岩石高边坡	5~9	8~12	10~15
10	新浇大体积混凝土（C20）：			
	龄期：初凝~3d	1.5~2.0	2.0~2.5	2.5~3.0
	龄期：3~7d	3.0~4.0	4.0~5.0	5.0~7.0
	龄期：7~28d	7.0~8.0	8.0~10.0	10.0~12.0

注：1. 爆破振动监测应同时测定质点振动相互垂直的三个分量。

2. 表中质点振动速度为三个分量中的最大值，振动频率为主振频率。

3. 频率范围根据现场实测波形确定或按如下数据选取：硐室爆破f小于20Hz，露天深孔爆破f在10~60Hz之间，露天浅孔爆破f在40~100Hz之间；地下深孔爆破f在30~100Hz之间，地下浅孔爆破f在60~300Hz之间。

7.1.1.3 爆破地震效应的影响因素和降震措施

A 影响爆破震动强度因素

影响爆破震动强度的因素很多，其中包括：

（1）微差间隔时间。通过实测波形分析表明：在毫秒延迟微差爆破中，随着爆破规模的增大，延迟间隔也需要增长，毫秒延迟爆破引起的震动比齐发爆破具有幅值小、频率高、持续时间短等特点；如果两个波形互相叠加，其相位时差为$0.5T$或$(n+0.5)T(n=1, 2, 3, \cdots, n)$时，叠加后的幅值最小，当相位差为$T$时，则叠加后的幅值最大，理论和实测基本一致。

（2）孔网参数。利用大孔距、小排距、缩小抵抗线、适当控制孔深、超深值不过大时，爆破震动强度减弱。最小抵抗线小，爆破振动频率高，土层地震波衰减快，房屋响应振动小，底部地震剪力和竖向惯性力均小。

（3）最大安全药量。最大安全药量可按式（7-3）计算得出。控制最大一段起爆药量是降低爆破震动效应的最重要手段之一。

（4）预裂爆破和预裂效果。

（5）起爆顺序。根据工程实际，设计合理的起爆顺序，尽量使用 V 型掏槽或对角交叉起爆，可使震波在爆区内叠加。从爆破安全的整体状况来衡量，改变爆破方向将保护物置于侧向位置，更有利于爆破安全。

（6）起爆网路。在工程爆破中，起爆网路至关重要，起爆网路不合格将导致整个爆破工程的失败。就起爆时间而言，间隔时间过小，达不到减震和创造自由面的目的；间隔时间过大，则会造成因前排炮孔爆破导致岩层错位、飞石等，破坏后排起爆线路或破坏后排孔产生飞石等。

（7）震动频率。爆破地震波震动频率与爆源到被保护建筑物的距离 R 有关：在爆点附近，地震波震动频率随距离增加而增加，达到极大值 f_{max} 后又下降，一直到 $R>(4\sim6)r_0$（r_0 为药包半径）时，频率才下降到其稳定值 f_c，以后高频波部分衰减较快，而低频波部分衰减慢，在离爆源较远主要是低频波部分呈现并起作用，且有 $f_{max}=(3\sim5)f_c$。另外，爆破地震波的震动频率与药量有关。主频率是最大振幅所对应的频率，爆破震动的主频率范围一般在 0.5～200Hz。

对观测资料的分析表明，建筑物的受震破坏不但取决于地震波的幅值，而且与地震波的频率和持续时间有关；另外，建筑物的动力学特性也起着重要作用。建筑物的形式、构造和施工质量千变万化、随地而异，尤其是建筑技术在不断发展，建筑物在不断更新，其固有频率各不相同，结构响应当然不同。所以，采用建筑物附近地面地震峰值作为其地震破坏的定量烈度工程标准，不能全面反映建筑物的抗爆破地震性能。

（8）建筑物的结构。不同建筑物的结构对爆破震动强度承受能力不一样，跨度大的建筑物和横梁容易出现裂缝，比较高的建筑物其顶部受到的震动比底部大，其关系为：

$$v_1 = K_V \cdot v_c;\quad K_V = \frac{H}{H_1} \tag{7-7}$$

式中，v_1 为某高度（或某层建筑物）的振速，cm/s；K_V 为高度系数；v_c 为建筑物地基处的振速，cm/s；H 为建筑物被测处的高度，m；H_1 为建筑物每层的高度，一般取 3m。

B 降低爆破地震效应措施

可采取以下措施来控制和减弱爆破地震的振动效应：

（1）采用毫秒爆破。国内矿山一些工程试验表明，采用毫秒微差爆破后，与齐发爆破相比，平均降振率为 50%，微差段数越多，降振效果越好，见表 7-4。实验证明，段间隔时间大于 100ms 时，降振效果比较明显，间隔时间小于 100ms 时，各段爆破产生的地震波不能明显分开。

表 7-4 毫秒微差爆破降振效果

露天矿名称	对比条件	降振率/%
大连石灰石矿	2 段间隔式微差爆破与齐发爆破	44
	3 段间隔式微差爆破与齐发爆破	55
吉山矿区	2～15 段微差爆破与齐发爆破	56
铜山口铜矿	微差爆破与齐发爆破	65

（2）采用预裂爆破或开挖减振沟槽。在爆破体与被保护体之间，钻凿不装药的单排减振孔或双排减振孔，可以起到降振效果，降振率可达 30%～50%。减振孔的孔径可选取

35~65mm，孔间距不大于25cm。

采用预裂爆破，比打减振孔要减少钻孔量，并取得更好的降振效果，但应注意预裂爆破本身产生的振动效应。预裂孔和减振孔都应有一定的超深 h，一般取20~50cm。

当介质为土层时，可以开挖减振沟，减振沟宽以施工方便为前提，并应尽可能深一些，以超过药包位置20~50cm为好。

作为减振用的孔、缝和沟，应注意防止充水，否则降振效果降低。

（3）限制一次爆破的最大用药量。可参照式（7-3）~式（7-6），对被保护建（构）筑物爆破振动安全允许标准 v_{KP} 确定后，即可根据 R、K 和 α，计算出一次爆破允许的最大用药量。当设计药量大于该值而又没有其他降振措施时，则必须减小一次爆破规模，采取分次爆破，将一次起爆的最大用药量控制到允许范围内。

在复杂环境中多次进行爆破作业时，应从确保安全的单响药量开始，逐步增大到允许药量，并按允许药量控制一次爆破规模。

最后还应指出，在重要的和敏感的保护对象附近或爆破条件复杂地区进行爆破时，应进行爆破地震监测，以确保被保护物的安全，也是安全责任界定的依据。必要时，应对被保护对象在爆破振动作用下的受力状况进行分析和安全验算。

7.1.2 爆炸冲击波安全距离

冲击波是炸药爆炸时的又一种外部作用效应。在靠近爆源处，由于爆炸冲击波的作用，可引起爆炸材料的爆轰和燃烧。在离爆源一定范围内，爆炸冲击波对人员具有杀伤力，对建（构）筑物、设备也可造成破坏。不同类型、不同条件、不同规模的爆破作业，所产生的爆破冲击波的强度可相差很大。

爆炸空气冲击波的产生一般包括以下几种原因：

（1）裸露在地面上的炸药、导爆索的爆炸等产生的空气冲击波；

（2）炮孔堵塞长度不够，堵塞质量不好，炸药爆炸产生的高压气体从孔口冲出产生的空气冲击波；

（3）因局部抵抗线太小，沿该方向冲出的高压气体产生的空气冲击波；

（4）大量炮孔爆破时，由于起爆顺序控制失误，导致许多炮孔的抵抗线变小甚至为零造成的空气冲击波；

（5）在断层等弱面部位高压气体冲出产生空气冲击波。

7.1.2.1 冲击波安全距离计算

（1）对地面建筑物的安全距离的计算。一般松动爆破不考虑空气冲击波的安全距离，抛掷爆破的空气冲击波的安全距离 R 按下式计算：

$$R_o = K_n\sqrt{Q} \tag{7-8}$$

式中，R_o 为空气冲击波的安全距离，m；K_n 为与爆破作用指数和破坏状态有关的系数，其取值见表7-5；Q 为装药量，kg。

在峡谷进行爆破时，沿山谷方向 K_n 值应增大50%~100%，当被保护建筑物和爆源之间有密林、山丘时，K_n 值应减少50%。

（2）爆破大块时的人员安全距离计算。我国爆破安全规程规定：露天地表爆破当一次

表 7-5 K_n取值

建筑物破坏程度	爆破作用指数 n		
	3	2	1
完全无破坏	5~10	2~5	1~2
玻璃偶然破坏	2~5	1~2	—
玻璃破碎门窗部分破坏，抹灰脱落	1~2	0.5~1	—

爆破炸药量不超过 25kg 时，按下式确定空气冲击波对在掩体内避炮作业人员的安全允许距离。

$$R_k = 25\sqrt[3]{Q} \tag{7-9}$$

式中，R_k为空气冲击波对掩体内避炮人员的安全距离，m；Q 为一次爆破炸药量，kg，秒延时爆破取最大分段药量计算，毫秒延时爆破按一次爆破的总药量计算。

（3）空气冲击波超压值计算。地表大药量爆炸加工时，应核算不同保护对象所承受的空气冲击波超压值，并确定相应的安全允许距离。在平坦地形条件下爆破时，可按下式计算空气冲击波超压值：

$$\Delta P = 14\frac{Q}{R^3} + 4.3\frac{Q^{\frac{2}{3}}}{R^2} + 1.1\frac{Q^{\frac{1}{3}}}{R} \tag{7-10}$$

式中，ΔP 为空气冲击波超压值，10^5Pa；Q 为一次爆破的梯恩梯炸药总量，秒延时爆破为最大一段药量，毫秒延时爆破为总药量，kg；R 为装药点至保护对象的距离，m。

空气冲击波超压的安全允许标准：对不设防的非作业人员为 0.02×10^5Pa，掩体中的作业人员为 0.01×10^5Pa；对建筑物的破坏与超压的关系按表 7-6 取值。

表 7-6 建筑物的破坏程度与超压关系

破坏等级		1	2	3	4	5	6	7
破坏等级名称		基本无破坏	次轻度破坏	轻度破坏	中等破坏	次严重破坏	严重破坏	完全破坏
超压 $\Delta p/10^5$Pa		<0.02	0.02~0.09	0.09~0.25	0.25~0.40	0.40~0.55	0.55~0.76	>0.76
建筑物破坏程度	玻璃	偶然破坏	少部分破成大块，大部分成小块	大部分破成小块到粉碎	粉碎	—	—	—
	木门窗	无损坏	窗扇少量破坏	窗扇大量破坏，门扇、窗框破坏	窗扇掉落、内倒，窗框、门扇大量破坏	门、窗扇摧毁，窗框掉落	—	—
	砖外墙	无损坏	无损坏	出现小裂缝，宽度小于 5mm，稍有倾斜	出现较大裂缝，缝宽 5~50mm，明显倾斜，砖垛出现小裂缝	出现大于 50mm 的大裂缝，严重倾斜，砖垛出现较大裂缝	部分倒塌	大部分到全部倒塌
	木屋盖	无损坏	无损坏	木屋面板变形，偶见折裂	木屋面板、木檩条折裂，木屋架支座松动	木檩条折断，木屋架杆件偶见折断，支座错位	部分倒塌	全部倒塌

续表 7-6

破坏等级		1	2	3	4	5	6	7
建筑物破坏程度	瓦屋面	无损坏	少量移动	大量移动	大量移动到全部掀动	—	—	—
	钢筋混凝土屋盖	无损坏	无损坏	无损坏	出现小于1mm的小裂缝	出现1~2mm宽的裂缝，修复后可继续使用	出现大于2mm的裂缝	承重砖墙全部倒塌，钢筋混凝土承重柱严重破坏
	顶棚	无损坏	抹灰少量掉落	抹灰大量掉落	木龙骨部分破坏下垂缝	塌落	—	—
	内墙	无损坏	板条墙抹灰少量掉落	板条墙抹灰大量掉落	砖内墙出现小裂缝	砖内墙出现大裂缝	砖内墙出现严重裂缝至部分倒塌	砖内墙大部分倒塌
	钢筋混凝土柱	无损坏	无损坏	无损坏	无损坏	无损坏	有倾斜	有较大倾斜

空气冲击波安全允许距离，应根据保护对象、所用炸药品种、地形和气象条件由设计确定。

7.1.2.2 降低爆炸空气冲击波主要措施

有效防止强烈爆炸冲击波的主要措施有：

（1）采用毫秒微差爆破技术削弱空气冲击波的强度，实践表明，排间微差时间在15~100ms时效果最佳；

（2）严格确定爆破设计参数，控制抵抗线的方向，保证合理的堵塞长度和堵塞质量；

（3）尽可能不采用裸露爆破，对于裸露地面的导爆索、炸药用砂土覆盖，在建筑物拆除爆破、城镇浅孔爆破，不允许采用裸露爆破，也不允许采用孔外导爆索网路；

（4）对于地质弱面和薄弱墙体给予补强以遏制冲击波的产生，必要时在附近预设挡波墙（砖墙、袋墙、石墙、夹水墙等）削弱爆炸冲击波；

（5）对于井巷掘进爆破，也可以采取“导”的措施，增加通道，扩大巷道断面，利用盲井来减弱主巷道的冲击波；

（6）在爆破作业时随时关注气候、天气情况，应在有利的天气进行爆破。

7.1.3 爆破堆积体与个别飞散物计算

在爆破工程中，因设计不当、施工失误、管理不严造成爆破个别飞散物对人身、机械、建筑物的安全事故，占有相当的比例。此外，爆破大量堆积体侵占农田或造成挤压建（构）筑物的事故也时有发生，这些都应予以足够的重视。

7.1.3.1 爆破堆积范围计算

爆破产生的堆积体及飞散物与爆破破碎机理有密切关系。爆破时岩石的飞散有以下三种形式：

（1）岩石面在爆破鼓包运动作用下，开始破裂并沿鼓包运动方向移动。高速摄影资料表明，大爆破和深孔爆破鼓包运动前沿初始速度约为10~20m/s。

（2）邻近自由面的岩块在爆破拉应力波作用下呈放射形飞散。高速摄影资料表明，其小碎块的飞散速度也在10m/s左右。

（3）在填塞不良的炮孔和岩石裂隙（缝）中喷出的高速爆炸气体作用下，岩块被加速抛射，其初始速度与爆炸产物的喷出速度接近，一般可达每秒数百米。因此，加强填塞和装药时避开原生裂隙等构造，是防止爆破飞散物的重要措施。

在工程中，一般可以划分大量堆积范围和个别飞散物范围。

大量堆积范围是指爆破岩堆呈连续分布，是爆破鼓包运动作用的结果。大量堆积的边缘距离与爆破作用指数有关，此外，根据实际观察结果，岩石性质（弹性或塑性）、密度等，对大量堆积距离也有影响。

对于深孔松动爆破，大量堆积范围 L 一般为：

$$L = (5 \sim 7)W \tag{7-11}$$

式中，L 为堆积范围，m；W 为最小抵抗线，m。

对于水平地面大量抛掷爆破，抛掷堆积体最远距离的经验公式是：

$$L = 7.5nW \tag{7-12}$$

式中，n 为爆破作用指数。

斜坡地面抛掷堆积计算的经验公式如下。

由药包中心至抛掷堆积体边缘的距离按下式计算：

$$L = K_1 W \sqrt[3]{K_b f(n)}\,(1 + \sin 2\theta) \tag{7-13}$$

由药包中心至抛掷堆积体重心的距离按下式计算：

$$L' = K_2 W \sqrt[3]{K_b f(n)}\,(1 + \sin 2\theta) \tag{7-14}$$

式中，K_1、K_2为与岩石、炸药及临空面有关的抛掷系数；K_b为标准抛掷爆破的单位耗药量，kg/m^3；$f(n)$ 为爆破作用指数 n 的函数；θ 为抛射角，即最小抵抗线与水平线的夹角，当 $\theta \leqslant 15°$时，公式中的（$1+\sin2\theta$）应取1.5。

根据实测统计资料，不同条件下2号岩石炸药的抛掷系数见表7-7。

表7-7 抛掷系数 K_1、K_2值表

岩石类别		以原地面为临空面		由辅助药包创造新的临空面	
		K_2	K_1	K_2	K_1
松石或软石	$K<1.3$	1.9	3.1	1.8	3.0
次坚石	$K=1.4\sim1.5$	2.1	3.4	2.0	3.2
	$K=1.5\sim1.6$	2.3	3.7	2.2	3.4
坚石以上	$K>1.6$	2.5	4.0	2.3	3.6

根据资料统计，斜坡地面抛掷堆积计算经验公式的计算值，当 $W<8$m 时，较实际值偏小6%~15%；当 $W>24$m 时，则较实际值偏大5%~16%。

可以按照式（7-11）~式（7-14）计算预测大量堆积范围，防止爆破大量堆积体侵占农田、道路或其他不容侵占的场所。当堆积体紧邻建（构）筑物时，应防止堆积侧压力对建（构）筑物造成变形或损坏。还要预防大量堆积体堆落在软土、淤泥中，引起的动压力对附近建（构）筑物，如涵洞等的挤压和破坏。

在海边或湖边进行大型石方爆破时，大量爆破岩石抛入水中会产生涌浪，涌浪上岸可能影响傍岸建筑的安全。爆破安全规程规定：水中爆破或大量爆渣落入水中的爆破，应评估爆破涌浪影响，确保不产生超大坝、水库校核水位涌浪、不淹没岸边需保护物和不造成船舶碰撞受损。

7.1.3.2 爆破个别飞散物安全允许距离

如前所述，爆破个别飞散物主要在高速爆轰气体作用下，介质碎块自填塞不良的炮孔及介质裂隙（缝）中加速抛射所造成。

（1）硐室爆破个别飞散物的安全距离。硐室爆破飞石的安全距离一般按下式计算：

$$R_f = 20n^2WK_f \tag{7-15}$$

式中，R_f为个别飞散物的安全允许距离，m；n 为爆破作用指数；W 为最小抵抗线，m；K_f为安全系数，一般选用1~1.5，风大且顺风时抛掷正方向 K_f=1.5，山坡下方向 K_f=1.5~2。

（2）一般工程爆破个别飞散物的安全距离。一般工程爆破个别飞散物对人员安全距离一般不小于表 7-8 的规定，对设备和建（构）筑物的安全允许距离，应由设计确定。

表 7-8 个别飞散物对人员的安全允许距离

爆破类型和方法		个别飞散物的最小安全允许距离/m
露天岩土爆破	浅孔爆破法破大块	300
	浅孔台阶爆破	200 （复杂地质条件下或未形成台阶工作面时不小于 300）
	深孔台阶爆破	按设计，但不大于 200
	硐室爆破	按设计，但不大于 300
水下爆破	水深小于 1.5m	与露天岩土爆破相同
	水深大于 1.5m	由设计确定
破冰工程	爆破薄冰凌	50
	爆破覆冰	100
	爆破阻塞的流冰	200
	爆破厚度>2m 的冰层或爆破阻塞流冰一次用药量超过 300kg	300
金属物爆破	在露天爆破场	1500
	在装甲爆破坑中	150
	在厂区内的空场中	由设计确定
	爆破热凝结物和爆破压接	按设计、但不大于 30
	爆炸加工	由设计确定
拆除爆破、城镇浅孔爆破及复杂环境深孔爆破		由设计确定
地震勘探爆破	浅井或地表爆破	按设计，但不大于 100
	在深孔中爆破	按设计，但不大于 30
用爆破器扩大钻井		按设计，但不大于 50

注：沿山坡爆破时，下坡方向的个别飞散物安全允许距离应增大 50%。

（3）抛掷爆破个别飞散物的安全距离。抛掷爆破时，个别飞散物对人员、设备和建筑物的安全允许距离应由设计确定。

7.1.3.3 爆破个别飞散物控制和防护

A 爆破产生个别飞石的原因

爆破产生个别飞石的原因有：

（1）孔口堵塞质量不好或堵塞段过短；

（2）局部抵抗线太小；

（3）过量装药导致爆破荷载过大；

（4）岩体不均质，在软弱夹层部位冲出的爆轰炸气体也会产生飞石。

B 控制爆破产生个别飞散物的主要措施

控制爆破产生个别飞散物的主要措施有：

（1）设计合理，选择合理的最小抵抗线 W 和爆破作用指数 n，避免单耗失控，测量验收严格是控制飞石危害的基础工作；

（2）慎重对待断层、软弱带、张开裂隙、成组发育的节理、溶洞、采空区、覆盖层等地质构造，采取间隔堵塞，调整药量以避免过量装药；

（3）保证堵塞质量，不但要保证堵塞长度，而且要保证堵塞密实，避免夹杂碎石；

（4）采用低爆速炸药，不耦合装药，挤压爆破和选择合理的延迟时间，防止因前排带炮或后冲，造成后排抵抗线大小与方向失控；

（5）通过调整最小抵抗线方向，控制飞石的方向，避免对人身的危害；

（6）对重要保护对象必要时要设立屏障和对炮孔加强覆盖。

7.1.4 爆破粉尘产生与预防

随着社会的不断发展，爆破中粉尘对环境的污染问题越来越受到人们的关注，绿色爆破的要求日益明显。

凿岩、爆破和其他石方开挖生产工序中，都会产生粉尘。生产工序和防尘措施不同，粉尘的数量亦不相同。

7.1.4.1 爆破粉尘理化特性

一般对生产性粉尘的理化特性，用浓度、分散度和化学组成来表征。

（1）浓度。空气中粉尘浓度越高，危害越大。拆除爆破施工作业中，采用干式钻孔时，其作业面周围的粉尘浓度每立方米可达数十毫克，在室内有时每立方米可达上百毫克；采用湿式钻孔，其粉尘浓度仅为干式钻孔的10%左右。爆破产生的粉尘，与凿岩产生的情况相比，虽然与人接触的时间较短，但数量大，爆破后的粉尘浓度每立方米可高达数千毫克，其后逐渐下降。我国某些矿山所进行的测定表明，如无有效的降尘措施，在爆破1h后，巷道内的粉尘浓度仍高达20~30mg/m^3。同时，爆破后所产生的粉尘的扩散范围较大，因此，它不但可能危害工作面的工人，还可能危害正在巷道中进行其他工作的人员。我国规定生产车间作业地带空气中无毒粉尘的最高允许浓度是：含游离二氧化硅10%以上的粉尘和石棉尘为1mg/m^3，其余各种粉尘为8mg/m^3。

（2）分散度。粉尘颗粒的大小，用“分散度”一词来表示。一般同质量的粉尘，颗粒越小，其分散度越大；颗粒越大，其分散度越小。粉尘分散度大，在空气中悬浮的时间越长，侵入肌体的机会越多，一般认为5μm以下的粉尘，90%以上可侵入肺泡，对人的危害也最大。爆破后，浮游粉尘的分散度，高于湿式凿岩时浮游粉尘的分散度。国外一个测定结果是：湿式凿岩的浮游粉尘的平均直径为1.16μm，爆破后粉尘的平均直径为0.73μm。

(3) 化学组成。钻孔及爆破粉尘的化学组成比较复杂。某些无机粉尘（如铅、砷等）其溶解度越大，对人体的危害也越大。粉尘中含有游离二氧化硅越多，对人体危害也越大，长期接触，可使人体引起尘肺的危害。建筑物拆除爆破中，有时还含有沥青、烟尘等可致癌作用的有害粉尘。

7.1.4.2 影响爆破粉尘因素

影响爆破后产尘强度及粉尘分散度的因素很多，主要有：

(1) 所爆破的岩石的物理性质对产尘强度有很大的影响。岩石硬度愈大，爆破后进入空气中的粉尘量也愈大；

(2) 爆破单位体积的岩石所用的炸药量愈多，产尘强度愈大；

(3) 炮孔深，产尘强度小；炮孔浅，产尘强度大；二次破碎的产尘强度，高于深孔和浅孔的产尘强度；

(4) 连续火雷起爆和多段秒差爆破的产尘强度较高；电力起爆时，产尘强度低，微差爆破时，产尘强度更低；

(5) 先前形成而附着或堆积在巷道和岩石裂缝中的粉尘数量及分散度愈高，爆破后进入空气中的数量亦愈大；

(6) 岩石表面、巷道周边的潮湿程度和空气湿度愈小，则工作面的粉尘浓度愈高。爆破前，在巷道壁大量洒水，可使爆破后的空气含尘量下降。

硅肺是尘肺中最严重的一种职业病，对风钻工、爆破工，应重视硅肺病的预防工作。为了改善工人的劳动条件，必须将工作面通风与排除细粉尘及有害气体直接结合起来。

7.1.4.3 降低爆破粉尘的一般措施

为了减少钻孔时的粉尘，应采用湿式凿岩。湿式凿岩是高压水经过凿岩机流过水针注射入钢钎到钻头，在钻眼过程中，水与石粉混合成泥浆流出，从而避免了粉尘外扬。据测定，这种方法可降低粉尘量的80%。湿式凿岩应做到先开水后开风，先关风后关水，或水、风同时开启或关闭，尽可能做到使粉尘不飞扬，工作面空气清新。

一些爆破工程采用在工作面喷雾洒水等方法来降低爆破粉尘，所谓喷雾洒水，是在距工作面15~20m处安装除尘喷雾器，在爆破前2~3min打开喷水装置，爆破后30min左右关闭。另一种方法是在工作面前悬挂装水的水袋，盛水数10~100kg左右，水袋中放入少量的炸药，与装药同时起爆，以捕集和凝集爆破所产生的粉尘。

还应注意的是：在面粉厂、亚麻厂等有粉尘爆炸危险的地点进行爆破作业时，离爆区10m范围内的空间和表面应做喷水降尘处理。在有煤尘、硫尘、硫化物粉尘的矿井中进行爆破作业，应遵守有关粉尘防爆的规定。

7.1.5 爆炸有害气体扩散与防控

7.1.5.1 爆炸产生有害气体

一般来说，炸药爆炸时生成的有害气体主要与炸药的氧平衡有关，起爆药包的类型和威力，炸药加工质量和使用条件（如装药密度、炮孔直径、炮孔内的水和岩粉等）对有害气体的产生也有一定的影响。

地下巷道爆破现场取样测试表明，爆破工程常用的2号岩石炸药，其有害气体量为36~42L/kg；EL系列乳化炸药有害气体量为22~29L/kg。

一般来说，起爆能量越大，生成的有害气体越少；相反，如起爆条件不好，炸药爆轰不完全或炸药发生爆燃将会产生较多的NO_2。炸药的加工质量对有害气体的生成量亦有影响，粉碎和混合较好的混合炸药，爆炸生成的CO和NO_2较少。

炮孔中有水，以及炮孔内岩粉未能吹净，会使NO_2的生成量增加；岩层有裂隙和封闭性差时，产生有害气体量比坚硬均质的岩体要多；炮孔深而且炮泥堵的好，则可抑制有害气体的生成。除此以外，研究还表明，炸药装填密度适宜时，NO_2较少；装填直径较大时，CO、NO含量都有所下降；药卷含蜡量增加，CO增多等。

7.1.5.2 爆炸有害气体对人体危害

一氧化碳（CO）是炸药爆炸时产生的主要有害气体。它是无色、无臭的气体，其密度为空气的0.97，化学性质不活泼，在常态下不能和氧化合，但当浓度为13%~75%时，能引起爆炸。

一氧化碳与红细胞中血红素的亲和力比氧气的亲和力大250~300倍，它被吸入人体后，阻碍了氧和血红素的正常结合，使人体各部组织和细胞产生缺氧现象，引起中毒以至死亡。

人处于静止状态时，中毒程度与一氧化碳浓度的关系，见表7-9。

表7-9 中毒程度与CO浓度的关系

中毒程度	中毒时间	CO浓度	
		质量浓度/mg·L^{-1}	体积分数/%
无征兆或有轻微征兆	数小时	0.2	0.016
轻微中毒	1h以内	0.6	0.048
严重中毒	0.5~1h	1.6	0.128
致命中毒	短时间内	5.0	0.400

二氧化氮（NO_2）是炸药爆炸时产生的另一主要有害气体。一般认为：NO_2毒性要比CO的毒性更大，但大到何种程度，各国标准不一，如美国通常认为要大20倍，而我国和苏联则规定为6.5倍。

二氧化氮呈褐红色，有强烈的窒息性，其密度为空气的1.57，极易溶于水，对眼睛、鼻腔、呼吸道及肺部有强烈的刺激作用。NO_2与水结合成硝酸，对肺部组织起破坏作用，引起肺部的浮肿。二氧化氮中毒后经过6h甚至更长的时间才能发现中毒的征兆，即使在危险的浓度下，最初也只感觉到呼吸道受刺激，开始咳嗽，20~30h后，即发生较严重的支气管炎，呼吸困难，吐淡黄色痰液，发生肺水肿，呕吐以至死亡。二氧化氮中毒的特征是手指及头发发黄。

空气中二氧化氮含量与人体的中毒程度见表7-10。

表 7-10 中毒程度与 NO_2 浓度的关系

NO_2 浓度/%	人体中毒反应
0.004	经过 2~4h 还不会引起显著中毒现象
0.006	短时间内对呼吸器官有刺激作用，咳嗽，胸部发痛
0.010	短时间内对呼吸器官起强烈刺激作用，剧烈咳嗽，声带痉挛性收缩，呕吐，神经系统麻木
0.025	短时间内很快死亡

7.1.5.3 爆破有害气体允许浓度及预防措施

《爆破安全规程》规定：地下爆破作业点的爆破有害气体的浓度，不应超过表 7-11 的标准。

表 7-11 地下爆破作业点有害气体允许浓度

有害气体名称		CO	N_nO_m	SO_2	H_2S	NH_3	R_n
允许浓度	体积分数/%	0.00240	0.00025	0.00050	0.00066	0.00400	3700Bq/m^3
	按质量浓度/mg · m^{-3}	30	5	15	10	30	

地下爆破作业面的炮烟浓度应每月测定一次，爆破炸药量增加或更换炸药品种时，应在爆破前后测定爆破有害气体含量。

炮响完后，露天爆破不少于 5min 后方准许作业人员进入爆破作业点，地下矿山和大型地下开挖工程爆破后，经通风吹散炮烟，检查确认井下空气合格后并等待时间超过 15min，方准许作业人员进入爆破作业地点。爆破后 24h 内，应多次检查与爆区相邻的井、巷、洞内的有毒、有害物质的含量。

某万吨级露天大爆破起爆后 15min，在距爆源 2km 垭口下风向采样，测定氮氧化物为 1.3mg/m^3，爆破后 30min，在爆区中心测定，基本上未发现有害气体。某千吨级大爆破后 7 天，在与爆破堆石体（近 240×10^4m^3）相接的独头巷道中采样，测得该独头巷道中含氮氧化物质量浓度为 14.04~16.85mg/m^3，含一氧化碳质量浓度为 360mg/m^3，远远超过国家允许浓度指标。上述事实表明，露天爆破后，对空旷地区，只要在按安全规程规定的时间进入爆区，不会发生爆破有害气体中毒事故；而对爆破时必须位于爆区附近的人员，以及爆区附近的巷道、独头巷道、山洼等特殊地形和构筑物中，则应充分重视爆破有害气体对人体的危害。

为了防止炮烟中毒，主要措施有：

（1）使用合格炸药。炸药组分的配比应当合理，尽可能做到零氧平衡。加强炸药的保管和检验，禁止使用过期、变质的炸药；

（2）做好爆破器材防水处理，确保装药和填塞质量，避免半爆和爆燃；装药前尽可能将炮孔内的水和岩粉吹干净，使有害气体产生减至最小程度；

（3）应保证足够的起爆能量，使炸药迅速达到稳定爆轰和完全反应；

（4）井下爆破前后加强通风，应采取措施向死角盲区引入风流。小井深度大于 7m，平硐掘进超过 20m 时，应采用机械通风。爆破后无论时隔多久，工作人员在下井之前，均应用仪表检测井底有害气体的浓度，浓度未超过允许值，才允许工作人员下到井底；在爆破后可能积淤有害气体的处所（独头巷道等），应先行测试空气中有害气体含量，或进行动物试验，确认安全后人员方可进入。

除此以外，在矿井和地下爆破时应注意预防瓦斯（包括沼气、CO、CO_2、H_2S 等，是矿山有害气体的统称）突出，防止产生瓦斯爆炸事故。在煤矿、钾矿、石油地蜡矿和其他有沼气的矿井中爆破时，应按各种矿山的规定对瓦斯进行监测；在下水道、油罐、报废盲巷、盲井中爆破时，人员进入前应先对空气取样检验。

7.1.6 爆破噪声及其控制

在爆破作业中，当爆炸空气冲击波的超压降至 0.02MPa 以下时，冲击波蜕变为声波，以波动形式继续向外传播，并伴随着产生其声响——爆破噪声。爆破噪声虽然短促，但由于是间歇性的脉冲噪声，容易引起人们的精神紧张，产生不愉快的感觉，特别是在城镇居民区，应避免由于爆破噪声引发社会安定方面的问题及居民的诉讼。

在爆破施工现场，特别是在居民稠密地区进行爆破施工，施工机械引起的噪声是个不容忽视的问题。施工机械噪声声级一般为 80~100dB，主要噪声源有凿岩机、风动工具、空压机、推土机、运输工具、冲击锤等。表 7-12 给出了一些典型施工机械设备的噪声声级。

表 7-12 典型建筑施工设备噪声声级

噪声源	噪声级/dB(A)	噪声源	噪声级/dB(A)
推土机	78~96	打桩机	95~105
搅拌机	75~88	移动式空压机	75~85
气锤	80~98	柴油机	75~85
混凝土破碎机	80~90	凿岩机风动工具	80~90
卷扬机	75~88		

注：表中数据是指距设备 15m 处的声级。

《爆破安全规程》规定对爆破突发噪声的判据，采用保护对象所在地最大声级，其控制标准见表 7-13。

表 7-13 爆破噪声控制标准

声环境功能区类别	对应区域	不同时段控制标准/dB(A)	
		昼间	夜间
0类	康复疗养区、有重病号的医疗卫生区或生活区，进入冬眠期的养殖动物区	65	55
1类	居民住宅、一般医疗卫生、文化教育、科研设计、行政办公为主要功能，需要保持安静的区域	90	70
2类	以商业金融、集市贸易为主要功能，或者居住、商业、工业混杂，需要维护住宅安静的区域；噪声敏感动物集中养殖区，如养鸡场等	100	80
3类	以工业生产、仓储物流为主要功能，需要防止工业噪声对周围环境产生严重影响的区域	110	85
4类	人员警戒边界，非噪声敏感动物集中养殖区，如养猪场等	120	90
施工作业区	矿山、水利、交通、铁道、基建工程和爆炸加工的施工区内	125	110

在0~2类区域进行爆破时，应采取降噪措施并进行必要的爆破噪声监测。监测应采用爆破噪声测试专用的A计权声压计及记录仪；监测点宜布置在敏感建筑物附近和建筑物室内。

具体工程中可以采取以下措施降低爆破产生的噪声：

（1）在城镇、厂矿、居民区等对爆破噪声有限制的地区进行拆除及岩土爆破作业，不允许采用裸露爆破，而应当采用控制爆破方法；也不允许采用导爆索起爆网路。

（2）在爆破设计时，对基础、石方爆破，一般采用松裂、松动爆破，并实施毫秒微差爆破；严格控制单位耗药量、单孔药量和一次起爆药量。对于建（构）筑物拆除爆破，宜遵循“多打眼，少装药”的原则，避免爆破的实际单位耗药量过高。

（3）要精心施工，在施工过程中发现设计未考虑的因素时，应调整设计参数；当钻孔实际位置与设计出入较大时，必须校核最小抵抗线和单位耗药量，防止因施工过程中的疏忽，造成爆破设计参数变化而增大爆破噪声。应保证填塞质量和长度，做好爆破部位的覆盖和防护；为降低爆破噪声，应在施工中尽量避免地面雷管，否则，应在地面雷管上采取覆盖土或聚乙烯水袋的措施，也可以用短胶管沿纵向切口后将雷管包裹其中。

（4）在对爆破噪声敏感的方向，架设防噪声排架、屏障，必要时附以吸声性能好的材料，可以起到降低爆破噪声的效果。

（5）在人口密集区实施拆除爆破和其他爆破作业，做好“安民告示”也是十分必要的。使居民对爆破噪声事先有一定的心理准备，可以有效地减少人们对爆破噪声的诉讼。

（6）为了控制爆破施工作业的噪声，除应使参加施工的工程机械噪声满足工程机械噪声限值标准外，还可在工地四周进行围挡，必要时，应限制人们对噪声敏感时段（如夜间）的施工作业。

7.2 早爆、拒爆事故预防与处理

在爆破网路的设计和施工中，既要保证网路安全准爆，又必须防止在正式起爆前网路的早爆和起爆后的网路的拒爆。引起爆破网路的早爆和拒爆的原因很多，有起爆器材、爆区周围环境、网路设计、错误的操作等方面。

7.2.1 早爆、拒爆事故分类

（1）早爆事故按其原因有：

1）雷电直接击中非电爆破网路或爆破器材的早爆；

2）明火引起的早爆；

3）电爆网路事故：包括工业电、起爆电源、仪表电、雷电、静电、杂散电流、射频电、感应电引起的早爆；

4）运输事故：如撞车、撞船、装载运输炸药及碾药等造成的早爆；

5）误操作引起的早爆；

6）高温环境造成的早爆事故；

7）打残眼导致爆炸；

8）销毁爆破器材引起爆炸；

9）石头砸响盲炮、雷管、炸药引起早爆；

10）化学反应引起早爆：主要是由于炸药自燃或与某种矿粉直接接触所造成的。特征是：爆炸前有大量的棕色二氧化氮气体从药包中冒出，紧接着是爆炸响声。

（2）拒爆事故按其原因分类：

1）炸药过期变质、质量差引起拒爆，如失去雷管感度，不能正常传爆，受潮结块，感度下降；密度变大，失去爆轰性能。

2）电爆网路拒爆，如设计电流不够，起爆器容量不够，接触电阻过大，线路接地、漏电，违反“三同”原则，漏接。

3）导爆索网路拒爆，如导爆索质量差，或因储存时间长，保管不良而受潮变质，漏接，施工过程中砸断线路，雷管反接，锐角传爆，搭接不好，导爆索浸油，前排爆破挤、拉断后排导爆索，导爆索断药。

4）非电导爆管网路的拒爆，如雷管接头不好，连接器质量有问题，漏接，微差爆破时导爆管被冲断、拉断，导爆管有漏药段、有水、局部拉细等现象。

5）装药、堵塞作业造成拒爆，如不连续装药造成部分拒爆，装药过密，炸药感度降低，造成拒爆；装药、堵塞时操作不当，损坏网路；水孔中水将部分炸药溶解，起爆不了；管道效应造成残爆；线路接错。

对于深孔爆破和硐室爆破，爆破后发现下列之一者，可以判断其药包发生了拒爆：① 爆破效果与设计有较大差异，爆堆形态和设计有较大差别，地表无松动或抛掷现象。② 在爆破地段范围内残留炮孔，爆堆中留有岩坎、陡壁或两药包之间有显著的间隔。③ 现场发现残药和导爆索残段。

7.2.2 早爆事故预防

国内爆破事故统计分析表明，绝大多数事故属于人为因素造成的，包括设计错误，施工管理水平不高，作业人员违章，审批程序纰漏等原因。

造成早爆事故的原因有很多，因此在工程实践中怎样预防也显得尤为重要。对于电爆网路早爆事故的预防措施请参阅第 3 章内容，此处不再重述，仅列举一般早爆的预防措施，具体如下：

（1）搜集相关资料，仔细勘查现场，精心设计施工，尽量预估出意外事故的可能性。

（2）制定安全制度、岗位责任制度和关键技术操作规程。

（3）做好炮孔、装药的监督、检查和验收工作。

（4）按规程要求做好爆破器材的检验。保证起爆器材和炸药的质量，防止炸药自身的化学反应引起早爆。

（5）注意天气预报，避免在雷雨时从事爆破作业，对已装药又不能赶在雷雨前起爆的，人员和设备要撤离到危险区以外。

（6）严格遵守爆破安全规程，在爆破施工区严禁有明火。

（7）按爆破安全规程规定的要求进行爆破器材的运输、储存、保管和废旧爆破器材的销毁。

（8）严禁打残眼和旧眼。

（9）不要在高温天气下进行爆破作业，避免高温环境造成早爆。

（10）预先安排好爆后安全检查和事故应急处理。

（11）加强安全管理和工程监理力度，对爆破作业现场严格管理，按爆破安全规程正确操作。

7.2.3　拒爆事故处理

检查人员发现盲炮及其他险情，应及时上报或处理；处理前应在现场设立危险标志，并采取相应的安全措施，无关人员不应接近。

（1）处理盲炮应当遵守以下规定：

1）处理盲炮前应由爆破领导人定出警戒范围，并在该区域边界设置警戒，处理盲炮时无关人员不准许进入警戒区。

2）应派有经验的爆破员处理盲炮，硐室爆破的盲炮处理应由爆破工程技术人员提出方案并经单位主要负责人批准。

3）电力起爆发生盲炮时，应立即切断电源，及时将盲炮电路短路。

4）导爆索和导爆管起爆网路发生盲炮时，应首先检查网路是否有破损或断裂，发现有破损或断裂的应修复后重新起爆。

5）不应拉出或掏出炮孔和药壶中的起爆药包。

6）盲炮处理后，应仔细检查爆堆，将残余的爆破器材收集起来销毁；在不能确认爆堆无残留的爆破器材之前，应采取预防措施。

7）盲炮处理后应由处理者填写登记卡片（表 7-14）或提交报告，说明产生盲炮的原因、处理的方法和结果、预防措施。

表 7-14　盲炮处理登记卡片

<table>
<tr><td>工程名称</td><td colspan="5"></td></tr>
<tr><td>爆破施工单位</td><td></td><td>施工单位负责人</td><td></td><td>爆破时间</td><td></td></tr>
<tr><td>盲炮处理人</td><td></td><td>现场负责人</td><td></td><td>盲炮处理时间</td><td></td></tr>
<tr><td colspan="6">盲炮情况描述（包括盲炮设计孔深、药量、周边环境情况，有无变化及盲炮原因分析）：</td></tr>
<tr><td colspan="6">盲炮处理方法及安全措施：</td></tr>
<tr><td colspan="6">残留爆破器材处理情况：</td></tr>
<tr><td colspan="6">处理结果说明：</td></tr>
<tr><td colspan="3">项目经理意见
签字　　年　月　日</td><td colspan="3">监理工程师意见
签字　　年　月　日</td></tr>
</table>

（2）处理裸露爆破的盲炮的办法：

1）处理裸露爆破的盲炮，可去掉部分封泥，安置新的起爆药包，加上封泥起爆；如发现炸药受潮变质，则应将变质炸药取出销毁，重新敷药起爆。

2）处理水下裸露爆破和破冰爆破的盲炮，可在盲炮附近另投入裸露药包诱爆，也可将药包回收销毁。

（3）处理浅孔爆破的盲炮可采取以下办法：

1）经检查确认起爆网路完好时，可重新起爆。

2）可打平行孔装药爆破，平行孔距盲炮不应小于0.3m；对于浅孔药壶法，平行孔距盲炮药壶边缘不应小于0.5m。为确定平行炮孔的方向，可从盲炮孔口掏出部分填塞物。

3）可用木、竹或其他不产生火花的材料制成的工具，轻轻地将炮孔内填塞物掏出，用药包诱爆。

4）可在安全地点外用远距离操纵的风水喷管吹出盲炮填塞物及炸药，但应采取措施回收雷管。

5）处理非抗水硝铵炸药的盲炮，可将填塞物掏出，再向孔内注水，使其失效，但要回收雷管。

6）盲炮应在当班处理，当班不能处理或未处理完毕，应将盲炮情况（盲炮数目、炮孔方向，装药数量和起爆药包位置，处理方法和处理意见）在现场交接清楚，由下一班继续处理。

（4）处理深孔爆破的盲炮可采用下列方法：

1）爆破网路未受破坏，且最小抵抗线无变化者，可重新连线起爆；最小抵抗线有变化者，应验算安全距离，并加大警戒范围后，再连线起爆。

2）可在距盲炮孔口不小于10倍炮孔直径处另打平行孔装药起爆。爆破参数由爆破工程技术人员确定并经爆破领导人批准。

3）所用炸药为非抗水性硝铵炸药，且孔壁完好时，可取出部分填塞物，向孔内灌水使之失效，然后再做进一步处理。

（5）处理水下炮孔爆破盲炮可采用如下办法：

1）因起爆网路绝缘不好或连接错误造成的盲炮，可重新联网起爆。

2）因填塞长度小于炸药的殉爆距离或全部用水填塞而造成的盲炮，可另装入起爆药包诱爆。

3）可在盲炮附近投入裸露药包诱爆。

7.3　含有瓦斯或煤尘的煤矿井下爆破安全要点

在地下采煤工程中，当采掘工作面向前推进时，就会从新的自由面和煤堆中放出瓦斯，一旦空气中瓦斯浓度达到4%～15%时，就形成了爆炸性的气体混合物，这种混合物遇有温度为650℃的热源，经10s的感应时间，即可爆炸。

煤尘是指0.75～1.00mm的煤粉，当煤尘在空气中的含量达到一定数值时，遇到火源也可能发生爆炸。

无论是瓦斯爆炸，还是煤尘爆炸都是一场灾难。据统计，目前我国煤矿事故中80%以上为瓦斯爆炸事故，一次死亡10人以上的特大事故中，瓦斯爆炸事故又占90%以上。

7.3.1　矿井瓦斯等级划分

《煤矿安全规程》（2016版）第一百六十九条规定，根据矿井相对瓦斯涌出量、矿井绝对瓦斯涌出量、工作面绝对瓦斯涌出量和瓦斯涌出形式，矿井瓦斯等级划分为：

（1）低瓦斯矿井。同时满足下列条件的为低瓦斯矿井：

1）矿井相对瓦斯涌出量不大于 $10m^3/t$；

2）矿井绝对瓦斯涌出量不大于 $40m^3/min$；

3）矿井任一掘进工作面绝对瓦斯涌出量不大于 $3m^3/min$；

4）矿井任一采煤工作面绝对瓦斯涌出量不大于 $5m^3/min$。

（2）高瓦斯矿井。具备下列条件之一的为高瓦斯矿井：

1）矿井相对瓦斯涌出量大于 $10m^3/t$；

2）矿井绝对瓦斯涌出量大于 $40m^3/min$；

3）矿井任一掘进工作面绝对瓦斯涌出量大于 $3m^3/min$；

4）矿井任一采煤工作面绝对瓦斯涌出量大于 $5m^3/min$。

（3）突出矿井。《煤矿安全规程》第一百八十九条规定：在矿井井田范围内发生过煤（岩）与瓦斯（二氧化碳）突出的煤（岩）层或者经鉴定、认定为有突出危险的煤（岩）层为突出煤（岩）层。在矿井的开拓、生产范围内有突出煤（岩）层的矿井为突出矿井。此外，煤矿发生生产安全事故，经事故调查认定为突出事故的，发生事故的煤层直接认定为突出煤层，该矿井为突出矿井。

7.3.2 《煤矿安全规程》对于井下爆破的部分规定

第三百四十七条　井下爆破工作必须由专职爆破工担任。突出煤层采掘工作面爆破工作必须由固定的专职爆破工担任。爆破作业必须执行“一炮三检制”和“三人连锁爆破”制度，并在起爆前检查起爆地点的甲烷浓度。

第三百五十条　井下爆破作业，必须使用煤矿许用炸药和煤矿许用电雷管。一次爆破必须使用同一厂家、同一品种的煤矿许用炸药和电雷管。煤矿许用炸药的选用必须遵守下列规定：

（1）低瓦斯矿井的岩石掘进工作面，使用安全等级不低于一级的煤矿许用炸药。

（2）低瓦斯矿井的煤层采掘工作面、半煤岩掘进工作面，使用安全等级不低于二级的煤矿许用炸药。

（3）高瓦斯矿井，使用安全等级不低于三级的煤矿许用炸药。

（4）突出矿井使用安全等级不低于三级的煤矿许用含水炸药。

在采掘工作面，必须使用煤矿许用瞬发电雷管、煤矿许用毫秒延期电雷管或者煤矿许用数码电雷管。使用煤矿许用毫秒延期电雷管时，最后一段的延期时间不得超过130ms。使用煤矿许用数码电雷管时，一次起爆总时间差不得超过130ms，并应当与专用起爆器配套使用。

第三百五十一条　在有瓦斯或者煤尘爆炸危险的采掘工作面，应当采用毫秒爆破。在掘进工作面应当全断面一次起爆，不能全断面一次起爆的，必须采取安全措施。在采煤工作面可分组装药，但一组装药必须一次起爆。

严禁在1个采煤工作面使用2台发爆器同时进行爆破。

第三百五十二条　在高瓦斯矿井采掘工作面采用毫秒爆破时，若采用反向起爆，必须制定安全技术措施。

第三百五十三条　在高瓦斯、突出矿井的采掘工作面实体煤中，为增加煤体裂隙、松动煤体而进行的10m以上的深孔预裂控制爆破，可以使用二级煤矿许用炸药，并制定安全措施。

第三百五十七条 装药前，必须首先清除炮孔内的煤粉或者岩粉，再用木质或者竹质炮棍将药卷轻轻推入，不得冲撞或者捣实。炮孔内的各药卷必须彼此密接。

有水的炮孔，应当使用抗水型炸药。

装药后，必须把电雷管脚线悬空，严禁电雷管脚线、爆破母线与机械电气设备等导电体相接触。

第三百五十八条 炮孔封泥必须使用水炮泥，水炮泥外剩余的炮孔部分应当用黏土炮泥或者用不燃性、可塑性松散材料制成的炮泥封实。严禁用煤粉、块状材料或者其他可燃性材料作炮孔封泥。

无封泥、封泥不足或者不实的炮孔，严禁爆破。

严禁裸露爆破。

第三百五十九条 炮孔深度和炮孔的封泥长度应当符合下列要求：

（1）炮孔深度小于0.6m时，不得装药、爆破；在特殊条件下，如挖底、刷帮、挑顶确需进行炮孔深度小于0.6m的浅孔爆破时，必须制定安全措施并封满炮泥。

（2）炮孔深度为0.6~1m时，封泥长度不得小于炮眼深度的1/2。

（3）炮孔深度超过1m时，封泥长度不得小于0.5m。

（4）炮孔深度超过2.5m时，封泥长度不得小于1m。

（5）深孔爆破时，封泥长度不得小于孔深的1/3。

（6）光面爆破时，周边光爆炮孔应当用炮泥封实，且封泥长度不得小于0.3m。

（7）工作面有2个及2个以上自由面时，在煤层中最小抵抗线不得小于0.5m，在岩层中最小抵抗线不得小于0.3m。浅孔装药爆破大块岩石时，最小抵抗线和封泥长度都不得小于0.3m。

第三百六十一条 装药前和爆破前有下列情况之一的，严禁装药、爆破：

（1）采掘工作面控顶距离不符合作业规程的规定，或者有支架损坏，或者伞檐超过规定。

（2）爆破地点附近20m以内风流中甲烷浓度达到或者超过1.0%。

（3）在爆破地点20m以内，矿车、未清除的煤（矸）或者其他物体堵塞巷道断面1/3以上。

（4）炮孔内发现异状、温度骤高骤低、有显著瓦斯涌出、煤岩松散、透老空区等情况。

（5）采掘工作面风量不足。

第三百六十二条 在有煤尘爆炸危险的煤层中，掘进工作面爆破前后，附近20m的巷道内必须洒水降尘。

第三百六十五条 井下爆破必须使用发爆器。开凿或者延深通达地面的井筒时，无瓦斯的井底工作面中可使用其他电源起爆，但电压不得超过380V，并必须有电力起爆接线盒。

发爆器或者电力起爆接线盒必须采用矿用防爆型（矿用增安型除外）。

发爆器必须统一管理、发放。必须定期校验发爆器的各项性能参数，并进行防爆性能检查，不符合要求的严禁使用。

第三百六十六条　每次爆破作业前，爆破工必须做电爆网路全电阻检测。严禁采用发爆器打火放电的方法检测电爆网路。

第三百六十七条　爆破工必须最后离开爆破地点，并在安全地点起爆。起爆地点到爆破地点的距离必须在作业规程中具体规定。

第三百七十条　爆破后，待工作面的炮烟被吹散，爆破工、瓦斯检查工和班组长必须首先巡视爆破地点，检查通风、瓦斯、煤尘、顶板、支架、拒爆、残爆等情况。发现危险情况，必须立即处理。

总之，地下工程开挖爆破，特别是煤矿井下（包括有瓦斯或煤尘爆炸危险的地下工程）爆破，安全要求多，应严格遵守《爆破安全规程》《煤矿安全规程》和企业爆破安全管理条例的有关规定。

7.4 爆破环境调查与有害效应监测

7.4.1 爆破对地质环境的影响

爆破作为一种岩土工程的施工手段，必须满足工程建设对其效果、质量及环境影响的严格要求。由于爆破作用是一种巨大的能量作用，它不仅能松动或抛掷岩石，达到工程建设所要求的爆破效果，与此同时它可能破坏工程建设所在区域周边的地质环境，从而加剧或诱发各种不良地质问题。所以在进行爆破施工以前，首先必须全面而深入的认识岩土工程中的工程地质问题，充分预测爆破作用对设计范围以外工程地质条件的不利影响，并以此指导爆破设计和施工。

7.4.1.1　爆破对保留岩体的破坏

根据爆破作用的基本原则，在有临空面的半无限介质中爆炸，从药包中心向外分成压缩区、爆破漏斗区、破裂区和振动区。压缩区和爆破漏斗区是爆破后需挖运的范围，而破裂区和振动区将是爆破对工程地质条件改变影响的区域。破裂区的裂缝大部分是由反射位伸波和应力波作用沿岩体中原有节理裂隙扩展而成，底部基岩中的裂隙有一部分是岩体破裂出现的新裂隙。通常爆区后缘边坡地表破坏范围比深层垂直破坏范围大，地表破坏与深层垂直破坏有不同的特点。

（1）后缘地表的破坏。爆破对后缘地表的破坏是由后冲和反射拉伸波作用所形成的，裂缝常常沿着平行临空面的方向延展。地表裂隙距爆破区越近就越宽越密，地表裂缝宽度和延展长度则与爆破规模、爆破夹制作用和地形地质条件有关。爆破规模大、爆破夹制作用强，则地表裂缝破坏程度强。由于地表一般为风化破碎岩体，抗拉强度小，易形成裂缝。

尽管地表裂缝破坏范围较大，但也不是没有办法减小其危害，不论是深孔爆破还是硐室大爆破，已有很多成功的实例。在爆破区的最后排或破裂线后缘预先钻一排预裂孔，首先进行预裂爆破后再进行主爆破，其后缘地表裂缝可大大减轻甚至不出现后缘拉裂缝，而且爆后边坡平直整齐。因此，目前预裂爆破已是提高边坡开挖质量的重要手段。

（2）深层基岩的破坏。爆破对深层基岩的破坏情况，根据工程性质不同，要求有所不同。一般开山采石不需要考虑基岩破坏；路堑开挖爆破仅考虑药包周围压缩圈产生的破坏范围，一般情况下路堑开挖需给路基和边坡预留保护层，保护层厚度为压缩圈半径；而在水工坝基开挖中，即使爆破作用下产生的微小裂缝也被视为对基岩的破坏。经验表明，药包以下出现裂缝的破坏半径不会超过它的最小抵抗线，因此在坝基开挖中一般上层采用深孔爆破，下层采用浅孔爆破，最底层采用人工凿除办法。为减小爆破对深层基岩破坏，也有人采用水平炮孔进行预裂爆破，形成预裂水平面，以阻止上层爆破裂缝向下扩展。

根据实测，爆破质点振动速度与土岩破坏特征的关系见表 7-15。

表 7-15 爆破振动速度与土岩破坏特征表

编号	振动速度/cm·s^{-1}	土岩破坏特征
1	0.8~2.2	不受影响
2	10	隧洞顶部有个别落石，低强度岩石破坏
3	11	产生松石及小块振落
4	13	原有裂缝张开或产生新的细裂缝
5	19	大石滚落
6	26	边坡有较小的张开裂隙
7	52	大块浮石翻倒
8	56	地表有小裂缝
9	76	花岗岩露头上裂缝宽约 3cm
10	110	花岗岩露头上裂缝宽约 3cm，地表有裂缝超过 10cm，表土断裂成块
11	160	岩石崩裂，地形有明显变化
12	234	巷道顶壁及混凝土支座严重破坏

7.4.1.2 爆破对边坡稳定性影响

在爆破动荷载的频繁作用下，软弱结构面产生不可逆的累积变形，原有裂隙或层面产生错动、扩展，裂隙部分或全部贯通甚至产生残余变形，导致结构面的力学强度降低，对岩体力学参数产生“弱化效应”。开挖形成的新的岩坡改变了原地形及覆盖层、坡角的约束边界条件和力学平衡条件，开挖后岩体在卸荷作用下，边坡结构及相互间力学关系将发生变化，开挖后边坡内部不利于稳定的软弱结构面暴露于坡面或处于边坡变形的敏感部位，降低了岩体整体性。当侧面有临空面或地质构造时，岩体应力发生重分布，形成垂直边坡走向的拉应力，满足滑动破坏的边界条件，岩体将沿某一软弱面滑移或剪切错动。

爆破产生的边坡失稳灾害分为两类：一类为爆破振动引起的自然高边坡失稳；另一类为爆破开挖后残留边坡遭受破坏，日后风化作用引发不断的塌方失稳。药室法大爆破产生的振动强烈，对岩体破坏程度和范围较大，所以在药室法大爆破设计中对边坡稳定性影响应有足够重视。

A 爆破对自然边坡稳定性的影响

爆破对自然边坡稳定性影响一方面取决于爆破振动强度，另一方面取决于坡体自身的地质条件。从统计资料来看，边坡坡角在 35°以上的容易发生失稳破坏。此外根据工程地质分析和实践经验证实，如下 4 种地质结构易发生爆破振动边坡失稳：

（1）爆区附近的坡体内已有贯通的滑动面，或干脆为发育的古滑坡，爆破前坡体靠滑动面的抗剪强度维持稳定，爆破时强烈的振动作用使滑动面抗剪强度下降或损失，引起大方量的滑塌或古滑坡复活，见表7-16。这类坡体失稳因滑坡方量大，一般造成危害也大。

表7-16　边坡振动失稳成因分类表

类别	第一类	第二类	第三类	第四类
示意图		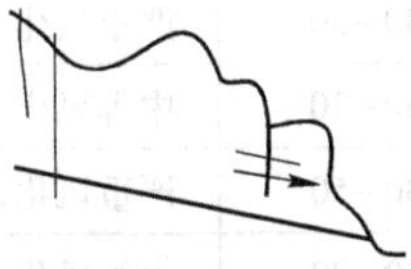	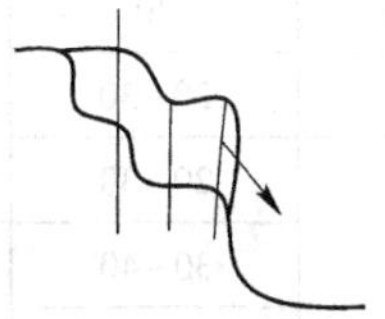	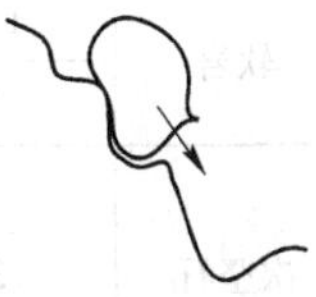
说明	沿已有滑动面滑动	结构面贯通而滑动	柱状节理切割的岩柱散裂而坍塌	危石振动流落

（2）坡体内虽然没有贯通的滑动面，但坡体内至少发育有一组倾向坡体外的节理裂隙，岩石强度较低，在爆破振动作用下，该组裂隙面进一步扩展，致使节理裂隙部分甚至全部贯通，产生滑移变形，日后在降雨的影响下经常滑动，最后完全失稳（见表7-16中第二类示意图）。这类坡体失稳由于需要一定的变形时间，所以如有必要可以在爆破后作适当处理，不致造成较大危害。

（3）尽管坡体内没有贯通的滑动面，也没有倾向坡外的节理组发育，也就是说似乎不可能形成危险的滑动面，然而岩体内垂直柱状节理十分发育，而且边坡高陡，这在岩浆岩类的安山岩、玄武岩地区多见。这类边坡受到强烈的爆破振动时，尤其在坡缘处振动波迭加反射使振动加强，当振动变形超过一定限度后，岩柱拉裂折断，整个岩体散裂导致边坡坍塌（见表7-16中第三类示意图）。这类边坡失稳产生塌方量一般也较大。

（4）坡体内节理、裂隙不很发育，岩体较完整，只是坡缘局部发育成冲沟或陡倾张开性裂隙，将岩体完全分割成摇摇欲坠的危石，在爆破振动作用下，被分割的危石脱离母体翻滚而下，形成崩塌；或爆破时还未崩落，但稳定性进一步降低，日后在暴雨冲刷作用下仍可发生崩塌（见表7-16中第四类示意图）。这类破坏视崩塌岩块的大小和数量不等，造成危害的程度也不同，一般来说因塌落方量比前三类少，造成危害性也相对减轻。通常这种崩塌岩块易将交通道路阻断，或将电源线路砸断，给工程带来困难。

B　爆破残留边坡的坍塌失稳

一般的爆破都会对保留边坡的内部岩体产生破坏，受破坏的程度主要与以下因素有关：

（1）爆破药量。一次起爆药量愈大，坡内的应力波愈强，边坡破坏愈严重。

（2）最小抵抗线。最小抵抗线愈大，向坡后的反冲力愈强，边坡破坏愈严重。

（3）岩体地质条件。地质条件不良，岩性较软，岩体破碎，施工时清方刷坡不够彻底，边坡塌方失稳的可能性就大。此外新成边坡改变了坡内原有应力场，暴露的新鲜岩石，在风化作用下强度逐渐降低，使得新边坡不断变形，稳定性渐渐衰减丧失。

根据铁道部门对路堑边坡稳定性统计分析，早期采用药室法大爆破开挖的路堑边坡，发生塌方失稳事故较多，后期考虑了边坡预留保护层，将光面预裂爆破技术引入到边坡开挖中，使得爆破对残留边坡的稳定性影响大大降低。中小型爆破时，岩石边坡的合适坡度参考值见表 7-17。

表 7-17 中小型爆破岩石边坡参考表

岩石类别	坚固性系数f	调查的边坡高度/m	地面坡度/(°)	节理裂隙发育风化程度	边坡坡度
软岩	1.5~2	20	30~50	严重风化，节理发育	(1∶0.75) ~ (1∶0.85)
	2~3	20~30	50~70	中等风化，节理发育	(1∶0.5) ~ (1∶0.75)
次坚石	3~5	20~30	30~50	严重风化，节理发育	(1∶0.4) ~ (1∶0.6)
		30~40	50~70	中等风化，节理发育	(1∶0.3) ~ (1∶0.4)
		30~50	>70	轻微风化，节理发育	(1∶0.2) ~ (1∶0.3)
坚石	5~8	30	30~50	严重风化，节理发育	(1∶0.3) ~ (1∶0.5)
		30~40	50~70	中等风化，节理发育	(1∶0.2) ~ (1∶0.3)
		40~60	>70	轻微风化，节理发育	(1∶0.1) ~ (1∶0.2)
特坚石	8~20	30	30~50	严重风化，节理发育	(1∶0.1) ~ (1∶0.3)
		30~50	50~70	中等风化	(1∶0.1) ~ (1∶0.2)
		50~70	>70	节理少	1∶0.1

此外，在路堑边坡开挖的爆破设计中还应该注意以下几个问题：

(1) 爆破与地质条件密切结合问题。爆破设计中不仅要根据岩性确定炸药单耗量，还要考虑到地质构造对路堑边坡的稳定起着控制作用，特别是考虑药室爆破的设计方案时，应根据地质构造的特点来布置药包，确定各项参数。

(2) 爆破方案的选择与边坡稳定性的关系。通常爆破方案是根据机械设备条件、工程要求、爆破方量及工期限制综合考虑所确定的。硐室爆破对边坡破坏作用强，所以预保留保护层较厚，钻孔爆破可预留光爆层，使边坡得到最大限度保护。最近将预裂钻孔爆破和硐室爆破相结合的爆破技术得到发展，其目标是既能很好地保护开挖边坡，又能大规模地、快速地、经济地进行爆破石方。

(3) 爆破施工质量对边坡稳定性的影响。爆破不当（装药量过大或发生盲炮爆破不彻底等）或者清方不彻底等，由于地质条件不清、施工质量差的原因造成的边坡不稳定、边坡变形、应保留岩体破坏的情况也经常发生，因此必须重视爆破清方刷坡的施工质量，及时做好护坡防护工程。

7.4.1.3 爆破对水文地质条件影响

水文地质条件对爆破会产生影响，反过来爆破对水文地质条件也会产生影响。爆破作用可产生完全破坏区、强破坏区和轻破坏区。完全破坏区的岩块将在清方挖运过程中全部清除干净，而处于强破坏区和轻破坏区的围岩产生了不少不同的张裂缝，将成为地下水流的良好通道。对于边坡工程来说，这是不利因素，它既破坏了岩体的完整性，又增加了地下水的侵蚀作用，减小了结构面的抗剪强度，留下隐患，因此在爆破设计时必须充分重视，尽量减小这些区域的破坏范围，或采取光面爆破、预裂爆破。但任何事物都是辩证的，在地下水开采中它又是有利的，爆破作用使裂缝扩大、增多，有利于提高地下水资源的开采量。因此有人利用井下爆炸提高地下水产量，同样道理也可提高石油开采量。

7.4.1.4 爆破对饱和砂土地基影响

饱和土体液化通常是指液化土体受到动力荷载作用时，土中孔隙水压力上升而有效应力下降，固体介质逐渐转变为黏性流体的行为。在饱和砂（土）地基附近进行爆破作业时，受到药包爆炸动力荷载作用，会产生砂（土）与水分离的现象。液化区往往出现在爆破漏斗周围的一定范围，地面发生凹陷，并有小水柱喷出，随后喷水孔周围形成沙丘，地面出现裂隙。爆炸液化使土体强度严重降低，受到液化的地基，原有的物理力学性质发生改变，直接影响到地基承载能力。

《爆破安全规程》规定，在饱和砂（土）地基附近进行爆破作业时，应该邀请专家评估爆破引起地基振动液化的可能性和危害程度，提出预防土层受爆破振动压密、孔隙水压力骤升的措施，评估土体由固态变至流态“液化”引起的建筑物地基失稳与损害。

对于路基爆破等工程项目，为防止出现爆破振动液化，实施爆破前，应查明可能产生液化土层的分布范围，并采取相应的处理措施，如增加土体相对密度，降低浸润线，加强排水，减小饱和程度；控制爆破规模，降低爆破振动强度，提高振动频率、缩短振动持续时间等。

7.4.2 爆破区域周围环境的宏观调查

《爆破安全规程》规定：爆破设计前，设计单位应按设计需要提出勘测任务书。勘测任务书内容应当包括：

（1）爆破对象的形态，包括爆区地形图，建（构）筑物的设计文件、图纸及现场实测、复核资料；

（2）爆破对象的结构与性质，包括爆区地质图，建（构）筑物配筋图；

（3）影响爆破效果的爆体缺陷，包括大型地质构造和建（构）筑物受损状况；

（4）爆破有害效应影响区域内保护物的分布图。

这种勘测调查，对保障和评估爆破安全也有十分重要的意义。

爆破安全规程还规定，爆后检查的内容应包括：

（1）确认有无盲炮。其特征是：爆破效果与设计有较大差异；爆堆形态和设计有较大的差别；现场发现残药和导爆索残段；爆堆中留有岩坎陡壁等。

（2）露天爆破爆堆是否稳定，有无危坡、危石、危墙、危房及未炸倒建（构）筑物；

（3）地下爆破有无瓦斯及地下水突出、有无冒顶、危岩，支撑是否破坏，有害气体是否排除；

（4）在爆破警戒区内公用设施及重点保护建（构）筑物安全情况。

检查人员发现盲炮及其他不安全因素，应及时上报或处理；处理前应在现场设立危险标志，并采取相应的安全措施，无关人员不应接近。

因此，对爆破环境调查要立足于爆前、爆后状态的对比，对爆后安全检查的重点对象、重点部位在爆前就应调查，必要时设置观测点，以便爆后检查对比，调查应有文字记录，必要时辅以照相、录像。调查资料应建立档案，以便进行爆破安全分析、责任界定和工程总结。

7.4.3 爆破对周围建筑物安全影响细观调查

对于多数爆破工程，人们更为关注的是对周围建（构）筑物的安全影响，为了做好爆破前后对周围建（构）筑物的安全调查，了解爆破地震动作用下一般建筑物的破坏特征，对可能发生的建（构）筑物震害调研和评估时还是有用的。

对砖混结构房屋，针对爆破地震的震害调查首先要注意下列部位：纵横墙体及其连贯处；山墙以及房屋的其他附属物。墙体的破坏主要表现为墙面出现水平裂缝、斜裂缝、交叉裂缝和竖向裂缝。严重的也可能出现歪斜以致倒塌等现象，水平裂缝常见于窗口上下截面及楼（屋）盖水平位置处发生，由于墙角和纵横墙连接处受力比较复杂，容易产生应力集中现象，容易产生斜裂缝和竖向裂缝。房屋中的附属结构，如高出屋面的砖烟囱、女儿墙、附墙烟囱等以及山墙，由于与房屋的整体连接差，受力条件不利，容易遭受破坏，施工质量直接影响房屋的抗震能力，砂浆强度、灰缝饱满程度、纵横墙体间及其他构件间的连接质量，都明显地影响房屋的抗震能力。砖混结构房屋其他部位的破坏常见有：由于伸缩缝过窄，在振动作用下两侧墙体发生碰撞而造成破坏；油毡防潮层处，由于爆破地震力的作用发生错动而出现水平裂缝；门窗过梁两端墙体常产生倒八字裂缝或水平和竖向裂缝。

对于单层厂房，爆破地震的震害调查，应首先注意纵墙、砖垛、山墙有无水平裂缝，斜裂缝或交叉裂缝，屋架支座处砖柱（墙）有无局部破坏。对钢筋混凝土框架和框架-剪力墙结构，应将震害调查的注意点放在砖砌填充墙上，端墙、窗间墙及门窗洞口边角部分是首先可能产生裂缝的部位。框架的变形为剪切型，下部层间变形最大，故填充墙在中下部几层最易遭受破坏；框架-剪力墙结构的变形接近弯曲型，上部变形大，故填充墙上部几层易遭受破坏。在爆破地震力的作用下砖烟囱就受力性质来说，可以归结为剪切应力、竖向应力和弯曲应力的作用，因此针对爆破地震的震害调查，应注意观察有无水平裂缝，其次是斜裂缝、X 形缝、竖缝和有无扭转变形，砖烟囱的破坏形式与地基场地的好坏也有密切的关系。

7.4.4 爆破有害效应监测

《爆破安全规程》规定：D 级以上爆破工程以及可能引起纠纷的爆破工程，均应进行爆破效应监测。监测项目由设计和安全评估单位提出，监理单位监督实施。监测项目应涉及：爆破振动、空气或水中冲击波、动水压力、涌浪、爆破噪声、飞散物、有害气体、瓦斯以及可能引起次生灾害的危险源。

爆破有害效应的监测，一般有以下两种类型：一是对爆破可能引起损伤的重点防护对象在爆破施工作业中进行全过程监测，监测数据是评价防护对象安全状况的重要依据。对这样的监测项目，应在每次爆破后及时提交监测简报，用以评估防护对象的安全状况和指导爆破施工。另一类是针对重大爆破工程在现场条件下进行的小型实爆试验，所安排的监测项目和取得的监测数据用以指导爆破设计方案和参数选择，也是对设计进行安全评估的重要依据。爆破有害效应监测，都应及时提出监测报告，监测报告内容应包括：监测目的和方法，测点布置、测试系统的标定结果、实测波形图及其处理方法、各种实测数据、判定标准和判定结论。

爆破设计、施工单位为了完善设计，指导安全施工，可以自行组织爆破效应监测；但承担仲裁职责的监测单位，不应由爆破设计、施工单位承担，应经有关部门认定。所使用的测试系统应满足国家计量法规的要求，应经室内动态标定，并有良好的频响特性和线性范围，数据误差符合工程要求。

7.4.5 爆破安全分析和总结

在每一个爆破工程完成后，应通过爆后检查和有害效应监测，认真分析爆破区域周围环境与建（构）筑物、设施的安全情况，在爆破效果与安全记录表中登记。重要的安全评估项目和安全事故，应提交专题安全分析报告。安全分析应包括下列内容：

（1）分析施工中的不安全因素或隐患，提出改进意见；

（2）对照监测报告和爆后安全调查，分析各种有害效应的危害程度及保护物的安全状况；

（3）如实反映出现的事故、处理方法及处理结果；

（4）安全工作的经验和教训。

《爆破安全规程》规定：爆破作业单位应在一项爆破工程结束或告一段落时，进行爆破总结。爆破总结应包括：

（1）设计方案和爆破参数的评述，提出改进设计的意见；

（2）施工概况、爆破效果及安全分析，论述施工中的不安全因素、隐患以及防范办法；

（3）安全评估及安全监理的作用；

（4）经验和教训，提出类似爆破工程设计与施工的加建议。

本 章 小 结

爆破质量的控制和爆破危害的控制是爆破工程的两个必要前提条件，它们互为因果，缺一不可。本着“安全第一，预防为主”的方针，爆破安全技术应贯穿在整个爆破活动中。爆破对环境危害主要有地震、冲击波、个别飞石、有害气体、粉尘、噪声等，还有早爆、拒爆事故。原则上讲爆破工程中都应对其严加控制，但实际上在不同环境条件下，各种有害效应控制都有所侧重。系统学习本章内容对爆破安全有重要指导意义，在工程实践中还要参考其他参考书、资料和法规不断完善。

要求掌握爆破地震强度和安全距离的计算、爆炸冲击波安全距离的计算；了解爆破粉尘产生与预防的技术；掌握早爆、拒爆事故预防与处理是爆破安全工程的专业标配技能。

知识点：爆破地震的安全距离、最大一段起爆药量、爆破振动安全允许标准、爆破飞石、早爆、拒爆、盲炮。

重点：爆破地震强度的监测与衰减规律的计算，工程地质对爆破工程的影响，爆破对地质环境的影响。

难点：爆破地震强度的监测与衰减规律的计算。

习　题

（1）爆破对环境的危害因素有哪几方面？

（2）试述爆破地震效应的影响因素和降震措施。

（3）一小型石灰石采场一次起爆 2t 乳化炸药，最大一段起爆药量为 230kg，请计算在矿区边界 200m 处的爆破振动速度是多少？

（4）一公路隧道掘进工程要穿越一花岗岩山体，有一古庙在隧道右上方位，隧道掘进中距其最近时水平距离为 120m，垂直高差 80m，请问隧道掘进到此处的最大段控制药量是多少？

（5）如果上题（4）中考虑高程对振动的影响，应该怎么计算和分析？（此为拓展题）

（6）试述爆破飞石产生的原因。

（7）几种常见爆破飞散物对人员的安全距离是多少？

（8）简述防止炮烟中毒的主要措施。

（9）简述早爆事故的原因。

（10）简述拒爆事故的原因。

（11）爆炸作业引起瓦斯、煤尘爆炸的主要原因是什么？

（12）爆破振动与天然地震有何异同？

（13）请论证爆破工程与地质环境的辩证关系。

8 爆破安全管理

扫一扫，课件
及习题答案

爆破工程是高风险行业，其一旦发生失控就会给个人、企业和社会带来重大危害和不良影响。在当今工程爆破形式下，矿山类生产能力的加大带来了一次爆破工程量的倍增，城镇控制爆破环境越来越复杂导致爆破风险增加，爆破技术所涉及领域的扩展——如爆炸加工与材料复合技术的兴起，环境保护意识的强化，以及国际化安全管理的对接等，都需要更严格的爆破安全管理模式为工程爆破保驾护航。我国多年来已建设完善了有关爆破器材生产与流通、爆破工程和爆破企业分级、爆破工程审批与监理、以及爆破安全应急与处置等方面一整套科学管理体系。并在逐步吸收运用现代化信息技术开展立体化、智能化和实时监控技术平台建设，不断完善和加强爆破工程安全的管理。

8.1 爆破工程项目安全管理

8.1.1 爆破工程项目分级管理

爆破工程按工程类别、一次爆破总药量、爆破环境复杂程度和爆破物特征，分 A、B、C、D 四个级别，实行分级管理。工程分级列于表 8-1。

表 8-1 爆破工程分级

作业范围	分级计量标准	级别			
		A	B	C	D
岩土爆破①	一次爆破药量 Q/t	$100\leqslant Q$	$10\leqslant Q<100$	$0.5\leqslant Q<10$	$Q<0.5$
拆除爆破	高度 H②/m	$50\leqslant H$	$30\leqslant H<50$	$20\leqslant H<30$	$H<20$
	一次爆破药量 Q/t③	$0.5\leqslant Q$	$0.2\leqslant Q<0.5$	$0.05\leqslant Q<0.2$	$Q<0.05$
特种爆破④	单张复合板使用药量 Q/t	$0.4\leqslant Q$	$0.2\leqslant Q<0.4$	$Q<0.2$	

① 表中药量对应的级别指露天深孔爆破。其他岩土爆破相应级别对应的药量系数：地下爆破 0.5；复杂环境深孔爆破 0.25；露天硐室爆破 5.0；地下硐室爆破 2.0；水下钻孔爆破 0.1，水下炸礁及清淤、挤淤爆破 0.2。

② 表中高度对应的级别指楼房、厂房及水塔的拆除爆破；烟囱和冷却塔拆除爆破相应级别对应的高度系数为 2 和 1.5。

③ 拆除爆破按一次爆破药量进行分级的工程类别包括：桥梁、支撑、基础、地坪、单体结构等；城镇浅孔爆破也按此标准分级；围堰拆除爆破相应级别对应的药量系数为 20。

④ 其他特种爆破都按 D 级进行分级管理。

（1）B、C、D 级一般岩土爆破工程，爆区 1000m 范围内有国家一、二级文物或特别重要的建（构）筑物、设施，爆区 500m 范围内有国家三级文物、风景名胜区、重要的建（构）筑物、设施，爆区 300m 范围内有省级文物、医院、学校、居民楼、办公楼等重要保护对象时应相应提高一个工程级别。

（2）B、C、D 级拆除爆破及城镇浅孔爆破工程，距爆破拆除物或爆区 5m 范围内有相邻建（构）筑物或需重点保护的地表、地下管线，爆破拆除物倒塌方向安全长度不够，需用折叠爆破时，爆破拆除物或爆区处于闹市区、风景名胜区时，应相应提高一个工程级别。

（3）矿山内部且对外部环境无安全危害的爆破工程不实行分级管理。

8.1.2 爆破工程设计

8.1.2.1 设计依据

爆破工程设计依据主要有爆破安全规程、相关行业规范、地方法规；现场勘测任务书以及踏勘后形成的报告书、试验工程总结报告，类似工程总结报告、现场试验、检测报告等。

8.1.2.2 设计文件

爆破工程均应编制爆破技术设计文件，矿山深孔爆破和其他重复性爆破设计，允许采用标准技术设计；爆破实施后应根据爆破效果对爆破技术设计做出评估，构成完整的工程设计文件；爆破技术设计、标准技术设计以及设计修改补充文件，均应签字齐全并编录存档。

8.1.2.3 设计内容

爆破技术设计包括爆破工程概况，即爆破对象、爆破环境概述及相关图纸，爆破工程的质量、工期、安全要求；爆破技术方案，即方案比较、选定方案的钻爆参数及相关图纸；起爆网路设计及起爆网路图；安全设计及防护、警戒图。

进行爆破技术设计的单位应有相应的资质，承担设计和安全评估的主要爆破工程技术人员的资格及数量符合规定；设计文件通过安全评估或设计审查认为爆破设计在技术上可行、安全上可靠。另外，针对复杂环境爆破技术设计应制定应对复杂环境的方法、措施及应急预案。

8.1.2.4 施工组织设计

施工组织设计由施工单位依据爆破技术设计、招标文件、施工单位现场调查报告、业主委托书、招标答疑文件等进行编制编写，编写负责人所持爆破工程技术人员安全作业证的等级和作业范围应与施工工程相符合。

爆破工程施工组织设计的主要内容有施工组织机构及职责，施工准备工作及施工平面布置图，施工人、材、机的安排及安全、进度、质量保证措施，爆破器材管理、使用安全保障、文明施工、环境保护、预防事故的措施及应急预案。

设计施工由同一爆破作业单位承担的爆破工程，允许将施工组织设计与爆破技术设计合并。

8.1.3 爆破工程安全评估

需经公安机关审批的爆破作业项目，提交申请前，均应进行安全评估。

爆破安全评估的依据有国家、地方及行业相关法规和设计标准；安全评估单位与委托单位签订的安全评估合同；设计文件及设计施工单位主要人员资格材料；安全评估人员现场踏勘收集的资料。

爆破安全评估的内容应包括：爆破作业单位的资质是否符合规定；爆破作业项目的等级是否符合规定；设计所依据的资料是否完整；设计方法、设计参数是否合理；起爆网路是否可靠；设计选择方案是否可行；存在的有害效应及可能影响的范围是否全面；保证工程环境安全的措施是否可行；制定的应急预案是否适当。爆破安全评估报告内容应该翔实，结论应当明确。

其中，A、B 级爆破工程的安全评估应至少有 3 名具有相应作业级别和作业范围的持证爆破工程技术人员参加；环境十分复杂的重大爆破工程应邀请专家咨询，并在专家组咨询意见的基础上，编写爆破安全评估报告。

安全评估通过的爆破设计，施工时不得任意更改，否定的爆破技术设计文件，应重新编写，重新评估。

8.1.4 爆破工程安全监理

经公安机关审批的爆破作业项目，实施爆破作业时，应进行安全监理。爆破安全监理的主要内容有爆破作业单位是否按照设计方案施工；爆破有害效应是否控制在设计范围内；审验爆破作业人员的资格，制止无资格人员从事爆破作业；监督民用爆炸物品领取、清退制度的落实情况；监督爆破作业单位遵守国家有关标准和规范的落实情况，发现违章指挥和违章作业，有权停止其爆破作业，并向委托单位和公安机关报告。

爆破安全监理单位应在详细了解安全技术规定、应急预案后认真编制监理规划和实施细则，并制定监理人员岗位职责。爆破安全监理人员应在爆破器材领用、清退、爆破作业、爆后安全检查及盲炮处理的各环节上实行旁站监理，并做出监理记录。每次爆破的技术设计均应经监理机构签认后，再组织实施。爆破工作的组织实施应与监理签认的爆破技术设计相一致。爆破安全监理单位应定期向委托单位提交安全监理报告，工程结束时提交安全监理总结和相关监理资料。

施工过程中若出现爆破作业严重违规经制止无效或施工中出现重大安全隐患，须停止爆破作业以消除隐患时，监理机构应当签发爆破作业暂停令。

8.2 爆破器材安全管理

8.2.1 爆破器材运输管理

爆破器材办理审批手续持证购买后，应按照指定线路运输。爆破器材运达目的地后，收货单位应指派专人领取，认真检查爆破器材的包装、数量和质量，如果包装破损，数量与质量不符，应立即报告有关部门，并在有关代表参加下编制报告书，分送有关部门。

装卸爆破器材，应认真检查运输工具的完好状况，清除运输工具内一切杂物；有专人在场监督；设置警卫，无关人员不允许在场；遇暴风雨或雷雨时，不应装卸爆破器材；装卸爆破器材的地点白天应悬挂红旗和警标，夜晚应有足够的照明并悬挂红灯；装卸时应轻拿轻放，码平、卡牢、捆紧，不得摩擦、撞击、抛掷、翻滚；分层装载爆破器材时，不应脚踩下层箱（袋）。

运输线路分公路、水路、铁路、航空和往爆破作业点运输。

8.2.1.1 公路运输

用汽车运输爆破器材，出车前，车库主任（或队长）应认真检查车辆状况，并在出车单上注明“该车经检查合格，准许运输爆破器材”；运输车辆应由熟悉爆破器材性能，具有安全驾驶经验的司机驾驶；在平坦道路上行驶时，前后两部汽车距离不应小于50m，上山或下山不小于300m；遇有雷雨时，车辆应停在远离建筑物的空旷地方；在雨天或冰雪路面上行驶时，应采取防滑安全措施；车上应配备消防器材，并按规定配挂明显的危险标识；在高速公路上运输爆破器材，应按国家有关规定执行。公路运输爆破器材途中应避免停留住宿，禁止在居民点、行人稠密的闹市区、名胜古迹、风景游览区、重要建筑设施等附近停留。

8.2.1.2 水路运输

水路运输爆破器材，不应用筏类工具运输爆破器材；运输船上配备消防器材；船头和船尾设“危险”警示标识，夜间及雾天设警示灯；停泊地点距岸上建筑物不小于250m。装爆破器材的船舱不应有电源；底板和舱壁应无缝隙，舱口应关严；与机舱相邻的船舱隔墙，应采取隔热措施；对邻近的蒸汽管路进行可靠的隔热。

8.2.1.3 铁路运输

铁路运输爆破器材首先需执行铁道部门有关规定，另外还需做到装有爆破器材的车厢不应溜放；装有爆破器材的车辆，应专线停放，与其他线路隔开；通往该线路的转辙器应锁住，车辆应锲牢，其前后50m处应设“危险”警示标识；机车停放位置与最近的爆破器材库房的距离，不应小于50m；装有爆破器材的车厢与机车之间，炸药车厢与起爆器材车厢之间，应用一节以上未装有爆破器材的车厢隔开；车辆运行的速度，在矿区内不应超过30km/h、厂区内不超过15km/h、库区内不超过10km/h。

8.2.1.4 航空运输

用飞机运输爆破器材，应严格遵守国际民航组织理事会和我国航空运输危险品的有关规定。

8.2.1.5 往爆破作业点运输

在竖井、斜井运输爆破器材，应事先通知卷扬司机和信号工；在上下班或人员集中的时间内，不应运输爆破器材；除爆破人员和信号工外，其他人员不应与爆破器材同罐乘坐；运送硝化甘油类炸药或雷管时，罐笼内只准放1层爆破器材料箱，不得滑动；运送其他类炸药时，炸药箱堆放的高度不得超过罐笼高度的2/3；用罐笼运输硝化甘油类炸药或雷管时，升降速度不应超过2m/s；用吊桶或斜坡卷扬设备运输爆破器材时，速度不应超过1m/s；运输电雷管时应采取绝缘措施；爆破器材不应在井口房或井底车场停留。

用矿用机车运输爆破器材时，应在列车前后设“危险”警示标识；采用封闭型的专用车厢，车内应铺软垫，运行速度不超过2m/s；在装爆破器材的车厢与机车之间，以及装炸药的车厢与装起爆器材的车厢之间，应用空车厢隔开；运输电雷管时，应采取可靠的绝缘措施；用架线式电力机车运输爆破器材，在装卸时机车应断电。

在斜坡道上用汽车运输爆破器材时，行驶速度不超过10km/h；不应在上下班或人员集中时运输；车头、车尾应分别安装特制的蓄电池红灯作为危险标识。

用人工搬运爆破器材时，在夜间或井下，应随身携带完好的矿用灯具；不应一人同时携带雷管和炸药；雷管和炸药应分别放在专用背包（木箱）内，不应放在衣袋里；领到爆破器材后，应直接送到爆破地点，不应乱丢乱放；不应提前班次领取爆破器材，不应携带爆破器材在人群聚集的地方停留；一人一次运送的爆破器材数量不超过：雷管，1000 发；拆箱（袋）搬运炸药，20kg；背运原包装炸药 1 箱（袋）；挑运原包装炸药 2 箱（袋）。

用手推车运输爆破器材时，载重量不应超过 300kg，运输过程中应防止碰撞并采取防滑、防摩擦产生火花等安全措施。

8.2.2 爆破器材贮存管理

爆破器材应贮存在爆破器材库内，总库的总容量炸药为本单位半年用量；起爆器材为本单位年用量，任何个人不得非法贮存爆破器材。爆破器材单一品种专库存放，如雷管类起爆器材、黑火药、硝酸铵等；若受条件限制，同库存需放不同品种的爆破器材，如炸药类、射孔弹类和导爆索、导爆管可以同库混存，但单库允许的最大存药量应符合相应的规定。

8.2.2.1 可移动式爆破器材仓库管理

可移动爆破器材仓库的选址、外部距离、总平面布置按 GB 50089 和 GA 838 的相关规定执行，其结构应经国家有关主管部门鉴定验收。

8.2.2.2 地下矿山的井下爆破器材库与发放站管理

井下只准建分库，库容量不应超过炸药 3 天的生产用量；起爆器材 10 天的生产用量。井下爆破器材库不应设在含水层或岩体破碎带内；应设有独立的回风道；距井筒、井底车场和主要巷道的距离：硐室式库不小于 100m，壁槽式库不小于 60m；距行人巷道的距离：硐室式库不小于 25m，壁槽式库不小于 20m；距地面或上下巷道的距离：硐室式库不小于 30m，壁槽式库不小于 15m；应设防爆门，防爆门在发生意外爆炸事故时应可自动关闭，且能限制大量爆炸气体外溢；除设专门贮存爆破器材的硐室和壁槽外，还应设联通硐室或壁槽的巷道和若干辅助硐室；贮存雷管和硝化甘油类炸药的硐室或壁槽，应设金属丝网门；贮存爆破器材的各硐室、壁槽的间距应大于殉爆安全距离。

井下爆破器材库和距库房 15m 以内的联通巷道，需要用不燃材料支护；库内应备有足够数量的消防器材。有瓦斯煤尘爆炸危险的井下爆破器材库附近，应设置岩粉棚，并应定期更换岩粉。在多水平开采的矿井，爆破器材库距工作面超过 2.5km 或井下不设爆破器材库时，允许在各水平设置发放站。

井下爆破器材发放站存放的炸药不应超过 0.5t，雷管不应超过 1000 发；炸药与雷管应分开存放，并用砖或混凝土墙隔开，墙的厚度不小于 0.25m；不应设爆破器材检验与销毁场；不应在井下爆破器材库房对应的地表修筑永久性建筑物，也不应在距库房 30m 范围内掘进巷道。

井下爆破器材库应安装专线电话并装备报警器。应采用防爆型或矿用密闭型电气设备，电线应采用铜芯铠装电缆；照明线路的电压不应大于 36V；贮存爆破器材的硐室或壁槽，不安装灯具；电源开关或熔断器，应设在铁制的配电箱内，该箱应设在辅助硐室里；爆破器材库和发放站的移动式照明，应使用防爆型移动灯具和防爆手电筒。

8.2.3 爆破器材的收发、检验管理

8.2.3.1 爆破器材的收发

新购进的爆破器材，应逐个检查包装情况，并按规定作性能检测；应建立爆破器材收发账、领取和清退制度，定期核对账目，应做到账物相符；变质的、过期的和性能不详的爆破器材，不应发放使用；爆破器材应按出厂时间和有效期的先后顺序发放使用；库房内不准许拆箱（袋）发放爆破器材，只准许整箱（袋）搬出后发放；爆破器材的发放应在单独的发放间（发放硐室）里进行，不应在库房硐室或壁槽内发放；退库的爆破器材应单独建账、单独存放。

8.2.3.2 爆破器材的检验

各类爆破器材的检验项目，应按照产品的技术条件和性能标准确定；检验方法应严格执行相应的国家标准或行业标准；在爆破器材性能试验场进行性能试验时，应遵守GB 50089的有关规定。爆破器材的外观检验应由保管员负责定期抽样检查。爆破器材的爆炸性能检验，由爆破工程技术人员负责。对新入库的爆破器材，应抽样进行性能检验；有效期内的爆破器材，应定期进行主要性能检验。

8.3 爆破事故调查与处理

在爆破安全管理工作中，对已发生的事故进行调查处理是极其重要的一环。爆破是高危行业，涉及高危险性的爆破器材以及极端复杂的施工环境，根据事故的特性，人类在进行与爆破相关活动的过程中，事故是不可避免，但可以通过事故预防等手段减少其发生的概率或控制其产生的后果。事故调查是确认事故经过，查找事故原因的过程，是爆破安全管理工作的一项关键内容，是制定最佳的事故预防对策的前提。

8.3.1 爆破事故调查的目的

爆破事故的发生有其偶然性，也有必然性。爆破生产中第一类危险源（拥有能量或者能够释放能量的物质）的存在是事故发生的前提条件，如偶遇第二类危险源（导致第一类危险源的约束失效的措施），则爆破事故必然发生。因此，爆破事故调查的目的就是要查清事故发生的经过，科学分析事故原因，找出发生事故的内外关系，总结事故发生的教训和规律，提出有针对性的措施，防止类似事故的再次发生；同时，爆破事故调查结果也可为企业安全工作决策及法事部门执法提供依据。

8.3.2 爆破事故调查的原则

爆破事故调查应坚持尊重科学、实事求是、及时准确地查清事故经过、事故原因、事故性质、损失和责任，认真总结事故教训，提出整改措施。为此，爆破事故调查应遵循的基本原则是：

（1）及时性。事故发生时，要立即报告企业领导和行业主管部门、当地政府有关安全、公安等部门。有关部门接到报告后应及时赶赴现场，抓紧时机组织救援，及时进行调

查和现场勘察工作。趁现场痕迹清晰明显，群众记忆清楚之际，获取有重要价值的物证和人证。同时，严防事故灾情、险情扩大发展，增加事故抢救难度和扩大事故损失。否则，重要的人证、物证、痕迹将会随着时间的延长和环境的影响而变化，甚至毁坏和消失。

（2）计划性。爆破事故调查人员抵达事故现场后，要按调查计划有序进行工作，切忌忙乱。首先要保护好事故现场，确定警戒界线，针对具体事故现场情况，制订相应的调查工作计划，进行营救、排险和由外及内对爆破事故现场范围、爆心、人员伤亡、爆破残留物、抛出物、人证等进行勘察、记录取证，按计划认真进行事故调查工作。

（3）全面性。严格遵循科学的事故调查计划程序，全面严密现场勘察、调查访问、记录一切爆破物证痕迹、人证材料，力争不漏掉一丝事故现场信息。真正做到全面掌握事故现场资料，并将其各个环节有机地结合起来，全面辩证地分析事故原因，全面总结事故调查的实践经验，将事故调查清楚。

（4）客观性。客观性是事故调查工作的首要准则。事故调查要尊重科学，实事求是，要全面、公正、客观、认真地进行调查工作，一切以事实资料证据为依据，科学地分析、判断事故的性质和原因，对某些物证应进行检验、技术鉴定、模拟实验及逻辑推理，并将事故调查的各个环节有机地结合起来，从而科学地辨析爆破事故的潜在影响因素与调查证据的逻辑辩证关系，以寻求正确、合理的事故性质和原因，得出客观、公正、符合实际的爆破事故结论。只有这样，才能保证爆破事故调查、分析、结论的正确性；保证企业制定整改措施或政府有关部门进行安全决策的可行性；保证预防、控制类似事故再发生；杜绝爆破事故调查中的某些主观臆断或牵强附会的自然致因（雨水、塌方、瓦斯突出、地下气体、电器老化、老鼠……）。

8.3.3 爆破事故调查的对象

从理论上讲，所有事故包括无伤害事故和未遂事故都在调查范围之内。但是由于各方面条件的限制，特别是经济条件的限制，达到这一目标几乎是不可能的。因此，要进行爆破事故调查并达到我们的最终目的，选择合适的事故调查对象是相当重要的。一般下列爆破事故应纳入调查对象的范畴。

8.3.3.1 重特大爆破事故

所有重特大事故都应进行事故调查，这既是法律的规定，也是事故调查的主要目的所在。因为如果这类事故再发生，其损失及影响都是难以承受的。重特大事故不仅包括损失大、伤亡多、环境污染严重的事故，也包括那些在社会上乃至国际上造成重大影响的事故。

8.3.3.2 伤害轻微但发生频繁的事故

这类事故伤害虽不严重，但由于事故发生频繁，对劳动生产率会有较大影响，而且突然频繁发生的事故，表明企业在爆破技术上或爆破安全管理机制方面均存在问题，如不及时采取措施，累计事故损失也会较大。所以对其进行事故调查是解决此类问题的最好办法。

8.3.3.3 高危险工作环境的事故

高危险工作环境系易燃易爆场所、有毒有害物生产场所、矿业或高空作业场所等。由于高危险环境中，极易发生重大伤亡事故，造成较大损失，如哈尔滨亚麻厂粉尘爆炸事件、阜新煤矿瓦斯爆炸事件、苏州铝粉爆炸事件等。因而在这类环境中发生的事故，即使后果很轻微，也值得深入调查。只有这样才能发现潜在的事故隐患，防止重大事故的发生。

8.3.3.4 可能因管理缺陷引发的事故

如前所述，爆破安全管理系统缺陷的存在不仅会引发爆破事故，而且也会影响工作效率，进而影响经济效益。因此，及时调查这类事故，既可防止事故的再发生，也可提高企业的经济效益，一举两得。

8.3.3.5 未遂事故或无伤害事故

未遂事故是指没有造成人员伤亡或财产损失的事故，亦称险肇事故。尽管有些未遂事故或无伤害事故未造成严重后果，甚至几乎没有财产损失，但如果其有可能引起严重后果，也是事故调查的主要对象，如爆破生产中盲炮的调查与处理。判定该事故是否有可能造成重大损失，则需要爆破工程技术人员和爆破安全管理人员的技能与经验。

8.3.4 爆破事故调查组织与组织架构

8.3.4.1 事故分类

根据生产安全事故（以下简称事故）造成的人员伤亡或者直接经济损失，事故一般分为四个等级：

（1）特别重大事故，指造成30人以上死亡，或者100人以上重伤（包括急性工业中毒，下同），或者1亿元以上直接经济损失的事故；

（2）重大事故，指造成10人以上30人以下死亡，或者50人以上100人以下重伤，或者5000万元以上1亿元以下直接经济损失的事故；

（3）较大事故，指造成3人以上10人以下死亡，或者10人以上50人以下重伤，或者1000万元以上5000万元以下直接经济损失的事故；

（4）一般事故，指造成3人以下死亡，或者10人以下重伤，或者1000万元以下直接经济损失的事故。有关数量表述中，“以上”包含本数，“以下”不包含。

8.3.4.2 事故调查主责单位

特别重大事故由国务院或者国务院授权有关部门组织事故调查组进行调查。重大事故、较大事故、一般事故分别由事故发生地省级人民政府、设区的市级人民政府、县级人民政府负责调查。省级人民政府、设区的市级人民政府、县级人民政府可以直接组织事故调查组进行调查，也可以授权或者委托有关部门组织事故调查组进行调查。未造成人员伤亡的一般事故，县级人民政府也可以委托事故发生单位组织事故调查组进行调查。上级人民政府认为必要时，可以调查由下级人民政府负责调查的事故。

自事故发生之日起30日内，因事故伤亡人数变化导致事故等级发生变化，应当由上级人民政府负责调查的，上级人民政府可以另行组织事故调查组进行调查。特别重大事故以下等级事故，事故发生地与事故发生单位不在同一个县级以上行政区域的，由事故发生地人民政府负责调查，事故发生单位所在地人民政府应当派人参加。

8.3.4.3 事故调查组职责与权力

事故调查组由有关人民政府、安全生产监督管理部门、负有安全生产监督管理职责的有关部门、监察机关、公安机关以及工会派人组成，并应当邀请人民检察院派人参加。也可以聘请有关专家参与调查。事故调查组成员应当具有事故调查所需要的知识和专长，并与所调查的事故没有直接利害关系。事故调查组组长由负责事故调查的人民政府指定。事故调查组组长主持事故调查组的工作。

事故调查组应履行的职责有：查明事故发生的经过、原因、人员伤亡情况及直接经济损失；认定事故的性质和事故责任；提出对事故责任者的处理建议；总结事故教训，提出防范和整改措施；提交事故调查报告。

事故调查组有权向有关单位和个人了解与事故有关的情况，并要求其提供相关文件、资料，有关单位和个人不得拒绝。事故发生单位的负责人和有关人员在事故调查期间不得擅离职守，并应当随时接受事故调查组的询问，如实提供有关情况。事故调查中发现涉嫌犯罪的，事故调查组应当及时将有关材料或者其复印件移交司法机关处理。事故调查中需要进行技术鉴定的，事故调查组应当委托具有国家规定资质的单位进行技术鉴定。必要时，事故调查组可以直接组织专家进行技术鉴定。事故调查组成员在事故调查工作中应当诚信公正、恪尽职守，遵守事故调查组的纪律，保守事故调查的秘密。

8.3.4.4 爆破事故调查工作组织架构

一旦发生事故，要及时设立事故处理组织机构，即刻抓好事故紧急抢险和救援工作，迅速救助伤员，遏制事故蔓延，防止事故扩大，减轻事故灾害；然后针对爆破事故现场特性和《企业职工伤亡事故调查分析规划》标准要求，积极认真地开展事故调查工作。

爆破事故调查工作一般在领导小组下设立警戒组、救援组、综合组、核算组和后勤组。

警戒组负责维护划定的事故现场范围的秩序，禁止非现场勘察人员进入现场，保护现场物证、痕迹免受破坏。

救援组是应急救护事故受伤人员，排除可能继发火灾、爆炸、坍塌、有毒有害气体物质中毒等险情，防止事故蔓延扩大。对于确已死亡人员，应尽量保持其死后现场的位置、状态等。并且应及时从受伤人员中了解事故发生的现象和事故前的可疑迹象，以提供发生爆破事故原因的信息。

综合组由相关部门的专业技术人员组成，主要任务是爆破事故现场勘察、搜集、发现、查询物证和人证，并对其进行核实、鉴定与现场分析，确定爆破事故的原因、性质，以及事后深入综合分析，得出科学结论，撰写事故调查报告等。

核算组是根据《企业职工伤亡事故经济损失统计标准》，对企业职工在劳动生产过程中发生伤亡事故所引起的一切经济损失（即伤亡事故经济损失）进行计算，以核实某爆破事故给国家、企业及个人带来不同程度的经济损失。

后勤组主要负责事故调查组的后勤保障、鉴定试验器材和遇难家属的接待与安抚工作。工作原则是“统一政策，分散安排，分块负责，热情接待、耐心工作”。

一般爆破事故调查工作的程序如图 8-1 所示。

8.3.5 爆破事故调查的程序

8.3.5.1 爆破事故现场处理

爆破事故现场是事故发生以后保持其原始状态的地点。它包括事故波及的范围和与事

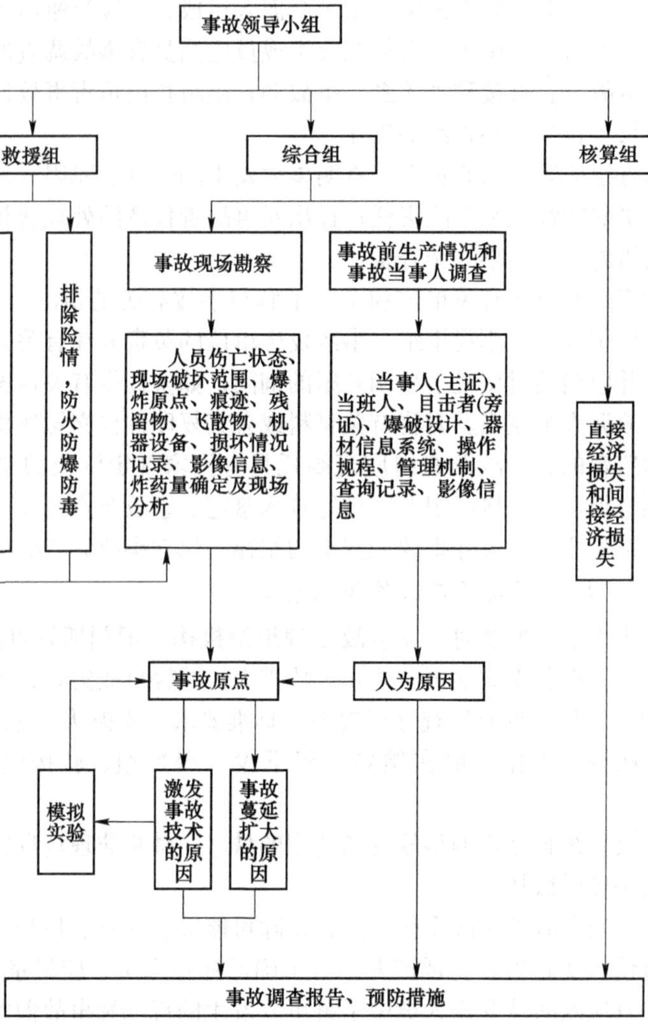

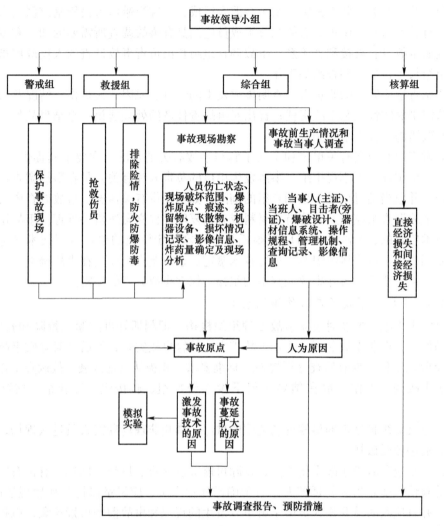

图 8-1　一般爆破事故调查组织架构图

故有关联的场所。只有当现场保留着事故以后的原始状态，现场勘察工作才有实际意义。实践证明，每个爆破事故现场都存在提供事故调查的线索及确定事故原因的证据，发现和提取确定爆破事故原因的痕迹和物证，以便正确地进行原因分析，这是勘察工作的关键所在。

爆破事故现场处理是事故调查的初期工作。对于事故调查人员来讲，针对爆破事故的性质不同和事故调查人员在事故调查中的角色差异，爆破事故现场处理工作亦有不同，但通常现场处理工作应该是调查人员携带必要的调查工具及装备，安全顺利地抵达事故现场，并保持与上级有关部门的及时联系与沟通；现场危险分析与现场保护，这是现场处理工作的中心环节。只有做出准确的分析与判断，才能防止进一步的伤害和破坏，同时做好现场保护工作，控制围观者。现场危险分析工作主要是观察现场全貌，分析事故危害性的大小，是否有进一步危害产生的可能性及可能的控制措施，计划调查工作的实施过程，确定行动程序，考虑与有关人员合作，指挥救援人员等；现场营救排险是指最先赶到事故现场的人员，主要工作是尽可能地营救幸存者和保护财产；并及时录照或绘制事故遇难者尸体方位、状态或最初看到的事故现场情景。同时，在现场危险分析的基础上，及时预防、控制可能产生的火灾、爆炸、坍塌、滑坡和有毒有害气体、物质的生成或释放与蔓延。

8.3.5.2 现场物证搜集

通过爆破事故现场勘查搜集物证是事故现场调查工作的中心环节。其主要目的是为了查明当事各方在事故之前和事发之时的情节、过程以及造成的后果。通过对现场痕迹、物证的收集与检验分析，可判断发生事故的主、客观原因，为正确处理事故提供客观依据。因而全面认真、细致地勘查现场是获取现场证据的关键。无论什么类型的爆破事故现场，勘查人员都要力争把现场的一切痕迹、物证甚至微量物证都要收集、记录下来，对变动的现场更要认真细致地勘查，弄清痕迹形成原因及与其他物证和痕迹的关系，去伪存真，以确定现场的本来面目。

8.3.5.3 爆破事故相关事实材料的搜集

与爆破事故的发生和发展起着主要作用的相关事实材料包括爆破设计、事故前生产进行情况、事故时爆破生产工艺过程，操作程序。机械设施、爆破器材情况、爆破安全生产管理机制及受害人和肇事者的技术与身体健康状况等。

8.3.5.4 证人材料搜集

所谓证人是指看到事故发生或事故发生后最快抵达事故现场，且具有调查者所需信息的人。从广义概念来讲，证人是指所有能为了解事故提供信息的人，甚至有些人不知道事故发生，却有有价值的信息。证人信息搜集的关键之处在于迅速果断，这样才能最大限度地保证信息的完整性。同时要注意人证询问技巧与人证的保护。

调查工作必须明确物证和人证材料之间的关系，物证是爆破事故现场中客观存在的，不以人的主观意识为转移的客观事实；人证材料却会受到提供材料人的认识能力和心理状态的影响，往往带有人的主观意识。但是，由于物证和人证材料必须是统一的，人证材料中的情况必须在爆破事故现场中有所反映，同时必须，而且只能用物证去核实人证材料的真伪。因此，爆破事故调查必须以客观事实为依据，坚持实事求是，重依据，重调查研究。

8.3.5.5 现场照相

现场照相或录像是收集物证的重要手段之一。其主要目的是通过拍照、录像手段提供事故现场的画面，包括部件、环境及能帮助发现事故原因的物证等，证实和记录人员伤害、财产损失和环境破坏的状况。特别是对于那些肉眼看不到的物证、当进行现场调查时很难注意到的细节或证据、某些容易随时间逝去的证据及现场工作中需移动位置的物证。如现场主要地段、遗留物体状态、特点、各种痕迹、血迹、脚印、撞击点、事故原点、移变位移等，用现场照相的手段更为重要。

一个事故在发生过程中，总要触及某些物品，侵害某些客体，并在绝大多数发生事故的现场遗留下某些痕迹和物证。在一些爆破事故现场中，当事人为逃避责任，会千方百计地破坏和伪造现场。无论是伪造还是没有伪造过的，现场上的一切现象是反映现场的实际。通过这些现象能辨别、判定事件的真伪，为研究分析爆破事故性质、事故进程、进行现场物证检验和技术鉴定提供资料，亦为法事审理提供证据。所以爆破事故现场照相和录像影视系统是现场勘查工作的重要组成部分和不可缺少的技术手段。

8.3.5.6 事故图

现场事故图亦是记录现场的一种重要手段。现场事故图是应用制图学的原理和方法，通过绘制比例图、示意图或投影图、立体图的方式，以几何图形来表示现场活动的空间形态，能比较直观、精确地反映现场重要物品的方位与比例关系。如现场位移图、现场全貌图、现场中心图、专项（专业）图。根据需要，也可以绘制分析图、结构图及地貌图。现场绘图、表格与现场笔录、现场影像系统各有自身特点，相辅相成，不能相互替代。

8.3.5.7 爆破事故现场分析

爆破事故现场分析亦称临场分析或现场讨论，是在现场实地勘验和现场访询结束后，由所有参加现场勘查的人员，全面汇总现场实地勘验和现场访询所得材料，在此基础上，对爆破事故的有关情况进行分析研究和确定对现场处置的一项活动，是现场处理结束后进行深入分析的基础。

8.3.6 爆破事故现场勘查的方法

一般爆破事故现场勘查的方法步骤为访问、概览、物证搜集与勘测、影视和计算等五种方法。针对爆破事故特点，一般爆破事故亦可采取简单、实用的现场综合勘察方法进行现场勘查。

如前所述，在爆破事故调查人员安全抵达事故现场，经过现场应急处理后，应即刻按照事故调查计划按序开展现场勘查工作。

8.3.6.1 爆破事故现场调查访问

爆破事故现场调查访问的任务是及时准确地搜集事故的事实材料，因此，调查对象的确定与访问内容、重点是其中心环节。调查人员赶到事故现场，要尽快确定事故目击者、知情者和有关人证。同时要认真地收集、询问有关信息：证人的姓名、职业、地址、联系电话等信息；在某些特殊情况下，也可采用广告、电视、报纸等形式征集有关爆破事故信息，获得证人的支持；发生事故的单位名称、时间、地址及事故发生原因、当时现场现象、详细过程；伤害人员的姓名、性别、年龄、文化程度、职业等自然与家庭情况；受害人和肇事者的自然情况、工作状况、操作程序及以往遵章守纪情况等；工作环境状况与个人防护措施情况；爆破设计、企业与个人资质资格条件、生产工艺过程、爆破信息管理系统和安全管理机制等。

8.3.6.2 爆破事故现场物证搜集与勘测

（1）现场概览勘查。现场概览勘查是爆破事故现场处理的一部分，一般现场勘查人员到达事故现场以后，应首先向事故报告人、发现人、事主、现场保护人员及发案单位负责人等了解爆破事故发生和发现经过的简况，然后进行现场概览勘查。概览勘查和临场访问也可同时进行。

现场概览勘查是在事故现场外围进行巡视观察与查询以了解爆破事故现场全貌概况的勘查。从而合理划定事故现场勘查范围和顺序、确定事故原点（爆炸中心）方位，预防、控制事故隐患及组织细目勘查工作。

（2）事故原点勘查。事故原点是构成事故的最初起点（爆炸中心点或第一起火点），即事故中具有因果联系和突变特征的各点中最具初始性的那个点。一次事故，事故原点只能有一个。

事故原点不是事故原因，但它们之间既有区别又有联系。事故原点是指时空上的具体位置，而事故原因是危险因素转化为事故的技术条件。它们的联系在于，事故原因或技术条件不是在别处发生，而正是也只能在事故原点产生，找不到事故原点，就不能正确地进行事故原因分析。

确定事故原点的方法有定义法、逻辑推理法和技术鉴定法。对于爆破事故可以从炸药爆炸承受面的爆炸痕迹特征、爆破飞散物分布情况、人员和设备受损伤部位等方面来进行概算或技术鉴定。一般根据炸药性质、药包形状及其放置方式（埋入、裸露、悬空）和作用介质性质的不同，炸药爆炸形成的事故原点（爆炸中心点）亦即炸点的痕迹几何形状（炸坑、炸洞、炸点、截断、塌陷、悬空）、大小（直径）、深浅、炸点痕迹特征、抛飞作用痕迹、烟痕和气味等也各不相同。

根据爆破或爆炸对岩石等坚硬介质作用的特点，一般在介质表面形成锥形（漏斗形）或炸洞形等炸点痕迹，如图 8-2 所示。

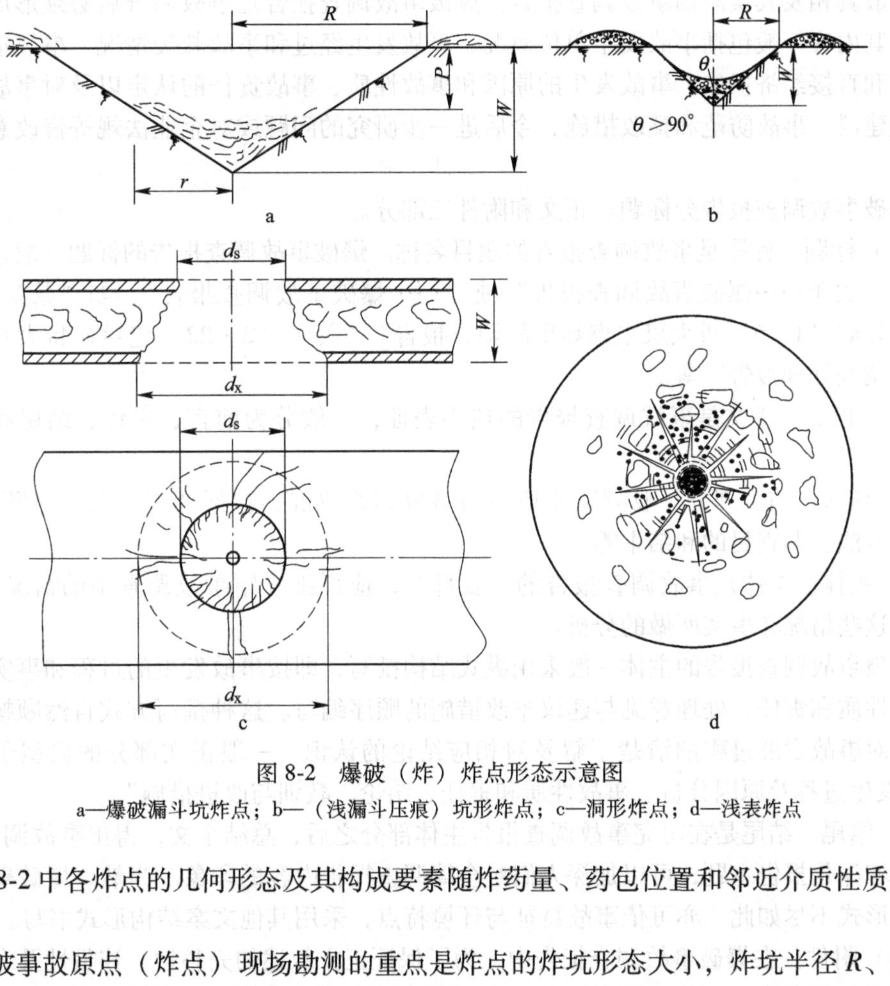

图 8-2 爆破（炸）炸点形态示意图

a—爆破漏斗坑炸点；b—（浅漏斗压痕）坑形炸点；c—洞形炸点；d—浅表炸点

图 8-2 中各炸点的几何形态及其构成要素随炸药量、药包位置和邻近介质性质变化而变化。

爆破事故原点（炸点）现场勘测的重点是炸点的炸坑形态大小，炸坑半径 R、炸坑深度 W、炸坑可见深度 P、压缩圈半径 r 及炸坑周围介质被破坏的状态、爆破（炸）残留物和飞散物的飞散范围、空气冲击波破坏范围（门窗玻璃、建筑物等损坏或人员伤亡）等，并对上述勘测内容认真地进行记录和照相、录像。

（3）物证收集。在事故原点勘测的同时，要及时应用照相、录像、文字记录和绘图等手段，将以下记录下来，以便进行分析论证：事故伤亡人员及其肢体残骸在现场的原始状态；爆炸残留物、飞散物的分布状况、方位、距离及设施破坏情况；事故发生时的天气操作位置与邻近环境和破坏范围状况；导致爆破事故发生有直接联系的事实等。

8.3.6.3　爆破事故深入分析

爆破事故现场分析是在现场勘察记录、照录像、实物、图纸和有关证据的基础上，通过爆破事故原点痕迹、爆破飞散物或爆破空气冲击波极限（安全）范围的爆破事故炸药量判定或核算，对爆破事故性质、原因和责任进行初步分析与认定，为事故总结报告奠定基础。

8.3.7　爆破事故调查报告

根据爆破事故调查掌握的实际材料进行分析总结，撰写内容翔实、科学、客观地反映爆破事故真相及其实质的事故调查报告。爆破事故调查报告是事故调查后必须形成的文字材料，其内容一般包括事故发生单位概况、事故发生经过和事故救援情况、事故造成的人员伤亡和直接经济损失、事故发生的原因和事故性质、事故责任的认定以及对事故责任者的处理建议、事故防范和整改措施、今后进一步研究的问题或对企业法规等修改意见、附件等。

爆破事故调查报告分标题、正文和附件三部分。

（1）标题。标题是事故调查报告的题目名称。爆破事故调查报告的标题一般采用公文式，即“关于……爆破事故调查报告”或“……爆破事故调查报告”，如“某某县乾安、刘家峁煤矿‘1·6’重大煤尘爆炸事故调查报告”“关于‘2·22’屯兰矿特大瓦斯爆炸事故的调查处理报告”等。

（2）正文。正文是事故调查报告的核心表征，一般分为前言、主体、结尾和附件四部分：

1）前言。前言部分一般应简要地写明事故调查概况，包括调查对象、问题、时间、地点、方法、调查目的和结果等。

2）主体。主体是事故调查报告的主要部分，应详细介绍事故调查中的情况和事实，以及对这些情况和事实所做的分析。

爆破事故调查报告的主体一般采用纵式结构撰写，即按事故发生的过程和事实、事故原因、性质和责任、处理意见与建议整改措施的顺序编写。这种撰写方式自然顺畅，便于阅读和对事故发展过程的清楚了解及对相应结论的认识。一般正文部分的典型子标题有“事故发生过程及原因分析、事故性质和责任、结论、教训与改进措施”。

3）结尾。结尾是在写完事故调查报告主体部分之后，总结全文，得出事故调查结论。这样能够深化报告主题，可以加深人们对全篇调查报告内容的印象。当然，爆破事故调查报告的形式不尽如此，亦可依事故特征与环境特点，采用其他文案结构形式书写。

（3）附件。在爆破事故调查报告中，为了保证正文叙述的完整性、连贯性及有关证明材料的完整可靠性，一般在调查报告的最后部分采用附件的形式，将有关技术鉴定报告、笔录、图纸、照片等附于报告之后；也有将爆破事故调查成员名单或在特大事故中的死亡人员名单等作为附件列于正文之后，供有关人员查阅。

8.4 爆破事故应急预案

依据“安全第一，预防为主、综合治理”的安全生产方针，从源头上预防、控制、减少生产安全事故或灾害。亦即在某事故或灾害发生之前，依照《安全生产法》《危险化学品安全管理条例》《关于加强安全生产应急管理工作的意见》和《爆破安全规程》等要求，就预先制定周密的爆破事故应急预案，建立事故应急管理体制和应急救援系统，则可将事故或灾害的发生与破坏后果降至最低。

诸多生产实例证明了爆破事故应急预案的重要作用，特别是突发或失控偶然事件的主动预防、预控、救援的快速性、有序性和有效性。预案是预先制定的应急救援行动预防计划，有时事故可能没有发生，但没有应急预案是绝对不行的，凡事预则立，不预则废。因此，企业在进行爆破设计生产时必须制定事故应急预案，进行事故应急管理。

8.4.1 爆破事故应急管理体系

爆破事故应急管理体系是对可能的重大事故（件）或灾害预建的应急管理机制与计划。我国的应急管理体系建设的核心内容是“一案三制”，即应急预案、应急管理体制、应急管理机制和应急管理法制，其共同构成了我国应急管理体系的基本框架。

（1）应急预案。应急预案是针对可能的重大事故或灾害而预先制定的应急救援对策方案。事故应急预案的主要作用与功效是“防患于未然”，以确定性应对不确定性，化不确定性的突发事件为确定性的常规事件，转应急管理为常规管理，实现了以临时性管理到制度化管理，有效地预防、控制和减少爆破事故发生与破坏后果。

（2）应急管理体制。应急管理体制是可能的事故应急管理机构的组织形式，有时亦称组织领导体制。应急管理体制是一个由横向和纵向机构、政府机构与社会组织相结合的复杂系统，主要包括领导指挥机构、专项应急工作机构、日常办事机构及专家组等不同层次。

（3）应急管理机制。应急管理机制是管理控制突发事件全过程而制定的制度化、程序化的应急管理法规、方法与措施。其工作重心是主动、有序地科学组织协调各方面的资源和能力来有效地防范与处置突发事件。应急管理机制主要包括预防准则、预测预警、应急响应、危机沟通、社会动员、恢复重建、调查评估和应急保障等内容。

（4）应急管理法制。应急管理法制是可能的突发事件在紧急状态下规范处理各种社会关系的法律和原则。其主要作用是明确紧急状态下特殊行政程序的规范，对紧急状态下行政越权和滥用权利进行监督并对权力救济做出具体规定，从而使应急管理逐步走向规范化、制度化和法制化的轨道。

“一案三制”具有不同的内涵属性和功能特征。其体制是基础，机制是关键，法制是保证，预案是前提，是事故预防、预控、救援的程序与方法，它们共同构成了应急管理体系的核心要素。

8.4.2 爆破事故应急管理过程

尽管重大爆破事故的发生具有突发性和偶然性，但重大事故的应急管理不只限于事故发生后的应急救援行动。根据“预防为主，常备不懈”的应急思想观念，应急管理要贯穿于爆破事故发生前、中、后的各个阶段，是一个动态管理过程。应急管理包括预防、准备、响应、恢复四个阶段。

（1）预防。预防是预先通过爆破安全管理、爆破安全控制技术和预防措施等对策以尽力预防、控制、消除或降低事故的发生或破坏后果的先期工作。如风险评估、毫秒爆破、设置防护屏障以及开展安全技能教育等。

（2）准备。准备是针对可能发生的爆破事故而预先组织落实的应急行动对策的各种准备工作。其目的是应对事故发生而迅速地提高应急行动能力及推进有效地响应工作。如爆破应急组织的组建、应急预案的制定、应急队伍的建设、应急设备物资的准备、预案的演练等。

（3）响应。响应是指事故发生后立即采取的应急救援对策行动。目的是控制保护、减少生命、财产和环境的损失与破坏至最低程度，并利于恢复。响应的内容包括分级响应、指挥协调、紧急处置、医疗卫生救护、应急人员和群众的安全防护、社会动员参与、现场检测与评估、对公众应急事务说明、应急结束等。

（4）恢复。恢复是指爆破事故发生后立即使生产生活恢复到正常状态或得到进一步改善的工作。如爆破事故善后处置、保险、事故调查报告及经验教训总结与改进建议。

8.4.3 爆破事故应急响应程序

爆破事故应急体系的标准化应急响应程序按过程分为接警、响应级别确定、报管、应急启动、救援行动、扩大应急、应急救援和应急结束几个阶段。

事故发生后，报警信息应迅速汇集到应急救援指挥中心并立即传递到各专业或区域应急指挥中心。性质严重的重大事故灾害的报警应及时向上级应急指挥机关和相应行政领导报送。接警时应做好爆破事故的详细情况和联系方式等记录。报警得到初步认定后立即按规定程序发出预警信息和及时发布警报。应急救援中心接到报警后，应立即建立与事故现场的企业应急机构的联系，根据事故报告的详细信息，对警情做出判断，由应急中心值班负责人或现场指挥人员初步确定相应的事故级别。如果事故不足以启动救援体系的最低相应级别，则通知应急机构和其他相关部门后响应关闭。

8.4.4 爆破事故应急预案编制

爆破事故应急预案的指导思想是预防为主，而预防工作又是事故应急救援工作的基础，因此，事故应急功能设置的基本应急行动和任务，必须贯彻统一指挥、分级负责、区域为主、单位自救与社会互救相结合，迅速有效地实施应急救援，尽可能地避免和减少伤亡损失。

8.4.4.1 应急预案编制原则

（1）科学性。事故应急救援工作是一项科学性很强的工作，制订应急预案必须在调查研究的基础上，对危险源进行科学的识别、分析和论证，以制定出严格、统一、完整的应急反应方案，使爆破应急预案真正具有科学性和有效性。

（2）实用性。应急预案要针对企业爆破生产工艺或现场危险性分析评价情况，明确爆破安全控制技术和应急保障措施，使应急预案结合实际，内容明确、具体，具有很强的适用性和实用性，便于迅速、有效地进行应急响应操作。

（3）权威性。事故救援工作是一项紧急状态下的应急性工作，所制定的爆破事故应急预案应明确救援工作的管理体系、救援行动的组织指挥权限和各级救援组织的职责与任务等系列行政管理机能，保证救援工作的有序、统一指挥。应急预案应经上级部门批准后才能实施，保证应急预案具有权威性和法律保障。

8.4.4.2 应急预案编制内容

按照不同的变化主体，不论是国家总体应急预案、专项应急预案、部门应急顶案、地方应急预案、企业应急预案（含现场）或大型集会应急预案，其编制内容一般包括：

（1）应急组织机构设置。明确本单位应急组织机构设置、人员及日常与应急状态下工作职责、应急指挥和各应急救援小组设置及职责等。

（2）危险源识别和危险性评估。对爆破施工过程中潜在危险源的类型、地点、偶发特性进行识别、分析，科学地评估重大危险源可能会诱发什么样的事故或衍性事故和可能导致什么紧急事件及事故影响范围、后果、危害程度与所需应急级别等。

（3）应急设备及设施。明确应急时可用于救援抢险的设备、设施和器材，列出各类应急资源的分布和与有关部门的相关联系等。

（4）应急功能设置。为保证事故应急必需的行动和任务及时、合理、连续、有效，应明确描述使用应急通信设备的报警程序、通讯程序、疏散程序、交通管制程序和恢复程序。

（5）预防控制对策。事故的预防、控制和应急救援工作是应急救援预案的主要部分，其编制的科学性、合理性和实用性是预案有效及时实施的保证。其主要对策有爆破安全技术、爆破安全防护措施和爆破安全管理等。

（6）应急恢复与演练。明确事故应急终止、恢复及各项计划更新维护的负责人，制定确保不发生未经授权即进入事故现场的措施，确定事故调查、记录、评估应急反应的方法等。

8.4.4.3 应急预案编制格式

从事故应急预案的文件格式来讲，对每一个应急预案应按其特点和涉及部门与功能的不同，将预案分成几个独立的部分，并最终形成一个完整的体系。一般一个爆破事故应急预案包括以下四个层次：

（1）应急计划。应急计划包含应急预案目标，应急组织机构和紧急情况管理政策等。

（2）应急程序。应急程序是说明某个行动的目的和范围。程序内容详细准确，十分具体地明确某行动该做什么，由谁什么时间到什么地点去执行等。它的目的是应急行动的指南，其程序和格式要简洁明了，以确保执行应急步骤的准确性。格式可用文字叙述、流程图表或其组合。

（3）紧急行动说明书。紧急行动说明书亦即行动指南，对程序中的特定任务及某些行动细节进行说明，以备应急人员使用，如应急人员职责说明书、应急监测设备使用说明书等。

（4）应急行动记录。应急行动记录是应急行动期间的通信记录、每一步应急行动记录等。

以上应急预案层层递进，详细、完整、准确、清晰，从管理角度而言，便于归类管理，可保证应急预案的有效性、实用性。

本章小结

严格科学的安全管理是工程爆破成功的最基本保障。本章学习内容从爆破器材流通到实施爆破工程完成的每一个管理环节，都对应着各类法律和规范。每条规定都看似枯燥乏味，但所有条款都是用血的代价换来的。如同开车违规要处罚一样，爆破施工中违规的惩罚要比交通后果严重得多。

知识点：爆破工程分级管理、安全事故分类、未遂事故、现场事故图、现场概览勘察、事故原点、应急预案、

重点：爆破工程分级管理、爆破工程监理内容。

难点：各类爆破工程相关法律法规制度的学习和掌握。

习　题

（1）爆破工程分级管理的依据是什么？

（2）爆破安全监理人员应在什么环节上实行旁站监理？

（3）爆破技术设计的主要内容应包括哪些？

（4）装卸爆破器材时应做好哪些警示标志？

（5）怎样保护爆破事故现场？

（6）爆破事故调查应遵循的基本原则是什么？

（7）爆破事故调查报告主要包括哪几部分？

（8）爆破事故应急预案编制原则和内容是什么？

参考文献

[1] 王玉杰．爆破工程［M］．武汉：武汉理工大学出版社，2018.

[2] 杨小林．地下工程爆破［M］．武汉：武汉理工大学出版社，2009.

[3] 赵衡阳．气体和粉尘爆炸原理［M］．北京：北京理工大学出版社，1996.

[4] 毕明树，李刚，陈先锋，等．气体和粉尘爆炸防治工程学［M］．北京：化学工业出版社，2017.

[5] 胡双启．燃烧与爆炸［M］．北京：北京理工大学出版社，2015.

[6] 解立峰，余永刚，韦爱勇，等．防火与防爆工程［M］．北京：冶金工业出版社，2010.

[7] GB 6722—2014 爆破安全规程［S］．北京：中国标准出版社，2015.

[8] 汪旭光．爆破手册［M］．北京：冶金工业出版社，2010.

[9] 王玉杰．爆破安全技术［M］．北京：冶金工业出版社，2005.

[10] 胡双启，赵海霞，肖忠良．火炸药安全技术［M］．北京：北京理工大学出版社，2014.

[11] 郝志坚，王琪，杜世云．炸药理论［M］．北京：北京理工大学出版社，2012.

[12] 罗伯特·马蒂阿什，伊日·帕赫曼．起爆药学［M］．张建国，张至斌，许彩霞译．北京：北京理工大学出版社，2016.

[13] 韦爱勇，王玉杰，高文学．控制爆破技术［M］．成都：电子科技大学出版社，2009.

[14] 国务院办公厅．民用爆炸物品安全管理条例［EB/OL］．http：//www.gov.cn/gongbao/cent/2006/content_327711.htm，2006-05-10.

[15] 黄文尧，颜事龙．炸药化学与制造［M］．北京：冶金工业出版社，2009.

[16] 欧育湘．炸药学［M］．北京：北京理工大学出版社，2014.

[17] 舒远杰，霍冀川．炸药学概论［M］．北京：化学工业出版社，2011.

[18] 李有良，郝志坚，姜庆洪．工业炸药生产技术［M］．北京：北京理工大学出版社，2016.

[19] 钟冬望，林大泽，肖绍清．爆破安全技术［M］．武汉：武汉工业大学出版社，1992.

[20] 刘殿中，杨仕春．工程爆破实用手册［M］．北京：冶金工业出版社，2007.

[21] Lucy L B. A numerical approach to testing of fission hypothesis［J］. The Astronomical Journal，1977，82（12）：1013~1024.

[22] 吕春绪．我国工业炸药现状与发展［J］．爆破器材，1995，24（4）：5~9.

[23] 王国利，李建军，汪旭光，等．采用加速度量热法评价工业炸药热安全性的研究［J］．爆破器材，1997，26（6）：1~5.

[24] 郭志兴．液态二氧化碳爆破筒及现场试爆［J］．爆破，1994（3）：72~74.

[25] 徐颖，程玉生，王家来．国外高压气体爆破［J］．煤炭科学技术，1997，25（5）：52~53.

[26] 徐颖．高压气体爆破破煤模型试验研究［J］．西安矿业学院学报，1997，17（4）：322~325.

[27] 陆明．工业炸药生产中的粉碎理论及其技术［J］．爆破器材，2005，34（5）：8~11.

[28] Kolsky H. An investigation of the mechanical properties of materials at very high rates of loading［C］. Proceedings of the Physical Society of London，1949：676~700.

[29] 周传波，何晓光，郭廖武，等．岩石深孔爆破技术新进展［M］．武汉：中国地质大学出版社，2005.

[30] 冯有景．现场混装炸药车［M］．北京：冶金工业出版社，2014.

[31] 熊峻巍，卢文波．工程爆破氮污染影响评价与控制研究综述［J］．爆破，2019，36（4）：1~12，23.

[32] 雷振，魏东，陈明，等．深圳赤湾停车场基坑工程场地平整控制爆破试验研究［J］．爆破，2019，36（4）：24~30.

[33] 叶明班，高文学，曹晓立，等．爆炸荷载下岩质边坡动力响应规律研究［J］．爆破，2019，36

(4)：31~36，118.
[34] 叶海旺，王皓永，雷涛，等．基于孔间延时优化的骨料用石灰岩爆破粉矿率控制［J］．爆破，2019，36（4）：43~48，68.
[35] 汪旭光．中国工程爆破新进展［J］．河北科技大学学报，2009，30（1）：1~7.
[36] 孙伟博，邢军，邱景平，等．我国装药车的现状与发展［J］．金属矿山，2005（增刊）：104~106.
[37] 赵翔，黄东方，张万利．导爆管起爆网路连接方式探讨［J］．爆破，2008，25（2）：34~35，48.
[38] 周国忠．浅谈塑料导爆管网路联接捆扎方式技术［J］．中国电子商务，2010（8）：384.
[39] 吴新霞，赵根，王文辉，等．数码雷管起爆系统及雷管性能测试［J］．爆破，2006，23（4）：93~96.
[40] 张利洪．岩石微差爆破网络技术及应用研究［D］．重庆：重庆交通大学，2008.
[41] 史雅语，林雨人，李汉标，等．雷电对电爆网路早爆的影响［J］．爆破，2005，22（3）：107~111.
[42] 徐颖．高压气体爆破采煤技术的发展及其在我国的应用［J］．爆破，1998，15（1）：67~69，82.
[43] 徐颖，程玉生．高压气体爆破破煤机理模型试验研究［J］．煤矿爆破，1996（3）：1~4，15.
[44] 徐颖，王家来，程玉生．压气爆煤压力的初步探索［J］．山东矿业学院学报，1997，16（2）：133~137.
[45] 夏军，李必红，陈丁丁．CO_2液-气相变膨胀破岩技术［J］．采矿技术，2016，16（6）：119~121.
[46] 唐辉明．工程地质学基础［M］．北京：化学工业出版社，2012.
[47] 陈建平，高文学．爆破工程地质学［M］．北京：科学出版社，2005.
[48] Ma G W，An X M. Numerical simulation of blasting-induced rock fractures［J］. International Journal of Rock Mechanics and Mining Sciences，2008，45（6）：966~975.
[49] Bhawani Singh，Goel R K. Engineering Rock Mass Classification［M］. Butterworth-Heinemann，2012.
[50] Hutchinson E，Brook M S. Application of rock mass classification techniques to weak rock masses：A case study from the Ruahime Range，North Island，New Zealand.［J］. Canadian Geotechnical Journal，2008，45（6）：800~811.
[51] 李彤华，唐春海，赵明特，等．现代爆破理论及其新进展［J］．广西地质，1997，10（2）：79~84.
[52] Lu T K，Wang Z F，Yang H M，et al. Improvement of coal seam gas drainage by under-panel cross-strata stimulation using highly pressurized gas［J］. International Journal of Rock Mechanics and Mining Sciences，2015，77（3）：300~312.
[53] 周志强，易建政，蔡军锋，等．炮孔填塞物的作用及其研究进展［J］．爆破器材，2009，38（5）：29~33.
[54] 罗勇，沈兆武．炮孔填塞对爆破作用效果的研究［J］．工程爆破，2006，12（1）：16~18，15.
[55] 付军，郝亚飞，曹进军，等．大孔径爆破堵塞技术优化研究与应用［J］．爆破，2019，36（4）：150~154.
[56] 莫麟．大孔径垂直深孔掏槽爆破处理露天矿下部采空区顶板技术［J］．爆破，2019，36（3）：56~59，136.
[57] 宗琦，程兵，汪海波．偏心不耦合装药孔壁压力与损伤效应数值模拟［J］．爆破，2019，36（3）：76~83.
[58] Saharan M R，Sazid M，Singh T N. Explosive energy utilization enhancement with air-decking and stemming plug，'SPARSH'［J］. Procedia Engineering，2017，191（5）：1211~1217.
[59] 单仁亮，黄宝龙，蔚振廷，等．岩巷掘进准直眼掏槽爆破模型试验研究［J］．岩石力学与工程学报，2012，31（2）：256~264.
[60] Vermaa H K，Samadhiyab N K，Singhb M，et al. Blast induced rock mass damage around tunnels［J］. Tunnelling and Underground Space Technology，2018，71（1）：149~158.
[61] 颜事龙．集中药包与条形药包水下爆炸能量测试［J］．爆破器材，2003，32（5）：23~27.

[62] 康宁．集中药包药量计算公式的探讨［J］．爆破，2003，20（1）：12~14.
[63] 郑炳旭，张志毅．条形药包爆破理论与技术［J］．工程爆破，2003，9（1）：22~26.
[64] 严鸿海，张义平，任少峰，等．孔底准真空间隔装药的爆破效果试验研究［J］．爆破，2018，35（1）：66~74.
[65] 王凯，张智宇，高腾飞．某露天采场深孔台阶爆破空气间隔装药的应用［J］．爆破，2018，35（1）：80~85.
[66] 任少峰，周俊，王彬，等．聚苯乙烯泡沫不耦合装药爆破试验研究［J］．爆破，2018，35（2）：67~71.
[67] 齐世福．军事爆破工程设计与运用［M］．北京：解放军出版社，2011.
[68] 戴俊．爆破工程［M］．北京：机械工业出版社，2005.
[69] 李夕兵．凿岩爆破工程［M］．长沙：中南大学出版社，2011.
[70] 冯叔瑜，马乃耀．爆破工程［M］．北京：中国铁道出版社，1980.
[71] 中国力学学会工程爆破专业委员会．爆破工程［M］．北京：冶金工业出版社，1992.
[72] 顾毅成．爆破工程施工与安全［M］．北京：冶金工业出版社，2004.
[73] 高全臣，刘殿书．岩石爆破测试原理与技术［M］．北京：煤炭工业出版社，1996.
[74] 郭进平，聂兴信．新编爆破工程实用技术大全［M］．北京：光明日报出版社，2002.
[75] Zhang Zongxian. Rock Fracture and Blasting: Theory and Applications［M］. Oxford: B-H/Elsevier Science, 2016.
[76] 周传波，范效锋，李政，等．基于爆破漏斗试验的大直径深孔爆破参数研究［J］．矿冶工程，2006，26（2）：9~13.
[77] 蒋复量，周科平，钟永明，等．小型爆破漏斗试验技术在中深孔爆破中的应用［J］．中国安全生产科学技术，2008，4（5）：24~27.
[78] 王以贤，余永强，杨小林，等．基于爆破漏斗试验的煤体爆破参数研究［J］．爆破，2010，27（1）：1~4，10.
[79] 袁文华，马芹永，黄伟．楔形掏槽微差爆破模型试验与分析［J］．岩石力学与工程学报，2012，31（Z1）：3352~3356.
[80] Plotzitza A, Rabczuk T, Eibl J. Techniques for numerical simulations of concrete slabs for demolishing by blasting［J］. Journal of Engineering Mechanics, 2007, 133（5）: 523~533.
[81] Pekau O A, Cui Y Z. Progressive collapse simulation of precast panel shear walls during earthquakes［J］. Computers and Structures, 2006, 84（5~6）: 400~412.
[82] Gu X L, Wang X L, Yin X J, et al. Collapse simulation of reinforced concrete moment frames considering impact actions among blocks［J］. Engineering Structures, 2014, 65（4）: 30~41.
[83] Liu J, Zhao C B, Yun B. Numerical study on explosion-induced fractures of reinforced concrete structure by beam-particle model［J］. Science China Technological Sciences, 2011, 54（2）: 412~419.
[84] 汪柳俊，殷同，叶海旺，等．基于 FEM SPH 耦合方法的玉石地下开采爆破试验研究［J］．爆破，2018，35（4）：6~13，128.
[85] 杨跃宗，邵珠山，熊小锋，等．岩石爆破中径向和轴向不耦合装药的对比分析［J］．爆破，2018，35（4）：26~33，146.
[86] 黄玉焕．大直径深孔爆破技术在矿柱回采中的应用［J］．金属矿山，2002（1）：19~21，48.
[87] 刘建亮．工程爆破测试技术［M］．北京：北京理工大学出版社，1994.
[88] 汪旭光．英汉爆破技术词典［M］．北京：冶金工业出版社，2010.
[89] 汪旭光，郑炳旭．工程爆破名词术语［M］．北京：冶金工业出版社，2005.
[90] 张正宇．现代水利水电工程爆破［M］．北京：中国水利水电出版社，2003.

[91] 赵兴东．露天爆破钻孔施工工艺研究 [J]．有色矿冶，2002，18 (6)：5~7.

[92] 于亚伦．工程爆破理论与技术 [M]．北京：冶金工业出版社，2008.

[93] 赵天成．浅谈爆破施工过程中的安全控制 [J]．山西建筑，2009，35 (8)：160~161.

[94] Gui Y L，Zhao Z Y，Zhou H Y，et al. Numerical simulation of rock blasting induced free field vibration [J]. Procedia Engineering，2017，191 (5)：451~457.

[95] Singha P K，Roya M P，Paswana Ranjit K，et al. Blast vibration effects in an underground mine caused by open-pit mining [J]. International Journal of Rock Mechanics and Mining Sciences，2015，80 (12)：79~88.

[96] Mansour Asria，Youssef Daafi. Application of cast blasting in moroccan phosphate mines [J]. Procedia Engineering，2016，138 (3)：56~63.

[97] Roya M P，Singha P K，Sarima M D，et al. Blast design and vibration control at an underground metal mine for the safety of surface structures [J]. International Journal of Rock Mechanics and Mining Sciences，2016，83 (1)：107~115.

[98] 王毅刚，岳宗洪．工程爆破的发展现状与新进展 [J]．有色金属，2009，61 (5)：40~43.

[99] 庞旭卿．工程爆破 [M]．成都：西南交通大学出版社，2011.

[100] 杨仁树，张召冉，杨立云．基于硬岩快掘技术的切缝药包聚能爆破试验研究 [J]．岩石力学与工程学报，2013，32 (2)：317~323.

[101] 徐天瑞．关于爆破和爆炸的世纪思絮 [J]．爆破，1999，16 (4)：1~6.

[102] 叶春雷，郑德明，戴春阳，等．复杂环境下数码电子雷管在土石方爆破工程中的应用 [J]．爆破，2019，36 (4)：76~79，95.

[103] 陈奕阳，杨建华，蔡济勇，等．深埋隧洞开挖围岩爆破损伤的 PPV 阈值研究 [J]．爆破，2018，35 (4)：34~39.

[104] Singh S P. Non-explosive applications of the PCF concept for underground excavation [J]. Tunnelling and Underground Space Technology，1998，13 (3)：305~311.

[105] 李春军，吴立，李红勇，等．水深和堵塞长度对水下钻孔爆破冲击波传播特性影响的模拟研究 [J]．爆破，2018，35 (4)：47~51，73.

[106] 张继春，潘强，郑爽英，等．特大断面公路隧道的光面爆破技术研究 [J]．爆破，2018，35 (4)：52~57.

[107] 任少峰，杨静，张义平，等．降低深孔台阶爆破大块率的试验研究 [J]．爆破，2018，35 (4)：58~62.

[108] 周后友，池恩安，张修玉，等．ϕ42mm 炮孔空气间隔装药爆破对岩体破碎效果的影响研究 [J]．爆破，2018，35 (4)：63~68.

[109] 黄宝龙．大直径中空直眼掏槽技术在隧道救援中的应用 [J]．爆破，2018，35 (4)：74~77，83.

[110] 蒲磊．不同加载方式下隧道爆破振动特征分析 [J]．爆破，2018，35 (1)：42~48.

[111] 祝文化，燕星，颜文辉，等．GD-3 电站地下厂房岩台开挖爆破试验研究 [J]．爆破，2018，35 (1)：54~58，65.

[112] 周仕仁，周建敏，王洪华，等．地铁隧道爆破参数优化及其振动效应研究 [J]．爆破，2018，35 (2)：85~89.

[113] 安玉东，陈德志，陈晨，等．分区分台阶深孔爆破技术在城市土石方开挖中的应用 [J]．爆破，2018，35 (2)：90~93.

[114] 费鸿禄，邓政，蒋安俊，等．硬岩巷道深孔掏槽数值模拟与试验研究 [J]．爆破，2019，36 (1)：29~37.

[115] 唐海，易帅，王建龙，等．考虑裂隙岩体爆破损伤的装药结构研究 [J]．爆破，2019，36 (1)：

70~76，89.
[116] 汪波，郭新新，王志伟，等．新建隧道爆破施工对既有裂缝病害隧道的动力响应分析［J］．爆破，2019，36（1）：90~96.
[117] 李新平，宋凯文，罗忆，等．高地应力对掏槽爆破及爆破应力波影响规律的研究［J］．爆破，2019，36（2）：13~18，53.
[118] 李允忠，王志亮，黄佑鹏，等．循环爆破载荷下岩石累积损伤效应研究［J］．爆破，2019，36（2）：47~53.
[119] 李梅，王禹函，吴矾，等．不同装药形式对柱状结构爆破效果影响分析［J］．爆破，2019，36（2）：54~58，98.
[120] 刘赶平．大断面隧道光面爆破设计［J］．爆破，2019，36（2）：65~71，77.
[121] 卢广海．二氧化碳致裂器在土石方工程中的应用［J］．凿岩机械气动工具，2018（2）：48~55.
[122] 王刚波，彭继杨，徐振尧．二氧化碳致裂器爆破技术在布沼坝露天矿的应用［J］．露天采矿技术，2017，32（10）：40~42.
[123] 马海忠．二氧化碳致裂器爆破技术在煤矿巷道掘进的实践［J］．山东煤炭科技，2019（2）：38~40.
[124] 单发磊．二氧化碳爆破在水库大坝施工中的应用分析［J］．水利建设与管理，2019，（1）：39~43，34.
[125] 马艳卫，张德忠．二氧化碳致裂技术在地铁基坑开挖中的应用［J］．山西建筑，2019，45（18）：126~127.
[126] 张旭阳．地铁暗挖工程的破岩振动控制技术研究［D］．青岛：山东科技大学，2018.
[127] 吴穹，许开立．安全管理学［M］．北京：煤炭工业出版社，2002.
[128] 田水承，景国勋．安全管理学［M］．北京：机械工业出版社，2009.
[129] 于不凡，王佑安．煤矿瓦斯灾害防治及利用技术手册（修订版）［M］．北京：煤炭工业出版社，2005.
[130] 国家煤矿安全监察局．防治煤与瓦斯突出细则［S］．北京：煤炭工业出版社，2019.

73～76, 98.
[16] 王[illegible]，[illegible]，[illegible] 等. [illegible] [J]. 爆破, 2019, 36 (1): 90~95.
[17] [illegible] [J]. 爆破, 2014, 31 (2): 13~18, 58.
[18] [illegible] [J]. 爆破, 2019, 36 [illegible]
[19] [illegible] [J]. 爆破, 2016, 33 (1): 54~58, 75.
[20] 刘[illegible] [J]. 爆破, 2019, [illegible]
[21] [illegible] [J]. [illegible], 2015 (2): 45~[illegible]
[22] [illegible] [J]. [illegible]
2017, [illegible]
[23] [illegible] [J]. [illegible], 2017 [illegible]
[illegible]
[24] [illegible] [J]. [illegible], 2019 (1): 79~
81, 84.
[25] [illegible] [J]. [illegible], 2015, 35 (18):
[illegible]
[26] [illegible] [D]. 青岛: 山东科技大学, 2018.
[27] 吴[illegible] [M]. 北京: [illegible], 2002.
[28] [illegible] [M]. 北京: 机械工业出版社, 2000.
[29] [illegible] [M]. 北京: [illegible]
社, 20[illegible]
[30] 国家[illegible] [S]. 北京: [illegible], 2015.